Roland Hellmann
Rechnerarchitektur
De Gruyter Studium

Weitere empfehlenswerte Titel

IT-Sicherheit
Eine Einführung
Roland Hellmann, 2018
ISBN 978-3-11-049483-9, e-ISBN 978-3-11-049485-3

Mainframe System z Computing
Hardware, Software und Anwendungen
Paul Herrmann, 2020
ISBN 978-3-11-062047-4, e-ISBN 978-3-11-061789-4

Prozessorentwurf mit Verilog HDL
Modellierung und Synthese von Prozessormodellen
Dieter Wecker, 2021
ISBN 978-3-11-071782-2, e-ISBN 978-3-11-071784-6

Elektronik für Informatiker
Von den Grundlagen bis zur Mikrocontroller-Applikation
Manfred Rost, Sandro Wefel, 2021
ISBN 978-3-11-060882-3, e-ISBN 978-3-11-060906-6

Grundlagen der Informatik
Heinz-Peter Gumm, Manfred Sommer
Band 1 Programmierung, Algorithmen und Datenstrukturen, 2016
ISBN 978-3-11-044227-4, e-ISBN 978-3-11-044226-7
Band 2 Rechnerarchitektur, Betriebssysteme, Rechnernetze, 2017
ISBN 978-3-11-044235-9, e-ISBN 978-3-11-044236-6
Band 3 Formale Sprachen, Compilerbau, Berechenbarkeit
und Komplexität, 2019
ISBN 978-3-11-044238-0, e-ISBN 978-3-11-044239-7

Digitaltechnik
TTL-, CMOS-Bausteine, komplexe Logikschaltungen (PLD, ASIC)
Herbert Bernstein, 2019
ISBN 978-3-11-058366-3, e-ISBN 978-3-11-058367-0

Roland Hellmann

Rechnerarchitektur

Einführung in den Aufbau moderner Computer

3., korrigierte und erweiterte Auflage

Autor
Prof. Dipl. Ing. Roland Hellmann
Hochschule Aalen – Technik und Wirtschaft
Fakultät Elektronik und Informatik
Anton-Huber-Str. 25
73430 Aalen
roland.hellmann@hs-aalen.de

ISBN 978-3-11-074169-8
e-ISBN (PDF) 978-3-11-074179-7
e-ISBN (EPUB) 978-3-11-074191-9

Library of Congress Control Number: 2021943629

Bibliografische Information der Deutschen Nationalbibliothek
Die Deutsche Nationalbibliothek verzeichnet diese Publikation in der Deutschen
Nationalbibliografie; detaillierte bibliografische Daten sind im Internet über
http://dnb.dnb.de abrufbar.

© 2022 Walter de Gruyter GmbH, Berlin/Boston
Druck und Bindung: CPI books GmbH, Leck
Coverabbildung: dem10 / iStock / Getty Images Plus

www.degruyter.com

Vorwort zur 3. Auflage

Rechnerarchitektur hat größere Bedeutung denn je: Digitalisierung, Industrie 4.0 und Elektromobilität sind in aller Munde. Der Bedarf an Softwareentwicklern steigt immer mehr und kann vom freien Arbeitsmarkt kaum gedeckt werden. Konzerne schulen daher zunehmend Mitarbeiter aus anderen Tätigkeitsfeldern zu Softwareentwicklern um.

Ein wesentlicher Inhalt solcher Weiterbildungsmaßnahmen ist die Rechnerarchitektur. Professionelle Softwareentwicklung setzt voraus, dass man das zugrunde liegende Handwerkszeug des Softwareentwicklers, den Computer, genau versteht. Das gilt umso mehr im Embedded-Bereich mit seinen begrenzten Ressourcen und dem dortigen starken Bezug zur Hardware. Daher ist in dieser Auflage ein neues Kapitel über Mikrocontroller dazugekommen.

Der Wandel betrifft besonders die Automobilindustrie und ihre Zulieferer. Deswegen sind an einigen Stellen Bezugnahmen zum Automotive-Bereich und dessen besondere Anforderungen eingeflossen, jedoch ohne Kenntnisse auf diesem Gebiet zur Voraussetzung zu machen.

Die Anzahl der Aufgaben ist mittlerweile auf 135 angestiegen, wobei sich die Lösungen beim Verlag auf der Webseite zum Buch finden und dort heruntergeladen werden können.

Ich hoffe, dass dieses Werk seinen Leserinnen und Lesern durch die verschiedenen Ergänzungen noch nützlicher geworden ist.

Roland Hellmann, im Oktober 2021

https://doi.org/10.1515/9783110741797-202

Vorwort zur 2. Auflage

Rechnerarchitektur ist nach wie vor ein fester Bestandteil der Ausbildung von Informatikern und Studierenden verwandter Fachrichtungen. Nicht immer können tiefergehende Grundlagen vorausgesetzt werden, beispielsweise in Mathematik und im Programmieren. So wird Rechnerarchitektur in Bachelor-Studiengängen teils schon im ersten Semester gehört, wo hauptsächlich das in der Schule vermittelte Wissen zur Verfügung steht.

Aber auch in Master-Studiengängen gibt es die Herausforderung, dass Studienanfänger aus fachfremden oder auch nichttechnischen Bereichen kommen. Z.B. mag ein Studienbewerber aus der BWL kommen und möchte einen Masterstudiengang Wirtschaftsinformatik oder IT-Sicherheitsmanagement absolvieren. Dieses Buch soll ihm helfen, die nötigen technischen Grundlagen zu erwerben.

Immer mehr Studierende streben einen berufsbegleitenden Abschluss an. Bei ihnen ist es sehr hilfreich, wenn sich das nötige Wissen im Selbststudium erwerben lässt. Dabei sollen die zahlreichen Übungsaufgaben helfen, die in diesem Buch enthalten sind. Die ausführlichen Lösungen zu den Übungsaufgaben stehen in elektronischer Form auf der Website des Verlages unter www.degruyter.com zur Verfügung.

Erfreulicherweise fand die erste Auflage dieses Lehrbuches guten Anklang, so dass nun der Bedarf nach einer weiteren Auflage entstand. In diesem Rahmen wurden Fehler behoben, die sich bei der ersten Auflage eingeschlichen hatten. Auch wurden an der einen oder anderen Stelle Aktualisierungen vorgenommen.

Möge dieses Lehrbuch dem Leser helfen, den Reiz zu entdecken, der vom Entwurf eines Computers ausgeht: Die Fazination, wie man eine Handvoll elektronischer Bauteile dazu bringt, Berechnungen durchzuführen. Und wie man eine etwas größere Zahl dieser Bauteile verwenden kann, um einen Computer zu bauen, so wie den, auf dem dieser Text geschrieben wurde.

Roland Hellmann, im September 2016

https://doi.org/10.1515/9783110741797-203

Vorwort

Mehr Menschen denn je kommen heute mit Computern in Berührung oder verwenden selbst welche. An vielen Arbeitsplätzen ist der Computer nicht mehr wegzudenken, und bereits Kinder haben einen Heim-PC, eine Spielkonsole oder ein Smartphone. Unterhaltungselektronik und Haushaltsgeräte enthalten genauso Prozessoren wie das ABS im Auto, die Kasse im Supermarkt oder der elektronische Ausweis in der Brieftasche.

Obwohl die meisten von uns täglich mit Computern in irgendeiner Form zu tun haben, wissen nur die wenigsten, wie er wirklich funktioniert. Sie als Leser dieses Buches haben die Möglichkeit, zu diesem „erlauchten Kreis" in Kürze dazuzugehören.

Für wen dieses Buch gedacht ist

Für Studierende der Informatik, Elektronik und verwandter Fachrichtungen, an die sich dieses Werk richtet, ist eine grundlegende Kenntnis des Aufbaus von Computern unerlässlich. Computer bilden ein wesentliches Arbeitsmittel, und man sollte sein täglich verwendetes Werkzeug bestmöglich kennen.

Es gibt zahlreiche Zweige der Informatik, beispielsweise Softwaretechnik, Medieninformatik, IT-Sicherheit, Wirtschaftsinformatik und viele weitere. Ebenso spezialisiert man sich in der Elektronik oft auf Bereiche wie Informationstechnik, Automobilelektronik, oder Erneuerbare Energien.

Allen diesen Studienrichtungen ist gemeinsam, dass man in mehr oder weniger großem Umfang Software entwickelt oder anpasst. Um die zur Verfügung stehenden Ressourcen optimal auszunützen, ist es erforderlich, Computer unter Kenntnis der Hardware-Eigenschaften zu programmieren, vielleicht sogar hardwarenahe Softwareentwicklung zu betreiben. Und dazu ist es unbedingt nötig, den Aufbau und das Zusammenspiel der beteiligten Hardwarekomponenten zu verstehen.

Noch wichtiger ist dies, wenn man bestehende Hardware gar um zusätzliche Komponenten erweitern möchte. Man hat z.B. zur Aufgabe, Sensoren und Aktoren anzuschließen, Signale zu verarbeiten und so Steuerungs- und Regelungsaufgaben durchzuführen. Dazu benötigt man fundierte Kenntnisse, wie Computerhardware funktioniert.

Doch warum verhält sich ein Gerät anders als erwartet? Wie kann man Fehler beheben? Nach welchen Kriterien wählt man überhaupt Hardware aus? All das sind häufige Fragen aus der Praxis, bei deren Beantwortung die in diesem Buch betrachteten Inhalte ebenfalls hilfreich sein können.

Dabei wird besonderer Wert auf die praktische Anwendbarkeit des Stoffes gelegt, so dass sich dieses Buch vor allem für Studierende an Hochschulen und Dualen Hochschulen eignet. Die Inhalte werden von Grund auf erklärt, weswegen das vorliegende Werk bereits für Vorlesungen im ersten Semester verwendet werden kann.

https://doi.org/10.1515/9783110741797-204

Auf Digitaltechnik wird nur insoweit eingegangen, wie dies für das Verständnis der vermittelten Inhalte erforderlich ist (Kapitel 5 bis 7). Für Studierende der Informatik und Informatiknaher Disziplinen reicht dies in vielen Fällen aus. Studierende der Elektronik und Technischen Informatik hören üblicherweise Spezialvorlesungen über Digitaltechnik, die dieses Wissen vertiefen und deren Inhalt den Rahmen dieses Buches sprengen würde.

Überblick

Zunächst wird ein Überblick über wesentliche Begriffe und gängige Techniken der Computerarchitektur gegeben. Außerdem wird ein Einblick in den Grobaufbau von Computern vermittelt (Kapitel 1 bis 4). Welche Arten von Computern gibt es? Welches sind die Gemeinsamkeiten und Unterschiede? Wie kann man Computer schneller machen? Das sind einige der Fragen, die beantwortet werden.

Ein Exkurs in die Digitaltechnik (Kapitel 5 bis 7) fasst zusammen, wie man Hardware dazu bringt, arithmetische und logische Verknüpfungen durchzuführen, zu zählen, zu vergleichen oder Werte einfach nur zu für eine gewisse Zeit zwischenzuspeichern. Auch wird erklärt, wie man Datenpfade in einem Prozessor zwischen gewünschten Baugruppen schalten und die einzelnen Baugruppen gezielt ansprechen kann.

In den darauffolgenden Kapiteln erfährt der Leser ausführlich, wie ein Prozessor rechnet (Kapitel 8 bis 14). Warum geschieht das gerade im Dualsystem und auf welche Weise? Welche digitalen Bausteine sind erforderlich? Und wie bringt man einem Prozessor das Rechnen mit Gleitkommazahlen bei?

Ganz wesentlich für einen Prozessor ist seine Maschinensprache. Daher wird erklärt, was typische Maschinenbefehle sind und welche Adressierungsarten es gibt. Ferner wird gezeigt, wie es gelingt, aus einem Maschinenbefehl die zu seiner Ausführung nötigen Steuersignale zu erzeugen. Dazu wird auf das Konzept der Mikroprogrammierung eingegangen (Kapitel 15 bis 17).

Als nächstes werden Mechanismen erklärt, die für Software-Entwickler von besonderer Bedeutung sind (Kapitel 18 bis 20): Welchen Einfluss haben Programmverzweigungen auf die Performance und wie kann man daher Software effizienter machen? Welche Sicherheitsmechanismen gibt es im Prozessor und wie nutzt man sie? Was bringen 64-Bit-Prozessoren? Welche Besonderheiten gibt es beim Einsatz von Mehrkern-Prozessoren und wie kann man sie am besten nutzen? Das sind Fragestellungen, die zu diesem Thema betrachtet werden. Außerdem werden Digitale Signalprozessoren behandelt, die in praktisch jedem Smartphone, in DSL-Modems, Peripheriegeräten und Unterhaltungselektronik eingesetzt werden.

Den Speichern und der Speicherverwaltung sind die Kapitel 21 und 22 gewidmet. Leser, die eine besonders hardwarenahe Ausbildung erhalten, erfahren im Detail, wie Speicherbausteine und Speichermodule funktionieren und wie das Interfacing auf einem Mainboard durchgeführt wird. Themen wie virtueller Speicher sind dagegen von allgemeiner Bedeutung.

Die Kapitel 23 bis 25 widmen sich den Schnittstellen und den Peripheriegeräten, die darüber angeschlossen werden. Insbesondere werden Festplatten und optische Speichermedien untersucht, wobei auch auf Fehlererkennung und Fehlerkorrektur sowie Sicherheitsvorkehrungen eingegangen wird.

Aufgaben und Lösungen

Das vorliegende Buch eignet sich besonders zum Selbststudium. Über 120 Aufgaben sind in die Kapitel eingearbeitet, und deren ausführliche Lösungen finden sich in elektronischer Form auf der Website des Verlages unter www.degruyter.com unter dem Titel dieses Buches.

An vielen Stellen wird zu eigenen Nachforschungen angeregt, die den Stoff erweitern und Grundlagen vertiefen. Auch sollen die Nachforschungen dazu motivieren, nicht nur das Allernötigste für eine Prüfung zu lernen, sondern eigene Erfahrungen zu sammeln und Gefallen an der Beschäftigung mit dem überaus interessanten Gebiet der Rechnerarchitektur zu finden.

Inhaltsverzeichnis

Vorwort zur 3. Auflage .... **V**

Vorwort zur 2. Auflage .... **VII**

Vorwort .... **IX**

Teil 1: Grundlagen 1

1   Einleitung **3**

1.1   Grundbegriffe 3

1.2   Einheiten 4

1.3   Geschichte 5

1.4   Arten von Computern 7

2   Allgemeiner Aufbau eines Computersystems **13**

2.1   Blockdiagramm und grundlegende Abläufe 13

2.2   Detaillierteres Computermodell 16

2.3   Speicher und E/A-Bausteine 17

2.4   Prozessor und Busse 20

2.5   Taxonomien 23

3   Performance und Performanceverbesserung **25**

3.1   Angabe der Rechenleistung 25

3.2   Caching 27
3.2.1   Caching beim Lesen von Daten 28
3.2.2   Caching beim Schreiben von Daten 29
3.2.3   Cachable Area 32
3.2.4   Cache-Hierarchien 32

3.3   Pipelining 35

4   Verbreitete Rechnerarchitekturen **41**

4.1   CISC-Architektur 41

4.2   RISC-Architektur 42

4.3   VON-NEUMANN-Architektur 46

4.4   Harvard-Architektur 49

Teil 2: Digitaltechnik **53**

5   Grundlegende BOOLEsche Verknüpfungen **55**

5.1   BOOLEsche Algebra und Digitaltechnik 55

5.2   Gatter 56
5.2.1   Treiber und Identität 56
5.2.2   Inverter und Negation 59
5.2.3   UND-Gatter und Konjunktion 60
5.2.4   NAND 62
5.2.5   ODER-Gatter und Disjunktion 63
5.2.6   NOR 65
5.2.7   XOR und Antivalenz 66
5.2.8   XNOR und Äquivalenz 67

5.3   Gesetze der BOOLEschen Algebra 68

6   Komplexere Schaltnetz-Komponenten **71**

6.1   Adressdecoder 71

6.2   Multiplexer und Demultiplexer 73
6.2.1   Multiplexer 2:1 73
6.2.2   Demultiplexer 1:2 74
6.2.3   Multiplexer n:1 76
6.2.4   Demultiplexer 1:n 76
6.2.5   Multiplexer m × n:n 78

6.3   Varianten der Schaltzeichen 79

6.4   Digitaler Komparator 82

6.5   Addierer 83

6.6   ALU 83

7   Schaltwerke **85**

7.1   RS-Flipflop 85

7.2   Arten von Eingängen 87
7.2.1   Vorrangige Eingänge 87
7.2.2   Taktzustandssteuerung 88
7.2.3   Taktflankensteuerung 89
7.2.4   Asynchrone Eingänge 90

7.3   D-Flipflop 90

7.4   Register und Schieberegister 91

7.5   T-Flipflop 93

7.6   JK-Flipflop 94

7.7   Zähler 95

Teil 3: Arithmetik 97

8   Zahlendarstellung 99

8.1   Vorzeichen-Betrags-Darstellung 100

8.2   Einerkomplement 103

8.3   Zweierkomplement 105

9   Arithmetische und logische Operationen 109

9.1   Arithmetische Operationen 109

9.2   Logische Operationen 110

9.3   Bitoperationen in C und C++ 116

10   Rechnen mit vorzeichenlosen Dualzahlen 117

10.1   Addition und Subtraktion 117

10.2   Multiplikation und Division 120

11   Rechnen in der Vorzeichen-Betragsdarstellung 127

11.1   Addition und Subtraktion 127

11.2   Multiplikation und Division 129

12   Rechnen im Zweierkomplement 131

12.1   Addition und Subtraktion 131

12.2   Multiplikation und Division 134

12.3   Fazit 134

13   Ganzzahl-Rechenwerk 137

13.1   Beispiel-Rechenwerk 138

13.2   Ergänzende Betrachtungen 141

13.3   Beispiel: Addition 145

13.4   Beispiel Multiplikation 148

14   Gleitkommarechenwerk **159**

14.1   Darstellung von Gleitkommazahlen 160

14.2   Umwandlung von Dezimalbrüchen in Dualbrüche 163

14.3   Ein Beispiel-Gleitkommarechenwerk 166
14.3.1 Addition und Subtraktion 167
14.3.2 Multiplikation 169
14.3.3 Division 170

Teil 4: Prozessoren **173**

15   Maschinensprache **175**

15.1   Grundbegriffe 175

15.2   Adressierungsarten 176

16   Steuerwerk **181**

16.1   Wiederholung 181

16.2   Integration in die Umgebung 181

16.3   Realisierungsmöglichkeiten 182

17   Mikroprogrammierung **185**

17.1   Konzept 185

17.2   Beispiel-Mikroprogrammsteuerung 186

17.3   Befehlssatzentwurf 194

17.4   Erweiterung der Mikroprogrammsteuerung 198

18   Spezielle Techniken und Abläufe im Prozessor **203**

18.1   Befehlszyklus 203

18.2   Strategien bei Programmverzweigungen 205

18.3   Out of Order Execution 213

18.4   64-Bit-Erweiterungen 213

18.5   Sicherheitsfeatures 215

19   Multiprozessorsysteme **219**

19.1   Ansätze zur Performancesteigerung 219
19.1.1 Entwicklung einer neuen Rechnerarchitektur 219
19.1.2 Erhöhung der Taktfrequenz 220
19.1.3 Optimierung von Maschinenbefehlen 220
19.1.4 Parallelisierung 221

19.2   Aufwand für Parallelisierung 222
19.2.1   Zusatzaufwand bei der Hardware 222
19.2.2   Zusatzaufwand bei der Software 223

19.3   Topologien...224

19.4   Datenübertragung 226

19.5   Software für Multiprozessorsysteme..228
19.5.1   Parallelisierung auf Prozessebene 228
19.5.2   Software-Bibliotheken...228
19.5.3   Sprachelemente und Programmiersprachen 228

19.6   Speicherzugriff...229

19.7   Konsistenz..230
19.7.1   Problematik 230
19.7.2   Strikte Konsistenz..230
19.7.3   Sequentielle Konsistenz 232
19.7.4   Schwache Konsistenz...232

20   Digitale Signalprozessoren..233

20.1   Einsatzgebiete..233

20.2   Zeitabhängige Signale und Signalverarbeitungskette.................................235

20.3   Analoge Vorverarbeitung und A/D-Wandlung..236
20.3.1   Verstärkung und Anti-Aliasing..236
20.3.2   Abtast- und Halteschaltung 236
20.3.3   Analog/Digital-Wandlung 238

20.4   Spektralanalyse...239
20.4.1   Transformation von Sinusschwingungen 239
20.4.2   Transformation von periodischen Signalen 241
20.4.3   Transformation abgetasteter Signale 242
20.4.4   Abtasttheorem 242
20.4.5   Transformation aperiodischer Signale...244

20.5   Operationen im Frequenzbereich 245
20.5.1   Beispiel: Herausfiltern von Störungen 245
20.5.2   Beispiel: FDM zwischen Vermittlungsstellen 245
20.5.3   Beispiel: FDM bei DSL-Modems 246

20.6   D/A-Wandlung und analoge Nachbearbeitung..248

20.7   Architektur-Besonderheiten von DSP 248
20.7.1   Harvard- und RISC-Architektur..248
20.7.2   VLIW-Architektur...248
20.7.3   Festkomma-Arithmetik 249
20.7.4   MAC-Operation 250
20.7.5   Schnittstellen 250

Teil 5:   Speicher und Peripherie **251**

21   Speicherbausteine.. **253**

21.1   Arten von Speichermedien... 253

21.2   Halbleiter-Speicher 254

21.3   Statisches und dynamisches RAM 255
21.3.1   Statisches RAM.. 255
21.3.2   Dynamisches RAM 255

21.4   Speicherorganisation auf Chipebene 256
21.4.1   Speicherzelle 256
21.4.2   Adressierung 257
21.4.3   Matrixanordnung... 258
21.4.4   Wortbreite.. 261
21.4.5   Erweiterungen 262

21.5   Interfacing und Protokolle... 263
21.5.1   Asynchrone Protokolle... 263
21.5.2   Synchrone Protokolle 264
21.5.3   Datenbustakt, Speichertakt und I/O-Takt 264
21.5.4   SDR- und DDR-Verfahren 265
21.5.5   Timing-Parameter von DRAMs 267

21.6   Speichermodule.. 268
21.6.1   Aufbau.. 268
21.6.2   Angaben zur Datentransferrate.. 270
21.6.3   Integritätsaspekte 271

21.7   Flash Speicher 271
21.7.1   Arten von Flash-Speichern... 271
21.7.2   Schreibstrategien und Wear Leveling... 272

22   Speicherverwaltung... **275**

22.1   Programme und Prozesse 275

22.2   Virtueller Speicher 276
22.2.1   Aufbau.. 276
22.2.2   Adressumsetzung... 277
22.2.3   Fragmentierung 279

22.3   Segmentierung und Swapping.. 282

22.4   Paging 283
22.4.1   Verwendung von Speicherseiten 283
22.4.2   Aus- und Einlagerung von Speicherseiten 283
22.4.3   Optimierung der Paging-Strategie.. 287
22.4.4   Swap Partition statt Datei.. 287

22.4.5 Verwendung unterschiedlicher Seitengrößen 287
22.4.6 Sicherheitsaspekte 288
22.4.7 Thrashing..288

23 Datenübertragung und Schnittstellen..**289**

23.1 Leitungstheorie..289

23.2 Serielle und parallele Datenübertragung 291

23.3 Das OSI-Modell 294

23.4 Codierung..296
23.4.1 NRZ-Codierung..296
23.4.2 Manchester-Codierung 297
23.4.3 NRZI-Codierung 299
23.4.4 MLT3-Codierung...299
23.4.5 Bit Stuffing, 4B/5B- und 8B/10B-Codierung...300

23.5 Fehlererkennung und Fehlerkorrektur 301
23.5.1 Redundanz..301
23.5.2 Parität 301
23.5.3 Hamming-Distanz 302
23.5.4 Fehlerkorrektur..304
23.5.5 Korrekturradius 304
23.5.6 Hamming-Codes..306

23.6 Beispiel USB 307
23.6.1 Eigenschaften und Standards..307
23.6.2 Signale und Topologie...309
23.6.3 Datenübertragung und Betriebsmodi 309

24 Festplatte **311**

24.1 Aufbau 311

24.2 Datenorganisation..311

24.3 Partionierung und Formatierung...311

24.4 Serial-ATA-Schnittstelle...312

24.5 Performance 313

24.6 Verfügbarkeit...313

25 Optische Datenspeicher **316**

25.1 Standards..316

25.2 Aufbau..317

25.3 Verfügbarkeit...318

25.4   Leseverfahren 319

25.5   Vermeidung, Erkennung und Korrektur von Fehlern 320

26   Mikrocontroller **321**
26.1   Typische Merkmale von Mikrocontrollern...................................321
26.1.1   Überblick..321
26.1.2   I/O-Signale 322
26.1.3   Pulsweitenmodulation 322
26.1.4   Analoge Eingänge 325
26.1.5   Timer 326

26.2   Mikrocontroller-Schnittstellen 326
26.2.1   UART / USART / V.24 / RS 232 327
26.2.2   SPI...327
26.2.3   I²C (TWI) 329
26.2.4   JTAG 329
26.2.5   CAN 329

26.3   Single Board Mikrocontroller und Single Board Computer...............331
26.3.1   Überblick...331
26.3.2   Einsatzbereiche 333
26.3.3   Arduino 333
26.3.4   Boards mit Espressif ESP32..334
26.3.5   Raspberry Pi..334

26.4   Eigenschaften von AVR-Mikrocontrollern...335
26.4.1   Technische Daten 335
26.4.2   Register 336
26.4.3   Speicher und Adressierung...336
26.4.4   Programmieradapter..337
26.4.5   Port-Kommandos 337

Zusammenfassung und Schlussworte **339**

Literaturverzeichnis..**341**

Index **342**

Teil 1: Grundlagen

Die ersten vier Kapitel dieses Buches beschäftigen sich mit elementaren Grundlagen der Computerarchitektur. Zunächst wird ein kurzer Blick auf die Geschichte der Computer geworfen. Dann lernen wir kennen, welche Arten von Computern man heute einsetzt und wie man sie nach ihren Eigenschaften klassifizieren kann. Als nächstes wird vorgestellt, welcher Aufbau allen gebräuchlichen Computern gemeinsam ist.

Ein ganz wesentlicher Faktor bei Computern ist ihre Performance, also wie schnell sie ihre Aufgaben erfüllen. Wir gehen darauf ein, wie man Performance misst und welche Dinge eine Rolle spielen, wenn man sie verbessern möchte. Dabei betrachten wir mit Caching und Pipelining zwei Verfahren, die in praktisch jedem heutigen Computersystem zu finden sind, und das oft an verschiedenen Stellen.

Anschließend folgt ein Überblick über verbreitete Rechnerarchitekturen, wobei wir die CISC- und RISC- sowie die VON-NEUMANN- und die Harvard-Architektur genauer untersuchen und auf ihre Vor- und Nachteile eingehen.

1 Einleitung

1.1 Grundbegriffe

In der Informatik unterscheidet man Hardware und Software voneinander. Hardware ist alles, „was man anfassen kann", also insbesondere der **Computer** (wörtlich: Rechner) selbst, seine elektronischen Komponenten, Datenträger, Drucker, usw. Die Begriffe Computer und Rechner sollen im Folgenden synonym verwendet werden. Als **Software** bezeichnet man alles, „was man nicht anfassen kann". Das sind die **Programme**, mit denen ein Rechner gesteuert wird und die auf Datenträgern verschiedener Art gespeichert sein können. Programme verarbeiten **Daten** aller Art, z.B. Texte, Bilder, Messwerte oder Kundenadressen. Die Verarbeitung wird durch **Prozessoren** vorgenommen.

Sowohl für Elektroniker als auch für Informatiker ist es unerlässlich, ein grundlegendes Verständnis von Hardware zu erlangen, also zu verstehen, wie ein Computer funktioniert und wie er aufgebaut sein kann. Mit dieser Fragestellung beschäftigt sich die **Computerarchitektur**. Anstelle von Computerarchitektur spricht man oft auch von **Rechnerarchitektur**.

Die Rechnerarchitektur fällt in den Bereich der hardwarenahen, so genannten **Technischen Informatik**, die außer der Rechnerarchitektur auch Gebiete wie Embedded Systems oder Rechnernetze umfasst.

Zur Rechnerarchitektur im weiteren Sinne zählt der Entwurf folgender Bestandteile eines Computers:
- Spannungsversorgung und Kühlung
- Digitale Logikschaltungen
- Prozessor, Busse, Speicher, Ein-/Ausgabebausteine
- Maschinensprache des Prozessors

Nachstehend werden noch einige weitere Grundbegriffe der Rechnerarchitektur in Form eines Überblicks dargestellt. Wir benötigen sie an einigen Stellen bereits vor ihrer eingehenden Betrachtung, die in späteren Kapiteln erfolgen wird.

Die kleinste Informationseinheit in der Informatik ist das **Bit** (binary digit). Es kann zwei Werte annehmen, die man mit 0 und 1 bezeichnet. Sie reichen aus, um selbst komplexeste Anwendungen zu erstellen.

Das kann man sich ähnlich wie beim Erstellen eines Bauwerks vorstellen. Vereinfacht gesagt, kann an jeder Stelle eines Bauwerks ein Ziegelstein vorhanden sein (1) oder nicht (0). Damit lassen sich Mauern, Türen und Fenster bilden, daraus wiederum Räume und schließlich komplexe Bauwerke. Ähnlich kann man aus Bits immer komplexere Informationsstrukturen schaffen.

https://doi.org/10.1515/9783110741797-001

Fasst man mehrere Bits zusammen, erhält man ein *Datenwort*. Die Anzahl der Bits darin ist üblicherweise eine Zweierpotenz. Eine Menge von 8 Bits nennt man üblicherweise ein *Byte*, eine Menge von 4 Bits nennt man ein *Nibble* oder *Halbbyte*. Ein Datenwort kann z.B. eine ganze Zahl oder eine gebrochen rationale Zahl (Gleitkommazahl) repräsentieren.

Prozessoren, die die Datenworte verarbeiten, besitzen eine gewisse *Wortbreite*. Das ist die maximale Zahl von Bits, die sie auf einmal verarbeiten können, also bei einem 64-Bit-Prozessor 64 Bits. Aber es sind bei einem 64-Bit-Prozessor üblicherweise auch Operationen mit 32-, 16- oder 8-Bit-Datenworten möglich. Die Daten, mit denen ein Prozessor hauptsächlich arbeitet, befinden sich im *Hauptspeicher* des Computers.

Zur Verarbeitung der Datenworte beherrschen Prozessoren eine Menge von *Maschinenbefehlen*, die man *Maschinenbefehlssatz* nennt. Im Maschinenbefehlssatz sind Maschinenbefehle enthalten, um Datenworte z.B. zu addieren, zu multiplizieren oder bitweise logische Verknüpfungen zwischen Datenworten durchzuführen. Weil Maschinenbefehle nur aus Nullen und Einsen bestehen, was für Menschen wenig anschaulich ist, bezeichnet man sie mit einem Buchstabenkürzel, dem *Mnemonic*. Für den Addierbefehl nimmt man beispielsweise häufig den Mnemonic ADD. Programme, die man unter Verwendung von Mnemonics darstellt, nennt man *Assembler-Programme*.

Der Prozessor wird mit einem *Takt* betrieben, der die Dauer eines Verarbeitungsschrittes bestimmt. Die Taktfrequenz ist einer von mehreren wesentlichen Faktoren, die die *Rechenleistung* oder *Performance* eines Computers bestimmen, also welche Rechenarbeit er in einer gewissen Zeitspanne erbringen kann. Ein weiterer Einflussfaktor sind Maßnahmen zur *Parallelisierung* der Abläufe, z.B. das *Pipelining*, so dass während eines Takts an mehreren Operationen gleichzeitig gearbeitet wird.

Bei vielen Prozessoren, den so genannten CISC-Prozessoren, steht hinter jedem Maschinenbefehl ein *Mikroprogramm* aus noch einfacheren Befehlen, den Mikrobefehlen. Es ist fest in den Prozessor einprogrammiert. In diesem Fall benötigt ein Maschinenbefehl mehrere Takte. RISC-Prozessoren dagegen führen idealerweise jeden Maschinenbefehl in nur einem Takt aus und besitzen keine Mikroprogrammierung.

Für einen Programmierer sind Maschinenprogramme häufig auf einer zu niedrigen Ebene angesiedelt, um damit größere Anwendungen zu entwickeln. Für solche Zwecke eignen sich andere *Programmiersprachen* wie C, C++ oder Java besser. Manche Programmiersprachen sind Allzwecksprachen, andere sind auf bestimmte Einsatzbereiche zugeschnitten, z.B. auf Web-Anwendungen oder Simulationen.

1.2 Einheiten

Wie erwähnt, sind grundlegende Einheiten in der Informatik das Bit und das Byte. Bei Größenangaben verwendet man nach IEC 60027-2 als Einheitenzeichen „bit" für das Bit. Man findet aber auch gelegentlich ein „b", wie es in IEEE 1541 festgelegt wurde.

Für das Byte findet man nach IEC 60027-2 das Einheitenzeichen „B". Es wird aber auch öfter in Form von „Byte" oder „Bytes" ausgeschrieben. Somit könnte man Angaben wie die folgenden finden:

24 bit = 24 b = 3 B = 3 Byte = 3 Bytes.

Üblicherweise verwendet man zur Angabe physikalischer Größen die so genannten *SI-Einheiten* (Système international d'unités), wie sie u.a. in der Norm ISO/IEC 80000-1 festgelegt sind. Darunter fallen Meter, Kilogramm, Sekunde, usw. Die Einheiten können mit SI-Präfixen wie Milli oder Kilo versehen werden, die Zehnerpotenzen darstellen.

Weil die Informatik und auch die Rechnerarchitektur stark durch die Verwendung des Bits mit seinen zwei möglichen Werten geprägt sind, verwendet man dort gerne Zweierpotenzen, vor allem in Verbindung mit Bits und Bytes. Die Unterschiede sind in Tab. 1.1 zusammengefasst.

Tab. 1.1:   Vergleich der Präfixe in SI-Norm und bei Byte-Angaben

Name	Symbol	Faktor als SI-Präfix	Faktor bei Informatik-typischen Größen	Name	Symbol
nach ISO/IEC 80000-1/DIN 1301			nach ISO/IEC 80000-13		
Kilo	k	10^3	2^{10}	Kibi	Ki
Mega	M	10^6	2^{20}	Mebi	Mi
Giga	G	10^9	2^{30}	Gibi	Gi
Tera	T	10^{12}	2^{40}	Tebi	Ti
Peta	P	10^{15}	2^{50}	Pebi	Pi
Exa	E	10^{18}	2^{60}	Exbi	Ei
Zetta	Z	10^{21}	2^{70}	Zebi	Zi
Yotta	Y	10^{24}	2^{80}	Yobi	Yi

Wie man sieht, sind die auf Zweierpotenzen basierenden IEC-Präfixe ebenfalls genormt worden, wenngleich sich die damit verbundenen Namen und Symbole bislang nicht wirklich durchsetzen konnten. Man liest eher selten von „Kibibytes". Meistens verwendet man für beide Bedeutungen die SI-Präfixe nach ISO/IEC 80000-1 bzw. DIN 1301, was zu Verwechslungen führen kann.

Wenn man beispielsweise im Handel eine Festplatte mit 12 Terabyte angeboten bekommt, dann handelt es sich bei „Tera" um den entsprechenden SI-Präfix mit Zehnerpotenzen. Die meisten Betriebssysteme und ihre Anwendungsprogramme dagegen verwenden Zweierpotenzen. Die Größe der Festplatte wird vom Betriebssystem somit angegeben als

$$n = 12 \cdot \frac{10^{12}}{2^{40}} \text{TB} = 10{,}914 \text{TB} \text{ (eigentlich: } 10{,}914 \text{ TiB)}$$

Es sind also $12 \cdot 1024\text{GB} - 10{,}914 \cdot 1024\text{GB} = 1112\text{GB}$ oder gut 9,2% der Speicherkapazität einfach "verschwunden", nur durch die unterschiedliche Interpretation der Einheiten.

1.3   Geschichte

Frühe Computer

Maschinell rechnen kann man nicht nur auf elektronische Weise. Mechanische Rechenhilfen wie der Abakus sind schon vor etwa 3000 Jahren im Einsatz gewesen. Als Computer bezeichnet man allerdings üblicherweise einen *programmierbaren* Rechner, d.h. man kann frei bestimmen, welche Operationen in welcher Reihenfolge durchgeführt werden. Dazu kommen je nach Sichtweise weitere Kriterien.

Ein Rechenwerk, das als Vorläufer des Computers gilt, war der Zuse Z1 aus dem Jahre 1937, benannt nach seinem Erbauer KONRAD ZUSE. Der Z1 arbeitete rein mechanisch und beherrschte bereits Gleitkommazahlen. Allerdings arbeitete die Mechanik teils fehlerhaft, so dass man ihn nicht als Computer berücksichtigt.

Welches der erste voll funktionsfähige Computer war, wird unterschiedlich gesehen. Häufig wird der Zuse Z3 aus dem Jahre 1941 als solcher genannt. Er beherrschte binäre Gleitkommarechnung und sogar bereits Pipelining und Mikroprogrammierung und arbeitete elektromechanisch mit Relais. Später stellte man fest, dass der Z3 außerdem mit Anwendung einiger Tricks Turing-vollständig war, also einfach gesagt alle Programme abarbeiten konnte, die auf einem Computer prinzipiell möglich sind.

Andere sehen stattdessen den ENIAC von 1944 als ersten Computer an, weil er als Röhrenrechner bereits elektronisch arbeitete und von vornherein als Turing-vollständig konzipiert war. Allerdings wurde er später gebaut als der Z3 und rechnete anders als heutige Computer im Dezimalsystem.

Etwa in den 1960er Jahren wurden Computer mit Transistoren und ab den 1970er Jahren mit integrierten Schaltungen aufgebaut.

Aufgabe 1   Was ist ein Computer?

Aufgabe 2   Wie hieß der erste Computer?

Aufgabe 3   Forschen Sie nach, warum der Z1 üblicherweise noch nicht als Computer gilt.

Weiterentwicklungen

Aus der Beobachtung der technischen Entwicklung wurde *MOOREsches Gesetz* gebildet. Es besagt, dass sich wesentliche Größen wie Anzahl der Transistoren in einem Chip und damit auch Rechenleistung und Speicherkapazität in konstanten Zeitabständen verdoppeln. Die Zeitspanne der Verdopplung wird häufig mit anderthalb bis zwei Jahren angegeben.

Beispielhaft soll hier die Entwicklung bei den PCs beschrieben werden. 1983 kostete ein gut ausgestatteter PC etwa DM 30 000.-. „Gut ausgestattet" heißt dabei, dass der Computer über einen 16-Bit-Prozessor mit 4,77 MHz Taktfrequenz verfügte, über 256 KByte Hauptspeicher, zwei Diskettenlaufwerke für 360 KByte-Disketten und eine Festplatte mit 10 MByte Speicherkapazität. Alleine die Festplatte mit Controller kostete über DM 9 000.-. Die Tastatur für etwa DM 900.- war im Preis noch nicht dabei.

Aufgabe 4   Vergleichen Sie die genannten Beispiele nach Preis, Hauptspeicher- und Festplattenausstattung mit heutigen Angeboten! Um welchen Faktor unterscheiden sich die genannten Größen? Wie groß ist demnach der Verdoppelungszeitraum aus dem MOOREschen Gesetz? Wie schätzen Sie heutzutage dessen Gültigkeit ein?

Wie sehr sich die Anforderungen im Laufe der Zeit ändern, zeigt ferner die Beschreibung eines Heimcomputers aus dem Jahre 1978, die aus heutiger Sicht eher erheiternd wirkt. Es handelt sich um den PET (Personal Electronic Transactor) von Commodore [C. LORENZ, Hobby-Computer-Handbuch, Hofacker-Verlag 1978]:

> „Der PET hat einen Fernsehschirm, eine Tastatur und einen Kassettenrecorder, welcher die Quelle für Programme und für die Datenspeicherung in Verbindung mit diesen Programmen ist. In der Standardausführung stehen 4K-Byte ... als ... Arbeitsspeicher ... zur Verfügung.
>
> ... Ein Ausbau bis 32K-Speicher mit 4K Betriebssystem ist möglich. Das Datensichtgerät mit einer 9 Zoll Bildröhre hat eine erstaunlich gute Auflösung. Es hat Platz für insgesamt 1000 Zeichen. 25 Zeilen mit je 40 Zeichen/Zeile. Die 8x8 Punkt-Matrix des einzelnen Zeichens erlaubt eine ausgezeichnete Darstellung von Bildern.
>
> ... Die PEEK und POKE-Befehle ermöglichen eine Programmierung in Maschinensprache."

Die Befehle PEEK und POKE machen nichts anderes, als einen Zahlenwert aus einer Speicherstelle zu lesen bzw. sie dorthin zu schreiben. Man kann sich vorstellen, wie „komfortabel" es ist, damit in Maschinensprache zu programmieren.

Ebenfalls aus [C. LORENZ, Hobby-Computer-Handbuch, Hofacker-Verlag 1978] stammt das Zitat:

> „Für ca. 100 Zeilen BASIC-Listing benötigen Sie 2K-Byte Memory. ... Wollen Sie 8K BASIC fahren, sollten Sie mindestens 12 KByte Speichervolumen haben. Es bleiben Ihnen dann noch 4K für Ihr Anwenderprogramm. ... Die großen BASIC-Programme aus dem Hobbybereich sind heute zwischen 10K und 12K lang und man benötigt ca. 20K Speichergröße."

Vergleicht man dies mit dem Hauptspeicherbedarf aktueller Betriebssysteme, der im GByte-Bereich liegt, dann wird deutlich, wie sehr die Ansprüche an die Hardware seither gestiegen sind.

1.4 Arten von Computern

Es werden verschiedene Arten von Rechnern unterschieden, je nachdem, für welchen Zweck sie gedacht sind. Die nachfolgende Übersicht zeigt lediglich eine Auswahl davon.

Personal Computer

Häufig stellt man sich unter einem Computer in erster Linie einen *PC* (Personal Computer) vor. Ein PC ist, wie der Name andeutet, individuell für einen einzelnen Benutzer vorgesehen, der damit seine tägliche Arbeit erledigt. Auf dem PC wird zunächst ein *Betriebssystem* installiert, das die vorhandenen Hardwarekomponenten verwaltet und somit die Brücke zwischen Hardware und Benutzeranwendungen bildet. Zahlreiche Betriebssysteme stellen eine *grafische Benutzeroberfläche* bereit, die Anwendungen in Form von Fenstern darstellt und eine Bedienung mit der Maus ermöglicht.

Benutzeranwendungen können Office-Anwendungen wie Textverarbeitung und Tabellenkalkulation sein, Internet-Browser zum Surfen im Internet oder auch Grafikprogramme zur Bild- und Videobearbeitung. Sie werden unter Kontrolle des Betriebssystems auf dem PC installiert.

Es gibt verschiedene Varianten des PCs. Einen besonders leistungsfähigen PC nennt man *Workstation*. Als mobile Formen des PCs findet man die tragbaren *Notebooks* (*Laptops*) und eine zunehmende Menge von Varianten, wie die tastaturlosen *Tablets*. Mit Bluetooth-Tastaturen können sie in gewissen Grenzen als Notebook-Ersatz verwendet werden. Auch Smartphones werden immer größer und leistungsfähiger (Stichwort *Phablets*), so dass die Grenzen zwischen den Gerätekategorien immer mehr verschwinden

Aufgabe 5   Finden Sie heraus, welche Arten von PCs derzeit auf dem Markt beworben werden und wie sie sich unterscheiden!

Betrachten wir nun den Aufbau eines PCs. Er besteht im Wesentlichen aus folgenden Komponenten:

- *Prozessor* (*CPU*, Central Processing Unit): Er steuert die Abläufe im System.
- *Mainboard* (auch *Motherboard* oder *Hauptplatine* genannt: Auf ihm ist der Prozessor montiert, ferner weitere Komponenten wie der Chipsatz mit Schnittstellen „nach draußen" sowie Steckkarten und Hauptspeicher.
- *Maus* und *Tastatur*: Mit ihnen gibt der Benutzer Daten und Befehle ein und signalisiert dem Computer, was er tun möchte.
- *Optisches Laufwerk* (CD, DVD, Blueray, etc.): Die zugehörigen Medien können Programme enthalten, die auf dem Computer installiert werden sollen, ferner verschiedene Arten von Daten wie Bilder oder Videos.
- *Festplatte* oder *SSD* (Solid State Disk)*:* Auf ihr werden die Programme installiert und laufen dann deutlich schneller als wenn sie direkt von einem optischen Medium gestartet würden.
- *Hauptspeicher* (auch *Arbeitsspeicher*): Zu startende Programme werden vom Prozessor zunächst automatisch von der Festplatte oder einem anderen Medium dorthin kopiert, weil der Hauptspeicher weitaus schneller ist als eine Festplatte oder DVD. Der Hauptspeicher dient zudem als Zwischenspeicher für alle Daten, die während des Programmlaufes erzeugt oder verarbeitet werden.
- *Display* oder *Monitor* ist der Oberbegriff für Anzeigegeräte wie Röhrenmonitore oder TFT-Displays. Als Standard-Ausgabemedium sieht man darauf z.B. Ergebnisse von Berechnungen sowie Bilder und Videos.
- *Drucker* ermöglichen die Ausgabe von Dokumenten in Papierform.

Auf dem Mainboard sind üblicherweise Funktionalitäten für Sound, Netzwerk und evtl. auch Grafik integriert. Außerdem findet man eine Vielzahl von Schnittstellen, um die abgebildeten Geräte und noch weitere anzuschließen: USB, Serial ATA, PCI-Express, HDMI, Headset, Speicherkartenleser, usw.

Aufgabe 6   Schrauben Sie einen PC auf und sehen Sie nach, welche Komponenten eingebaut sind und wie sie miteinander verbunden sind! (Für etwaige Garantieverluste wird keine Gewähr übernommen ...)

Server und Clients

Ein *Server* stellt Daten für mehrere Benutzer zur Verfügung. Man findet z.B. *Fileserver* für den Austausch von Dateien aller Art, *Webserver*, die Internetseiten bereitstellen oder *Mailserver*, die Postfächer zahlreicher Benutzer enthalten. Nicht nur die Computerhardware wird als Server bezeichnet, sondern auch eine Anwendung, die Daten bereitstellt. Auf einem physischen Rechner können somit mehrere Serveranwendungen laufen.

Serveranwendungen sind nicht auf spezielle Serverhardware beschränkt. Es kann z.B. eine Dateifreigabe, also ein Fileserver, auf einem gewöhnlichen PC oder sogar auf einer Netzwerk-Festplatte laufen. Selbst wenn spezielle Serverhardware eingesetzt wird, kann sie dennoch wie ein PC aussehen, so dass die Grenzen zwischen PC und Server fließend sind.

Oft wird Serverhardware aber so gestaltet, dass man mehrere Server zusammen in *Serverschränke (Racks)* einbauen kann. In einem Rack findet man oft eine große Menge vertraulicher Daten auf kleinem Raum. Es entwickelt wegen der Vielzahl von Hochleistungskomponenten eine beträchtliche Abwärme, die mit zahlreichen Lüftern vom Entstehungsort wegtransportiert wird. Mit den Lüftern ist eine hohe Geräuschentwicklung verbunden. Aus den genannten Gründen bringt man Racks in *Serverräumen* unter, wo sie mit einer Klimaanlage gekühlt werden, die Geräuschentwicklung nicht allzu sehr stört, und wo sie vor dem Zutritt Unbefugter geschützt sind.

Rechner oder Anwendungen, die die von einem Server bereitgestellten Daten nutzen, nennt man *Clients*. Ein Client kann z.B. ein PC oder ein Browser auf einem PC sein. Im Falle der Hardware-Clients unterscheidet man im wesentlichen Fat Clients und Thin Clients.

- Ein *Fat Client* ist ein komplett ausgestatteter PC, der die abgerufenen Daten selbst verarbeitet und häufig selbst Daten speichert. Auf ihm sind die dazu nötigen Anwendungen installiert.
- Ein *Thin Client* dient lediglich der Anzeige der Verarbeitungsergebnisse. Die eigentliche Verarbeitung der Daten findet aber ebenso wie die Speicherung auf einem Server statt. Wegen der geringen Hardware- und Software-Erfordernisse sind Thin Clients erheblich kostengünstiger als Fat Clients. Außerdem ist die Verteilung der Software auf die Clients und die Erstellung von Sicherheitskopien der Daten erheblich einfacher.

Aufgabe 7   Informieren Sie sich über das Aussehen eines Serverraumes. Wenn möglich, besichtigen Sie einen. Welche Geräte und Vorrichtungen finden sich außer den Servern typischerweise noch darin? Wie wird die Datensicherung (Erstellung von Sicherheitskopien) durchgeführt?

Virtuelle Maschinen

Gerade im Serverbereich ist Virtualisierung sehr verbreitet. Anstatt z.B. zehn Server mit unterschiedlicher physischer Hardware aufzusetzen und zu pflegen, nimmt man nur eine einzige, sehr leistungsfähige Serverhardware, den *Host*, und lässt darauf die Server jeweils in einer eigenen *virtuellen Maschine (VM)* als *Guests* laufen.

Man kann virtuelle Maschinen starten (*booten*), herunterfahren oder in einen Ruhemodus (*Suspend-Modus*) versetzen. Wie bei einem physischen PC lässt sich nach dem Booten zunächst ein Betriebssystem, dann Anwendungssoftware installieren. Das Betriebssystem, das man auf der Serverhardware laufen lässt, kann ein anderes sein als das in den virtuellen Maschinen. Jede virtuelle Maschine kann ein unterschiedliches Betriebssystem mit unterschiedlicher Anwendungssoftware haben.

Sämtliche Hardware der virtuellen Maschinen existiert nicht real, sondern wird dem Guest-Betriebssystem nur vom Host-Betriebssystem „vorgegaukelt". Jede virtuelle Maschine besitzt aus Sicht des Guest-Betriebssystems dieselbe Art Hardware, so dass immer dieselben Gerätetreiber benötigt werden.

Die virtuelle Festplatte eines Guests kann formatiert oder partitioniert werden, ohne dass die Festplatte des Hosts Schaden erleiden kann, denn aus der Sicht des Hosts ist eine virtuelle Maschine im Grunde nur eine Menge Dateien. Von diesen kann man z.B. auf einfache Art Sicherungskopien erstellen. Verschiedene Guests können auch einige der Dateien gemeinsam haben, z.B. wenn sie dasselbe Betriebssystem und ähnliche Anwendungssoftware besitzen. Für den Benutzer wirkt eine virtuelle Maschine wie ein üblicher PC, nur dass er keine zusätzliche Hardware benötigt.

Mainframes

Mainframes sind Großrechner, auf denen oft Tausende von Benutzern arbeiten können. Nicht nur die Daten, sondern auch Anwendungen oder gar noch zusätzlich das Betriebssystem werden bereitgestellt, so dass sich ein Client darauf beschränken kann, die Benutzeroberfläche darzustellen. Ein Benutzer arbeitet oft mit einer eigenen virtuellen Maschine, die auf dem Mainframe läuft.

Aufgabe 8   Welche Hauptvorteile von Mainframes vermuten Sie?

Aufgabe 9   Welche Art von Clients eignet sich besonders gut in Verbindung mit Mainframes?

Supercomputer

Supercomputer sind Computer mit extrem hoher Rechenleistung, die z.B. in der Wettervorhersage, für Simulationen in der Klimaforschung oder für Windkanalsimulationen im Automobil- und Flugzeugbau eingesetzt werden. Meistens geht es um das Lösen sehr großer Gleichungssysteme.

Die Rechenleistung eines Supercomputers kann in der Größenordnung von 100 000 PCs und mehr liegen. Das bedeutet, dass eine Berechnung, die auf einem PC zehn Jahre benötigen würde, auf einem Supercomputer nach nur knapp einer Stunde fertig wäre.

Es stellt sich die Frage, wozu man eine solch immens hohe Rechenleistung benötigt. Dazu ein Beispiel: Angenommen, für eine Simulation der weltweiten Klimaentwicklung überzieht man den Globus mit einem gedachten Raster von Punkten, für die die Berechnungen durchgeführt werden. Unter anderem in Abhängigkeit von der Höhenlage, Geländebeschaffenheit und bisherigen Messwerten in der Nähe der Punkte rechnet man aus, wie sich das Klima an jedem der Punkte in den nächsten Jahren entwickeln könnte. Benachbarte Punkte beeinflussen sich dabei gegenseitig.

Damit man das Ergebnis eines Simulationslaufes innerhalb von 20 Stunden auf einem bestimmten Supercomputer erhält, kann man das Raster entlang der Erdoberfläche nicht enger
als z.B. 300 km wählen. In der Höhe nimmt man z.B. 300 m Punktabstand. Das ist aber ein
recht grobes Raster, das zu ungenauen Ergebnissen führt.

Um wie viel schneller muss man den Computer machen, damit man bei gleicher Rechendauer
ein zehnmal engeres Raster, also 30 km bzw. 30m, wählen kann? Es werden drei Raumachsen
verwendet, also muss man in jeder Richtung das Raster zehnmal feiner gestalten. Daraus ergeben sich $10 \cdot 10 \cdot 10 = 1000$ Mal mehr Punkte, an denen eine Berechnung erfolgen muss.
Steigt die nötige Rechenarbeit mit der Anzahl der Punkte linear an, dann benötigt man 1000
Mal mehr Berechnungen.

Damit die nötige Dauer für die Berechnungen konstant bleibt, benötigt man somit einen Computer mit tausendfach höherer Rechenleistung. Auf dem vorliegenden Supercomputer würde
die Berechnung $20\,h \cdot 1000 = 20\,000\,h = 2$ Jahre und $103,3$ Tage dauern. Eine Verkleinerung
des Rasters auf 3 km bzw. 3 m in der z-Richtung würde die Rechenarbeit im Vergleich zum
ursprünglichen Raster gar um den Faktor 1 Million vervielfachen.

Die hohe Rechenleistung eines Supercomputers erreicht man heutzutage meist durch die Verwendung von Hunderttausenden oder gar Millionen Prozessoren, wie man sie auch in Servern
oder PCs findet, eventuell ergänzt um schnelle Grafikprozessoren, die ebenfalls für numerische Berechnungen verwendet werden. Man stattet einen Supercomputer ferner mit einem immens großen Hauptspeicher aus, der im Petabyte-Bereich liegen kann. Entsprechend benötigt
ein Supercomputer eine elektrische Leistung, die sich nicht selten im Megawatt-Bereich bewegt.

Aufgabe 10   Informieren Sie sich auf http://www.top500.org/ über die derzeit schnellsten Supercomputer. Welche Rechenleistung haben sie? Welche Informationen lassen
sich zu Hauptspeicher, Anzahl der Prozessorkerne und Betriebssystem finden?

Embedded Systems

Am entgegengesetzten Ende der Rechenleistungs-Skala finden sich diejenigen Computersysteme, die zahlenmäßig die größte Verbreitung haben: Als ***Embedded Systems*** oder ***Mikrocom-***
putersysteme findet man sie z.B. in Handys, Waschmaschinen, Unterhaltungselektronik, Ge-
bäudeautomatisierung, verschiedenen Arten von Automaten und oft dutzendfach in Autos.

Dort kennt man sie z.B. als ABS (<u>A</u>nti<u>b</u>lockier<u>s</u>ystem) oder ESP (<u>E</u>lektronisches <u>S</u>tabilitäts-
<u>p</u>rogramm). Aber auch in der Motorsteuerung sitzt üblicherweise ein ***Mikrocontroller***, wie
man den Prozessor eines Embedded Systems nennt. Er bestimmt, wie das Benzin-Luft-Ge-
misch im Motor zusammengesetzt wird und bei welcher Maximalgeschwindigkeit das Fahrzeug nicht mehr weiter beschleunigt. Beim Chip-Tuning wird der Mikrocontroller mit einem
veränderten Programm versehen, so dass eine höhere Motorleistung oder eine höhere Maximalgeschwindigkeit erzielt werden kann.

Im Grunde ist auch jede ***Smartcard*** ein Embedded System. Eine Smartcard ist ein vollständi-
ger kleiner Einchip-Computer in Kartenbauform, der über Anschlusskontakte oder drahtlos
(***RFID***, <u>R</u>adio <u>F</u>requency <u>I</u>dentification) mit der Außenwelt kommuniziert. Man findet

Smartcards z.B. als SIM-Karte beim Handy, für die Zutrittskontrolle zu Räumen, zur Anmeldung beim PC, zum Bezahlen in der Mensa, als Personalausweis, Reisepass oder als EC-Karte.

Erstaunlicherweise enthält auch ein PC oder Server zahlreiche Embedded Systems: Im Display, der Festplatte, dem DVD-Brenner, dem Drucker und der Tastatur sind Prozessoren enthalten, die die Verarbeitung der Daten in dem jeweiligen Gerät durchführen.

Die CPU ist also nur einer von vielen Prozessoren in einem PC, darum auch *Central* Processing Unit im Gegensatz zu den darum herum angesiedelten „Nebenprozessoren". Verwendet man eine leistungsfähige Grafikkarte, dann mag der schnellste Prozessor nicht auf dem Mainboard sitzen, sondern in der Grafikkarte!

Embedded Systems sind ihrem Einsatzzweck entsprechend deutlich einfacher aufgebaut als ein PC. Es fehlen üblicherweise Anschlussmöglichkeiten für Massenspeicher wie Festplatten und DVD-Brenner. Als permanente Speichermedien werden z.B. ***Flash-Speicher*** eingesetzt, die im Gegensatz zum RAM ihre Daten beim Ausschalten nicht verlieren. In ihnen wird neben Benutzereinstellungen und Parametern auch die so genannte ***Firmware*** gespeichert. Das sind Programme, die das Embedded System nach dem Einschalten abarbeitet.

An viele Embedded Systems werden weder Tastatur noch Maus oder Drucker angeschlossen, sondern sie verarbeiten z.B. Messwerte von Sensoren. Die Ergebnisse werden dann z.B. über Schnittstellen geschickt oder in Form elektrischer Signale ausgegeben, mit denen Aktoren, z.B. Elektromotoren, gesteuert werden. Immer mehr dieser Embedded Systems sind an das Internet angeschlossen, sodass man vom ***Internet of Things (IoT)*** spricht.

Manchmal findet man in Embedded Systems ein kleines ***LC-Display*** (Liquid Crystal Display, LCD, Flüssigkristall-Display) als Anzeigemedium. Dabei ist aber kein separater Grafikchip für die Darstellung nötig, sondern der Mikrocontroller steuert es direkt an. Intelligente Displays enthalten selbst einen kleinen Prozessor, um die Ansteuerung zu vereinfachen.

Einfache Embedded Systems enthalten 8-Bit-Prozessoren, z.B. die ***ATMega-*** oder ***PIC-Prozessoren*** von Microchip Technology. Sie werden oft nur mit wenigen MHz Taktfrequenz getaktet und kommen häufig ganz ohne Betriebssystem aus. Sie werden mit Hilfe einer Entwicklungsumgebung in den Programmiersprachen C oder Assembler, manchmal auch in Pascal oder Basic programmiert.

Leistungsfähige Embedded Systems können die Rechenleistung eines PCs erreichen. Die darin eingesetzten Prozessoren können mitunter dieselben sein wie bei wie bei Netbooks, Tablets oder Smartphones, sodass die Grenzen zum PC fließend sind. Bekanntes Beispiel sind die Arduino-Boards oder die RaspberryPi-Einplatinencomputer. Auf letzteren laufen auch Betriebssysteme wie Linux.

Aufgabe 11   Finden Sie 10 Embedded Systems in Ihrem Zuhause und in Ihrer unmittelbaren Umgebung. Sammeln Sie so viele Informationen wie möglich darüber (Zweck, Typ des Mikrocontrollers, Speichergröße, etc.)

2 Allgemeiner Aufbau eines Computersystems

2.1 Blockdiagramm und grundlegende Abläufe

Wir haben Computersysteme kennengelernt, die sehr unterschiedlich ausgesehen haben und für verschiedenste Zwecke eingesetzt werden. Daher stellt sich die Frage, welche Komponenten ein Computer in jedem Falle benötigt. Der „kleinste gemeinsame Nenner" sozusagen ist in der Abb. 2.1 zu sehen.

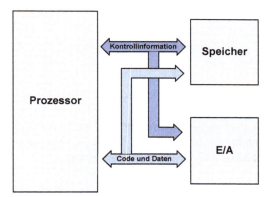

Abb. 2.1:   Allgemeiner Aufbau eines Computersystems

Die Hauptkomponenten eines Computers sind Prozessor, Speicher und ein *E/A-Subsystem*. Die Verbindungen dazwischen nennt man *Busse*. Ihr Zusammenspiel soll ein Beispiel zeigen:
- Der Speicher enthält den auszuführenden Code, also Maschinenbefehle, und die zu verarbeitenden Daten.
- Der Prozessor holt einen Maschinenbefehl aus dem Speicher. Dazu müssen Speicher und Prozessor Kontrollinformationen austauschen. Der Prozessor teilt dem Speicher mit, dass er Inhalte lesen möchte und von wo. In der Abb. 2.2 ist dies durch „K-Info: Nächster Befehl?" gekennzeichnet. „K-Info" steht abgekürzt für Kontrollinformation. Der Speicher meldet dem Prozessor, dass die gewünschten Inhalte nun bereit stehen („K-Info: Rückmeldungen"). Dann holt sie der Prozessor vom Speicher ab.
- In unserem Falle handle es sich bei dem geholten Maschinenbefehl um einen Addierbefehl, der in menschenverständlicher Form als ADD AX, [y] geschrieben wird. Diese Schreibweise nennt man *Assemblercode*. In Wirklichkeit stünden nur Nullen und Einsen im Speicher.

https://doi.org/10.1515/9783110741797-002

- Der besagte Assemblerbefehl bedeutet: „Addiere zum Inhalt des AX-Registers den Inhalt von y". Das Ergebnis steht wiederum im AX-Register.
- Das AX-Register ist ein Zwischenspeicher im Prozessor, mit dem der Prozessor verschiedenste Verknüpfungen durchführen kann.
- Bei y handelt es sich um eine Speicherstelle, in der im Vorfeld einer der zu addierenden Operanden abgelegt wurde. Dass es sich um eine Speicherstelle und nicht um einen Zahlenwert handelt, macht man durch die eckigen Klammern deutlich.

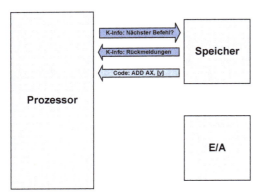

Abb. 2.2:   Holen eines Befehls aus dem Speicher

- Anschließend führt der Prozessor den Maschinenbefehl aus. Der Prozessor bemerkt, dass dazu ein Operand aus dem Speicher zu holen ist.
- Wieder teilt der Prozessor dem Speicher mit, dass er Inhalte lesen möchte, wie in Abb. 2.3 zu sehen ist. Diesmal handelt es sich aber nicht um Code, sondern um Daten. Wie zuvor stellt der Speicher den gewünschten Inhalt bereit, und der Prozessor holt ihn ab.

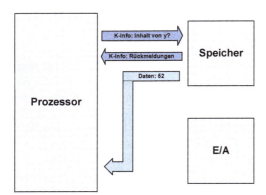

Abb. 2.3:   Lesen eines Operanden

- Der Prozessor führt nun die gewünschte Addition durch, indem er die vom Speicher als Inhalt von y gelieferte 52 zum Inhalt des AX-Registers addiert. Wir nehmen an, im AX-

Register stand eine 22, und als Summe kommt demnach 74 heraus, die den neuen Inhalt des AX-Registers bildet.

- Der Prozessor holt gemäß Abb. 2.4 den nächsten Befehl aus dem Speicher. Er lautet OUT 310h, AL. Das bedeutet „Gebe aus auf den Port 310 den Inhalt von AL". AL sind die unteren 8 Bits von AX, das insgesamt 16 Bits umfasst. Das „h" hinter der 310 deutet an, dass die Zahl eine Hexadezimalzahl ist.

  E/A-Bausteine bieten Schnittstellen nach außen. Alles, was an diese angeschlossen wird, nennt man *Peripheriegeräte* (in der Abb. nicht dargestellt). Dabei kann es sich z.B. um einen Drucker oder eine Tastatur handeln. Peripheriegeräte können sich auch innerhalb des Computergehäuses befinden, was z.B. bei einer Festplatte der Fall ist. Die Angabe einer Portnummer bestimmt, zu welchem Peripheriegerät die Ausgabe gelangen soll.

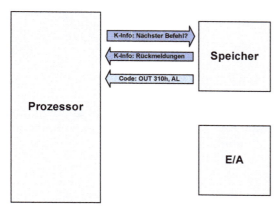

Abb. 2.4:   Holen eines E/A-Befehls

- Der Prozessor führt diesen Befehl aus, indem er gemäß Abb. 2.5 dem E/A-Subsystem mitteilt, an welchen Port welcher Inhalt ausgegeben werden soll. Das E/A-Subsystem informiert den Prozessor, dass es bereit zur Ausgabe ist, leitet den Wert zum Peripheriegerät und informiert den Prozessor über den Erfolg.

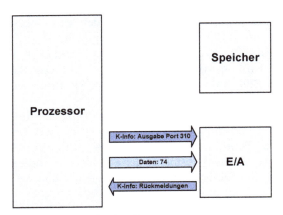

Abb. 2.5:   Ausgabe eines Datenwortes

2.2   Detaillierteres Computermodell

Unser einfaches Computermodell aus dem vorigen Kapitel bedarf noch einiger Ergänzungen, die aus Abb. 2.6 ersichtlich werden. Der Prozessor besteht intern aus mehreren Komponenten. Die wichtigsten sind das Steuerwerk und das Rechenwerk.

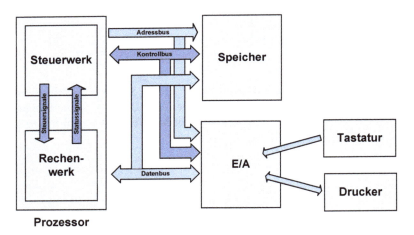

Abb. 2.6:   Detaillierteres Computermodell

Das *Steuerwerk* steuert die Abläufe im Computer und sorgt dafür, dass die Befehle aus dem Hauptspeicher geholt werden und auf die richtige Weise zur Ausführung gelangen. Dazu verwendet es *Steuersignale*, die dem Rechenwerk z.B. mitteilen, wo die Operanden herkommen und welche Operationen durchzuführen sind.

Die eigentliche Ausführung der Befehle erfolgt im *Rechenwerk* unter der Kontrolle des Steuerwerks. Das Rechenwerk meldet Informationen an das Steuerwerk mittels *Statussignalen* zurück, z.B. ob eine Null als Ergebnis entstanden ist oder ob Fehler aufgetreten sind. Steuer- und Statussignale sind Kontrollinformationen. Man findet Kontrollinformationen somit nicht nur bei der Kommunikation des Prozessors mit anderen Bausteinen, sondern auch bei der prozessorinternen Kommunikation.

Um dem Speicher mitzuteilen, von welchen Speicherstellen gelesen und geschrieben wird, verwendet der Prozessor **Adressen**. Bisher waren sie in den Kontrollinformationen verborgen, aber nun wollen wir sie explizit aufführen. Wir unterscheiden also nun Kontrollbus, Datenbus und Adressbus voneinander.

Es gibt Computer, bei denen Code und Daten auf unterschiedliche Weise behandelt werden und sich sogar in unterschiedlichen Speichern befinden (**Harvard-Architektur**). Andere Systeme, wie unser Beispielsystem, machen diesen Unterschied nicht (**Von-Neumann-Architektur**). Betrachten wir nun die beteiligten Komponenten und Abläufe unter diesen neuen Gesichtspunkten.

2.3   Speicher und E/A-Bausteine

Wiederholen wir zunächst, was wir bereits über den Speicher und das E/A-Subsystem unseres Computermodells wissen: Der Speicher, genauer gesagt der Hauptspeicher, enthält Programme und Daten. Die kleinste Einheit des Speichers aus der Sicht des Prozessors sind Speicherstellen. An jeder Speicherstelle kann eine gewisse Anzahl von Bits, z.B. 32 Bits, gespeichert werden, was man die Wortbreite des Speichers nennt. Ein E/A-Subsystem dient wie erwähnt der Ein- und Ausgabe von Daten über Schnittstellen. Werfen wir nun einen Blick hinein in diese Komponenten (Abb. 2.7).

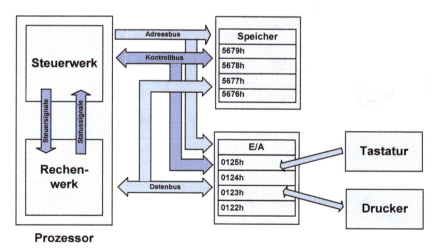

Abb. 2.7:   Adressierung von Speicher- und E/A-Bausteinen

Das E/A-Subsystem besteht aus E/A-Baugruppen. Jede Baugruppe steht für einen bestimmten Schnittstellentyp. So benötigt man für eine USB-Schnittstelle, eine S-ATA-Schnittstelle oder eine RS232-Schnittstelle jeweils unterschiedliche Baugruppen.

In jeder E/A-Baugruppe befinden sich *E/A-Register,* um die einzulesenden oder auszugebenden Daten aufzunehmen, ferner *Steuerregister*, um die Abläufe zu steuern und Schnittstellenparameter einzustellen, z.B. die Übertragungsgeschwindigkeit. Bei E/A-Baugruppen beträgt die Wortbreite oft 8 Bit.

Speicherstellen und E/A-Register sind durchnummeriert. Diese Nummern sind uns bereits als *Adressen* begegnet. Sie werden meist hexadezimal angegeben. Speicherbereiche und E/A-Bereiche können durchaus gemischt auftreten, so dass man für beides nur einen Adressraum benötigt und keine zwei unterschiedlichen.

Z.B. kann eine Adresse 5678h (h bedeutet wieder hexadezimal) für eine gewisse Speicherstelle stehen. Eine andere Adresse 0123h steht für ein E/A-Register, über das Daten von einer Schnittstelle eingelesen oder über diese ausgegeben werden können. An dieser Schnittstelle hängt zum Beispiel ein Drucker. Über eine andere Adresse 0125h kann eine Tastatur angesprochen werden.

Beim Lesen und Schreiben gibt es einen grundlegenden Unterschied zwischen Speicher und E/A-Bausteinen. Schreibt ein Prozessor ein Datenwort, z.B. die 27, an die Speicherstelle 5678h, dann wird das Datenwort dort gespeichert, wie dies in Abb. 2.8 zu sehen ist.

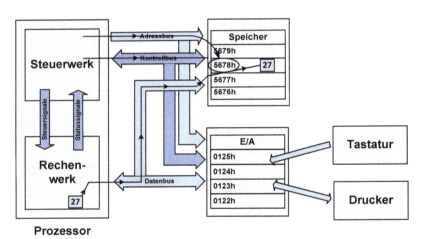

Abb. 2.8:   Schreiben in eine Speicherstelle

Benötigt der Prozessor es später wieder, dann liest er den Inhalt der Speicherstelle 5678h, und erhält das zuvor gespeicherte Datenwort, also die 27, zurück (Abb. 2.9).

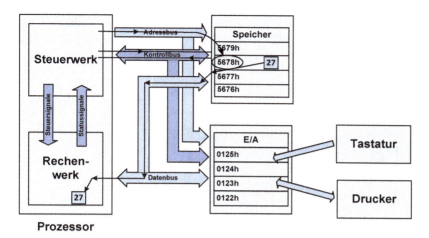

Abb. 2.9:   Lesen aus einer Speicherstelle

Wenn der Prozessor dagegen ein Datenwort in die Adresse 0123h schreibt, dann wird dieses von dem E/A-Baustein auf die entsprechende Schnittstelle ausgegeben und gelangt in unserem Beispiel zum Drucker. Das Datenwort, in Abb. 2.10 die 27, löst abhängig von seinem Wert z.B. eine Aktion im Drucker aus (als so genanntes Steuerzeichen) oder erscheint als Buchstabe auf dem Papier.

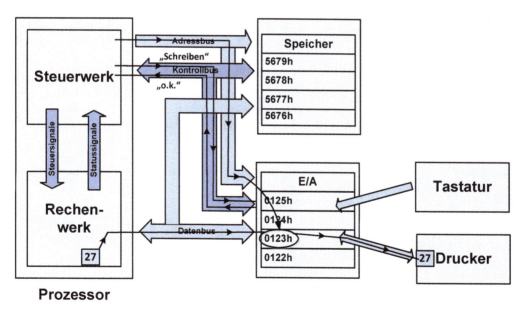

Abb. 2.10:   Schreiben in ein E/A-Register

Liest der Prozessor dagegen den Inhalt der Adresse 0123h, dann liest er in Wirklichkeit die Daten von der Schnittstelle. Wie in Abb. 2.11 zu sehen ist, kommen die Daten also von dem Gerät, das an der Schnittstelle angeschlossen ist. Der Drucker liefert dabei z.B. eine Empfangsbestätigung oder eine Statusinformation, z.B. ob das Papier zu Ende ist oder ein anderer Fehler aufgetreten ist, im abgebildeten Fall eine 99.

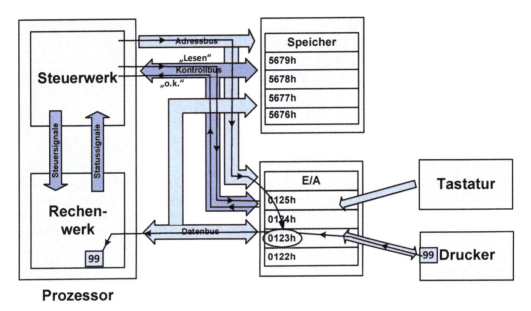

Abb. 2.11:   Lesen von einem E/A-Register

Andererseits liefert Lesen von der Adresse 0125h beispielsweise den letzten Tastendruck, der auf der Tastatur eingegeben wurde. Dieser kann bei jedem Lesevorgang ein anderer sein. Schreiben in die Adresse 0125h ist nicht sinnvoll, weil die Tastatur keine Ausgabemöglichkeit besitzt. Würde der Prozessor trotzdem dorthin schreiben, würde das ignoriert werden.

Aufgabe 12   Welche Grundvoraussetzung müssen die Adressen erfüllen, die von Speicher- und E/A-Bausteinen belegt werden?

2.4   Prozessor und Busse

Der Prozessor (CPU, Central Processing Unit) steuert, wie bereits bekannt, den gesamten Ablauf im Computer. Er bearbeitet Daten, z.B. mit arithmetischen oder logischen Verknüpfungen. Ein Prozessor ist nicht immer ein einzelnes Bauteil, sondern er kann auf mehrere Chips verteilt sein oder gar mehrere Platinen umfassen. Ist der gesamte Prozessor auf einem einzigen Chip integriert, dann spricht man von einem *Mikroprozessor*. Für viele Betrachtungen kommt es aber auf diese äußerlichen Unterschiede nicht an. Viel wesentlicher ist sein interner Aufbau.

Wesentliche Baugruppen sind das *Steuerwerk*, das alle Abläufe im System steuert, und das *Rechenwerk*, welches verschiedenartige arithmetische und logische Operationen so durchführt, wie es vom Steuerwerk vorgegeben wird.

Ein Addierbefehl beispielsweise würde zunächst vom Steuerwerk aus dem Speicher geholt werden. Das Steuerwerk erkennt, dass eine Addition durchzuführen ist und schaltet die Datenpfade so, dass die beiden richtigen Werte addiert werden. Die eigentliche Addition erfolgt im Rechenwerk. Dann sorgt das Steuerwerk dafür, dass das Rechenergebnis an das richtige Ziel gelangt.

Im Beispiel dienen Kontroll-Informationen dazu, das Rechenwerk auf „Addieren" einzustellen. Daten sind die zu addierenden Operanden. Zum Code zählt der Addierbefehl. Adressen beschreiben die Speicherorte, von denen die Operanden kommen und an die das Ergebnis geschrieben wird.

Das Steuerwerk steuert die drei anderen Komponenten. Entsprechend fließen Kontroll-Informationen vom Steuerwerk zu den anderen Baugruppen. Die dazu nötigen unterschiedlichen Signale werden häufig zu einem so genannten *Steuerbus (Control Bus)* zusammengefasst. Weil die gesteuerten Komponenten teils Rückmeldungen liefern müssen, z.B. wann die Operation fertig ist oder ob Probleme aufgetreten sind, fließen Informationen in beide Richtungen, nicht nur vom Steuerwerk weg.

Welche Operationen durchzuführen sind, erfährt das Steuerwerk durch Programm-Code, der sich im Speicher befindet. Der Code wird üblicherweise vom Steuerwerk nur gelesen, aber nicht verändert. Sowohl Code als auch Daten fließen über einen *Datenbus (Data Bus)*. Welche Speicherstellen angesprochen werden sollen, wird auf einem (hier nicht eingezeichneten) *Adressbus (Address Bus)* angegeben. An die Busse sind mehrere Bausteine, z.B. Speicherchips, parallel angeschlossen.

Man muss sicherstellen, dass jeweils nur einer der Bausteine auf dem Bus senden darf, damit es nicht zu Konflikten kommt. Dies geschieht dadurch, dass unterschiedlichen Bausteinen unterschiedliche Adressbereiche zugeordnet werden. Bei jeder Adresse fühlt sich dann maximal ein Baustein angesprochen und reagiert auf eine Lese- oder Schreibanfrage.

Aufgabe 13 Bei jeder Adresse fühlt sich MAXIMAL ein Baustein angesprochen. Unter welchen Gegebenheiten könnte es vorkommen, dass GAR KEINER angesprochen wird? Was könnte in so einem Fall passieren? Wie lässt es sich vermeiden?

Je nachdem, welche Anschlüsse der Prozessor aufzuweisen hat, kann ein Bus unterschiedliche Breite besitzen. Bei Mikrocontrollern findet man z.B. 8 oder 16 Bit breite Datenbusse. Bei Desktop-Prozessoren ist der Datenbus 32 Bit oder 64-Bit breit. Die Breite des Datenbusses entspricht der Wortbreite einer Speicherstelle.

Aufgabe 14 Welchen Einfluss der Wortbreite auf die Geschwindigkeit des Computers vermuten Sie?

Daten- und Adress-Signale sind ihrer Wertigkeit entsprechend durchnummeriert, z.B. von D_0 bis D_{31}. Steuersignale sind sich meist nicht so ähnlich in ihrer Funktion und besitzen demnach recht unterschiedliche Bezeichnungen (z.B. CLK für ein Taktsignal, NMI bzw. IRQ für verschiedene Arten von Programmunterbrechungen, usw.).

Neben Steuerwerk und Rechenwerk sind noch weitere Komponenten im Prozessor vorhanden, wie man in der Abb. 2.12 erkennen kann.

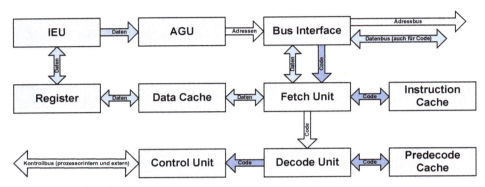

Abb. 2.12:   Aufbau eines Prozessors

Es handelt sich insbesondere um die folgenden Komponenten:

- **Bus Interface (Busschnittstelle)**: Bildet die Verbindung zur Außenwelt, insbesondere zu Speicher und E/A-Bausteinen. Mit dem Adressbus wird bestimmt, von wo Daten und Code geholt werden sollen bzw. wohin sie gelangen sollen. Übertragen werden sie dann über den Datenbus.
- **Fetch Unit:** Liest Befehle auf Vorrat in den Instruction Cache und Data Cache und gibt die Befehle an die Decode Unit weiter
- **Decode Unit:** Decodiert die von der Fetch Unit geholten Befehle und legt die Ergebnisse im Predecode Cache ab bzw. reicht sie an die Control Unit weiter.
- **Control Unit (Steuerwerk)**: Führt die vordecodierten Befehle aus und erzeugt die nötigen Steuersignale, u.a. für die IEU und die AGU.
- **IEU** (Integer Execution Unit, Ganzzahl-Rechenwerk): Führt ganzzahlige Berechnungen und logische Verknüpfungen durch.
- **AGU** (Address Generation Unit, Adressierungseinheit): Berechnet die Adressen benötigter Daten und Befehle.
- **Register** sind eine Art Speicherstellen im Prozessor, mit denen der Prozessor besonders schnell und flexibel arbeiten kann. Anders als im Hauptspeicher werden Register nicht über eine Adresse, sondern über einen Namen angesprochen, z.B. AX, BX, CX oder DX. Der Name des Registers steckt codiert in dem jeweils auszuführenden Maschinenbefehl.

Aufgabe 15   Welchen Vorteil könnte es haben, wenn Befehle auf Vorrat in den Predecode Cache geholt werden? Unter welchen Umständen bringt es nichts?

2.5   Taxonomien

FLYNNsche Taxonomie

Als Taxonomie bezeichnet man die Einteilung von Dingen in Kategorien oder Klassen. 1972 veröffentlichte MICHAEL J. FLYNN seine Taxonomie der Rechnerarchitekturen. Rechnerarchitekturen werden dabei nach zwei Kriterien eingeteilt:

- Die Maschine arbeitet zu einem bestimmtem Zeitpunkt einen (**SI**, **S**ingle **I**nstruction) oder mehrere (**MI**, **M**ultiple **I**nstruction) Befehle ab
- Die Maschine bearbeitet zu einem bestimmtem Zeitpunkt einen (**SD**, **s**ingle **d**ata) oder mehrere (**MD**, **M**ultiple **D**ata) Datenworte

Daraus ergeben sich 4 Klassen:

- **SISD**: Z.B. VON-NEUMANN-Architektur (bei den meisten Mikroprozessoren, z.b. Mikrocontroller und Einkernprozessoren)
- **SIMD**: Z.B. Vektorrechner (kompletter Vektor aus mehreren Zahlenwerten wird auf einmal verarbeitet), Feldrechner (Gitter aus Verarbeitungselementen mit zentraler Kontrolle)
- **MISD**: Keine praktische Bedeutung. Es gibt jedoch Überlegungen, gewisse fehlertolerante Systeme in diese Klasse einzuordnen, die Berechnungen redundant (mehrfach) durchführen.
- **MIMD**: Z.B. Multiprozessorsysteme (mehrere Verarbeitungselemente ohne zentrale Kontrolle), Datenflussmaschinen (Verfügbarkeit der Operanden löst Rechenvorgänge aus)

Es können auch Mischformen auftreten. Beispielsweise handelt es sich bei den Multimedia-Erweiterungen der 80x86-kompatiblen Prozessoren (SSE, Streaming SIMD Extensions) um SIMD-Erweiterungen. Die eigentlichen Prozessorkerne arbeiten dagegen nach dem SISD-Prinzip. Die Multimedia-Erweiterungen ergänzen den Prozessor um Befehle, die hauptsächlich für 3D-Grafik gedacht sind und die drei Dimensionen (also drei Datenworte) gleichzeitig verarbeiten können.

Aufgabe 16   Ein PC habe einen Prozessor mit 16 Kernen. Wie ist er nach der FLYNNschen Taxonomie zu klassifizieren?

Aufgabe 17   In welche Klasse der FLYNNschen Taxonomie fällt ein moderner Grafikprozessor?

Erlangen Klassifikationssystem (ECS)

1975 entwickelte Wolfgang Händler das **E**rlangen **C**lassification **S**ystem (ECS) als Alternative zur FLYNNschen Taxonomie. Demgemäß besteht eine Rechnerarchitektur aus k Steuerwerken und d Rechenwerken mit jeweils w Bits Wortbreite. Dadurch lässt sich jeder Rechner durch ein Zahlentripel (k, d, w) charakterisieren.

Im Gegensatz zur FLYNNschen Taxonomie gibt das ECS die genaue Anzahl der Befehle bzw. Datenworte an, die gleichzeitig verarbeitet werden können. Die Wortbreite wird zusätzlich angegeben. Es handelt sich also um eine Art Erweiterung der FLYNNschen Taxonomie.

Die Anzahl k der Steuerwerke gibt an, wie viele Befehle ein Computer gleichzeitig bearbeiten kann. Das entspricht der Angabe SI bzw. MI aus der FLYNNschen Taxonomie, wobei k=1 SI entspricht, während k>1 MI entspricht.

Die Anzahl d der Rechenwerke beschreibt, wie viele Operanden gleichzeitig verarbeitet werden können. Wenn d=1 ist, entspricht das somit SD, d>1 entspricht MD aus der FLYNNschen Taxonomie.

Aufgabe 18   Wie stellt man Multiprozessorsysteme im ECS dar?

Aufgabe 19   Wie stellt man Feldrechner im ECS dar?

3   Performance und Performanceverbesserung

3.1   Angabe der Rechenleistung

Problematik

Computerarchitektur beschäftigt sich unter anderem damit, möglichst „gute" Computer zu entwickeln. Aber was bedeutet das? Wie sieht der ideale Computer aus?

Diese Frage lässt sich ebenso schwierig beantworten wie die nach dem idealen Auto. Welches ist das ideale Auto? Eines, das besonders groß ist? Ein besonders schnelles Auto? Oder ein besonders sparsames? Nicht alle Anforderungen können gleichzeitig erfüllt werden. Ob ein Auto das richtige ist, kommt auf den Anwendungszweck an.

Ähnlich verhält es sich mit Computern. In gewisser Weise ist die Sachlage sogar noch schwieriger. Das mit Abstand wichtigste Kriterium bei Computern dürfte die Rechenleistung sein. Im Gegensatz zur Maximalgeschwindigkeit beim Auto lässt sich die Rechenleistung aber nicht allgemeingültig messen.

Es handelt sich sogar um ein erstaunlich schwieriges Unterfangen, verschiedene Rechner in puncto Rechenleistung (*Performance*) zu vergleichen: Typische Computer sind Allzweckgeräte, und zu unterschiedlich sind die Zwecke für die man sie einsetzt, um dafür ein einheitliches Geschwindigkeitsmaß zu finden.

Ein Programm kann z.B. folgende Arten von Operationen umfassen:
* Ganzzahl-Rechenoperationen, z.B. $43 + 99 = ?$
* Gleitkomma-Rechenoperationen, z.B. $43{,}65 + 99{,}588 = ?$
* Ein-/Ausgabe-Operationen (E/A-Operationen, auch Input-/Output- bzw. I/O-Operationen genannt), z.B. Lesen von Daten von einer DVD, Schreiben von Daten auf eine Festplatte
* Grafische Operationen, z.B. Darstellung von Bildern oder Videos auf dem Bildschirm

Ganzzahl- und Gleitkomma-Operationen fasst man übrigens zu dem Oberbegriff *numerische Operationen* zusammen. Je nach seiner Ausstattung kann ein Computer bei den verschiedenen Arten von Operationen sehr unterschiedlich leistungsfähig sein. Außerdem werden in jedem Programm die oben genannten Arten von Operationen in anderer Zusammensetzung benötigt:
* Z.B. benötigt ein Fileserver, der Dateien vielen Benutzern zur Verfügung stellt, hauptsächlich Ein-/Ausgabe-Operationen. Grafische Operationen werden eher in der Minderzahl sein.
* Ein Programm, das statistische Analysen erstellt, wird in erster Linie Gleitkomma-Operationen einsetzen, aber auch E/A-Operationen, um die zu analysierenden Daten zu lesen. Die grafische Darstellung am Schluss mag am Gesamtrechenaufwand nur einen kleinen Anteil ausmachen.

https://doi.org/10.1515/9783110741797-003

- Ein Programm, das Videos umcodiert, benötigt hauptsächlich numerische Operationen, aber auch grafische und E/A-Operationen, um das Video während der Berechnung darzustellen und die nötigen Daten von der Festplatte zu holen.

Je nachdem, zu welchem Prozentsatz die einzelnen Arten von Operationen im gesamten Programm vertreten sind und wie leistungsfähig der Computer in dieser Kategorie jeweils ist, kann er sich als schnell oder langsam erweisen.

Ein Computer, der seine Stärken in der Ein-/Ausgabe hat, aber nur eine geringe Gleitpunktrechenleistung, mag als Fileserver sehr gut sein, aber für statistische Auswertungen mag er eher unbrauchbar sein. Wie gut ein Computer geeignet ist, kann man somit nur in Verbindung mit der zu erfüllenden Aufgabe feststellen.

Benchmark-Programme

Damit man abschätzen kann, wie gut sich ein Computer für einen Einsatzzweck eignet, hat man *Benchmark-Programme* entwickelt. Sie dienen als eine Art Beispielprogramme, die stellvertretend für gewisse typische Aufgaben stehen. Je schneller der Benchmark, desto schneller sollen auch die realen Programme aus demselben Bereich abgearbeitet werden. Das erhofft man sich zumindest.

Benchmark-Programme sind in riesiger Zahl vorhanden: Programmierer von Open Source Software sowie Firmen oder Computerzeitschriften haben ihre eigenen Benchmark-Programme geschaffen. Manche bilden aufgrund ihrer Verbreitung einen Quasi-Standard. Es ist nichts ungewöhnliches, dass Rechner, die in einem Benchmark schwach sind, bei einem anderen zu den Gewinnern zählen. Manche Hersteller optimieren PCs sogar so, dass sie bei Benchmarks einer bestimmten Computerzeitschrift möglichst gut abschneiden, um die Verkaufszahlen zu steigern.

Beispiele für bekanntere Benchmark-Programme sind:

- *Linpack* (https://www.top500.org/project/linpack/): Wird verwendet, um eine Rangliste aller Computermodelle aufzustellen, die uns in Kapitel 1.4 bei den Supercomputern bereits begegnet ist. Aufgabe ist die Lösung eines dichten linearen Gleichungssystems, wobei das Programm auf den jeweiligen Prozessor optimiert werden darf.
- *SPEC*-Benchmark-Programme (Standard Performance Evaluation Corporation, https://www.spec.org/benchmarks.html): Eine Sammlung von Benchmark-Programmen für unterschiedlichste Anwendungen, z.B. CPU (Central Processing Unit, Prozessor), was INT (Integer, Ganzzahlberechnungen) und FP (Floating Point, Gleitkomma) umfasst. Ferner werden auch Benchmarks für Webserver, Mailserver, Java, etc. angeboten.

Die Benchmark-Programme werden teilweise in gewissen Zeitabständen aktualisiert, um Tendenzen in Anwendungssoftware zu berücksichtigen, und so z.B. eine stärkere Betonung von Multimedia-Befehlen zu erreichen. Dies führt mitunter zu kuriosen Ergebnissen. So kann Prozessor A bei einem Benchmark deutlich langsamer als Prozessor B abschneiden, beim aktualisierten Benchmark ist es wegen der unterschiedlichen Gewichtung der Multimedia-Befehle gerade umgekehrt, obwohl sich an den Prozessoren nichts geändert hat.

MIPS und MFLOPS

Wenn man keine spezielle Anwendung im Sinn hat, sondern nur einen groben Schätzwert für die Performance eines Computers möchte, dann können MIPS- und MFLOPS-Angaben hilfreich sein.

Die Abkürzung **MIPS** bedeutet „Million Instructions Per Second" und gibt an, wie viele Millionen Maschinenbefehle ein Prozessor in einer Sekunde abarbeiten kann. Es gibt große Unterschiede, wie lange die unterschiedlichen Befehle zur Abarbeitung benötigen, die ein Prozessor beherrscht. Daher beschränkt man sich für die MIPS-Angabe auf einfachere Befehle wie die Addition. Außerdem unterscheiden sich die Prozessoren voneinander darin, wie mächtig die Befehle sind, die sie ausführen können. Eine MIPS-Angabe ist daher sinnlos, wenn man sehr unterschiedlich aufgebaute Prozessoren miteinander vergleichen will.

MFLOPS (auch MFLOP/s) steht für „Million Floating Point Operations Per Second", ist also hauptsächlich für Gleitpunkteinheiten gedacht. „Hauptsächlich" deswegen, weil man auch mit Ganzzahlbefehlen auf Umwegen Gleitpunktrechnungen durchführen kann, wenn auch ziemlich aufwendig. Bei MFLOPS wird nur die Geschwindigkeit der Addition bzw. Subtraktion berücksichtigt, nicht dagegen die viel langsamere Multiplikation und Division.

Bei MIPS und MFLOPS sowie davon abgeleiteten Größenangaben verwendet man die ISO-Präfixe, also Zehnerpotenzen. 1 GFLOPS sind also 1000 MFLOPS, nicht 1024 MFLOPS.

Aufgabe 20 Woran könnte es liegen, dass zahlreiche Benchmark-Programme keine Grafik- und E/A-Befehle messen?

Aufgabe 21 Warum ist eine statische Einteilung der Computer nach Rechenleistung nicht sinnvoll? Z.B. „Ab Rechenleistung x handelt es sich um einen Supercomputer".

Aufgabe 22 In den Medien wird von einem Supercomputer berichtet, der z.B. 250 PFLOPS (PetaFLOPS) schnell ist. Wieviele MFLOPS sind das?

Aufgabe 23 Wie lange braucht der 250 PFLOPS-Supercomputer für eine Berechnung, die bei 1 MFLOPS Rechenleistung 10 Jahre dauert?

3.2   Caching

Das Wort Cache (sprich: [kæʃ]) kommt von dem französischen caché, was „verborgen" bedeutet. Beim Cache handelt es sich um einen kleinen, schnellen Zwischenspeicher. Wie der Name andeutet, bekommt man von ihm nichts mit, außer dass er Vorgänge beschleunigt.

Caching (sprich: [kæʃing]) ist ein sehr verbreitetes Verfahren, das zum Einsatz kommt, wenn Bausteine oder Geräte stark unterschiedlicher Geschwindigkeit miteinander kommunizieren, z.B. der Prozessor mit dem Hauptspeicher oder der Hauptspeicher mit einer Festplatte. Es gibt aber auch Software-Caches, z.B. einen Browser-Cache, der Web-Inhalte lokal zwischenspeichert, damit man bei nochmaligem Betrachten nicht alle Daten erneut herunterladen muss. Caching findet man bei praktisch allen Rechnern, und das oft sogar an mehreren Stellen.

3.2.1   Caching beim Lesen von Daten

Nehmen wir an, ein Prozessor will Daten aus dem Hauptspeicher lesen, und zwar von der Adresse 5678h. Der Hauptspeicher ist typischerweise viel langsamer als der Prozessor. Deswegen würde der Prozessor warten müssen, bis die Daten vom Hauptspeicher bereitgestellt werden. Will der Prozessor zehnmal hintereinander von derselben Adresse lesen, müsste er zehnmal warten.

Als Abhilfe schaltet man zwischen Prozessor und Hauptspeicher einen *Cache Controller*, wie in Abb. 3.1 zu sehen ist. Der Cache Controller verwaltet den Cache. Bei jedem Zugriff des Prozessors auf den Hauptspeicher sieht der Cache Controller nach, ob die vom Prozessor angeforderten Daten bereits im Cache stehen.

Beim ersten Zugriff auf eine Adresse, in unserem Beispiel 5678h, steht der Inhalt dieser Adresse noch nicht im Cache. Das nennt man einen *Cache-Miss*. Das Ziel wird sozusagen „verfehlt". Der Cache Controller holt den Inhalt der gewünschten Adresse aus dem Hauptspeicher und leitet ihn an den Prozessor weiter. Eine Kopie der Daten merkt er sich im Cache.

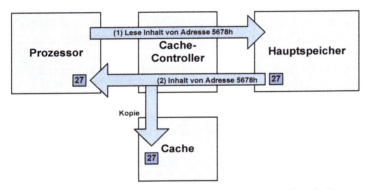

Abb. 3.1:   Cache-Miss: Erstmaliges Lesen unter Verwendung eines Caches

Will der Prozessor später nochmal den Inhalt der Adresse 5678h lesen, dann erfolgt dies wiederum über den Cache Controller (Abb. 3.2). Diesmal bemerkt der Cache Controller, dass sich die gewünschten Daten bereits im Cache befinden. Das nennt man einen *Cache-Hit* („Treffer").

Der Cache Controller liefert dem Prozessor die Daten aus dem Cache. Auf den Hauptspeicher braucht nicht mehr zugegriffen zu werden. Dadurch, dass der Cache im Vergleich zum Hauptspeicher sehr schnell ist, ergibt sich somit ein Geschwindigkeitsvorteil.

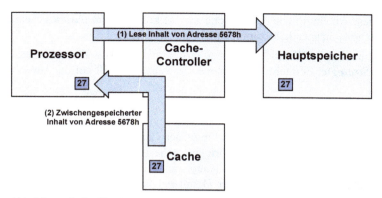

Abb. 3.2:   Cache-Hit: Erneutes Lesen unter Verwendung eines Caches

Der Prozessor bemerkt nicht, ob die von ihm angeforderten Daten aus dem Hauptspeicher oder aus dem Cache kommen. Der Cache ist für den Prozessor *transparent*.

Der Cache Controller liest beim Cache Miss üblicherweise nicht nur einen einzelnen Adressinhalt, sondern gleich mehrere, eine so genannte *Cache Line*. Eine Cache Line kann z.B. 64 Bytes umfassen. Auf diese Weise werden nicht nur erneute Zugriffe auf die ursprüngliche Adresse (hier: 5678h) beschleunigt, sondern auch erstmalige Zugriffe auf benachbarte Adressen, z.B. 5679h oder 5677h.

Aufgabe 24   Führt Caching in jedem Falle zu einem schnelleren Zugriff auf Speicherstellen oder sind auch Fälle denkbar, wo Zugriffe langsamer als ohne Caching erfolgen?

Aufgabe 25   Für den Cache benötigt man ohnehin schnellen Speicher. Was könnte der Grund dafür sein, dass man nicht den gesamten Hauptspeicher aus diesen Bausteinen aufbaut? Dann bräuchte man kein Caching.

Die LRU-Strategie

Der Cache Controller speichert im Laufe der Zeit immer mehr Werte im Cache. Irgendwann ist der Cache voll. Wie ist dann vorzugehen?

Eine verbreitete Möglichkeit ist die Anwendung der LRU-Strategie (Last Recently Used). Der Cache Controller führt Buch, welche Cache-Inhalte am längsten nicht benötigt wurden und überschreibt diese durch neu anfallende Inhalte. Die Cache Line stellt dabei die kleinste Einheit dar, die im Cache belegt oder gelöscht werden kann.

Aufgabe 26   Welche Auswirkung der Cache-Größe auf die Performance ist zu erwarten?

3.2.2   Caching beim Schreiben von Daten

Wenn Daten immer nur gelesen werden, ändern sie sich dadurch nicht. Die Daten im Hauptspeicher und im Cache stimmen also immer überein. Man sagt, sie sind *konsistent*. Beim Schreiben sieht die Sache etwas anders aus: Wird nur in den Cache geschrieben? Oder in den

Hauptspeicher? Oder beides? Abhängig von der Vorgehensweise können *Inkonsistenzen* entstehen, d.h. Cache- und Hauptspeicherinhalt stimmen nicht mehr überein.

Man unterscheidet beim Schreiben im Wesentlichen zwei Verfahren: Die *Write-Through-Strategie* und die *Write-Back-Strategie*. Betrachten wir dazu einen Schreibzugriff auf die Adresse 5678h.

Write-Through-Strategie

Bei der *Write-Through-Strategie* (siehe Abb. 3.3) schreibt der Cache Controller die Daten sowohl in den Hauptspeicher als auch in den zugehörigen Cache-Bereich. Die alten Inhalte werden an beiden Stellen überschrieben, Cache und Hauptspeicher bleiben also konsistent. Der Nachteil ist, dass der Schreibvorgang auch auf den Hauptspeicher erfolgt und somit langsam ist.

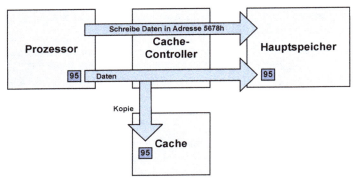

Abb. 3.3:   Write-Through-Strategie

Write-Back-Strategie

Die *Write-Back-Strategie* zeichnet sich dadurch aus, dass Schreibvorgänge zunächst nur auf den Cache erfolgen (siehe Abb. 3.4). Somit richtet sich die Geschwindigkeit des Schreibvorgangs nach der Geschwindigkeit des Caches und nicht nach der des Hauptspeichers. Schreibvorgänge werden also beschleunigt. Allerdings sind Hauptspeicher und Cache nicht mehr konsistent und können unterschiedliche Werte enthalten.

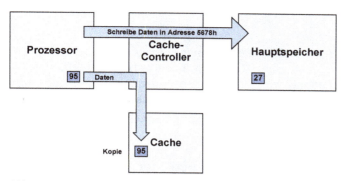

Abb. 3.4:   Write-Back-Strategie: Schreiben in den Cache

Wird die für den Schreibvorgang verwendete Cache Line anderweitig benötigt, dann wird deren Inhalt zunächst in den Hauptspeicher zurückgeschrieben (Abb. 3.5). Dadurch wird die Konsistenz wiederhergestellt. Erst dann wird die Cache Line freigegeben (Abb. 3.6).

Aufgabe 27 Durch welche Art von Ereignis könnte das Zurückschreiben der Daten in den Hauptspeicher ausgelöst werden?

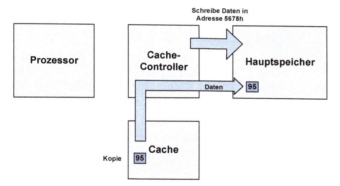

Abb. 3.5:   Write-Back-Strategie: Zurückschreiben einer Cache Line in den Hauptspeicher

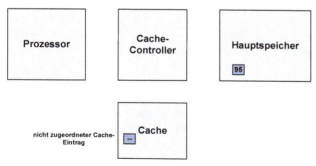

Abb. 3.6:   Write-Back-Strategie: Freigabe der Cache Line

3.2.3   Cachable Area

Die Information, welche Cache Lines im Vergleich zu ihrem Original im Hauptspeicher verändert wurden, hält der Cache Controller im **DTR (Dirty Tag RAM)** (siehe Abb. 3.7) fest. Schreibt man Daten in eine Cache Line, wird diese als „dirty" markiert. Das bedeutet, man muss ihren Inhalt vor ihrer Freigabe erst in den Hauptspeicher zurückschreiben. Cache Lines, die „clean" sind, also unverändert geblieben sind, können ohne Zurückschreiben für anderweitige Verwendung freigegeben werden.

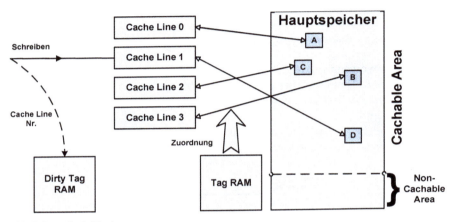

Abb. 3.7:   Cachable Area

Der Cache Controller speichert eine Zuordnung, welche Cache Line für welchen Teil des Hauptspeichers zuständig ist, im **Tag RAM**. Freigabe einer Cache Line bedeutet, die Zuordnung im Tag RAM zu löschen.

Derjenige Teil des Hauptspeichers, der mit Cache Lines abgedeckt werden kann, wird **Cachable Area** genannt. Nicht immer kann der gesamte verfügbare Hauptspeicher vom Caching profitieren. Abhängig von verschiedenen Größen, u.a. Wortbreite des Tag RAMs, Cache-Größe und Hauptspeichergröße, kann ein Hauptspeicherbereich entstehen, dem prinzipiell keine Cache Line zugeordnet werden kann. Dieses **Non-Cachable Area** ist somit erheblich langsamer im Zugriff als das Cachable Area.

Aufgabe 28   Was könnte passieren, wenn man den Hauptspeicher aufrüstet, um einen Rechner schneller zu machen?

3.2.4   Cache-Hierarchien

Speicher ist in aller Regel umso teurer, je schneller er sein soll. Deswegen sieht man meistens mehrere **Cache-Ebenen** bzw. eine **Cache-Hierarchie** vor (Abb. 3.8).

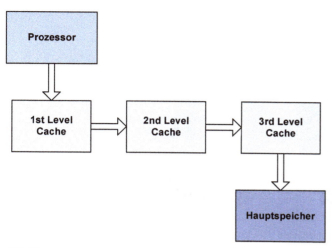

Abb. 3.8:   Cache-Ebenen

Der 1ˢᵗ Level Cache, auch L1 Cache genannt, ist der schnellste der abgebildeten Cache-Speicher, aber meist nur wenige Kilobyte groß, z.B. 32 KByte. Daten, die dort nicht hineinpassen, werden im etwas langsameren, aber größeren 2ⁿᵈ Level oder L2 Cache gesucht. Er liegt häufig in der Größenordnung von 256 kByte.

Noch größer ist der 3ʳᵈ Level oder L3 Cache, z.B. 6 bis 16 MByte. Er speichert Daten zwischen, die im 2ⁿᵈ Level Cache keinen Platz finden. Der 3ʳᵈ Level Cache ist langsamer als der 2ⁿᵈ Level Cache, aber immer noch deutlich schneller als der Hauptspeicher.

Die Position der Caches *zwischen* Prozessor und Hauptspeicher ist eine logische Sichtweise. Physikalisch gesehen, findet sich der Cache zumindest teilweise, oft sogar komplett, *im* Prozessor. Der 1ˢᵗ Level Cache ist dabei oft in Programm- und Datencache unterteilt. Beim 2ⁿᵈ Level Cache findet man diese Unterteilung häufig nicht mehr, sondern spricht vom **Unified Cache**. Der 3ʳᵈ Level Cache wird teilweise für alle Kerne des Prozessors gemeinsam genutzt.

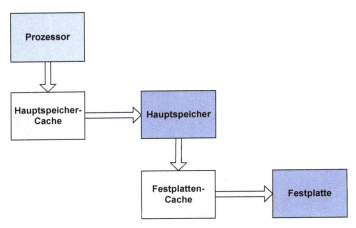

Abb. 3.9:   Cache-Hierarchie bei unterschiedlichen Speichermedien

Die Größe der verschiedenen Caches ist ein beliebter Parameter, um Prozessoren schneller zu machen oder auch billiger, je nach angepeiltem Marktsegment. Doch Caches beschleunigen nicht nur Hauptspeicherzugriffe, sondern auch Zugriffe auf Festplatten oder optische Laufwerke. Aus diesem Grunde findet man eine weitere Art von Cache-Hierarchie (Abb. 3.9).

Behalten wir im Sinn, dass der Hauptspeicher-Cache wie betrachtet aus mehreren Ebenen bestehen kann, z.B. 1st-, 2nd- und 3rd-Level Cache. Auch auf den Festplattencache kann das zutreffen: Z.B. habe die Festplatte einen eingebauten Cache von einigen MByte, ferner speichert das Betriebssystem Daten im Hauptspeicher zwischen, bevor es sie auf die Festplatte schreibt. Es verwendet also einen Teil des Hauptspeichers als Festplatten-Cache.

Wir erinnern uns, dass es bei der Write-Back-Strategie zu Inkonsistenzen kommen kann, dass also Cache und Original-Speicherort unterschiedliche Inhalte aufweisen können. Insbesondere bei permanenten Speichermedien wie Festplatten kann das fatale Auswirkungen haben. Stellen wir uns vor, der Rechner stürzt ab, z.B. wegen eines Stromausfalls, und der Cache-Inhalt geht verloren. Einige der verarbeiteten Daten wurden zwar schon auf die Festplatte geschrieben, andere jedoch nicht. Z.B. wurde bei einer Zimmerbuchung schon auf die Festplatte geschrieben, wer das Zimmer gebucht hat, aber das Zimmer wurde für den angegebenen Zeitraum noch nicht als belegt gekennzeichnet. Eine Doppelbuchung könnte die Folge sein. Selbst nach einem Neustart des Rechners passen die Daten nicht zusammen und bleiben inkonsistent.

Es existieren verschiedene Mechanismen, um derartige Probleme zu verringern. Z.B. kann man in gewissen Zeitabständen geänderte Cache-Inhalte zurückschreiben (**Cache Flush**) und wieder eine definierte Ausgangsbasis gewinnen. Auf Datenbankebene verwendet man atomare Operationen, bei denen sichergestellt wird, dass diese ganz oder gar nicht erfolgen. Auf Dateisystemebene findet man Journaling File Systems wie ext4 und NTFS, die Änderungen in einem Journal mitführen, bevor sie auf die Platte geschrieben werden. Es können zwar Änderungen verloren gehen, aber zumindest bleiben die Daten in sich stimmig.

Ein Beispiel soll die Arbeitsweise des Cachings und der Cache-Hierarchien zusammenfassend veranschaulichen. Nehmen wir an, ein Student sitzt am Schreibtisch und lernt Rechnerarchitektur. Der Student verarbeitet beim Studieren Informationen, kann also, zumindest für dieses

Beispiel, mit einem Prozessor verglichen werden. Er hat ein Skriptum vor sich liegen. Das ist der 1st Level Cache. Auf dem Schreibtisch haben weitere Werke Platz. Der Schreibtisch entspricht dem 2nd Level Cache. Dann gibt es noch ein Bücherregal als Hauptspeicher.

Im Skriptum findet der Student die wichtigsten und am häufigsten benötigten Informationen zusammengefasst. Die Informationsmenge ist begrenzt, aber er kann sehr schnell darin hin und her blättern. Der 1st Level Cache hat also eine geringe Zugriffszeit.

Trifft der Student auf einen Punkt, zu dem er weitere Informationen braucht, dann legt er das Skriptum beiseite auf den Schreibtisch und schaut, ob er dort ein passendes Buch liegen hat. Ist dem so, dann öffnet er das Buch und liest darin. Das Buch ist nun im 1st Level Cache.

Nachdem verschiedene Bücher auf dem Schreibtisch verwendet wurden, kommt ein Thema, zu dem der Student ein Buch aus dem Regal benötigt. Der Gang zum Regal dauert deutlich länger als ein Buch zu öffnen, das schon auf dem Schreibtisch liegt. Deswegen ist es ganz praktisch, einen Stapel Bücher vor sich zu haben und nicht wegen jedem einzelnen Buch zum Regal zu gehen.

Aber den ersten Gang zum Regal erspart auch der Schreibtisch nicht. Weil man erst auf dem Schreibtisch nachsehen muss, ob das Buch schon da ist, dauert es sogar etwas länger, als ohne Bücherstapel auf dem Schreibtisch. Aber alle nachfolgenden Zugriffe auf das Buch gehen schneller, wenn es einmal auf dem Schreibtisch liegt.

Manche Bücher findet man nicht im Regal. Dann heißt es, zur Bibliothek fahren und ein Buch ausleihen. Das wäre ein Festplattenzugriff. Das Regal kann man als einen Cache für die Bibliothek auffassen: Bücher, die sich schon dort befinden, braucht man nicht aus der Bibliothek zu holen.

Doch es gibt einen wesentlichen Unterschied zwischen unserem Beispiel und dem Caching: Was passiert, wenn der Schreib Schreibtisch bzw. Cache voll ist? Nach der LRU-Strategie muss man Platz schaffen. Im Beispiel würde man am längsten nicht mehr benötigte Bücher ins Regal zurückstellen, beim Caching würden sie einfach weggeworfen werden, sofern man nichts hineingeschrieben hat.

Aufgabe 29   Warum kann man die Cache-Inhalte im Gegensatz zu Büchern einfach wegwerfen?

3.3   Pipelining

Motivation

Bei der Abarbeitung von Befehlen sind häufig immer dieselben Schritte zu durchlaufen, wie in Abb. 3.10 zu sehen:
- Zunächst muss der Befehl aus dem Hauptspeicher geholt werden.
- Dann wird der Befehl decodiert. Dabei stellt sich heraus, um welche Art Befehl es sich handelt, und ob er Operanden benötigt.
- Falls der Befehl Operanden benötigt, werden diese geholt.
- Schließlich wird der Befehl ausgeführt.

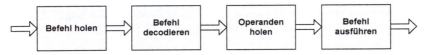

Abb. 3.10:   Abarbeitung von Befehlen

Für jeden der vier Schritte ist eine separate Hardware-Baugruppe nötig, die die nötigen Vorgänge durchführt. Der Einfachheit halber gehen wir davon aus, dass das Durchführen eines Schrittes immer genau einen Takt dauert, aber das muss nicht immer der Fall sein. Ein Schritt kann auch mehrere Prozessortakte benötigen, und nicht jeder Schritt ist gleich aufwendig. Somit kann die Zahl der nötigen Takte im Prinzip bei jeder Baugruppe variieren.

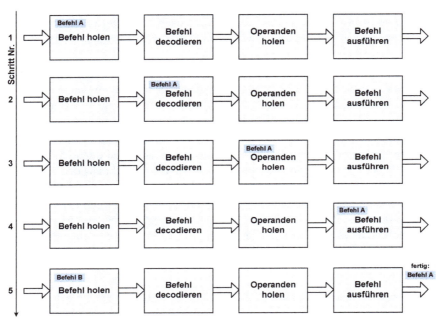

Abb. 3.11:   Befehlsabarbeitung ohne Pipelining

Beispielhaft soll die Abarbeitung eines Befehls A (siehe Abb. 3.11) dargestellt werden. Man sieht, wie der Befehl A im Schritt 1 zunächst geholt wird, dann im Schritt 2 decodiert. Im Schritt 3 werden seine Operanden geholt, und im Schritt 4 wird der Befehl A dann letztlich ausgeführt. Im Schritt 5 kann der nächste Befehl B geholt werden, und das Schema wird dann mit Befehl B durchlaufen.

Anhand des Schaubildes wird deutlich, dass von den vier zur Verfügung stehenden Hardware-Baugruppen bei jedem Schritt nur eine einzige genutzt wird, während die anderen drei brach liegen. Das ist recht unbefriedigend.

Prinzip

Das Problem, dass Baugruppen wie beschrieben brach liegen, lässt sich erheblich vermindern, wenn man *Pipelining* einsetzt. Dazu gestaltet man die Hardware-Baugruppen so, dass sie unabhängig voneinander auf verschiedenen Befehlen arbeiten können. Dazu ist ein geringer Zusatzaufwand beim Entwurf der Hardware nötig. Man nennt die erwähnten Hardware-Baugruppen dann *Pipeline-Stufen*. In unserem Beispiel handelt es sich um eine 4-stufige Pipeline bzw. die *Pipelinelänge* beträgt 4.

Beim Pipelining wartet man nicht, bis Befehl A durchgelaufen ist, sondern holt bereits im zweiten Schritt den Befehl B. Alle Inhalte der Pipeline werden mit jedem Schritt „im Gleichtakt" weitergereicht, und es wird jeweils ein neuer Befehl in die Pipeline eingespeist. Der „Gleichtakt" hat zur Folge, dass sich der Takt, mit dem die Pipeline betrieben wird, an der langsamsten Pipeline-Stufe orientieren muss.

Wie man in Abb. 3.12 sieht, dauert es erst eine gewisse Zeit, bis die Pipeline gefüllt ist. Falls die Abarbeitung jeder Stufe genau einen Prozessortakt dauert, erscheint das erste Ergebnis mit dem 5. Takt am Ausgang der Pipeline. Die ersten 4 Takte nennt man die *Vorrüstzeit*. Allgemein besitzt eine n-stufige Pipeline eine Vorrüstzeit von n Takten, falls jede Stufe in einem Takt durchlaufen wird.

Nach dem Ende der Vorrüstzeit erscheint mit jedem Schritt ein Ergebnis am Ausgang. Man sieht, dass ab dem sechsten Schritt keine Befehle mehr da sind, die in die Pipeline eingespeist werden. Die Pipeline *läuft* somit *leer*.

Eine leerlaufende Pipeline sollte möglichst vermieden werden, weil Pipeline-Stufen in diesem Fall eine Zeitlang brach liegen und man nicht den optimalen Durchsatz erhält. Im Extremfall durchläuft ein Befehl die gesamte Pipeline, bis der nächste Befehl eingespeist wird. Dann ist die Verarbeitung nicht schneller als ohne Pipelining.

Ein solches Leerlaufen kann bei einer Befehlspipeline passieren, wenn eine Programmverzweigung erreicht wird. Der Prozessor kann erst dann wissen, ob eine Verzweigung erfolgt oder nicht, wenn der Verzweigungsbefehl ausgeführt wird, also wenn sich dieser in der letzten Stufe befindet. Dann mag sich herausstellen, dass alle in die Pipeline geholten Befehle unnötig sind, weil gar nicht diese, sondern andere Befehle ausgeführt werden sollen. Bis Befehle von der „richtigen" Stelle im Programm geholt und in die Pipeline eingespeist werden, läuft die Pipeline einige Takte leer.

Die Abb. 3.12 zeigt auch, dass durch das Pipelining Befehle in unterschiedlichen Stadien gleichzeitig ausgeführt werden können. Pipelining ist also eine Form von Parallelisierung innerhalb eines Prozessors.

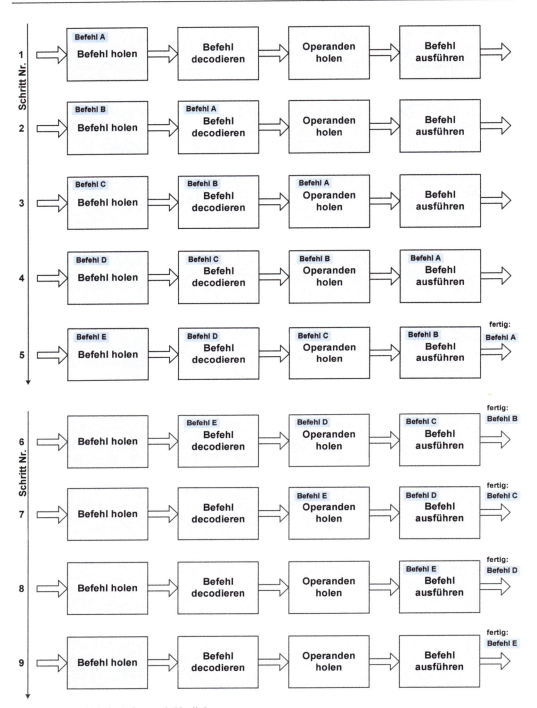

Abb. 3.12:   Befehlsabarbeitung mit Pipelining

Gesetzmäßigkeiten

Wir wollen die Wirkung des Pipelinings nun anhand konkreter Rechenbeispiele ermitteln. Will man m Operationen mit jeweils n Schritten ausführen, dann benötigt man *ohne Pipelining:*

$$s = m \cdot n$$

Schritte. *Mit Pipelining* sind

$$s = m + n$$

Schritte erforderlich, nämlich zuerst die Vorrüstzeit mit n Schritten, und dann bekommt man nach jedem der nächsten m Schritte eines der m Ergebnisse.

Sollen nacheinander z.B. m=5 Befehle ausgeführt werden, sind ohne Pipelining $s = m \cdot n = 5 \cdot 4 = 20$ Schritte zu durchlaufen. Mit Pipelining reduziert sich die Zahl der Schritte auf $s = m + n = 5 + 4 = 9$, also weniger als die Hälfte. Mit anderen Worten: Die Operationen werden mehr als doppelt so schnell ausgeführt.

Im Falle von 30 Operationen benötigt man ohne Pipelining $s = m \cdot n = 30 \cdot 4 = 120$ Schritte, mit Pipelining dagegen nur $s = m + n = 30 + 4 = 34$ Schritte. Man erreicht also eine etwa $\frac{120}{34} = 3{,}53$-mal höhere Performance.

Aufgabe 30 Welchen Einfluss hat die Pipelinelänge auf die Performance? (beispielhaft)

Praktische Auswirkungen

Pipelining hat zwar gewisse Nachteile: Es erfordert einen kleinen Zusatzaufwand bei der Hardware, die Pipeline darf nicht leerlaufen und die Geschwindigkeit richtet sich nach der langsamsten Stufe. Befehlspipelines haben Probleme mit Programmverzweigungen. Dennoch findet man Pipelining in praktisch jedem Prozessor, und das meist mehrfach, z.B. als Befehlspipeline, Ganzzahlpipeline, Gleitpunktpipeline oder in Grafikprozessoren als Grafikpipeline.

Bei Grafikchips wird ein und derselbe Chip oft unterschiedlich teuer verkauft, je nachdem ob manche der Grafikpipelines vom Hersteller abgeschaltet wurden, oder ob alle aktiv sind. Falls ein Chip z.B. 64 Grafikpipelines hat, von denen eine defekt ist, wird der Chip als „Low-Cost-Variante" mit 32 aktiven Grafikpipelines verkauft. So lässt sich die Ausbeute bei der Chipfertigung erhöhen und gleichzeitig die Nachfrage nach billigen Grafikchips befriedigen. Durch das Abschalten der Hälfte der Pipelines bekommt man ca. 25% bis 40% weniger Performance. Weil die Nachfrage nach „High-End"-Grafikchips deutlich geringer ist als die nach Low-Cost-Modellen, wird mitunter sogar bei vollständig funktionierenden Chips ein Teil der Pipelines deaktiviert.

4 Verbreitete Rechnerarchitekturen

4.1 CISC-Architektur

CISC steht für Complex Instruction Set Computer. Das deutet an, dass es sich um Prozessoren mit sehr umfangreichem Maschinenbefehlssatz handelt. Die Überlegungen, die dem zugrunde liegen sind die folgenden:

Ein Prozessor muss jeden Maschinenbefehl aus dem relativ langsamen Hauptspeicher holen und decodieren, bevor er ihn ausführen kann. Wenn man für eine bestimmte Aufgabe somit nur einen einzelnen Maschinenbefehl ausführen müsste, der genau diese Aufgabe erfüllt, dann ginge das schneller, als wenn man dazu mehrere einfachere Maschinenbefehle nacheinander ausführen müsste. Also bringt es einen Geschwindigkeitsgewinn, wenn man immer mächtigere Maschinenbefehle im Befehlssatz ergänzt.

Außerdem gibt es, wie in Abb. 4.1 zu sehen, eine *semantische Lücke* zwischen Hochsprachen und der Maschinensprache eines Prozessors. Hochsprachen haben viel leistungsfähigere Befehle als die Maschinensprache, weshalb sie für Menschen besser verständlich sind. Compiler übersetzen von einer Hochsprache in Maschinensprache und haben die Aufgabe, diese Lücke zu schließen.

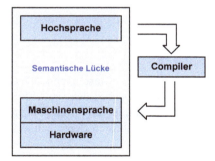

Abb. 4.1:   Semantische Lücke

Die einfacheren Befehle sind bereits in einem System wie in Abb. 4.1 im Befehlssatz vorhanden. Wenn man sich also neue, zuvor nicht vorhandene Befehle überlegt, dann sind diese gleichzeitig komplexer als die vorhandenen. Man muss somit einen meist überproportionalen Aufwand für neue Befehle treiben.

Abb. 4.2 zeigt, wie ein umfangreicherer Maschinenbefehlssatz die semantische Lücke verringert. Compiler werden einfacher und effizienter, die Programme werden kürzer.

https://doi.org/10.1515/9783110741797-004

Ebenfalls zu sehen ist in der Abb. 4.2, dass die zunehmende Komplexität neu hinzukommender Maschinenbefehle eine zusätzliche Ebene erfordert, die *Mikrobefehlsebene*. Insbesondere komplexere Maschinenbefehle können vom Prozessor nicht unmittelbar ausgeführt werden, sondern hinter jedem einzelnen dieser Befehle steht ein Mikroprogramm aus einfachen Mikrobefehlen, das abgearbeitet wird. Das ist der Grund, warum ein Maschinenbefehl bei CISC-Prozessoren oft mehrere Prozessortakte benötigt.

Die meisten heute im PC-Bereich eingesetzten Prozessoren sind (zumindest nach außen hin) CISC-Prozessoren. CISC-Prozessoren können 500 verschiedene Befehle und deutlich darüber in ihrem Befehlssatz haben, wegen ständig neu hinzukommender Erweiterungen für Multimedia, Virtualisierung und Sicherheitsfeatures mit steigender Tendenz.

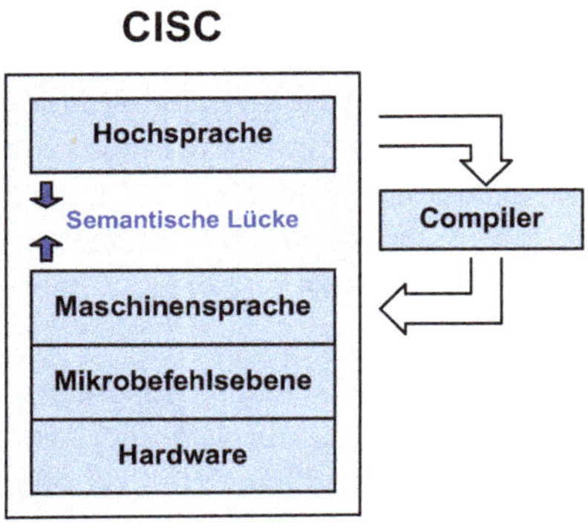

Abb. 4.2:   Semantische Lücke bei CISC

4.2   RISC-Architektur

Motivation

RISC steht für Reduced Instruction Set Computer. Man reduziert also den Maschinenbefehlssatz des Prozessors. Angesichts der Anstrengungen bei CISC, die semantische Lücke zu schließen, erscheint das zunächst widersinnig. Der Grund, der dahinter steckt, ist das *Paretoprinzip* (Abb. 4.3). Es wird auch 80-20-Regel genannt und tritt in unterschiedlichsten Bereichen auf, so auch bei der Software-Entwicklung.

Betrachtet man, welche Befehle ein typisches Programm wie oft verwendet, dann stellt man fest, dass einige Befehle sehr häufig vorkommen. Viele Befehle dagegen sind recht selten. Mit nur etwa 20% der Befehle eines CISC-Prozessors lassen sich ca. 80% eines Programmes abdecken. Für die verbleibenden 20% des Programmes benötigt man die verbleibenden 80% des Befehlssatzes.

Mit anderen Worten: Man treibt beim CISC-Prozessor einen immensen Aufwand, immer neue, noch komplexere Befehle zu implementieren, und dann braucht man diese kaum.

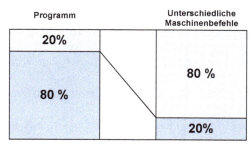

Abb. 4.3:   Paretoprinzip (80-20-Regel)

Erschwerend kommt hinzu, dass es aus Kompatibilitätsgründen oft mehrere Jahre dauert, bis Software neue CISC-Befehle nutzt, denn zunächst haben nur wenige Rechner entsprechende Prozessoren. Erst im Laufe der Zeit verbreiten sich Prozessoren mit erweitertem Befehlssatz, und neue Softwareversionen werden entwickelt, die diese Befehle nutzen. Bis diese Software schließlich gekauft wird, liegen die neu hinzu gekommenen Befehle im Grunde brach.

Prinzipien

Aus den genannten Gründen ist die Überlegung angebracht, ob es nicht effizientere Möglichkeiten gibt, einen Prozessor zu beschleunigen, als seinen Befehlssatz zu erweitern. Abb. 4.4 zeigt dies beispielhaft, wobei die angedeuteten Größenverhältnisse stark variieren können.

CISC-Prozessorchip   **RISC-Prozessorchip**

Abb. 4.4:   Nutzung der Chipfläche bei CISC und RISC (beispielhaft)

Man konzentriert sich bei RISC auf die etwa 20% wichtigsten Befehle und lässt die übrigen einfach weg. Das macht man auf eine Weise, dass sich trotzdem noch alle gewünschten Programme erstellen lassen. Durch diesen reduzierten Befehlssatz benötigt man deutlich weniger Chipfläche als zuvor. Diesen gewonnenen Platz verwendet man, um den Prozessor schneller zu machen, z.B. mit folgenden Maßnahmen:

- Der Cache wird vergrößert. Davon profitieren praktisch alle Programme.
- Die Hardware wird optimiert, so dass ein Maschinenbefehl typischerweise nur noch einen einzigen Takt zur Ausführung benötigt. Das steht im Gegensatz zu CISC, wo die meisten Befehle mehrere Takte brauchen.
- Es werden zusätzliche Register vorgesehen, oft mehrere Hundert anstelle von 8 oder 16 Allzweck-Registern, die man bei CISC findet.

Die letztere Maßnahme wirkt sich besonders günstig auf Multitasking-Betriebssysteme aus. Das sind solche, die mehrere Anwendungen (eigentlich Prozesse oder Tasks) scheinbar gleichzeitig ausführen können, z.B. Windows, MacOS X oder Linux. In Wirklichkeit wechseln sich die Prozesse ab und laufen nacheinander jeweils für eine kurze Zeit. Vom Betriebssystem wird dabei Folgendes gemacht:

- Ein Prozess P_1 wird eine Zeitlang ausgeführt und hat dabei den Prozessor zur vollen Verfügung.
- Dann werden alle Registerinhalte des Prozesses P_1 auf den Stack, einen Zwischenspeicher, gerettet, damit man den Prozess später nahtlos fortsetzen kann.
- Die Registerinhalte des nächsten Prozesses P_2 werden wiederhergestellt, indem man sie vom Stack holt.
- Der Prozess P_2 läuft eine gewisse Zeit, dann der nächste, bis alle Prozesse an der Reihe waren. Anschließend beginnt das Ganze von vorn.

Den Übergang von einem Prozess zum nächsten nennt man ***Taskwechsel***. Besitzt ein CISC-Prozessor z.B. 16 Register, die von Prozessen frei verwendbar sind, dann müssen 16 Registerinhalte gerettet werden, was z.B. 16 Takte dauert. Anschließend werden die neuen Registerinhalte geholt, was wieder 16 Takte benötigt. Für weitere nötige Aktionen mögen noch ein paar Takte anfallen, so dass man mehr als 32 Takte braucht.

Ein RISC-Prozessor hat so viele Register, dass man idealerweise jedem Prozess seinen eigenen Registersatz spendieren kann. Das zeitaufwendige Retten und Wiederherstellen entfällt. Man muss lediglich von einem Registersatz zum nächsten umschalten, was einen einzigen Takt benötigt. Dadurch werden Taskwechsel erheblich beschleunigt.

Nachteile

RISC-Prozessoren haben allerdings auch Nachteile. Abb. 4.5 zeigt, dass die semantische Lücke deutlich größer ist als bei CISC-Prozessoren. Im Grunde entsprechen die RISC-Maschinenbefehle vom Niveau her den CISC-Mikrobefehlen. Ein RISC-Compiler muss somit erheblich komplexer sein als bei einem CISC-Prozessor bzw. ein Entwickler muss dem Compiler mehr Vorgaben machen, um effiziente Programme zu erhalten. Z.B. ist dafür zu sorgen, dass die Pipelines gefüttert werden und die Registersätze auf die richtige Weise belegt werden.

Ein weiterer Nachteil ist, dass die Maschinenprogramme erheblich umfangreicher werden als bei CISC, weil ein einzelner Befehl im Schnitt weniger Rechenarbeit leistet und man somit mehr Befehle benötigt. Und schließlich ist auch die Inkompatibilität zwischen RISC und CISC ein Problem. Um ein Betriebssystem, das für CISC-Prozessoren entworfen wurde, auf einem RISC-Prozessor zum Laufen zu bringen, müssen erhebliche Teile verändert werden, was Zeitaufwand und Kosten mit sich bringt.

RISC-Prozessoren besitzen häufig eine ***Load/Store-Architektur***. Damit ist gemeint, dass man auf den Speicher ausschließlich mit Load- und Store-Operationen zugreifen kann, aber nicht mit anderen Befehlen, z.B. mit einem Addierbefehl. Wenn man zu einem Wert A in einem Register einen anderen Wert B, der im Speicher steht, addieren möchte, dann muss man B zuerst ebenfalls in ein Register holen. Erst dann kann man die beiden Registerinhalte addieren. Es sind also bei einem solchen RISC-Prozessor zwei Befehle nötig, während bei CISC ein einziger Befehl ausreicht.

RISC

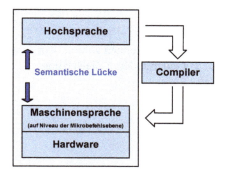

Abb. 4.5:   Semantische Lücke bei RISC

Verbreitung

Typische RISC-Familien sind ARM, AVR und die Power Architecture, nur um einige zu nennen. ARM-Prozessoren sind milliardenfach verbreitet. Man findet sie z.B. in Smartphones, Tablets, NAS (Network Attached Storage) oder Routern. AVR-Prozessoren verwendet man in Steuerungen aller Art, beispielsweise in Haushaltsgeräten und Fahrzeugen. Die Power-Prozessoren kommen z. B. in leistungsfähigen Druckern ebenso zum Einsatz wie in Workstations und Supercomputern.

Die oben genannten Optimierungen, also größerer Cache, optimierte Hardware und mehr Register, sind nicht allein RISC-Prozessoren vorbehalten, sondern auch CISC-Prozessoren können davon profitieren, wenngleich in geringerem Umfang. Und nicht alle RISC-Prozessoren weisen die typischen RISC-Eigenschaften in gleicher Ausprägung auf. Daher verschwinden die Grenzen bisweilen.

Die Prozessoren der x86-Familie, ursprünglich eine typische CISC-Familie, enthalten ab dem Pentium Pro einen RISC-Kern, ebenso wie die heutigen Intel Core™-Prozessoren. Nach außen hin wirken sie nach wie vor wie ein CISC-Prozessor, was Art und Umfang des Befehlssatzes anbelangt. Auch die Zahl der Register ist CISC-typisch. Die CISC-Maschinenbefehle werden intern jedoch in RISC-Befehle umgesetzt, die man je nach Hersteller Raw Operations (ROP) oder Micro-Ops nennt. Hier findet man wieder die begriffliche Ähnlichkeit zu den Mikrobefehlen der Mikroprogrammierung. Man kann somit sagen, letztlich haben sich die Vorteile der RISC-Prozessoren auf vielen Gebieten durchgesetzt, und man kombiniert sie teilweise mit den Vorteilen der CISC-Architektur.

Man beachte:
Begriffe wie CISC und RISC sind unabhängig von der Einteilung in SISD, SIMD, etc.!

4.3   VON-NEUMANN-Architektur

Aufbau

In Abb. 2.6 hatten wir den Aufbau eines typischen Computersystems kennen gelernt. Der Einfachheit halber hier noch einmal diese Abb., diesmal aber mit einer anderen Zielsetzung:

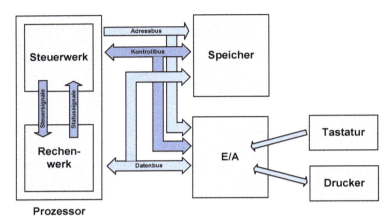

Abb. 4.6:   Von-Neumann-Architektur

Es gibt in dem in Abb. 4.6 abgebildeten Computersystem nur einen einzigen Speicher. Also müssen darin sowohl Code als auch Daten enthalten sein. Eine solche Architektur nennt man eine **VON-NEUMANN-Architektur**. Tatsächlich werden Code und Daten bei der VON-NEUMANN-Architektur „durcheinander gemischt" im gleichen Speicher abgelegt.

Auch die anderen Komponenten, die man in Abb. 4.6 sieht, sind typisch für die klassische VON-NEUMANN-Architektur: Sie verfügt über jeweils *ein* Steuerwerk, *ein* Rechenwerk und *ein* E/A-System, ferner *ein* Bussystem zwischen den Komponenten.

Vorteile

Der Vorteil des einen einzigen Speichers ist, dass man sich keine Gedanken machen muss, wie umfangreich Code und Daten jeweils sind.
- Manche Programme sind, was den Code anbelangt, eher kurz, z.B. ein Bild- oder Videobetrachter. Sie verarbeiten aber große Datenmengen.
- Bei anderen Programmen ist der Code sehr umfangreich, z.B. bei einem Officepaket. Aber die Datenmengen, die sie verarbeiten, sind meist recht klein, z.B. ein Brief mit einer oder zwei Seiten Text.
- In jedem Fall wird der Speicher bestmöglich genutzt.

Das Bussystem, bestehend aus Adressbus, Datenbus und Kontrollbus, ist recht aufwendig. Daher ist es ein Vorteil, wenn man es nicht mehrfach vorsehen muss. Die VON-NEUMANN-Architektur ist also eine relativ einfach aufgebaute Rechnerarchitektur, zumindest in ihrer Reinform.

Nachteile

Das Bussystem als Flaschenhals

Der zuletzt genannte Vorteil, dass es nur ein einziges Bussystem gibt, ist zugleich der größte Nachteil der VON-NEUMANN-Architektur, denn es bildet deswegen einen Flaschenhals (engl. bottleneck).

Dazu ein Beispiel: Wir wollen den Inhalt einer Speicherstelle ins AX-Register des Prozessors bringen. Das könnte man in Assemblercode schreiben als:

```
1000h MOV AX, [1234h];
```

Ab der Adresse 1000h steht also ein MOV-Befehl im Speicher, der den Inhalt der Adresse 1234h ins AX-Register bringt. Alles, was beim Assemblercode nach einem Strichpunkt folgt, wird als Kommentar aufgefasst. Assembler ist nur ein Hilfsmittel für den Menschen, damit dieser besser versteht, was gemeint ist. In Wirklichkeit steht ab der Adresse 1000h in etwa Folgendes hexadezimal im Speicher:

Tab. 4.1:   Speicherbelegung beim MOV-Befehl

Adresse	Inhalt
1000	A1
1001	34
1002	12
...	
1234	00
1235	10

Im Rahmen der Ausführung des MOV-Befehls passiert Folgendes:
- Zuerst holt der Prozessor den MOV-Befehl unter Verwendung des Bussystems aus der Adresse 1000h. Der MOV-Befehl an sich besteht nur aus einem einzigen Byte, dem *Opcode*, in unserem Falle A1h. An der Art des Befehls erkennt der Prozessor, dass nach dem Opcode eine Adressangabe folgt, die der Prozessor ebenfalls benötigt.
- Diese Adresse, nämlich 1234h, holt der Prozessor nun aus den Speicherstellen 1001h und 1002h. Sie sagt dem Prozessor, von wo er den Operanden lesen soll. Man beachte: Bei vielen Prozessoren, insbesondere den Intel-kompatiblen, stehen die niederwertigen Bits an den niedrigeren Adressen (*Little Endian Format*). Bei anderen ist es genau umgekehrt (*Big Endian Format*).
- Dann schließlich holt der Prozessor den eigentlichen Operanden von der Adresse 1234h.

Es sind in unserem Beispiel also drei Bus-Zugriffe unterschiedlicher Art nötig, bevor der Befehl ausgeführt werden kann. Nur der letzte davon überträgt die Nutzdaten, also den Operanden. Wenn man bedenkt, dass Zugriffe auf den Speicher recht langsam sind, wird deutlich, dass das Bussystem den gesamten Rechner ausbremsen kann. Eine gewisse Abhilfe bietet das Caching von Speicherzugriffen. Das Hauptproblem jedoch, der nur einmal vorhandene Bus, bleibt bestehen.

„Verwechslung" von Code und Daten

Ein weiterer Nachteil ist, dass der Prozessor leicht durcheinander kommen kann, ob es sich bei Speicherinhalten um Code oder um Daten handelt, denn diese befinden sich unterschiedslos im selben Speicher. Der Prozessor muss sich genau merken, ob er gerade Code oder Daten aus dem Speicher holt, und je nachdem, worum es sich handelt, gelangen die Speicherinhalte in unterschiedliche Funktionseinheiten des Prozessors und werden dort unterschiedlich interpretiert. So soll Code ins Steuerwerk gelangen und dort ausgeführt werden, während Daten ins Rechenwerk geleitet und dort verrechnet werden.

Tatsächlich erleichtert es die VON-NEUMANN-Architektur, Programme zu schreiben, die sich selbst oder andere Programme verändern. Das mag für manche Zwecke praktisch sein, aber Computerviren bekommen dadurch leichtes Spiel.

Über viele Jahre hinweg wurden zur besseren Trennung Segmente eingesetzt, die eine Unterteilung des Speichers in Code-, Daten- und andere Segmente ermöglichten und auch Kontrollmöglichkeiten mitbrachten, um zu bestimmen, welche Anwendungen wie auf die Segmente zugreifen dürfen. Allerdings sind diese immer mehr in den Hintergrund gedrängt worden, und viele neuere Prozessoren beherrschen gar keine Segmentierung mehr, oder nur noch eine sehr einfache Form davon. Deswegen bieten neuere Prozessoren ein No-Execute- oder NX-Bit, das die Ausführung von Datenbereichen als Code verhindern soll.

Unnötige Sequentialität

Zahlreiche Programmiersprachen, z.B. C, C++ oder Pascal, sind von Haus aus auf die VON-NEUMANN-Architektur zugeschnitten, indem sie nicht ohne weiteres mehr als ein einziges Steuerwerk oder Rechenwerk nutzen können. Aufgabenstellungen, die an sich mehrdimensional sind oder mit Parallelverarbeitung gelöst werden könnten, z.B. Bild- oder Videoverarbeitung, müssen „künstlich" sequentialisiert werden, indem man z.B. verschachtelte Schleifen einsetzt und Befehle nacheinander statt gleichzeitig ausführt.

Abhilfe bieten verschiedene Formen von Parallelisierung im Prozessor. Eine Möglichkeit ist das Pipelining zur besseren Auslastung der Prozessorbaugruppen. Doch auch die Verwendung mehrerer Ausführungseinheiten oder Rechenwerke kommt zum Einsatz. In diesem Fall spricht man von einem **superskalaren Prozessor**. Coprozessoren für Gleitpunktrechnung, Grafik oder Ein-/Ausgabe ergänzen und entlasten den Hauptprozessor. SIMD-Erweiterungen sorgen für Beschleunigung von Berechnungen mit niedrigdimensionalen Vektoren, besonders für Multimediazwecke. Neue Maschinenbefehle, Erweiterungen der Programmiersprachen oder spezielle Programmbibliotheken ermöglichen die Nutzung der Parallelverarbeitungsmöglichkeiten.

Einige VON-NEUMANN-Rechner beherrschen ferner die **Out of Order Execution**. Wie der Name andeutet, werden Befehle außerhalb ihrer eigentlich vorgesehenen Reihenfolge ausgeführt. Nehmen wir an, im Programm soll zunächst ein Gleitpunktbefehl ausgeführt werden, dann einige Ganzzahl-Befehle. Das Gleitpunkt-Rechenwerk ist aber gerade beschäftigt. Anstatt zu warten, bis es fertig ist, könnten ohne weiteres schon mal die Ganzzahl-Befehle ausgeführt werden, sofern ein Ganzzahl-Rechenwerk frei ist und die Berechnung nicht von der Gleitpunktrechnung abhängt. So erreicht man eine bessere Auslastung der vorhandenen Rechenwerke.

Unzureichende Strukturierung von Daten

Programmierer geben sich viel Mühe, Daten in geeigneten Datenstrukturen unterzubringen, z.B. in verketteten Listen oder Bäumen in unterschiedlichen Formen. Der Compiler der verwendeten Programmiersprache macht aus alledem nur Bits, Bytes und Datenworte, denn nichts anderes versteht der Prozessor. Auch das zählt zu der semantischen Lücke, die uns in Verbindung mit CISC und RISC bereits begegnet ist.

Dieses Problem ist allerdings keines, das speziell für die VON-NEUMANN-Architektur gilt, sondern die meisten Rechnerarchitekturen teilen dieses Problem. Rechner, die auf Prozessorebene Hochsprachen und deren Datenstrukturen verstehen können, zählen zu den Ausnahmen.

4.4 Harvard-Architektur

Prinzip

Im Gegensatz zur VON-NEUMANN-Architektur werden bei der ***Harvard-Architektur*** Code und Daten in getrennten Speichern untergebracht. Es gibt also einen Programm-Speicher und einen Daten-Speicher (siehe Abb. 4.7). Ferner werden Programm-Speicher, Daten-Speicher und E/A mit getrennten Bussystemen angesteuert.

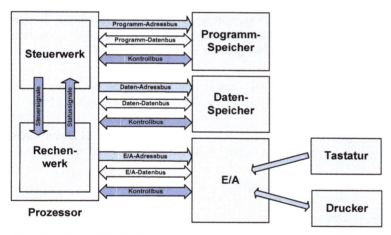

Abb. 4.7:   Harvard-Architektur

Bei der Kommunikation mit dem Programm-Speicher ist nur das Steuerwerk nötig, das die geholten Befehle ausführt. Daten-Speicher und E/A brauchen nur mit dem Rechenwerk zu kommunizieren.

> **Man beachte:**
> Begriffe wie Von-Neumann-Architektur und Harvard-Architektur sind unabhängig von der Einteilung in CISC und RISC, etc.!

Vorteile

Die Aufsplittung von Speicher und Bussystemen entschärft die wesentlichen Nachteile der VON-NEUMANN-Architektur, denn es kann im Prinzip gleichzeitig ein Opcode geholt, ein Operand gelesen bzw. geschrieben sowie eine E/A-Operation durchgeführt werden. Das Bussystem arbeitet also bis zu dreimal schneller als bei der VON-NEUMANN-Architektur, vorausgesetzt, es sind mindestens zwei Rechenwerke vorhanden, die gleichzeitig eine Datenoperation und eine E/A-Operation durchführen können.

Dazu ein Beispiel. Es soll ein Datenwort D_1 aus dem Hauptspeicher gelesen werden (Befehl 1), und ein weiteres Datenwort D_2 soll auf eine Schnittstelle ausgegeben werden (Befehl 2). Dann wird ein weiterer Befehl (Befehl 3) geholt, der ein bereits im Prozessor vorhandenes Datenwort D_3 um 1 erhöht. Bei der VON-NEUMANN-Architektur würde man so vorgehen:

1. Hole Befehl 1 aus dem Speicher
2. Ausführung von Befehl 1: Lese Datenwort D_1 aus dem Speicher
3. Hole Befehl 2 aus dem Speicher
4. Ausführung von Befehl 2: Gebe Datenwort D_2 auf die Schnittstelle aus
5. Hole Befehl 3 aus dem Speicher und erhöhe D_3 um 1

Befehl 3 erfordert keinen weiteren langsamen Buszugriff, außer dass man den Befehl zunächst aus dem Speicher holen muss. Das Ausführen geschieht relativ schnell innerhalb des Prozessors. Daher wurden Holen und Ausführen hier zusammengefasst.

Diese Schritte können bei der VON-NEUMANN-Architektur nur nacheinander erfolgen. Bei der Harvard-Architektur kann, während Befehl 3 aus dem Befehlsspeicher geholt wird, gleichzeitig D_1 aus dem Datenspeicher gelesen und D_2 ausgegeben werden, weil dies über unterschiedliche Bussysteme erfolgt.

Wenn jeder Schritt n Takte benötigt, dann braucht die Harvard-Architektur 3n Takte, im Gegensatz zur VON-NEUMANN-Architektur mit 5n Takten. Die Harvard-Architektur ist also in unserem Beispiel knapp doppelt so schnell.

Ein weiterer Vorteil ist, dass sich durch die strikte Trennung von Programm und Daten Viren, die den Speicher nutzen, erheblich schwieriger verbreiten können als bei der VON-NEUMANN-Architektur.

Nachteile

Nachteilig ist bei der Harvard-Architektur zum einen der vervielfachte Aufwand für die Bussysteme, insbesondere wenn man Wortbreiten von 32 Bit und mehr verwendet. Allerdings verliert dieser Nachteil langsam an Bedeutung, weil zunehmend serielle Verfahren eingesetzt werden, die oft nur eine einzige Signalleitung je Bus benötigen.

Zum anderen muss man sich im Voraus festlegen, wieviel Prozent des Speichers für Programm und wieviel für Daten zur Verfügung stehen soll. Wie erwähnt, können manche Programme nur wenig Code, aber umfangreiche Daten benötigen. Bei anderen kann es genau umgekehrt sein. Möchte man dabei dieselbe Flexibilität wie bei der VON-NEUMANN-Architektur beibehalten, dann muss man Programm- und Daten-Speicher jeweils so groß machen wie den gemeinsam genutzten Speicher bei der VON-NEUMANN-Architektur. Der Speicher müsste also bei der Harvard-Architektur doppelt so groß ausfallen, wobei es auch bei VON-NEUMANN-

Rechnern gängige Praxis ist, Hauptspeicher zugunsten der besseren Performance zu vergrößern.

Fazit

Nachteile wie den Flaschenhals der VON-NEUMANN-Architektur und die ungewollte Manipulation von Code besitzt die Harvard-Architektur prinzipbedingt nicht bzw. in geringerem Maße. Auch ohne Bussystem-Flaschenhals kann bei der Harvard-Architektur Caching genutzt werden, um die Performance weiter zu verbessern.

Betrachtet man die Maßnahmen zur Parallelisierung, die gegen die Nachteile der VON-NEUMANN-Architektur eingesetzt werden, also Pipelining, SIMD-Erweiterungen, Coprozessoren, etc., so stellt man fest, dass davon auch die Harvard-Architektur profitieren kann. Auch die semantische Lücke weisen beide Architekturen in gleicher Weise auf. Der ursprüngliche Hauptvorteil der VON-NEUMANN-Architektur, nämlich die Einfachheit, ist durch ihre zahlreichen Erweiterungen in den Hintergrund getreten.

Die Harvard-Architektur kann ihre Stärken vor allem da ausspielen, wo die Anwendungen und ihr Speicherbedarf im Voraus bekannt sind, und wo keine Rücksicht auf Kompatibilität zu VON-NEUMANN-Rechnern und ihrer Software genommen werden muss. Das trifft auf die meisten Embedded Systems zu, z.B. zur digitalen Signalverarbeitung. Daher ist die Harvard-Architektur bei Digitalen Signalprozessoren (DSP) sehr verbreitet, wie sie z.B. in Handys, DSL-Routern, DVD-Laufwerken oder Soundkarten enthalten sind.

Aufgabe 31 Alles in allem scheint die Harvard-Architektur das bessere Konzept zu sein. Was mögen Gründe sein, warum die Von-Neumann-Architektur im PC-Bereich trotzdem eine so dominierende Rolle besitzt?

Teil 2: Digitaltechnik

Wir haben in den ersten vier Kapiteln einige Grundlagen der Computerarchitektur kennengelernt, auf denen wir später aufbauen wollen. Zunächst haben wir gesehen, welche verschiedenen Arten von Computern es gibt und wie sich voneinander unterscheiden. Das Spektrum reicht von den allgegenwärtigen Embedded Systems bis hin zu den leistungsfähigsten Supercomputern.

Ihnen allen gemeinsam ist ein Prozessor mit mindestens einem Steuer- und Rechenwerk, ferner Speicher und E/A-Bausteine. Die genannten Komponenten sind über ein Bussystem miteinander verbunden.

Unterschiede gibt es beispielsweise in der Anzahl der Steuer- und Rechenwerke sowie in der Wortbreite der verarbeiteten Daten. Die FLYNNsche Taxonomie und das ECS helfen uns, mit Hilfe solcher Unterschiede Computer in verschiedene Klassen zu unterteilen.

Eine wesentliche Größe bei Computern ist ferner auch die Performance. Wir wissen, wie man die Performance eines Computers messen und mit der anderer Computer vergleichen kann, sind uns aber auch der Grenzen dieser Verfahren bewusst.

Verbessern lässt sich die Performance von Computern unter anderem mit Caching und Pipelining, zwei Verfahren, die wir ausführlich betrachtet haben. Praktisch alle heutigen Computer setzen diese Mechanismen ein, meist sogar mehrfach an unterschiedlichen Orten. Caching wird verwendet, wenn zwei Komponenten, die miteinander kommunizieren, sehr unterschiedlich in ihrer Geschwindigkeit sind. Die Daten werden in einem schnellen Cache zwischengespeichert. So braucht man bei mehrfachem Zugriff auf dieselben Daten nur ein einziges Mal die langsame Komponente zu nutzen. Pipelining ist eine Form der Parallelisierung, bei der mehrere Maschinenbefehle gleichzeitig abgearbeitet werden, und zwar in unterschiedlichen Stadien ihrer Ausführung.

Häufig werden Computer in CISC- und RISC-Architektur sowie in VON-NEUMANN- und Harvard-Architektur unterteilt. Die CISC-Architektur verwendet möglichst umfassende Maschinenbefehlssätze, um die semantische Lücke zwischen Hoch- und Maschinensprache zu verkleinern. Bei der RISC-Architektur begnügt man sich mit den grundlegenden Maschinenbefehlen und nutzt die frei werdende Chipfläche, um den Prozessor schneller zu machen, z.B. mit mehr Registern, mehr Cache und Hardware, die Befehle in einem einzigen Takt abarbeiten kann.

Die VON-NEUMANN-Architektur verwendet in ihrer Reinform einen einzigen Prozessor, einen einzigen Speicher gemeinsam für Programme und Daten, sowie ein einziges Bussystem. Dadurch lässt sich ein vergleichsweise einfacher Aufbau des Computersystems erreichen. Im Gegensatz dazu verwendet die Harvard-Architektur getrennte Speicher für Programm und Daten, die ebenfalls wie die E/A-Komponenten mit separaten Bussen angebunden werden. Dadurch lässt sich ein höherer Datendurchsatz erreichen.

In den folgenden drei Kapiteln soll nun ein kurzer Überblick über Digitaltechnik vermittelt werden. In dieser Kürze kann das zwar keine separate Lehrveranstaltung über Digitaltechnik ersetzen, wo eine solche benötigt wird. Um die weiteren Betrachtungen dieses Buches verstehen zu können, sollte der Einblick aber genügen.

Dazu lernen wir zunächst grundlegende BOOLEsche Verknüpfungen wie OR und XOR kennen. Anschließend bilden wir daraus komplexere Bausteine wie Adressdecoder, Multiplexer und Komparatoren. Wir betrachten überblicksmäßig auch einige arithmetische Bausteine, beispielsweise Addierer und ALUs.

Ein Kapitel über Schaltwerke zeigt, wie 1-Bit-Speicher, sogenannte Flipflops, arbeiten und welche Arten es gibt. Sie bilden die Grundbausteine für Register, Schieberegister und Zähler, die ebenfalls kurz erklärt werden.

5 Grundlegende BOOLEsche Verknüpfungen

5.1 BOOLEsche Algebra und Digitaltechnik

Computer sind Digitalschaltungen und arbeiten mit Hilfe der **BOOLEschen Algebra**. Diese ist benannt nach dem Mathematiker GEORGE BOOLE und beschäftigt sich mit Variablen, die nur zweier Werte fähig sind (***binäre Logik***). Diese Werte bezeichnet man üblicherweise mit 0 und 1. Man findet stattdessen auch noch L und H für „low" und „high", insbesondere wenn es um elektrische Spannungspegel geht.

Damit man mit dem mathematisch abstrakten Modell der BOOLEschen Algebra sinnvolle Anwendungen entwickeln kann, setzt man die BOOLEsche Algebra mittels elektronischer Bauteile in ***Digitalschaltungen*** um. Die ***Digitaltechnik*** beschäftigt sich mit dem Aufbau und Entwurf solcher Schaltungen. Wir wollen auf die Digitaltechnik lediglich in dem Umfang eingehen, in dem sie für das Verständnis nachfolgender Kapitel erforderlich ist.

Elektronische Schaltungen arbeiten mit Spannungen und Strömen. Daher stellt man die BOOLEschen Werte 0 und 1 durch Spannungen oder Ströme dar, z.B. die 0 als 0 Volt und die 1 als +5 Volt. Wegen der zahlreichen Möglichkeiten, eine 0 und eine 1 elektrisch darzustellen, können Digitalbausteine nicht unbedingt direkt miteinander kommunizieren. Daher bildet man ***Logikfamilien***, innerhalb derer alle Bausteine die gleiche Betriebsspannung und gleiche Logikpegel verwenden und somit weitgehend problemlos miteinander kombiniert werden können.

Wie alle elektronischen Schaltungen bestehen auch Digitalschaltungen aus Bauelementen wie Transistoren und Widerständen. Komplexe Digitalschaltungen wie Mikroprozessoren können Hunderte Millionen solcher Bauelemente benötigen, die auf einem Chip zusammengefasst werden. Einen solchen Chip nennt man auch ***IC*** (Integrated Circuit, integrierte Schaltung).

Es ist sicherlich eine Herausforderung, zu verstehen, wie solch eine komplexe Schaltung funktioniert. Man könnte dazu zwar einen Schaltplan mit Transistoren und den anderen elektronischen Bauelementen betrachten, aber es gibt bessere Möglichkeiten.

Ein Vergleich soll das verdeutlichen. Ein Text wie der vorliegende besteht aus wenigen Buchstaben als Grundelementen. Sie sind vergleichbar mit den elektronischen Bauelementen, aus denen eine Digitalschaltung besteht.

Will man den Sinn eines Textes erfassen, dann betrachtet man ihn nicht einfach als Buchstabenfolge, sondern die Buchstaben werden zu Wörtern kombiniert, die eine Bedeutung in sich tragen. Man liest die Abfolge der Wörter und versteht so den Sinn des Textes wesentlich schneller.

Analog dazu betrachtet man nicht die einzelnen Transistoren und anderen elektronischen Bauelemente, wenn man eine Digitalschaltung verstehen will, sondern man bildet aus ihnen

https://doi.org/10.1515/9783110741797-005

logische Elemente, deren Zusammenwirken man zu verstehen versucht. Solche logischen Elemente sind Gatter und Flipflops. Ein Gatter führt eine logische Verknüpfung durch, während ein Flipflop ein Bit speichert.

Gatter und Flipflops kann man wiederum als Grundelemente für noch komplexere Bausteine auffassen. Aus Gattern kann man beispielsweise Addierer und Multiplizierer bilden, während sich aus Flipflops unter anderem Register und Zähler aufbauen lassen.

Um dabei eine einheitliche Darstellung der *Schaltzeichen* zu erreichen, gibt es die Norm DIN EN bzw. IEC 60617-12:1997. Große internationale Verbreitung besitzt ferner ANSI/IEEE Std 91-1984 bzw. ANSI/IEEE Std 91a-1991.

Man stellt dabei die Bausteine durch Rechtecke dar, bei denen sich auf der linken Seite typischerweise die Eingänge befinden, während man auf der rechten Seite die Ausgänge einzeichnet. Nicht dargestellt werden in diesen Symbolen Versorgungsspannungsanschlüsse, Höhe der Pegel, etc. Wir werden einige der Schaltzeichen bei der Betrachtung der entsprechenden Bausteine kennenlernen.

5.2   Gatter

Gatter sind Baugruppen, die grundlegende Boolesche Verknüpfungen durchführen können. Sie haben eine gewisse Anzahl von Eingängen und oft genau einen Ausgang.

Aus Gattern baut man *Schaltnetze* auf, die komplexere Funktionen der Booleschen Algebra umsetzen können, aber keinerlei speichernde Wirkung besitzen. Es handelt sich, wie man sagt, um eine rein *kombinatorische Logik*, bei der die Kenntnis der momentanen Booleschen Werte an den Eingängen ausreicht, um unmittelbar die Booleschen Werte an den Ausgängen zu ermitteln. Welche Werte die Eingänge in der Vergangenheit hatten, spielt dabei keine Rolle.

Das steht im Gegensatz zu den *Schaltwerken*, wo frühere Zustände gespeichert werden und auf das Verhalten Einfluss nehmen. Ein Beispiel für ein komplexes Schaltwerk ist ein Mikroprozessor.

Die Arbeitsweise von Gattern wird häufig in Form einer Wertetabelle, der *Wahrheitstabelle*, dargestellt. Wir werden sehen, dass die Wahrheitstabelle auch bei komplexeren Digitalschaltungen mit vielen Ausgängen in gleicher Weise eingesetzt werden kann. Sie enthält als Spalten alle Eingänge des Gatters (linker Bereich der Tabelle) und alle Ausgänge des Gatters (rechter Teil der Tabelle). Ferner können darin Zwischengrößen enthalten sein, mit denen sich die Arbeitsweise des Gatters sowie der gesamten Schaltung leichter ermitteln lässt. Genaueres dazu werden wir bei der Betrachtung der einzelnen Arten von Gattern kennenlernen.

5.2.1   Treiber und Identität

Der einfachste Fall eines sinnvollen Gatters ist der *Treiber* (*Driver*). Er hat genau einen Eingang und genau einen Ausgang. Der Ausgang nimmt immer denselben Wert an wie der Eingang. Die Boolesche Funktion, die so realisiert wird, heißt *Identität* oder *identische Abbildung*.

Schaltzeichen

Das Schaltzeichen des Treibers ist ein Rechteck mit einer darin enthaltenen 1 (siehe Abb. 5.1). Die 1 stellt die identische Abbildung dar, die man auch „Eins-Funktion" nennt, weil sie einer Multiplikation mit 1 entspricht.

Abb. 5.1:   Schaltzeichen des Treibers

Wahrheitstabelle

Nennen wir den Eingang des Treibers x und den Ausgang y, dann bekommen wir folgende Wahrheitstabelle:

Tab. 5.1:   Wahrheitstabelle des Treibers

x	y
0	0
1	1

Bei einer Wahrheitstabelle zeichnet man die Eingänge auf der linken Seite, die Ausgänge auf der rechten Seite ein. In unserem Falle haben wir nur jeweils einen einzigen Eingang und Ausgang. Auf der Seite der Eingänge werden alle möglichen Kombinationen eingetragen, die die Eingangsvariablen annehmen können. Bei n Eingangsvariablen ergeben sich 2^n Kombinationen und somit 2^n Zeilen in der Wahrheitstabelle.

Beim Treiber haben wir nur einen Eingang x und somit $2^1 = 2$ Zeilen in der Wahrheitstabelle. Der Eingang x kann den Wert 0 oder den Wert 1 aufweisen.

In der rechten Seite der Wahrheitstabelle steckt die Arbeitsweise des Gatters oder der Schaltung. Bei einem Treiber hat der Ausgang y jeweils denselben Wert wie der Eingang x.

Schaltfunktion

Die Schaltfunktion ist eine mathematische Darstellung der Arbeitsweise. Für den Treiber lautet sie:

$$y := x$$

Anwendung

Man mag sich fragen, wozu man ein so einfaches Logikelement wie den Treiber benötigt, der ja scheinbar „nichts" macht und x einfach unverändert lässt. Dieselbe Wirkung hätte wohl auch ein Stück Draht anstelle des Treiberbausteins. Aber ganz so einfach liegt die Sache nicht.

Behalten wir im Sinn, dass ein Treiber nur im Sinne der BOOLEschen Algebra keine Veränderung bewirkt. Auf dem Gebiet der elektrischen Signale mag das durchaus anders sein.

Insbesondere wird ein Treiber eingesetzt, um einen höheren Ausgangsstrom zu erzielen, als dies ohne Treiber möglich wäre. Kann der Ausgang eines Mikrocontrollers beispielsweise nur

2 mA Strom liefern, aber die Ansteuerung eines Motors benötigt 500 mA, dann ist das ein typischer Fall für einen Treiber, der dazwischen geschaltet wird.

Außerdem kann man mit einem Treiber Signale „auffrischen", die bei der Übertragung gelitten haben. Wird ein Digitalimpuls, z.B. eine logische 1, über eine Leitung geschickt, dann bewirkt die Leitung eine Dämpfung des Impulses: Seine Höhe (*Amplitude*) wird immer geringer. Irgendwann würde der Impuls so klein werden, dass der Empfänger ihn nicht mehr als 1, sondern als 0 interpretieren würde. Daher wird rechtzeitig vorher ein Treiberbaustein in die Leitung geschaltet. Er regeneriert das Signal und stellt seine ursprüngliche Höhe wieder her.

Für viele Zwecke sind die *Flanken* eines Digitalimpulses wichtig, also wie schnell ein Signal ansteigt bzw. abfällt. Die Flanken werden mit zunehmender Entfernung vom Sender meist immer flacher. Ab einer gewissen Leitungslänge würde der ursprünglich rechteckförmige Impuls nicht mehr als solcher erkennbar sein, sondern eine deutliche Trapezform haben. Deswegen werden in gewissen Abständen Treiber eingebaut, die wieder ein Signal mit „sauberen", d.h. *steilen Flanken* erzeugen. Es gibt Treiber, die auf diese Aufgabe spezialisiert sind und die man *Schmitt-Trigger* nennt. Sie besitzen ein besonderes Schaltzeichen, das in Abb. 5.2 zu sehen ist.

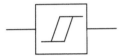

Abb. 5.2:   Schmitt-Trigger

Das Symbol in dem Rechteck ist eine so genannte *Hystereseschleife*. Ihre Wirkung kann man gut anhand eines Dämmerungsschalters erklären. Wenn es abends dunkel wird, sollen ab einem gewissen Punkt der abnehmenden Helligkeit die Straßenlampen angeschaltet werden. Angenommen, in der Dämmerung würde sich eine Wolke vor die Abendsonne schieben, dann würde diese Schwelle der Helligkeit unterschritten und die Beleuchtung angeschaltet werden. Wenn sich die Wolke wieder entfernt, würde die Beleuchtung wieder ausgeschaltet werden. Im Extremfall könnte die Beleuchtung flackern. Ein solcher Effekt wäre unerwünscht. Auf digitale Signale trifft dasselbe zu. Wenn ein Signal zufolge einer Abschwächung einen Wert ungefähr in der Mitte zwischen 0 und 1 hätte, könnten statt eines einzelnen 1-Signals mehrere Wechsel zwischen 0 und 1 erzeugt werden. Würde man diese Impulse zählen, könnte eine völlig verkehrte Anzahl der Impulse zustande kommen.

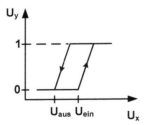

Abb. 5.3:   Hystereseschleife

Deswegen sieht man zwei unterschiedliche Schwellwerte vor: Eine Einschaltschwelle und eine Ausschaltschwelle. Man kann dies in Abb. 5.3 erkennen. Übersteigt U_x den Wert U_{ein}, also die Einschaltschwelle, dann schaltet der Schmitt-Trigger ein und wechselt von 0 auf 1. U_x muss erst wieder deutlich sinken, bis die Ausschaltschwelle U_{aus} unterschritten wird, damit der Schmitt-Trigger wieder ausschaltet.

Analog dazu müsste es beim Dämmerungsschalter nach dem Einschalten der Beleuchtung erst wieder deutlich heller werden, bis die Beleuchtung ausgeht. Das wäre üblicherweise erst bei der Morgendämmerung der Fall.

5.2.2   Inverter und Negation

Der **Inverter** ist das Gegenstück zum Treiber. Der Ausgang hat immer den entgegengesetzten Wert des Eingangs. Der Inverter realisiert die BOOLEsche Operation der **Negation**.

Schaltzeichen

Das Schaltzeichen des Inverters (Abb. 5.4) sieht wie das des Treibers aus, nur dass man einen Kringel, den „**Inverterkringel**", an den Ausgang zeichnet.

Abb. 5.4:   Schaltzeichen des Inverters

Wahrheitstabelle

Die Wahrheitstabelle des Inverters ist als Tab. 5.2 zu sehen. Es fällt auf, dass y jeweils den entgegengesetzten Wert von x besitzt.

Tab. 5.2:   Wahrheitstabelle des Inverters

x	y
0	1
1	0

Schaltfunktion

Um eine Negation darzustellen, gibt es zahlreiche unterschiedliche Schreibweisen, von denen nachfolgend einige zu sehen sind:

$$y := \bar{x} \qquad\qquad\qquad \text{(BOOLEsche Algebra)}$$

$$y := \neg x \qquad\qquad\qquad \text{(Unicode NOT Sign)}$$

$$y := !\,x \qquad\qquad\qquad \text{(logische Negation in C und C++)}$$

$$y := {\sim} x \qquad\qquad\qquad \text{(bitweise Negation in C und C++)}$$

Für unsere Zwecke wollen wir hauptsächlich die Schreibweise verwenden, die in der BOOLE-schen Algebra üblich ist.

5.2.3   UND-Gatter und Konjunktion

Das *UND-Gatter* nennt man auch *AND-Gate*. Es führt die Operation der *Und-Verknüpfung*, auch *Konjunktion* genannt, durch.

Aufgabe 32   Welchen Unterschied macht es, ob man von einem UND-Gatter oder von einer UND-Verknüpfung redet?

Schaltzeichen

In Abb. 5.5 ist das Schaltzeichen eines UND-Gatters mit zwei Eingängen zu sehen. Das Kaufmanns-Und-Zeichen „&" deutet die logische Und-Verknüpfung an.

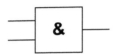

Abb. 5.5:   Schaltzeichen eines UND-Gatters mit zwei Eingängen

UND-Gatter lassen sich auch mit drei oder mehr Eingängen versehen. Eines mit drei Eingängen sieht man in Abb. 5.6.

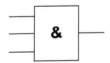

Abb. 5.6:   Schaltzeichen eines UND-Gatters mit drei Eingängen

Wahrheitstabelle

Betrachten wir zunächst das UND-Gatter mit zwei Eingängen, die wir x_0 und x_1 nennen wollen. Bei zwei Eingängen ergeben sich $2^2 = 4$ Kombinationsmöglichkeiten. Entsprechend besitzt die Wahrheitstabelle 4 Zeilen.

Wir wollen uns angewöhnen, den Eingang mit dem höchsten Index, in unserem Fall x_1, ganz links in die Wahrheitstabelle zu schreiben. Wir können dann die Bitkombination $(x_1 \, x_0)$ als Zahl im Dualsystem auffassen, die von einer Zeile zur nächsten hochgezählt wird. In der obersten Zeile ergibt sich somit für $(x_1 \, x_0)_2$ die Zahl $(00)_2 = 0$, dann die $(01)_2 = 1$, als nächstes die $(10)_2 = 2$ und schließlich die $(11)_2 = 3$. Jede Zeile besitzt also eine fortlaufende Nummer, wenn man die Eingangsvariablen als Ziffern einer Dualzahl auffasst.

Tab. 5.3:   Wahrheitstabelle eines UND-Gatters mit zwei Eingängen

x_1	x_0	y
0	0	0
0	1	0
1	0	0
1	1	1

Aus Tab. 5.3 erkennen wir, dass der Ausgang eines UND-Gatters genau dann 1 ist, wenn sämtliche Eingänge 1 sind. Es muss also x_1 UND zugleich x_0 den Wert 1 besitzen, damit der Ausgang y ebenfalls 1 wird. Daher stammt der Name der UND-Verknüpfung.

Entsprechend gehen wir vor, wenn wir die Wahrheitstabelle eines UND-Gatters mit drei Eingängen erstellen wollen, wie in Tab. 5.4 zu sehen. Wir nennen die Eingänge x_0, x_1 und x_2. Bei drei Eingängen gibt es $2^3 = 8$ Kombinationsmöglichkeiten und ebenso viele Zeilen in der Wahrheitstabelle.

Tab. 5.4:   Wahrheitstabelle eines UND-Gatters mit drei Eingängen

x_2	x_1	x_0	y
0	0	0	0
0	0	1	0
0	1	0	0
0	1	1	0
1	0	0	0
1	0	1	0
1	1	0	0
1	1	1	1

Fasst man die Bitkombination $(x_2\, x_1\, x_0)$ wieder als Zahl im Dualsystem auf, dann zählt man diese Zahl von $(000)_2 = 0$ bis auf $(111)_2 = 7$ hoch und bekommt so die Inhalte der linken Seite der Wahrheitstabelle, wie in Tab. 5.4 zu sehen. Ferner fällt auf, dass sich in der Spalte x_0 immer Nullen und Einsen abwechseln. In Spalte x_1 wechseln sich zwei Nullen mit zwei Einsen ab, und in Spalte x_2 vier Nullen mit vier Einsen. Nach dieser Gesetzmäßigkeit lässt sich die Wahrheitstabelle auf beliebig viele Eingangsvariablen erweitern.

Die Ausgangsvariable y wird genau dann 1, wenn sämtliche Eingangsvariablen den Wert 1 aufweisen. Oder anders ausgedrückt: Eine einzige 0 an einem Eingang reicht aus, damit der Ausgang 0 wird.

Schaltfunktion

Für die UND-Verknüpfung gibt es im Wesentlichen zwei übliche Schreibweisen:

$$y := x_1 \wedge x_0$$

$$y := x_1 \cdot x_0 = x_1 x_0$$

Die erste Schreibweise verwendet einen speziellen $\wedge$-Operator, der dem A aus AND ähnelt und den man sich dadurch gut merken kann. Bei der zweiten Schreibweise nimmt man den Mal-

Operator, den man von der Multiplikation her kennt. Ebenso wie bei der Multiplikation kann man diesen Operator auch weglassen.

Tatsächlich besitzt die zweite Schreibweise gewisse Vorteile gegenüber der ersten, weil man sich die Arbeitsweise der UND-Verknüpfung so besser einprägen kann. Betrachten wir die Wahrheitstabellen, dann stellen wir fest, dass die UND-Verknüpfung tatsächlich einer Multiplikation der Eingangsvariablen x_0, x_1 und gegebenenfalls x_2 entspricht.

Eine weitere Schreibweise ist die Verwendung einer Minimum-Funktion anstelle der logischen UND-Verknüpfung:

$$y := \min(x_1, x_0)$$

Wiederum erkennt man aus den Wahrheitstabellen, dass y immer den kleinsten Wert von x_0 und x_1 bzw. gegebenenfalls auch noch x_2 annimmt. Diese Schreibweise hat den Vorteil, dass man sie auf reelle Werte zwischen 0 und 1 erweitern kann, wie es bei der *Fuzzy Logic* gemacht wird. Dadurch kann man logische Verknüpfungen mit unscharfen Werten durchführen, z.B. „eher klein" oder „recht groß", je nachdem, wie nahe an 0 oder 1 sich der Zahlenwert befindet.

Man kann sich ein UND-Gatter ferner vorstellen als einen ein- und ausschaltbaren Treiber. Betrachten wir erneut die Wahrheitstabelle eines UND-Gatters mit zwei Eingängen (Tab. 5.3). Wir erkennen, dass in denjenigen Zeilen, in denen $x_1=0$ ist, der Ausgang y in jedem Falle 0 wird, egal welchen Wert x_0 besitzt. Wenn x_1 dagegen 1 ist, nimmt y den Wert von x_0 an.

Das kann man formelmäßig wie folgt darstellen:

$$y = \begin{cases} 0, & x_1 = 0 \\ x_0, & x_1 = 1 \end{cases}$$

Oder auch so:

$$x_1 = 0 \Rightarrow y = 0 \text{ bzw. } x_0 \cdot 0 = 0$$

$$x_1 = 1 \Rightarrow y = x_0 \text{ bzw. } x_0 \cdot 1 = x_0$$

Der Eingang x_1 bestimmt also, ob x_0 zum Ausgang weitergeleitet wird oder nicht.

5.2.4   NAND

Negiert man die UND-Verknüpfung, dann bekommt man die *NAND-Verknüpfung*. NAND steht dabei für **N**ot **AND**. Entsprechend ergibt ein AND-Gatter mit nachgeschaltetem Inverter ein *NAND-Gatter.*

Schaltzeichen

Abb. 5.5 zeigt das Schaltzeichen eines NAND-Gatters mit zwei Eingängen. Man beachte, dass es ein großer Unterschied ist, ob man den Ausgang oder einen der Eingänge invertiert.

Abb. 5.7:   Schaltzeichen eines NAND-Gatters mit zwei Eingängen

Wahrheitstabelle

Die Wahrheitstabelle der NAND-Verknüpfung bekommt man, indem man in Tab. 5.3 in der Spalte des Ausgangs y alle Nullen und Einsen invertiert. Man erhält dann das Ergebnis, das in Tab. 5.5 zu sehen ist. Entsprechend ergibt sich die Wahrheitstabelle einer NAND-Verknüpfung mit drei Eingangsvariablen, indem man die Spalte y der Tab. 5.4 invertiert.

Tab. 5.5:   Wahrheitstabelle eines NAND-Gatters mit zwei Eingängen

x_1	x_0	y
0	0	1
0	1	1
1	0	1
1	1	0

Die Ausgangsvariable y wird genau dann 0, wenn sämtliche Eingangsvariablen den Wert 1 aufweisen.

Aufgabe 33   Geben Sie die Wahrheitstabelle eines NAND-Gatters mit drei Eingängen an!

Aufgabe 34   Geben Sie die Wahrheitstabelle eines UND-Gatters mit zwei Eingängen an, bei dem der Eingang x_1 invertiert ist!

Schaltfunktion

Die Schaltfunktion für die NAND-Verknüpfung erhält man, indem man die Schaltfunktion der UND-Verknüpfung mit einer Invertierung versieht. Wegen der unterschiedlichen Schreibweisen sowohl für die UND-Verknüpfung als auch für die Invertierung gibt es zahlreiche Varianten, wobei die folgenden weit verbreitet sind:

$$y := \overline{x_1 \wedge x_0}$$
$$y := \overline{x_1 \cdot x_0} = \overline{x_1 x_0}$$

5.2.5   ODER-Gatter und Disjunktion

Der Ausgang eines ***ODER-Gatters***, auch OR-Gate genannt, ist dann 1, wenn mindestens ein Eingang 1 ist. Diese Form der BOOLEschen Verknüpfung nennt man ***Disjunktion***, ***OR-Verknüpfung*** oder nicht ausschließendes ODER.

Schaltzeichen

Abb. 5.8 zeigt das Schaltzeichen eines ODER-Gatters mit zwei Eingängen. Die Beschriftung „≥1" deutet an, dass mindestens ein Eingang auf 1 sein muss, damit der Ausgang 1 wird.

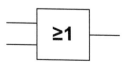

Abb. 5.8:   Schaltzeichen eines ODER-Gatters mit zwei Eingängen

Wie auch andere Gatter lassen sich ODER-Gatter mit drei oder mehr Eingängen versehen. Abb. 5.9 stellt ein ODER-Gatter mit drei Eingängen dar.

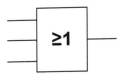

Abb. 5.9:   Schaltzeichen eines ODER-Gatters mit drei Eingängen

Wahrheitstabelle

Die ODER-Verknüpfung besitzt eine 1 in der Spalte des Ausgangs y, wenn x_0 oder x_1 oder alle beide 1 sind. Umgekehrt ist y nur dann 0, wenn alle Eingänge gleichermaßen 0 sind. Das gilt auch bei mehr als zwei Eingängen. Es reicht also eine einzige 1 an einem der Eingänge bereits aus, damit der Ausgang auf 1 geht.

Tab. 5.6:   Wahrheitstabelle eines ODER-Gatters mit zwei Eingängen

x_1	x_0	y
0	0	0
0	1	1
1	0	1
1	1	1

Schaltfunktion

Die Schaltfunktion für die ODER-Verknüpfung lässt sich folgendermaßen angeben:

$$y := x_1 \vee x_0$$

$$y := x_1 + x_0$$

Ähnlich wie bereits bei der UND-Verknüpfung wird bei der ersten Schreibweise ein speziellen $\vee$-Operatorverwendet. Er ähnelt dem Anfangsbuchstaben des lateinischen Wortes vel, das „oder" bedeutet.

Die zweite Schreibweise gebraucht den Plus-Operator der Addition, mit der die ODER-Verknüpfung gewisse Ähnlichkeiten aufweist. Betrachten wir die ersten drei Zeilen der Tab. Tab. 5.6, dann sehen wir, dass ODER-Verknüpfung und Addition dasselbe Ergebnis liefern, denn 0 + 0 = 0 und 0 + 1 = 1 + 0 = 1.

Lediglich die unterste Zeile weist einen Unterschied auf, weil 1 + 1 = 2 und nicht 1 ergibt. Dennoch wird das Additionszeichen für die ODER-Verknüpfung oft verwendet, weil es neben dieser Merkhilfe auch die Anwendung BOOLEscher Gesetze erleichtert.

Plus und Mal sind aus der herkömmlichen Algebra bekannt, ebenso algebraische Gesetze wie das Distributivgesetz. Man kann bei Verwendung von Plus und Mal anstelle von ODER und UND BOOLEsche Ausdrücke auf dieselbe Weise „ausmultiplizieren", wie man das aus der herkömmlichen Algebra kennt, ohne sich neue Gesetze aneignen zu müssen. Dadurch sinkt ferner die Fehlerrate bei Umformungen BOOLEscher Ausdrücke.

Ähnlich wie bei der UND-Verknüpfung kann man bei der ODER-Verknüpfung ferner eine Maximum-Funktion einsetzen:

$$y := \max(x_1, x_0)$$

Ein Vergleich mit der Wahrheitstabelle ergibt, dass y bei einer ODER-Verknüpfung immer den größten Wert von x_0 und x_1 bzw. gegebenenfalls auch noch x_2 annimmt. Das ermöglicht wiederum eine Erweiterung auf die Fuzzy Logic.

Aus der oberen Hälfte der Wahrheitstabelle (Tab. 5.6), also dort wo $x_1 = 0$ ist, kann man entnehmen, dass dort y denselben Wert wie x_0 aufweist. In der unteren Hälfte der Wahrheitstabelle, also für $x_1 = 1$, wird y zu 1. Das lässt sich folgendermaßen als Formeln schreiben:

$$x_1 = 0 \Rightarrow y = x_0 \text{ bzw. } x_0 + 0 = x_0$$

$$x_1 = 1 \Rightarrow y = 1 \text{ bzw. } x_0 + 1 = 1$$

5.2.6 NOR

Invertiert man den Ausgang eines ODER-Gatters, dann erhält man ein **NOR-Gatter**. Die Bezeichnung NOR ist auch deswegen sinnvoll, weil es sich um eine „weder-noch"-Verknüpfung handelt: Weder x_0 noch x_1 dürfen 1 sein, damit man am Ausgang eine 1 bekommt.

Schaltzeichen

In Abb. 5.10 ist das Schaltzeichen eines NOR-Gatters mit zwei Eingängen zu sehen. Man erhält es, indem man ein ODER-Gatter mit einem Inverterkringel am Ausgang versieht.

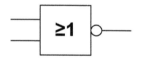

Abb. 5.10:   Schaltzeichen eines NOR-Gatters mit zwei Eingängen

Wahrheitstabelle

In der Wahrheitstabelle der NOR-Verknüpfung sind die Werte in der Spalte des Ausgangs y genau invertiert zur entsprechenden Spalte bei der ODER-Verknüpfung.

Tab. 5.7:   Wahrheitstabelle eines ODER-Gatters mit zwei Eingängen

x_1	x_0	y
0	0	1
0	1	0
1	0	0
1	1	0

Schaltfunktion

Die Schaltfunktion für die NOR-Verknüpfung ergibt sich aus der der ODER-Verknüpfung, wobei der gesamte Ausdruck invertiert wird:

$$y := \overline{x_1 \vee x_0}$$

$$y := \overline{x_1 + x_0}$$

5.2.7   XOR und Antivalenz

Das **XOR**-Gatter ist die Realisierung der BOOLEschen *Antivalenz* oder Ungleichheit. Es ist das „Entweder-Oder"-Gatter, d.h. dass die beiden Eingänge unterschiedliche Werte besitzen müssen, damit der Ausgang 1 wird.

Schaltzeichen

Abb. 5.11 zeigt das Schaltzeichen eines XOR-Gatters. Üblicherweise besitzen XOR-Gatter genau zwei Eingänge, weil das „entweder – oder" eine Auswahl aus zwei Alternativen andeutet. Prinzipiell sind jedoch auch XOR-Gatter mit mehr als zwei Eingängen denkbar. Die Beschriftung „=1" deutet an, dass genau ein Eingang auf 1 sein muss, damit der Ausgang 1 wird.

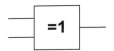

Abb. 5.11:   Schaltzeichen eines XOR-Gatters

Wahrheitstabelle

Die Wahrheitstabelle ähnelt der der ODER-Verknüpfung. Im Unterschied dazu ist wegen des „entweder-oder" y allerdings 0, wenn beide Eingänge 1 sind.

Tab. 5.8:   Wahrheitstabelle eines XOR-Gatters

x_1	x_0	y
0	0	0
0	1	1
1	0	1
1	1	0

Schaltfunktion

Man findet für die XOR-Verknüpfung unter anderem folgende Schreibweisen:

$$y := x_1 \oplus x_0$$

$$y := x_1 \not\leftrightarrow x_0$$

Das Symbol $\oplus$ spiegelt die Ähnlichkeit zum nicht-ausschließenden ODER wieder. Der Antivalenzpfeil dagegen deutet die Prüfung auf Ungleichheit der Eingangsvariablen an.

Man kann die XOR-Verknüpfung als eine Art Mischung aus Treiber und Inverter auffassen. Betrachten wir dazu in der Wahrheitstabelle (Tab. 5.8) zunächst den Fall, dass x_1=0 ist, also die obere Hälfte der Tabelle. Wir stellen fest, dass y dann den Wert von x_0 annimmt. Doch was passiert in der unteren Hälfte, also für $x_1 = 1$? y bekommt genau den invertierten Wert von x_0. Wir schreiben das als Formeln auf:

$$x_1 = 0 \Rightarrow y = x_0 \text{ bzw. } x_0 \leftrightarrow 0 = x_0$$

$$x_1 = 1 \Rightarrow y = \overline{x_0} \text{ bzw. } x_0 \leftrightarrow 1 = \overline{x_0}$$

Der Eingang x_1 bestimmt also, ob x_0 invertiert oder nichtinvertiert zum Ausgang y weitergeleitet wird.

Betrachten wir nur die oberste und die unterste Zeile der Wahrheitstabelle, wo x_0 denselben Wert wie x_1 aufweist, bzw. die beiden mittleren Zeilen, wo x_0 und x_1 entgegengesetzte Werte besitzen, dann bekommen wir folgende Gesetzmäßigkeiten:

$$x_1 \leftrightarrow x_1 = 0$$

$$x_1 \leftrightarrow \overline{x_1} = 1$$

5.2.8   XNOR und Äquivalenz

Das **XNOR**-Gatter, auch **NOXOR**-Gatter genannt, ist die Realisierung der BOOLEschen *Äquivalenz*. Die Eingänge müssen denselben Wert besitzen, egal ob sie gleichermaßen 0 oder gleichermaßen 1 sind. Genau dann wird der Ausgang zu 1.

Schaltzeichen

In Abb. 5.12 ist das Schaltzeichen eines XNOR-Gatters zu sehen. Es ergibt sich einfach aus dem des XOR-Gatters mit einem Inverterkringel am Ausgang. Außerdem gibt es noch weitere Symbole, auf die hier aber nicht eingegangen werden soll.

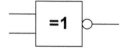

Abb. 5.12:   Schaltzeichen eines XNOR-Gatters

Wahrheitstabelle

Die Wahrheitstabelle erhält man, wenn man diejenige der XOR-Verknüpfung am Ausgang y invertiert.

Tab. 5.9:   Wahrheitstabelle eines XNOR-Gatters

x_1	x_0	y
0	0	1
0	1	0
1	0	0
1	1	1

Schaltfunktion

Die Schaltfunktion der XNOR-Verknüpfung bekommt man durch Invertierung der Schaltfunktion der XOR-Verknüpfung. Ferner gibt es mit dem Äquivalenzpfeil ein spezielles Symbol für die Äquivalenz-Verknüpfung:

$$y := \overline{x_1 \oplus x_0}$$

$$y := x_1 \leftrightarrow x_0$$

Auch die XNOR-Verknüpfung kann man als Mischung aus Treiber und Inverter auffassen. Aus der Wahrheitstabelle (Tab. 5.9) kann man analog zur Vorgehensweise bei der XOR-Verknüpfung folgende Gesetzmäßigkeiten entnehmen:

$$x_1 = 0 \Rightarrow y = \overline{x_0} \text{ bzw. } x_0 \leftrightarrow 0 = \overline{x_0}$$

$$x_1 = 1 \Rightarrow y = x_0 \text{ bzw. } x_0 \leftrightarrow 1 = x_0$$

Der Eingang x_1 bestimmt also, ob x_0 invertiert oder nichtinvertiert zum Ausgang y weitergeleitet wird.

Betrachten wir nur die oberste und die unterste Zeile der Wahrheitstabelle, wo x_0 denselben Wert wie x_1 aufweist, bzw. die beiden mittleren Zeilen, wo x_0 und x_1 entgegengesetzte Werte besitzen, dann bekommen wir folgende Gesetzmäßigkeiten:

$$x_1 \leftrightarrow x_1 = 1$$

$$x_1 \leftrightarrow \overline{x_1} = 0$$

5.3   Gesetze der BOOLEschen Algebra

Um mit den betrachteten BOOLEschen Verknüpfungen zu arbeiten, gibt es zahlreiche Gesetze, die wir nun in Form eines Überblicks kennenlernen wollen.

Ein Gesetz, das man aus der herkömmlichen Algebra kennt und das auf die BOOLEsche Algebra übertragen wird, ist „*Punkt vor Strich*". Dadurch, dass man der UND-Operation Vorrang vor der ODER-Operation einräumt, spart man sich in vielen Fällen das Setzen von Klammern. Hinzu kommen die nachfolgend beschriebenen Gesetze.

Gesetz der doppelten Negation:

$$\overline{\overline{a}} = a$$

Idempotenzgesetze:

$$a \cdot a = a$$

$$a \cdot \bar{a} = 0$$

$$a + a = a$$

$$a + \bar{a} = 1$$

Gesetz für das neutrale Element:

$$a \cdot 1 = a$$

$$a + 0 = a$$

Kommutativgesetz:

$$a \cdot b = b \cdot a$$

$$a + b = b + a$$

Assoziativgesetz:

$$(a \cdot b) \cdot c = a \cdot (b \cdot c)$$

$$(a + b) + c = a + (b + c)$$

Distributivgesetz („Ausmultiplizieren"):

$$a(b + c) = ab + ac$$

$$a + (b \cdot c) = (a + b) \cdot (a + c)$$

Absorptionsgesetze:

$$a + ab = a$$

$$a(a + b) = a$$

Die Absorptionsgesetze sind bei Termumformungen und -vereinfachungen manchmal sehr praktisch.

Gesetze von DeMorgan:

$$\overline{a + b} = \bar{a} \cdot \bar{b}$$

$$\overline{a \cdot b} = \bar{a} + \bar{b}$$

Die Gesetze von DeMorgan besitzen besondere Bedeutung, weil sie die Umwandlung von UND in ODER und umgekehrt erlauben.

6 Komplexere Schaltnetz-Komponenten

Bisher haben wir die grundlegenden BOOLEschen Verknüpfungen betrachtet, die eine große Bedeutung bei Digitalschaltungen besitzen. Es lässt sich jede BOOLEsche Funktion aus diesen Grundelementen aufbauen, so dass diese bereits für jede Art von Digitalschaltung ausreichen würden. Dennoch zieht man es vor, aus den Grundelementen komplexere Schaltnetz-Komponenten aufzubauen, weil die Arbeitsweise einer Schaltung dadurch oftmals klarer wird. Außerdem gibt es immer wieder ähnliche Aufgaben, für die man speziell daraufhin optimierte Komponenten einsetzen kann.

Dazu ein Vergleich: Man könnte den Aufbau eines Hochhauses beschreiben, indem man genau angibt, wo sich welcher Ziegelstein, welche Fliese und welches Stückchen Rohr befinden. Das wäre recht umständlich und für viele Zwecke unnötig. Einen Handwerker würde eher die nächsthöhere Ebene interessieren, nämlich wie eine Wand aufgebaut sein soll und wo eine Leitung zu ziehen ist. Die Ziegelsteine, Fliesen und Rohre werden dann so angebracht, dass das erfüllt wird, wobei es weniger wichtig ist, aus wie vielen einzelnen Stücken z.B. 3 Meter Rohr zusammengesetzt werden.

Der Bauherr wiederum möchte einen Überblick über das Aussehen des Gesamtbauwerks, die Anordnung und Abmessungen der Räume sowie die Lage der Fenster und Türen. Das wäre wiederum eine höhere Ebene der Beschreibung. Für unterschiedliche Zwecke gibt es somit unterschiedliche Detaillierungsgrade.

In ähnlicher Weise würde man den Aufbau eines Computers üblicherweise nicht beschreiben, indem man jeden einzelnen seiner Transistoren in einen Schaltplan zeichnet. Man würde sie zu Gattern zusammenfassen, diese wiederum zu komplexeren Komponenten, bis man die Ebene der Beschreibung erreicht hat, die für den gewünschten Zweck sinnvoll ist. Will man genau wissen, wie ein Computer funktioniert, ist es sinnvoll, mehrere dieser Ebenen kennenzulernen. Wir wollen uns nach der Gatterebene nun der nächsthöheren Ebene widmen und einige komplexere Schaltnetz-Komponenten und deren Anwendung betrachten.

6.1 Adressdecoder

Der *Adressdecoder* wird unter anderem verwendet, um einen Baustein von mehreren vorhandenen gezielt auszuwählen und zu aktivieren. Man sagt, ein Baustein wird *adressiert*, was dem Adressdecoder seinen Namen gab.

Dazu wird eine Dualzahl S, die eine Adresse oder einen Teil einer Adresse darstellen kann, an den dafür vorgesehenen Eingängen des Adressdecoders angelegt. Der Adressdecoder aktiviert daraufhin den Ausgang mit der Nummer S.

https://doi.org/10.1515/9783110741797-006

Betrachten wir als Beispiel den **2:4-Adressdecoder** (sprich: 2 zu 4 Adressdecoder) aus Abb. 6.1. Man nennt ihn nach der Zahl der Eingänge auch **2-Bit-Adressdecoder**.

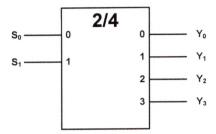

Abb. 6.1:   2:4-Adressdecoder

Die Dualzahl S wird aus s_1 und s_0 gebildet. Es gilt also: $S=(s_1\ s_0)_2$. Ist beispielsweise $s_1 = 1$ und $s_0 = 0$, dann gilt $S = (10)_2 = 2$. Somit wird der Ausgang Y_2 ausgewählt oder **selektiert**, wie man sagt. Bei einem Adressdecoder wird der selektierte Ausgang aktiv, geht also im beschriebenen Fall auf 1. Das ist in Abb. 6.2 zu sehen.

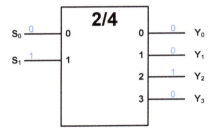

Abb. 6.2:   Beispiel-Anschlussbelegung eines 2:4-Adressdecoders

Diese Arbeitsweise des Adressdecoders lässt sich mit einer Wahrheitstabelle (Tab. 6.1) beschreiben:

Tab. 6.1:   Wahrheitstabelle eines 2:4-Adressdecoders

s_1	s_0	Y_0	Y_1	Y_2	Y_3
0	0	1	0	0	0
0	1	0	1	0	0
1	0	0	0	1	0
1	1	0	0	0	1

Mit einer n-Bit-Dualzahl kann man einen von 2^n Ausgängen auswählen. Daher gibt es üblicherweise $n:2^n$-Adressdecoder, wobei man als n eine beliebige natürliche Zahl einsetzen kann. Der kleinste Adressdecoder ist somit der 1:2-Adressdecoder. Dann kommt der bereits betrachtete 2:4-Adressdecoder, der 3:8-Adressdecoder, usw.

Abb. 6.3 zeigt einen 3:8-Adressdecoder. Die Anschlüsse können im Grunde beliebig mit Symbolen bezeichnet werden, z.B. analog zu denen in Abb. 6.1.

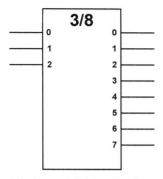

Abb. 6.3:   3:8-Adressdecoder

6.2   Multiplexer und Demultiplexer

Man benötigt in der Computertechnik häufig elektronische Umschalter aller Art. Solche Umschalter bezeichnet man als ***Multiplexer (MUX)*** und ***Demultiplexer (DMUX oder DEMUX)***. Man kann sich die Arbeitsweise von Multiplexer und Demultiplexer anhand von mechanischen Schaltern verdeutlichen.

6.2.1   Multiplexer 2:1

Abb. 6.4 zeigt das mechanische Gegenstück eines Multiplexers 2:1. Wie man sieht, handelt es sich einfach um einen Umschalter, der wahlweise den Eingang x_0 oder den Eingang x_1 zu einem Ausgang y weiterleitet. Welcher der beiden Eingänge weitergeleitet wird, wird durch die Schalterposition S bestimmt.

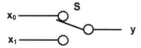

Abb. 6.4:   Multiplexer 2:1, Ersatzschaltbild mit mechanischen Schaltern

Weil mechanische Schalter viele Nachteile besitzen, verwendet man in der Computertechnik besser elektronische Schalter bzw. Gatter. Doch die Arbeitsweise eines digitalen Multiplexers ist im Grunde dieselbe wie bei der mechanischen Ausführung.

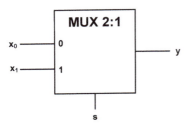

Abb. 6.5:   Multiplexer 2:1

Der Multiplexer aus Abb. 6.5 verfügt über zwei Eingänge x_0 und x_1. Falls das Steuersignal $s = 0$ ist, wird x_0 zum Ausgang weitergeleitet, ansonsten x_1. Das lässt sich in einer Wahrheitstabelle darstellen:

Tab. 6.2:   Wahrheitstabelle eines 2:1-Multiplexers

s	x_1	x_0	y
0	0	0	0
0	0	1	1
0	1	0	0
0	1	1	1
1	0	0	0
1	0	1	0
1	1	0	1
1	1	1	1

Eine weitere Möglichkeit ist die formelmäßige Beschreibung der Arbeitsweise:

$$y = \begin{cases} x_0, & s = 0 \\ x_1, & s = 1 \end{cases}$$

Die Ähnlichkeiten mit der Wahrheitstabelle werden offenkundig, wenn man die obere und untere Hälfte der Wahrheitstabelle separat betrachtet.
- In der oberen Hälfte gilt $s = 0$. Die Spalte y besteht dort aus einer „Kopie" der Spalte x_0.
- In der unteren Hälfte gilt $s = 1$. Die Spalte y besteht dort aus einer „Kopie" der Spalte x_1.

Damit lässt sich eine vereinfachte Form der Wahrheitstabelle aufstellen:

Tab. 6.3:   Vereinfachte Wahrheitstabelle eines 2:1-Multiplexers

s	y
0	x_0
1	x_1

6.2.2   Demultiplexer 1:2

Der **Demultiplexer** verhält sich genau umgekehrt wie der Multiplexer. Wie man in Abb. 6.6 erkennen kann, gibt es bei der Verwendung mechanischer Schalter keinen Unterschied zwischen Multiplexer und Demultiplexer, sondern der Schalter wird einfach um 180° gedreht. Man vertauscht also Ausgänge und Eingänge. Das ist bei elektronischen Schaltern nicht ohne weiteres möglich. Daher ist ein Demultiplexer in der Digitaltechnik intern ganz anders aufgebaut als ein entsprechender Multiplexer.

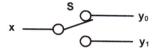

Abb. 6.6:   Demultiplexer 1:2, Ersatzschaltbild mit mechanischen Schaltern

Das Schaltzeichen eines 1:2-Demultiplexers ist in Abb. 6.7 zu sehen.

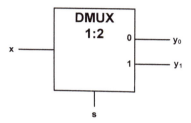

Abb. 6.7:   Demultiplexer 1:2

Je nach Wert von s wird der Eingang x zu dem Ausgang y_0 oder y_1 weitergeleitet. Der jeweils andere Ausgang ist 0. Die zugehörige Wahrheitstabelle ist in Tab. 6.4 zu sehen:

Tab. 6.4:   Wahrheitstabelle eines 1:2-Demultiplexers

s	x	y_0	y_1
0	0	0	0
0	1	1	0
1	0	0	0
1	1	0	1

Das lässt sich formelmäßig so beschreiben:

$$y_0 = \begin{cases} x, & s = 0 \\ 0, & s = 1 \end{cases}$$

$$y_1 = \begin{cases} 0, & s = 0 \\ x, & s = 1 \end{cases}$$

Wiederum betrachtet man die obere und untere Hälfte der Wahrheitstabelle separat.

- In der oberen Hälfte gilt s = 0. Die Werte von x werden nach y_0 „kopiert", während y_1 dort 0 ist.
- In der unteren Hälfte gilt s = 1. Die Werte von x werden nach y_1 „kopiert", während y_0 dort 0 ist.

6.2.3   Multiplexer n:1

Wenn man die Zahl der Dateneingänge x_0, x_1 des Multiplexers 2:1 verdoppelt, erhält man einen *Multiplexer 4:1*. Gleichzeitig benötigt man einen zusätzlichen Steuereingang, denn man benötigt 2 Steuersignale, um einen aus $2^2 = 4$ Eingängen auszuwählen. Ein solcher Multiplexer ist in Abb. 6.8 zu sehen.

Allgemein kann man beliebige *n:1-Multiplexer* bauen, die n Eingänge x_0 .. x_{n-1} und einen Ausgang y besitzen. Die Zahl s der erforderlichen Steuereingänge beträgt $s = ld\ n$, wobei ld für den Zweierlogarithmus steht.

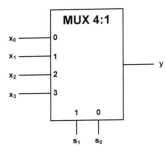

Abb. 6.8:   Multiplexer 4:1

Aufgabe 35 Geben Sie die Wahrheitstabelle eines Multiplexers 4:1 an!

Aufgabe 36 Beschalten Sie einen 8:1-Multiplexer so, dass folgende Wahrheitstabelle implementiert wird:

x_2	x_1	x_0	y
0	0	0	1
0	0	1	1
0	1	0	1
0	1	1	0
1	0	0	1
1	0	1	0
1	1	0	1
1	1	1	1

Hinweis: „Beschalten" heißt, dass an vorhandene Eingänge eine feste 0 oder feste 1 angelegt wird, dass Ein- und Ausgänge mit Formelbuchstaben aus der Aufgabenstellung versehen werden und – falls erlaubt – dass Gatter an die Ein- und Ausgänge geschaltet werden. Eine Änderung am internen Aufbau eines vorgegebenen Bausteins ist nicht gestattet.

6.2.4   Demultiplexer 1:n

Das Gegenstück zu einem Multiplexer 4:1 ist ein Demultiplexer 1:4, wie er in Abb. 6.9 zu sehen ist. Wie bei dem Multiplexer 4:1 sind zwei Steuereingänge s_0 und s_1 nötig.

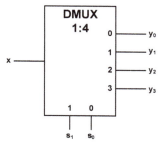

Abb. 6.9: Demultiplexer 1:4

Auch Demultiplexer lassen sich zum 1:n-Demultiplexer verallgemeinern, der einen Eingang x und n Ausgänge $y_0 .. y_{n-1}$ besitzt. Die Zahl s der erforderlichen Steuereingänge beträgt wie bei dem entsprechenden n:1-Multiplexer $s = ld\ n$.

Aufgabe 37 Geben Sie die Wahrheitstabelle eines Demultiplexers 1:4 an!

Aufgabe 38 Beschalten Sie einen 1:8-Demultiplexer so, dass er als 2-Bit-Adressdecoder arbeitet.

Beispiel

Betrachten wir nun ein Beispiel, wie sich ein 4:1-Multiplexer und ein 1:4-Demultiplexer verwenden lassen, um Daten „gemultiplext" über eine einzige Datenleitung zu schicken. Man nennt das *Zeitmultiplexverfahren* (time division multiplex).

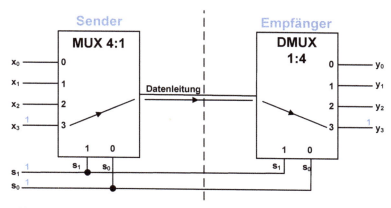

Abb. 6.10: Gemultiplexte Datenübertragung

In Abb. 6.10 ist ein Sender zu sehen, der vier Datenkanäle $x_0, ..., x_3$ zu einem Empfänger übertragen möchte. Das Problem ist, dass nicht genügend Datenleitungen zur Verfügung stehen. Daher schaltet der Sender zuerst den Kanal x_0 zur Datenleitung durch, und der Empfänger schaltet die Datenleitung zeitgleich auf den Ausgang y_0 durch. Dann erfolgt dasselbe mit Kanal

x_2 und dann mit den weiteren Kanälen. In der Abbildung sieht man, wie gerade Kanal x_3 übertragen wird und zu y_3 gelangt.

Doch wie erreicht man, dass Sender und Empfänger synchron arbeiten, also dass Kanal x_3
nicht beispielsweise bei y_0 ankommt? Dazu dienen die Steuersignale s_1 und s_0, die sowohl den
Multiplexer als auch den Demultiplexer auf dieselbe Position stellen.

Ein Nachteil dabei ist, dass die Steuersignale zusätzliche Leitungen beanspruchen, doch ergibt
sich trotz allem eine Leitungsersparnis: Anstelle von 4 Leitungen werden in unserem Beispiel
nur noch 3 benötigt. Je mehr Kanäle zu übertragen sind, desto größer die Leitungsersparnis
durch das Multiplexing. Allgemein benötigt man bei n Kanälen eine Datenleitung und zusätzlich ld n Steuersignale, also insgesamt 1 + ld n Leitungen.

Aufgabe 39   Wie könnte man mit weniger Steuersignalen auskommen?

Aufgabe 40   Wie viele Leitungen benötigt man mit dem beschriebenen Verfahren zur Übertragung von 128 Kanälen?

6.2.5   Multiplexer m × n:n

Die bisher beschriebenen Multiplexer 1:n und Demultiplexer n:1 konnten immer nur ein einziges Datensignal auswählen und weiterleiten. Im Bereich der Rechnerarchitektur haben wir
es aber oft mit Bussen zu tun, die aus vielen einzelnen Signalen bestehen und alle auf einmal
umgeschaltet werden müssen. Es stellt sich also die Aufgabe, eines von mehreren „Bündeln"
von Signalen weiterzuleiten. Diese Aufgabe löst der ***Multiplexer m × n:n***. Er wählt aus m
vorhandenen Bündeln eines mit einer Wortbreite von n Signalen aus und leitet es zum Ausgang
weiter.

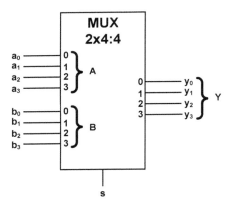

Abb. 6.11:   Multiplexer 2 × 4:4

In Abb. 6.11 sehen wir im Speziellen einen Multiplexer 2 × 4:4. In ihn hinein führen zwei
Leitungsbündel A und B, die jeweils aus vier Signalen bestehen. Bündel A wird aus den Signalen $a_0 \ldots a_3$ gebildet, das Bündel B aus $b_0 \ldots b_3$. Mit dem Steuersignal s legt man fest, welches der beiden Bündel zum Ausgang Y, bestehend aus $y_0 \ldots y_3$ weitergeleitet wird. Ist s = 0,

dann wird das Bündel A nach Y weitergeleitet, für s=1 das Bündel B. Das spiegelt sich in der Wahrheitstabelle (Tab. 6.5: Wahrheitstabelle eines 2 × 4:4-MultiplexersTab. 6.5) wider.

Tab. 6.5:   Wahrheitstabelle eines 2 × 4:4-Multiplexers

s	y_0	y_1	y_2	y_3
0	a_0	a_1	a_2	a_3
1	b_0	b_1	b_2	b_3

Multiplexer m × n:n können aus den uns bereits bekannten Multiplexern 1:n aufgebaut werden, indem man mehrere „parallel schaltet", um deren Wortbreite zu erhöhen.

Aufgabe 41   Skizzieren Sie die Schaltung eines 2 × 2:2-Multiplexers, der aus 2:1-Multiplexern zu bilden ist. Geben Sie das Schaltzeichen an.

Aufgabe 42   Bilden Sie einen Multiplexer 2 × 4:4 aus 2:1-Multiplexern.

Anwendung

Ein Einsatzgebiet von Multiplexern m × n:n im Prozessor ist die Auswahl eines von mehreren mehrbittigen Operanden, welcher weiterverarbeitet werden soll. So kann z.B. entweder der Inhalt eines Registers A oder derjenige eines Registers B zu einem anderen Wert C addiert werden. Ob A oder B als Summand zum Einsatz kommt, wird mit einem Multiplexer bestimmt.

Ferner wird der Multiplexer m × n:n eingesetzt, um bei integrierten Schaltungen wie Prozessoren und Speichern Anschlüsse einzusparen. Beispielsweise gibt es Testsignale, die man nur ein einziges Mal benötigt, nämlich um nach der Fertigung eines Chips festzustellen, ob er funktioniert oder nicht. Würde man für solche Testsignale separate Anschlüsse vorsehen, dann man ein größeres Gehäuse für den Chip benötigen, was den Baustein teurer machen würde. Daher multiplext man solche Testsignale häufig. Man sieht einen TEST-Pin vor, der bestimmt, ob die Testsignale nach draußen geleitet werden oder stattdessen an denselben Anschlüssen Datensignale liegen.

Aufgabe 43   Skizzieren Sie, wie man einen Multiplexer einsetzen könnte, um wahlweise 16 Testsignale oder 16 Datensignale an Anschlusspins eines Bausteins zu leiten.

6.3   Varianten der Schaltzeichen

Enable-Eingang

Digitalbausteine, so auch der Adressdecoder, können einen *Enable-Eingang* EN besitzen, mit dem man den Baustein *aktivieren* („einschalten") oder *deaktivieren* („ausschalten") kann. Anstelle von EN verwendet man dabei auch häufig den Buchstaben G. Ein deaktivierter Baustein besitzt nur deaktivierte Ausgänge. Betrachten wir dazu ein Beispiel.

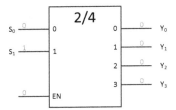

Abb. 6.12:   Beispiel 2:4-Adressdecoder, deaktiviert

Der Adressdecoder in Abb. 6.12 ist deaktiviert, denn EN=0. Demzufolge sind alle Ausgänge Y_0 bis Y_3 des Adressdecoders auf 0, egal welchen Wert s_1 und s_0 besitzen.

Wird EN auf 1 gelegt, dann wird der Adressdecoder aktiv und arbeitet wie gewohnt. Im Beispiel aus Abb. 6.13 geht Y_2 auf 1. Die anderen Ausgänge bleiben auf 0.

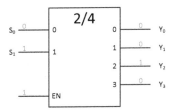

Abb. 6.13:   Beispiel 2:4-Adressdecoder, aktiviert

Low-aktive Ein- und Ausgänge

Sowohl Eingänge als auch Ausgänge können invertiert werden. Man spricht dann auch von *low-aktiven* Ein- und Ausgängen. Betrachten wir auch dazu ein Beispiel. Der Adressdecoder in Abb. 6.14 verfügt über einen low-aktiven Enable-Eingang und über low-aktive Ausgänge. Damit der Adressdecoder aktiv wird, muss man eine 0 an EN anlegen. Der selektierte Ausgang Y_2 geht dann auf 0, weil er low-aktiv ist. Alle anderen ebenfalls low-aktiven Ausgänge bleiben auf 1.

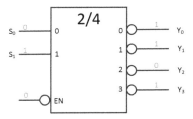

Abb. 6.14:   Beispiel 2:4-Adressdecoder, mit low-aktivem Enable und low-aktiven Ausgängen

Steuer- und Funktionsblöcke

Wir hatten bereits das Schaltzeichen für einen Multiplexer 2:1 kennengelernt, wie es in Abb. 6.15 zu sehen ist.

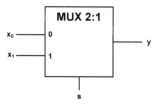

Abb. 6.15:   Multiplexer 2:1

Ein dazu bedeutungsgleiches Schaltzeichen ist gemäß DIN EN 60617-12 das Folgende:

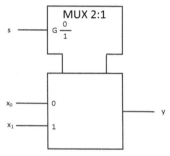

Abb. 6.16:   Multiplexer 2:1, Schaltzeichen mit Steuerblock und Funktionsblock

Das Schaltzeichen aus Abb. 6.16 verfügt über einen *Steuerblock*, in dem alle Steuersignale zusammengefasst werden, die für den gesamten Baustein gelten. In unserem Falle handelt es sich lediglich um das Steuersignal s. An diesem Anschluss ist ferner angegeben, dass das Steuersignal ein Intervall von 0 bis 1 abdeckt, zu erkennen an der Bezeichnung $G\frac{0}{1}$.

Außer dem Steuerblock findet man ferner einen *Funktionsblock*, also den eigentlichen Multiplexer mit den Eingängen x_0 und x_1 sowie dem Ausgang y. Bei so einfachen Bausteinen wie dem Multiplexer 2:1 erscheint das Schaltzeichen mit Steuerblock zwar etwas überdimensioniert, aber es kann überall dort sinnvoll eingesetzt werden, wo Bausteine mehrere Funktionsblöcke besitzen. Jeder Funktionsblock kann außerdem lokale Steuersignale besitzen, die sich nur auf den jeweiligen Funktionsblock auswirken und bei diesem statt im Steuerblock eingezeichnet werden.

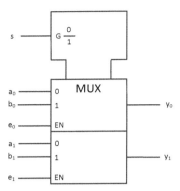

Abb. 6.17:   Multiplexer 2:1, Schaltzeichen mit Steuerblock und Funktionsblock

Abb. 6.17 zeigt einen Baustein bestehend aus zwei gleichartigen Multiplexern 2:1, die mit einem gemeinsamen Steuersignal s versehen sind. Es wird also entweder bei beiden Multiplexern der obere Eingang durchgeschaltet oder bei beiden der untere. Jeder Multiplexer lässt sich aber unabhängig von dem anderen mit e_0 bzw. e_1 aktivieren oder deaktivieren.

6.4   Digitaler Komparator

Ein digitaler *Komparator* vergleicht zwei digitale, in der Regel mehrbittige Größen miteinander und gibt an, ob sie gleich sind, bzw. welche davon die größere ist. Das Vergleichsergebnis hängt davon ab, wie die Größen codiert sind. In der Regel wird das Dualsystem verwendet.

In Abb. 6.18 ist ein 4-Bit-Komparator zu sehen. Die 4-Bit-Größen A und B werden als Dualzahlen aufgefasst. Ist A kleiner als B, geht der Ausgang X auf 1. Bei Gleichheit wird Y aktiviert, und wenn A größer als B ist, der Ausgang Z. Es ist somit immer genau ein Ausgang 1, die anderen sind 0.

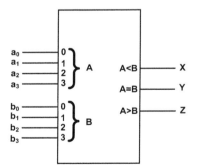

Abb. 6.18:   4-Bit-Komparator

6.5 Addierer

Die Abb. 6.19 zeigt einen 4-Bit-Addierer. Als Operanden werden die beiden 4-Bit-Größen A und B verwendet, deren Summe am Ausgang Σ erzeugt wird. Das Signal CI (Carry Input) ist ein Übertragseingang, während CO (Carry Output) als Übertragsausgang fungiert. Sie dienen dazu, mehrere Addierer zu größerer Wortbreite zu *kaskadieren*, also aneinander zu schalten. Diese Form der Kaskadierung nennt man das *Ripple-Carry-Verfahren*. Näheres zur Addition werden wir in Kapitel 10.1 kennenlernen.

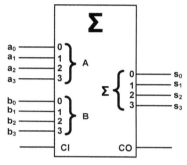

Abb. 6.19: 4-Bit-Addierer

Subtrahierer sind ganz ähnlich aufgebaut, besitzen aber nicht dieselbe Bedeutung wie Addierer. Das liegt daran, dass man in Prozessoren meist im Zweierkomplement rechnet (siehe Kapitel 12.1), und bei diesem reicht es aus, wenn man Addierer einsetzt. Man benötigt also auch für Subtraktion keine separaten Subtrahierer.

6.6 ALU

Die *ALU* (Arithmetic and Logic Unit) vereint mehrere der zuvor genannten Bausteine und Gatter. Sie bildet eine der wichtigsten Komponenten eines Prozessors, insbesondere seines Rechenwerkes (siehe Kapitel 13).

Typischerweise beherrscht eine ALU die logischen Operationen NOT, AND, OR und XOR sowie die arithmetischen Operationen Addition, Subtraktion und Komplementbildung. Komplexere Verknüpfungen wie Multiplikation und Division können direkt als Gatterschaltungen in Form von Parallelmultiplizierern und -dividierern vorhanden sein. Sie können aber auch sequentiell unter Verwendung von Addition bzw. Subtraktion durchgeführt werden (siehe Kapitel 12.2), so dass eine ALU nicht unbedingt Multiplikation und Division beherrschen muss. Weitere Operationen können zu den schon genannten hinzukommen.

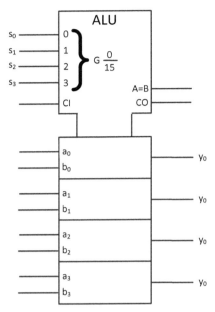

Abb. 6.20:   4-Bit-ALU

Abb. 6.20 zeigt eine 4-Bit-ALU. Sie verknüpft zwei Operanden $A=(a_3a_2a_1a_0)_2$ und $B=(b_3b_2b_1b_0)_2$ miteinander zu einem Ergebnis $Y=(y_3y_2y_1y_0)_2$.

Mit den Signalen s_0 bis s_3 kann eine von maximal 16 verschiedenen Verknüpfungen ausgewählt werden. Welche Bitkombination welche Verknüpfung bewirkt, geht aus dem Symbol nicht hervor, sondern müsste im Datenblatt der ALU verzeichnet werden.

CI und CO sind die Carry Input und Carry Output-Signale, die wir vom Addierer kennen (siehe Kapitel 6.5). Mit ihnen kann die Wortbreite der ALU erhöht werden. Der Ausgang A=B ist ein Komparator-Ausgang. Er wird 1, genau dann wenn die beiden Operanden A und B bitweise übereinstimmen.

7 Schaltwerke

Bisher hatten wir kombinatorische Logik kennengelernt. Aus den Werten an den Eingängen ergab sich unmittelbar, welche Werte die Ausgänge annehmen. Die Vergangenheit der Schaltung spielte dabei keine Rolle, es wurde also nichts gespeichert. Eine solche Schaltung nennt man ein *Schaltnetz*.

Beispielsweise würde ein Getränkeautomat, der mit rein kombinatorischer Logik aufgebaut ist, immer auf gleiche Weise reagieren, wenn man einen Wahlknopf drückt. Wenn man den Kaffee-Knopf drückt, wird immer sofort Kaffee ausgegeben. Das ist aber üblicherweise nicht gewünscht: Wenn man den Kaffee-Knopf drückt, soll nur dann Kaffee herauskommen, wenn *zuvor* auch ein passender Geldbetrag eingeworfen wurde. Ansonsten soll eine Meldung erscheinen, dass der Geldbetrag nicht ausreichend ist. Die zeitliche Vergangenheit spielt also eine wichtige Rolle. Eine solche Schaltung, die Informationen speichern kann, nennt man ein *Schaltwerk*.

Die kleinste Einheit, die Informationen speichern kann, ist das *Flipflop*. Es ist ein 1-Bit-Speicher. Man kann auch sagen, es ist ein digitales Bauelement, das zwei verschiedene zeitlich stabile *Zustände* annehmen kann. Es speichert entweder eine 0 oder eine 1.

Zwischen den beiden Zuständen kann es hin und her wechseln. Man sagt, das Flipflop *kippt* oder *toggelt*. Unter welchen Bedingungen dies passiert, wird durch Steuersignale bestimmt. Je nachdem, welche Steuersignale vorliegen, unterscheidet man verschiedene Arten von Flipflops.

7.1 RS-Flipflop

Eine einfache Form von Flipflop ist das *RS-Flipflop*, auch *SR-Flipflop* genannt. Es verfügt über einen *Setzeingang* S (Set) und einen *Rücksetzeingang* R (Reset). Sein Schaltzeichen ist in Abb. 7.1 zu sehen.

Schaltzeichen

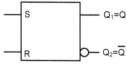

Abb. 7.1:   RS-Flipflop

https://doi.org/10.1515/9783110741797-007

Man kann ein RS-Flipflop mit dem Verhalten einer Tischbohrmaschine vergleichen, die zur Bedienung zwei Schalter besitzt: Einen üblicherweise grünen Einschalter und einen roten Ausschalter. Der Einschalter entspricht S, der Ausschalter R. Drückt man (nur) den Einschalter, wird die Bohrmaschine eingeschaltet (entspricht Q=1), mit dem Ausschalter wird sie ausgeschaltet (Q wird 0). Beide gleichzeitig sollten nicht betätigt werden.

Entsprechend wird das RS-Flipflop mit einer 1 auf dem Eingang S gesetzt, der Ausgang geht auf 1. Mit einer 1 auf R wird es rückgesetzt. Das gilt, sofern der andere Eingang jeweils eine 0 führt. Der Fall S = R = 1 darf nicht vorkommen.

Flipflops besitzen außer dem Ausgang Q_1 = Q, der den Flipflop-Zustand repräsentiert, oft auch den dazu invertierten Ausgang Q_2. Das ist so, weil aufgrund des internen Aufbaus ohnehin beide Signale erzeugt werden und es keinen schaltungstechnischen Zusatzaufwand erfordert.

Wahrheitstabelle

Wir haben bereits kennengelernt, dass sich das Verhalten digitaler Schaltungen mit Hilfe von Wahrheitstabellen beschreiben lässt. Dies trifft auch auf Schaltwerke und somit auf einzelne Flipflops zu.

Allerdings gibt es wegen der Zeitabhängigkeit von Schaltwerken eine Besonderheit: Man unterscheidet Ausgänge zum Zeitpunkt n und solche zum Zeitpunkt n+1, also sozusagen vorher und nachher. Ausgänge zum Zeitpunkt n werden auf die linke Seite zu den *Eingängen* dazugeschrieben. Für das RS-Flipflop ergibt sich die Wahrheitstabelle aus Tab. 7.1.

Tab. 7.1:　　Wahrheitstabelle eines RS-Flipflops

S	R	Q_n	Q_{n+1}	Bemerkung
0	0	0	0	Speicherfall (SpF): Q bleibt unverändert
0	0	1	1	dto.
0	1	0	0	Rücksetzfall (RF): Q wird 0
0	1	1	0	dto.
1	0	0	1	Setzfall (SeF): Q wird 1
1	0	1	1	dto.
1	1	0	?	undefiniert: Dieser Fall darf nicht auftreten
1	1	1	?	dto.

Wir erkennen folgende vier Fälle:

1. *Speicherfall*: Wird weder gesetzt noch rückgesetzt, bleibt der Flipflop-Zustand unverändert.
2. *Rücksetzfall*: Wird nur rückgesetzt, wird der Flipflopzustand 0.
3. *Setzfall*: Wird nur gesetzt, wird der Flipflopzustand 1.
4. *undefinierter Fall*: Wird gleichzeitig gesetzt und rückgesetzt, ist das Ergebnis unklar. Man muss dafür sorgen, dass dieser Fall nicht in der Praxis auftreten kann.

Der undefinierte Fall wirft am ehesten Fragen auf. Er ergibt sich aus dem internen Aufbau des Flipflops und kann sich in so seltsamen Effekten bemerkbar machen, wie dass der nichtinvertierte und der invertierte Ausgang des Flipflops denselben Wert annehmen. Wir werden in

Kapitel 7.2.1 sehen, wie man erreichen kann, dass das Flipflop auch im Fall S = R = 1 einen definierten Zustand annimmt.

Die Wahrheitstabelle lässt sich auch in einer Kompaktschreibweise darstellen, woraus sich Tab. 7.2 ergibt.

Tab. 7.2:   Wahrheitstabelle eines RS-Flipflops in Kompaktschreibweise

S	R	Q_{n+1}	Bemerkung
0	0	Q_n	Speicherfall (SpF): Q bleibt unverändert
0	1	0	Rücksetzfall (RF): Q wird 0
1	0	1	Setzfall (SeF): Q wird 1
1	1	?	undefiniert: Dieser Fall darf nicht auftreten

Bei der Kompaktschreibweise erscheinen in der Ausgangsspalte nicht nur Nullen und Einsen, sondern es tritt auch der Flipflop-Zustand Q_n auf.

7.2   Arten von Eingängen

7.2.1   Vorrangige Eingänge

Eine Möglichkeit, den undefinierten Zustand beim RS-Flipflop zu vermeiden, ist die Vorrangigkeit von Eingängen: Wenn gleichzeitig sowohl gesetzt als auch rückgesetzt werden soll, hat im Zweifelsfall z.B. der Setzeingang Vorrang. Man nennt S dann **dominant** oder **vorrangig**.

Schaltzeichen

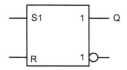

Abb. 7.2:   RS-Flipflop mit dominantem S

Im Schaltzeichen kommt dies durch eine Ziffer zum Ausdruck, die man hinter das S des Setzeingangs und an die Ausgänge schreibt. Das nennt man die **Abhängigkeitsnotation**. Ein- und Ausgänge mit derselben Ziffer bilden eine Gruppe. Schreibt man die Ziffer hinter einen Buchstaben, dann steuert der betreffende Ein- oder Ausgang die Gruppe. In unserem Fall spielt S eine steuernde oder vorrangige Rolle bei der Aktualisierung der Ausgänge, während R demnach nachrangig sein muss.

Wahrheitstabelle

Tab. 7.3:   Wahrheitstabelle eines RS-Flipflops mit dominantem S

S	R	Q_{n+1}	Bemerkung
0	0	Q_n	Speicherfall (SpF)
0	1	0	Rücksetzfall (RF)
1	0	1	Setzfall (SeF)
1	1	1	Setzfall (SeF)

Die Abhängigkeitsnotation hat den Vorteil, dass man keine zusätzlichen Gatter einzeichnen muss, deren Wirkung man zum Verstehen der Schaltung zu analysieren hätte. Außerdem wird die Schaltung dadurch kompakter.

Die Wahrheitstabelle ändert sich durch die Vorrangigkeit von S dergestalt, dass anstelle des undefinierten Falls nochmal der Setzfall auftritt.

Aufgabe 44   Wie könnte man durch Beschaltung mit geeigneten Gattern aus einem „normalen" RS-Flipflop ein solches mit vorrangigem S-Eingang bekommen?

7.2.2   Taktzustandssteuerung

Die bisher betrachteten Flipflops änderten ihren Zustand jederzeit, wenn an den Eingängen eine entsprechende Änderung auftrat. Solche Flipflops nennt man *asynchron* oder *nicht-taktgesteuert*.

Für viele Zwecke ist dies aber nicht erwünscht. Durch eine Taktsteuerung erreicht man, dass mehrere vorhandene Flipflops nur zu definierten Zeitpunkten oder –intervallen und somit weitgehend gleichzeitig schalten. Diese Art Flipflops nennt man *synchron* oder *taktgesteuert*. Weil sich nur zu wesentlich weniger Zeitpunkten eine Änderung der Flipflop-Zustände ergeben kann, wird dadurch der Schaltungsentwurf vereinfacht. Auch werden Schaltungen störunempfindlicher, weil sich Störungen nicht mehr zu jedem beliebigen Zeitpunkt auswirken können.

Bei der Taktzustandssteuerung kann sich ein Flipflop-Zustand nur während solcher Zeitintervalle ändern, in denen der Takteingang T einen gewissen Zustand, z.B. T = 1, besitzt. Beim entgegengesetzten Wert tritt keine Änderung auf.

Schaltzeichen

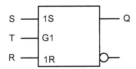

Abb. 7.3:   RS-Flipflop mit Taktzustandssteuerung

In Abb. 7.3 ist ein RS-Flipflop mit Taktzustandssteuerung zu sehen. Wieder verwenden wir der Übersichtlichkeit halber die Abhängigkeitsnotation. Die Gruppe 1 umfasst diesmal nur Eingänge, nämlich S, T und R. Der Takteingang T dominiert die Gruppe, erkennbar daran, dass man die Ziffer hinter das G schreibt. Das G steht für eine Und-Verknüpfung. Die Eingänge S und R werden von T gesteuert, können sich also nur auswirken, wenn T einen passenden Wert, hier die 1, hat.

Solange T = 1 ist, werden S und R durchgeschaltet, und das Flipflop arbeitet wie bisher bekannt. Für T = 0 werden S und R abgeblockt, am Flipflopzustand kann sich nichts ändern. T kann wie alle Ein- und Ausgänge auch mit einem Inverter versehen werden, so dass nur Zeitintervalle mit T = 0 verwendet werden.

7.2.3   Taktflankensteuerung

Für viele Zwecke ist die Eingrenzung von Zustandsänderungen auf längere Zeitintervalle zu ungenau: Man möchte idealerweise genau definierte Zeitpunkte für das Schalten der Flipflops bestimmen können.

Dieser Idealfall kann zwar nicht erreicht werden, aber zumindest kann man die Zeitintervalle stark verkürzen, nämlich auf die Zeitdauer, die ein Anstieg oder ein Abfall eines Taktsignals, also eine *Taktflanke*, benötigt. Das nennt man *Taktflankensteuerung*.

Die Verkürzung der Zeitintervalle bewirkt eine weitere Verbesserung der Störunempfindlichkeit gegenüber der Taktzustandssteuerung und reduziert wiederum die Anzahl der Zeitpunkte, die man bei der Entwicklung einer Schaltung zu berücksichtigen hat.

Schaltzeichen

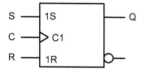

Abb. 7.4:   RS-Flipflop mit Taktflankensteuerung

Reagiert ein Eingang auf Taktflanken, dann nennt man ihn *flankensensitiv*, im Gegensatz zu *niveausensitiven* Eingängen, die nur auf den Zustand eines Signals reagieren. Flankensensitive Eingänge werden mit einem Dreiecksymbol gekennzeichnet, wie in Abb. 7.4 zu sehen. Den Takteingang kennzeichnet man bei Taktflankensteuerung üblicherweise mit dem Buchstaben C.

Wahrheitstabelle

Ein Takteingang unterbindet die Weiterleitung der anderen Flipflop-Eingänge in bestimmten Zeitintervallen. Die grundsätzliche Arbeitsweise des Flipflops und somit dessen Wahrheitstabelle bleibt aber erhalten.

Taktsteuerung ändert die Wahrheitstabelle eines Flipflops nicht, sondern bestimmt nur, zu welchen Zeitpunkten die Wahrheitstabelle ausgewertet wird!

7.2.4   Asynchrone Eingänge

Möchte man eine Schaltung komplett zurücksetzen, beispielsweise nach dem Einschalten der Versorgungsspannung, dann wäre es ungünstig, erst auf einen Taktimpuls warten zu müssen. Daher versieht man Flipflops und andere Bausteine oft mit asynchronen Rücksetzeingängen.

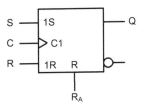

Abb. 7.5:   RS-Flipflop mit synchronem und asynchronem Rücksetzeingang

Das Flipflop in Abb. 7.5 weist außer dem schon bekannten Rücksetzeingang R auch noch einen asynchronen Rücksetzeingang R_A auf. Er wird nicht mit der Ziffer 1 gekennzeichnet und ist daher nicht taktabhängig, sondern kann sich jederzeit auswirken.

7.3   D-Flipflop

Wir haben bereits zahlreiche Varianten des RS-Flipflops kennengelernt. Jedoch gibt es außer dem RS-Flipflop noch mehrere andere Arten von Flipflops. Das wohl einfachste von allen ist das **D-Flipflop**. Es hat seinen Namen vom englischen Wort „delay", denn es verzögert das Signal am Eingang so lange bzw. nimmt es nicht an, bis ein Takt kommt. Dementsprechend gibt es ausschließlich taktgesteuerte D-Flipflops.

Schaltzeichen

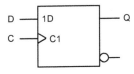

Abb. 7.6:   D-Flipflop

Abb. 7.6 zeigt das Schaltzeichen eines D-Flipflops, das bei ansteigenden Taktflanken schaltet. Die Wahrheitstabelle Tab. 7.4 zeigt, dass das D-Flipflop nur den Speicherfall kennt. Es eignet sich somit hauptsächlich als Zwischenspeicher für verschiedenste Größen.

Wahrheitstabelle

Tab. 7.4:   Wahrheitstabelle eines D-Flipflops

D	Q_{n+1}	Bemerkung
0	0	Speicherfall (SpF)
1	1	Speicherfall (SpF)

7.4   Register und Schieberegister

Fasst man mehrere D-Flipflops zusammen und versieht sie mit einem gemeinsamen Takteingang, dann bekommt man ein *Register*.

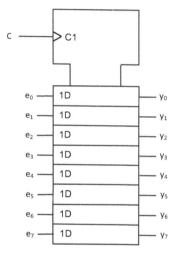

Abb. 7.7:   8-Bit-Register

In dem Register aus Abb. 7.7 lässt sich ein 8-Bit-Wert zwischenspeichern. Bei einer ansteigenden Taktflanke an C werden die Werte $e_0 \ldots e_7$ in das Register übernommen und stehen an $y_0 \ldots y_7$ bereit. Das ist solange der Fall, bis die nächste ansteigende Taktflanke kommt und den Registerinhalt mit den neuen Werten von $e_0 \ldots e_7$ überschreibt. Register findet man wie bekannt z.B. in Prozessoren oder in Schnittstellenbausteinen.

Schieberegister

Aus D-Flipflops, die man wie in Abb. 7.8 hintereinander schaltet, lassen sich Schieberegister aufbauen. Der Inhalt jedes Flipflops wird bei einer ansteigenden Taktflanke an C vom nachfolgenden Flipflop übernommen und sozusagen eine Position weitergereicht. Nach n Takten ist der Inhalt des Schieberegisters um n Positionen nach rechts gewandert. Aufgefüllt wird mit demjenigen Wert, den der D-Eingang zum Zeitpunkt der Taktflanke besitzt.

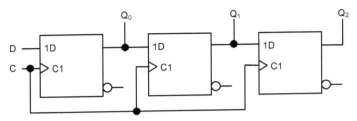

Abb. 7.8:   3-Bit-Schieberegister aus D-Flipflops

In Abb. 7.9 ist das Schaltzeichen eines 8-Bit-Schieberegisters zu sehen. Intern könnte es analog zu dem Schieberegister aus Abb. 7.8 aufgebaut sein, nur dass insgesamt 8 Flipflops aneinandergereiht werden.

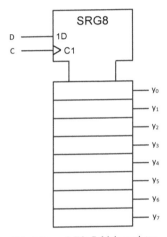

Abb. 7.9:   8-Bit-Schieberegister

Weil das Rechtsschieben einer Dualzahl einer Division durch 2 entspricht (siehe Kapitel 0), kann man das abgebildete Schieberegister verwenden, um durch Zweierpotenzen zu dividieren.

Schieberegister gibt es noch in weiteren Varianten:

- Schieberegister mit umschaltbarer Zählrichtung: Man kann deren Inhalt links- oder rechtsschieben. Sie eignen sich somit, um wahlweise mit Zweierpotenzen zu multiplizieren oder durch sie zu dividieren.

- Ringschieberegister: Inhalte, die auf der einen Seite hinausgeschoben werden, werden auf der anderen Seite wieder in das Schieberegister hineingeschoben. Somit wird der Inhalt im Kreis herum geschoben. Eine Einsatzmöglichkeit sind Bitmustergeneratoren, die ein bestimmtes Bitmuster so oft erzeugen wie man möchte, z.B. für Testzwecke.

- Parallel ladbare Schieberegister: Ähnlich wie beim Register lassen sich die Werte aller Flipflops auf einmal mit einem Übernahmetakt übernehmen. Ein davon unabhängiger Schiebetakt erlaubt anschließend das Schieben der Inhalte. Solche Schieberegister werden unter anderem für Parallel-/Seriell-Wandler in Schnittstellenbausteinen eingesetzt.

Eine weitere Anwendung von Schieberegistern sind Pseudozufallsgeneratoren, die scheinbar zufällige Bitfolgen erzeugen. Es handelt sich dabei aber nicht um wirklich zufällige Bitfolgen, sondern derselbe Startwert im rückgekoppelten Schieberegister führt immer zu derselben Bitfolge. Pseudozufallsgeneratoren werden in Verbindung mit Verschlüsselungsalgorithmen eingesetzt.

7.5   T-Flipflop

Ein weit verbreitetes Flipflop ist das **T-Flipflop,** auch **Toggle-Flipflop** genannt. Es wechselt mit jedem Taktimpuls seinen Zustand. Wenn es anfangs beispielsweise eine 0 am Ausgang Q hatte, wird Q nach der ersten ansteigenden Flanke 1, nach der zweiten wieder 0, nach der dritten 1, usw. Toggle-Flipflops werden besonders häufig zum Aufbau von Zählern eingesetzt.

Schaltzeichen

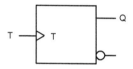

Abb. 7.10:   T-Flipflop

Das Schaltzeichen eines T-Flipflops ist in Abb. 7.10 zu sehen. Einziger Eingang ist der Toggle-Eingang, der gleichzeitig als Takteingang fungiert. Jede ansteigende Flanke an T lässt das Flipflop toggeln.

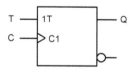

Abb. 7.11:   T-Flipflop mit separatem Toggle-Eingang

Eine Variante ist in Abb. 7.11 zu sehen. Dieses T-Flipflop verfügt über einen Takteingang C und einen separaten Toggle-Eingang T. Es toggelt bei jeder ansteigenden Flanke an C, aber nur solange T = 1 ist. Ansonsten bleibt sein Zustand unverändert.

Wahrheitstabelle

Tab. 7.5:   Wahrheitstabelle eines T-Flipflops

Q_n	Q_{n+1}	Bemerkung
0	1	Togglefall (TF)
1	0	Togglefall (TF)

Die Wahrheitstabelle der ersten Form des T-Flipflops zeigt, dass der Wert von Q sich einfach jedes Mal ändert. Es gibt ausschließlich den Togglefall.

Tab. 7.6:   Wahrheitstabelle eines T-Flipflops mit separatem Toggle-Eingang

T	Q_{n+1}	Bemerkung
0	Q_n	Speicherfall (SpF)
1	$\overline{Q_n}$	Togglefall (TF)

Das T-Flipflop mit separatem Toggle-Eingang bietet zwei Fälle: Den Speicherfall für T=0 und den Togglefall für T=1.

7.6   JK-Flipflop

Das *JK-Flipflop* (Jump-Kill-Flipflop) ist eine Erweiterung des RS-Flipflops, bei dem der dort undefinierte Fall sinnvoll genutzt wird. Im Gegensatz zum RS-Flipflop mit vorrangigem S- oder R-Eingang findet man dort aber nicht einfach einen bereits vorhandenen Fall erneut vor, sondern man baut den Toggle-Fall ein. Das JK-Flipflop ist also eine Art Mischung aus RS- und T-Flipflop.

Schaltzeichen

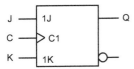

Abb. 7.12:   JK-Flipflop

Wie man in Abb. 7.12 sieht, ist das Schaltzeichen des JK-Flipflops dem des RS-Flipflops sehr ähnlich. Dem S-Eingang des RS-Flipflops entspricht der J-Eingang des JK-Flipflops, dem R-Eingang entspricht K. Dies spiegelt sich auch in der Wahrheitstabelle wider.

Wahrheitstabelle

Tab. 7.7: Wahrheitstabelle eines JK-Flipflops

J	K	Q_{n+1}	Bemerkung
0	0	Q_n	Speicherfall (SpF): Q bleibt unverändert
0	1	0	Rücksetzfall (RF): Q wird 0
1	0	1	Setzfall (SeF): Q wird 1
1	1	$\overline{Q_n}$	Togglefall (TF)

Die Wahrheitstabelle des JK-Flipflops entspricht für die ersten drei Eingangskombinationen exakt der des RS-Flipflops. Lediglich die vierte Eingangskombination weicht davon ab und enthält den Togglefall.

Setzt man somit J = K = 1, legt also J und K konstant auf eine logische 1, dann arbeitet das JK-Flipflop wie ein Toggle-Flipflop. Es kann somit wie das Toggle-Flipflop zum Aufbau von Zählern verwendet werden.

7.7 Zähler

Hängt man T-Flipflops wie in Abb. 7.13 hintereinander, dann erhält man einen Zähler. Genau gesagt handelt es sich um einen 3-Bit-Dual-Vorwärtszähler. Die Zählfolge lautet 000 – 001 – 010 – ... – 111, also dezimal von 0 bis 7. Dann beginnt der Zähler wieder von vorn. Man kann diesen Zähler dadurch erweitern, dass man weitere T-Flipflops auf dieselbe Weise hinzufügt.

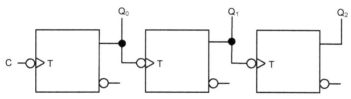

Abb. 7.13: 3-Bit-Zähler aus T-Flipflops

Das Schaltzeichen eines 4-Bit-Zählers zeigt Abb. 7.14. CTR steht für Counter, also Zähler. Die 16 gibt die Anzahl der Zählzustände an. Mit 4 Bits kann man $2^4 = 16$ verschiedene Zählzustände darstellen, die der Reihe nach durchlaufen werden.

Das Pluszeichen deutet an, dass es sich um einen Vorwärtszähler handelt. Bei einem Rückwärtszähler stünde an allen diesen Stellen stattdessen ein Minus.

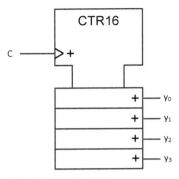

Abb. 7.14:   4-Bit-Zähler

Aufgabe 45   Konstruieren Sie einen Zähler, der bis 12 zählt und dann wieder bei 0 beginnt. Verwenden Sie dafür einen CTR16.

Aufgabe 46   Konstruieren Sie für eine Abpackmaschine einen Zähler, der beim Zählerstand 12 stehen bleibt. Verwenden Sie dafür einen CTR16.

Teil 3: Arithmetik

Die vorangegangenen Kapitel stellten einen kurzen Einblick in die Digitaltechnik dar. Wir lernten Grundbausteine kennen, von denen in praktisch jedem Computer viele tausend enthalten sind und die für das Verständnis seiner Funktionsweise unerlässlich sind.

Wir haben kennengelernt, dass aus einfachen Verknüpfungen, die mit Gattern vorgenommen werden, Schritt für Schritt immer komplexere Bausteine zusammengesetzt werden können, bis schließlich ein kompletter Prozessor oder Computer herauskommt.

Was uns nun fehlt, ist ein Verständnis des Zusammenspiels solcher Bausteine, also was sich im Prozessor abspielt, damit er mit Hilfe solcher Bausteine tatsächlich Berechnungen durchführen kann. Dieser Thematik sind die Kapitel 8 bis 14 gewidmet.

Nicht umsonst heißt „Computer" auf Deutsch bekanntlich „Rechner". Berechnungen aller Art sind die wichtigsten Operationen, die man mit einem Computer durchführt, egal ob mit ganzen Zahlen, Gleitkommazahlen oder auch als logische Verknüpfungen. Ohne zu verstehen, wie ein Computer Zahlen und andere Informationen intern darstellt und verarbeitet, kann man nicht erfolgreich anspruchsvolle Software entwickeln.

Scheinbar unerklärliches Verhalten des Computers wird verständlich, wenn man weiß, wie er arbeitet und worauf man daher zu achten hat. Das gilt beispielsweise, wenn der Computer scheinbar falsch rechnet, weil man für Variablen zu geringe Wortbreite gewählt hat oder wenn Typumwandlungen zwischen numerischen Größen nicht so verlaufen, wie man es möchte. Programme können in Endlosschleifen hängen bleiben, wenn man Gleitkommazahlen auf ungeeignete Weise in Abbruchbedingungen einsetzt.

Oft muss man mit Ressourcen wie Rechenleistung und Hardware gut haushalten und wo immer möglich Vereinfachungen treffen und Optimierungen suchen. Wo auf einem leistungsstarken PC der Unterschied zwischen einer Gleitkommadivision durch 2 und einer Schiebeoperation für den Anwender kaum merklich sein mag, kann dieser Unterschied ein Embedded System komplett ausbremsen. Besondere Bedeutung besitzen in den folgenden Kapiteln neben klassischen numerischen Berechnungen somit auch Bitoperationen aller Art.

Wie stellt man vorzeichenbehaftete Zahlen dar? Welche Vor- und Nachteile haben die unterschiedlichen Darstellungsarten? Wie kann man mit ganzen Zahlen und mit Gleitkommazahlen rechnen? Wie ist die Hardware aufgebaut, die solche Berechnungen durchführen kann? Das sind wesentliche Fragen, die in den folgenden Kapiteln behandelt werden.

8   Zahlendarstellung

Schreibweisen für Zahlensysteme

Im Folgenden wird als bekannt vorausgesetzt, wie man vorzeichenlose Zahlen in verschiedenen Zahlensystemen darstellt, insbesondere im Dualsystem und Hexadezimalsystem. Damit man bei Verwendung mehrerer Zahlensysteme nicht durcheinander kommt, welches davon gerade gemeint ist, schreiben wir die darzustellende Zahl in runde Klammern und ergänzen die Basis des Zahlensystems als Index dahinter.

- $(11)_{10}$ bedeutet also, dass es sich um eine *Dezimalzahl* handelt.
- Bei $(11)_2$ handelt es sich um eine *Dualzahl*
- und bei $(11)_{16}$ um eine *Hexadezimalzahl*, jeweils mit unterschiedlichem Wert.

Wenn keine Verwechslungsgefahr besteht, kann man die Angabe des Zahlensystems weglassen. Doch nun wollen wir vorzeichenbehaftete Zahlendarstellungen kennen lernen. Das ist eine Grundvoraussetzung, um zu verstehen, wie ein Computer rechnet.

Schreibweisen für vorzeichenbehaftete Darstellung

Es gibt verschiedene Arten, wie man vorzeichenbehaftete Zahlen, also positive und negative Zahlen, darstellen kann. Insbesondere unterscheidet man als Darstellungsarten
- die Vorzeichen-Betrags-Darstellung,
- das Einerkomplement und
- das Zweierkomplement.

Um diese Fälle auseinanderzuhalten, fügt man ein Kennzeichen für die Darstellungsart hinzu, welches wir hinter die Basis des Zahlensystems schreiben:
- *VZB* für die Vorzeichen-Betrags-Darstellung
- *EK* für die Darstellung im Einerkomplement und
- *ZK* für die Darstellung im Zweierkomplement
- *U* für eine vorzeichenlose Zahl (<u>u</u>nsigned)

$(1011)_{16\ U}$ wäre also eine vorzeichenlose Hexadezimalzahl, $(1011)_{2\ VZB}$ wäre eine Dualzahl in der Vorzeichen-Betrags-Darstellung. Wenn es unstrittig ist, um welche Darstellung es gerade geht, kann man das Kennzeichen für die Darstellungsart weglassen. Wir wollen nun betrachten, wie sich die erwähnten Darstellungsarten voneinander unterscheiden.

https://doi.org/10.1515/9783110741797-008

8.1   Vorzeichen-Betrags-Darstellung

Vorgehensweise

Diejenige Darstellungsart, die man beim Dezimalsystem üblicherweise nimmt und die im täglichen Leben allgemein gebräuchlich ist, ist die **Vorzeichen-Betrags-Darstellung**. Sie wollen wir als erstes betrachten.

Man stellt der Zahl ein „+" voran, wenn es sich um eine positive Zahl handelt, und ein „−" bei einer negativen Zahl. Z.B.

+5 positive Zahl

−3 negative Zahl

Das Vorzeichen kann also „+" oder „−" sein, dann folgt der Betrag der Zahl.

Weil es für das Vorzeichen nur zwei Möglichkeiten gibt, kann man es im Computer durch ein einziges Bit, das **Vorzeichenbit**, repräsentieren. Man schreibt anstelle des Pluszeichens eine Null und statt des Minuszeichens eine Eins. Im Dualsystem wäre somit

$(\mathbf{0}\ 101)_2 = (+5)_{10}$

$(\mathbf{1}\ 011)_2 = (-3)_{10}$

Eigentlich ganz einfach, aber weil es verschiedene Zahlensysteme und Darstellungsarten gibt, muss man aufpassen, um welche davon es sich gerade handelt. Die Vorzeichen-Betrags-Darstellung lässt sich auch z.B. in Verbindung mit Hexadezimalzahlen nutzen. Wie im Dezimalsystem nimmt als Vorzeichen das Plus- bzw. Minuszeichen:

$(+1CAFE)_{16}$ bzw.

$(-2BEEF)_{16}$

Hexadezimalzahlen, die gleichzeitig Wörter aus der menschlichen Sprache sind, zumeist aus dem Englischen, nennt man übrigens **Hexspeak**. Sie werden gelegentlich als Kennungen eingesetzt, die man in Hexdumps, also in einer hexadezimalen Darstellung von Speicherauszügen oder Binärdateien, leicht wiedererkennen kann.

Die Rolle der Wortbreite

Außer der Tatsache, welche der genannten Darstellungsarten man für vorzeichenbehaftete Zahlen verwendet, gibt es noch eine andere Größe, die Einfluss auf die Darstellung hat: die Wortbreite der Zahl.

Bei den genannten Beispielen hatten wir vier Bits zur Verfügung. Man könnte aber die $(-3)_{10}$ auch als 8- oder 16-Bit-Zahl schreiben, also:

$(\mathbf{1}\ 000\ 0011)_2$ bzw. $(\mathbf{1}\ 000\ 0000\ 0000\ 0011)_2$

Der Wert der Zahl ist immer derselbe, nämlich $(-3)_{10}$. Durch die Gesamtzahl der zur Verfügung stehenden Bits einer Dualzahl ist somit festgelegt, wie viele Bits der Betrag umfasst. Die in Fettschrift eingezeichnete 1 ist dabei jeweils das Vorzeichenbit.

Darstellbarer Zahlenbereich

Mit n Bits lassen sich 2^n Bitkombinationen darstellen, nämlich von 0 bis $2^n - 1$. Betrachten wir eine vorzeichenbehaftete Zahl mit n Bits, dann ist eines der Bits für das Vorzeichen reserviert. Für den Betrag lassen sich also noch n − 1 Bits nutzen. Der Betrag kann also Werte im Bereich $0 .. 2^{n-1} - 1$ annehmen.

Somit lassen sich Zahlen von $-(2^{n-1} - 1)$ bis $+(2^{n-1} - 1)$ darstellen, oder anders geschrieben, von $-2^{n-1} + 1$ bis $+2^{n-1} - 1$. Bei einer 8-Bit-Zahl kann man somit die Zahlen von $-2^7 + 1 = -127$ bis $+2^7 - 1 = +127$ darstellen.

Aufgabe 47 Welcher Wertebereich ergibt sich für 16- und 32-Bit-Zahlen in der Vorzeichen-Betrags-Darstellung?

Wertetabelle

Beispielhaft sind in Tab. 8.1 alle 3-Bit-Zahlen in der Vorzeichen-Betrags-Darstellung zu sehen, in Tab. 8.2 die entsprechenden 4-Bit-Zahlen.

Tab. 8.1:   3-Bit Vorzeichen-Betrags-Darstellung

dezimal	Vorzeichen-Betrags-Darstellung
+0	0 00
+1	0 01
+2	0 10
+3	0 11
−0	1 00
−1	1 01
−2	1 10
−3	1 11

Nehmen wir als Beispiel die −1 in beiden Wortbreiten. In der 3-Bit-Darstellung lautet sie 101, in der 4-Bit-Darstellung 1001. Es fällt auf, dass zwischen Vorzeichenbit und die nachfolgenden Bits eine 0 eingeschoben wurde. So lassen sich beliebige Wortbreiten bilden.

Aufgabe 48 Stellen Sie die Zahl $(-23)_{10}$ als Dualzahl in der Vorzeichen-Betrags-Darstellung mit 7 Bit und mit 9 Bit Wortbreite dar!

Tab. 8.2:   4-Bit Vorzeichen-Betrags-Darstellung

dezimal	Vorzeichen-Betrags-Darstellung
+0	0 000
+1	0 001
+2	0 010
+3	0 011
+4	0 100
+5	0 101
+6	0 110
+7	0 111
−0	1 000
−1	1 001
−2	1 010
−3	1 011
−4	1 100
−5	1 101
−6	1 110
−7	1 111

Vor- und Nachteile

Die Vorzeichen-Betrags-Darstellung besitzt einige Vorteile:

• Sie ist einfach aus der vorzeichenlosen Darstellung abzuleiten.

• Man kann sie für jedes Zahlensystem und jeden Binärcode verwenden.

• Eine Vorzeichenänderung ist einfach nur die Invertierung eines einzigen Bits.

• Die Vorzeichen-Betrags-Darstellung ist symmetrisch: Es existieren gleich viele positive wie negative Zahlen.

Dem stehen folgende Nachteile gegenüber:

• Wie aus Tab. 8.1 und Tab. 8.2 zu erkennen ist, finden sich zwei Darstellungen für die Null, nämlich +0 und −0. Will man beispielsweise prüfen, ob der Inhalt eines Registers Null ist, muss man beide Möglichkeiten berücksichtigen.

• Man benötigt für Addition und Subtraktion **zwei** verschiedene Baugruppen, nämlich ein Addierwerk und ein Subtrahierwerk. Das erscheint zwar selbstverständlich, aber es gibt eine Zahlendarstellung, nämlich die Zweierkomplementdarstellung, bei der eine einzige Baugruppe ausreicht, wie wir noch sehen werden.

• Bei vorzeichenbehafteten Berechnungen benötigt man eine *Vorzeichenlogik*, die das Vorzeichenbit des Ergebnisses aus den Vorzeichenbits der Operanden ermittelt.

Die Sache mit der Vorzeichenlogik verhält sich folgendermaßen: Will man z.B. $(+5)_{10} + (-3)_{10}$

rechnen, dann ist das zwar eine Addition. Aber wegen der unterschiedlichen Vorzeichen muss man in Wirklichkeit die Beträge voneinander subtrahieren, also $5 - 3 = 2$ rechnen.

Welches Vorzeichen bekommt das Ergebnis? Um das zu ermitteln, muss man einen Größenvergleich der beiden Operanden durchführen. Das Ergebnis bekommt das Vorzeichen des betragsmäßig größeren Operanden. In unserem Beispiel ist das Ergebnisvorzeichen also das der

+5 und somit positiv. Wir sehen also, das Problem mit der Vorzeichenlogik ist aufwendiger als man auf den ersten Blick vermuten würde.

Wegen ihrer zahlreichen Nachteile, die sich bei anderen Darstellungsarten vermeiden lassen, konnte sich die Vorzeichen-Betrags-Darstellung in der Computertechnik nur teilweise durchsetzen, z.B. bei Gleitkommazahlen. Wesentlich häufiger findet man die Zweierkomplement-Darstellung. Um diese zu bilden, benötigt man als Zwischenschritt das Einerkomplement, das wir als Nächstes betrachten wollen.

8.2 Einerkomplement

Vorgehensweise und Wertetabelle

Das *Einerkomplement* EK wird dadurch gebildet, dass man eine positive Zahl Z bitweise invertiert. Das Ergebnis ist dann die entsprechende negative Zahl:

$$EK := \overline{Z}$$

In Tab. 8.3 und Tab. 8.4 ist diese Vorgehensweise beispielhaft für vorzeichenbehaftete 3-Bit- und 4-Bit-Zahlen zu sehen. Diese Tabellen kann man gleichzeitig als Wertetabellen für 3-Bit- und 4-Bit-Zahlen im Einerkomplement verwenden.

Tab. 8.3:   Umwandlung in Einerkomplement-Darstellung bei 3-Bit-Zahlen

dezimal	positive Zahl	invertieren	dezimal	Einerkomplement-Darstellung
+0	000	⇨	−0	111
+1	001	⇨	−1	110
+2	010	⇨	−2	101
+3	011	⇨	−3	100

Tab. 8.4:   Umwandlung in Einerkomplement-Darstellung bei 4-Bit-Zahlen

dezimal	positive Zahl	invertieren	dezimal	Einerkomplement-Darstellung
+0	0000	⇨	−0	1111
+1	0001	⇨	−1	1110
+2	0010	⇨	−2	1101
+3	0011	⇨	−3	1100
+4	0100	⇨	−4	1011
+5	0101	⇨	−5	1010
+6	0110	⇨	−6	1001
+7	0111	⇨	−7	1000

Am führenden Bit (*MSB*, most significant bit), also dem Bit ganz links, kann man erkennen, ob es sich um eine positive oder negative Zahl handelt. Wie bei der Vorzeichen-Betrags-Darstellung hat dieses Bit auch in der Einerkomplementdarstellung bei allen positiven Zahlen den Wert 0, bei allen negativen Zahlen den Wert 1.

Vergleichen wir z.B. $(-4)_{10\,VZB} = (1100)_{2\,VZB}$ und $(-4)_{EK} = (1011)_{2\,VZB}$ miteinander, dann stellen wir aber fest, dass sich die dem MSB nachfolgenden Bits in den beiden Darstellungen unterscheiden.

Betrachten wir nun die Unterschiede zwischen 3-Bit- und 4-Bit-Darstellung. Die -2 wird als 101 bzw. 1101 dargestellt. Man sieht, dass bei der größeren Wortbreite mit einer 1 zwischen MSB und nachfolgenden Bits aufgefüllt wird. Bei der Vorzeichen-Betrags-Darstellung war im Gegensatz dazu mit Nullen aufgefüllt worden.

Auch Hexadezimalzahlen lassen sich ins Einerkomplement umwandeln. Dazu ergänzt man jede einzelne Ziffer auf F. Z.B.

$(1CAFE)_{16} \Rightarrow (E3501)_{16\,EK}$

Wenn man also eine positive Zahl und ihr Einerkomplement addiert, kommt eine Zahl heraus, die nur aus Einsen besteht. Z.B.

$(+3)_{10} + (-3)_{10} = (0011)_2 + (1100)_{2\,EK} = (1111)_{2\,EK} = 0$

$(1CAFE)_{16} + (E3501)_{16\,EK} = (FFFF)_{16\,EK} = 0$

Aufgabe 49   Stellen Sie die Zahl $(-23)_{10}$ als Dualzahl in der Einerkomplement-Darstellung mit 7 Bit und mit 9 Bit Wortbreite dar!

Aufgabe 50   Bilden Sie das Einerkomplement der positiven Zahl $(CACA0)_{16}$ mit einer Wortbreite von 32 Bit.

Darstellbarer Zahlenbereich

Der darstellbare Zahlenbereich ist derselbe wie bei der Vorzeichen-Betrags-Darstellung. Mit insgesamt n Bits lassen sich also wieder Zahlen von $-(2^{n-1} - 1)$ bis $+(2^{n-1} - 1)$ bzw. von $-2^{n-1} + 1$ bis $+2^{n-1} - 1$ darstellen. Bei einer 8-Bit-Zahl wäre das der Bereich von $-2^7 + 1 = -127$ bis $+2^7 - 1 = +127$.

Vor- und Nachteile

Die Vor- und Nachteile der Einerkomplement-Darstellung ähneln denen der Vorzeichen-Betrags-Darstellung. Einige Vorteile sind:

- Sie ist einigermaßen einfach aus der vorzeichenlosen Darstellung abzuleiten: Es sind alle Bits zu invertieren. Bei der Vorzeichen-Betrags-Darstellung war nur ein einziges Bit betroffen.
- Man kann sie für jedes Zahlensystem und jeden Binärcode verwenden.
- Eine Vorzeichenänderung ist lediglich die Invertierung aller Bits. Wobei die Vorzeichen-Betrags-Dartellung noch etwas vorteilhafter war, denn dort brauchte man nur ein einziges Bit zu invertieren.
- Die Vorzeichen-Betrags-Darstellung ist symmetrisch: Es existieren gleich viele positive wie negative Zahlen.

Dem stehen folgende Nachteile gegenüber:

- Es finden sich wie bei der Vorzeichen-Betrags-Darstellung zwei Darstellungen für die Null.

- Man benötigt wie bei der Vorzeichen-Betrags-Darstellung für Addition und Subtraktion zwei verschiedene Baugruppen.
- Wie bei der Vorzeichen-Betrags-Darstellung benötigt man eine Vorzeichenlogik.

Gegenüber der Vorzeichen-Betrags-Darstellung finden sich also keine Vorteile. Bei manchen Punkten ist die Vorzeichen-Betrags-Darstellung sogar ein wenig überlegen. Daher besitzt die Einerkomplement-Darstellung keine allzu große Praxisrelevanz, sondern wird nur als Zwischenschritt auf dem Weg zum Zweierkomplement verwendet. Das Zweierkomplement wollen wir als nächstes kennen lernen.

8.3 Zweierkomplement

Vorgehensweise und Wertetabelle

Das Zweierkomplement ZK bildet man dadurch, dass man zum Einerkomplement EK 1 hinzuaddiert:

$$ZK := EK + 1$$

Sowohl Einerkomplement als auch Zweierkomplement sind negative Zahlen. Die Tab. 8.5 zeigt die Umwandlung vom Einerkomplement ins Zweierkomplement für 3-Bit-Zahlen.

Tab. 8.5:   Umwandlung in Zweierkomplement-Darstellung bei 3-Bit-Zahlen

dezimal	Einerkomplement-Darstellung	+1	dezimal	Zweierkomplement-Darstellung
-0	111	⇨	-0	000
-1	110	⇨	-1	111
-2	101	⇨	-2	110
-3	100	⇨	-3	101

Die positiven Zahlen sind in der Tab. nicht eingezeichnet, weil sie von der Umwandlung nicht betroffen sind. Es fällt auf, dass die -0 im Zweierkomplement identisch ist mit der $+0 = (000)_2$. Anmerkung: Eigentlich ist $111 + 1 = 1000$ und hat somit ein Bit zu viel, aber diese führende 1 wird üblicherweise ignoriert.

Offenbar ist nun noch eine Bitkombination übrig, denn die separate Bitkombination für die -0 ist weggefallen. Tatsächlich ist die 100 in der Zweierkomplementdarstellung noch nicht zugeordnet. Sie spielt eine Sonderrolle, denn es gilt:

$$(100)_2 \Rightarrow (011)_{2\,EK} \Rightarrow (100)_{2\,ZK}$$

Das bedeutet, wenn man von der $+4$ ausgeht und diese über das Einerkomplement ins Zweierkomplement umwandelt, bekommt man für die -4 dieselbe Bitkombination wie für die $+4$. Man kann es sich also sozusagen „aussuchen", ob man die 100 als $+4$ oder als -4 im Zweierkomplement auffasst. Damit weiterhin alle negativen Zahlen eine 1 als MSB haben, wird die 100 üblicherweise als -4 interpretiert. Die Darstellung ist also nicht mehr symmetrisch, denn es gibt mehr negative als positive Zahlen in der Zweierkomplement-Darstellung.

Betrachten wir nun die Darstellung von 4-Bit-Zahlen in Tab. 8.6:

Tab. 8.6:   Umwandlung in Zweierkomplement-Darstellung bei 4-Bit-Zahlen

dezimal	Einerkomplement-Darstellung	+1	dezimal	Zweierkomplement-Darstellung
-0	1111	⇨	-0	0000
-1	1110	⇨	-1	1111
-2	1101	⇨	-2	1110
-3	1100	⇨	-3	1101
-4	1011	⇨	-4	1100
-5	1010	⇨	-5	1011
-6	1001	⇨	-6	1010
-7	1000	⇨	-7	1001
			-8	1000

Hier nimmt die -8 eine Sonderstellung ein, die dieselbe Bitkombination wie die $+8$ aufweist und die die Position ersetzt, die durch die nicht mehr benötigte -0 frei geworden ist.

Vergleicht man 3-Bit- und 4-Bit-Darstellung, dann stellt man fest, dass ebenso wie beim Einerkomplement zwischen MSB und nachfolgenden Bits eine 1 eingeschoben wurde. Z.B. bei der -3:

$$(-3)_{10} = (1\ 01)_{2\ \text{ZK}} = (1\ \mathbf{1}\ 01)_{2\ \text{ZK}}$$

Das lässt sich auf größere Wortbreiten erweitern. Ferner sind wie bei der Einerkomplement-Darstellung beliebige Zahlensysteme möglich.

Aufgabe 51   Stellen Sie die Zahl $(-23)_{10}$ als Dualzahl in der Zweierkomplement-Darstellung mit 7 Bit und mit 9 Bit Wortbreite dar!

Aufgabe 52   Bilden Sie das Zweierkomplement der positiven Zahl $(CACA0)_{16}$ mit einer Wortbreite von 32 Bit.

Darstellbarer Zahlenbereich

Der darstellbare Zahlenbereich verschiebt sich durch die eindeutige Darstellung der Null in Richtung der negativen Zahlen. Werden insgesamt n Bits verwendet, dann lassen sich Zahlen von -2^{n-1} bis $+2^{n-1}-1$ darstellen. Bei einer 8-Bit-Zahl ergibt sich der Bereich von $-2^7 = -128$ bis $+2^7 - 1 = +127$.

Vor- und Nachteile

Die Zweierkomplement-Darstellung hat einige kleinere Nachteile im Vergleich zu Einerkomplement- und Vorzeichen-Betrags-Darstellung. Jedoch kommen überwiegend Vorteile hinzu. Hier eine Übersicht:

• Es gibt nur eine Darstellung für die Null.
• Man benötigt für Addition und Subtraktion nur eine einzige Baugruppe.
• Man benötigt keine Vorzeichenlogik.
• Man kann sie für jedes Zahlensystem und jeden Binärcode verwenden.

Dem stehen folgende Nachteile gegenüber:

- Die Zweierkomplement-Darstellung ist unsymmetrisch: Es gibt mehr negative als positive Zahlen.
- Die Umwandlung aus der vorzeichenlosen Darstellung ist etwas umständlicher als bei der Einerkomplement-Darstellung und deutlich aufwendiger als bei der Vorzeichen-Betrags-Darstellung.
- Eine Vorzeichenänderung ist etwas umständlicher als bei der Einerkomplement-Darstellung und deutlich aufwendiger als bei der Vorzeichen-Betrags-Darstellung.

Die gewichtigsten Vorteile der Zweierkomplement-Darstellung sind die Ersparnis von Subtrahierer und Vorzeichenlogik. Man kann sagen, dass beides sozusagen schon in der Art der Darstellung „eingebaut" ist und nicht mehr separat erforderlich ist.

Der Zusatzaufwand bei der Umwandlung aus der vorzeichenlosen Darstellung und bei der Vorzeichenänderung ist im Vergleich dazu gering. Daher verwendet man wo immer möglich in der Computerarchitektur das Zweierkomplement für die Darstellung negativer Zahlen.

Vergleich der Darstellungsarten

Wir wollen nun die verschiedenen Darstellungsarten einander gegenüberstellen und vergleichen. Dabei stellen wir fest, dass die positiven Zahlen immer auf dieselbe Art dargestellt werden.

Man beachte:
Bei positiven Zahlen gibt es keinen Unterschied zwischen den Darstellungsarten. Lediglich die negativen Zahlen unterscheiden sich in ihrer Darstellung.

Tab. 8.7:   Übersicht der Darstellungsarten für 4-Bit-Zahlen

dezimal	positive Zahl
0	0000
1	0001
2	0010
3	0011
4	0100
5	0101
6	0110
7	0111

Tab. 8.7 (Fortsetzung): Übersicht der Darstellungsarten für 4-Bit-Zahlen

dezimal	Vorzeichen-Betrags-Dar-stellung	Einerkomplement-Dar-stellung	Zweierkomplement-Dar-stellung
−0	1000	1111	−
−1	1001	1110	1111
−2	1010	1101	1110
−3	1011	1100	1101
−4	1100	1011	1100
−5	1101	1010	1011
−6	1110	1001	1010
−7	1111	1000	1001
−8	−	−	1000

Verwendung in Programmiersprachen

Vorzeichenlose und vorzeichenbehaftete Zahlen begegnen dem Programmierer in praktisch jeder Programmiersprache. Hier sei beispielhaft ein Überblick über die in der Programmiersprache C verwendeten ganzzahligen Datentypen gegeben. Zu beachten ist, dass die angegebenen Wortbreiten nicht allgemeingültig sind, sondern abhängig von Compiler und Plattform variieren können.

Tab. 8.8:   Ganzzahlige Datentypen

Datentyp	Vorzeichen-behaftet	Wortbreite [Bit]	Wertebereich
unsigned char	nein	8	0 .. 255
unsigned int, unsigned short	nein	16	0 .. 65 535
unsigned long	nein	32	0 .. 4 294 967 295
unsigned long long	nein	64	0 .. 18 446 744 073 709 551 615
char	ja	8	−128 .. +127
int, short	ja	16	−32768 .. +32767
long	ja	32	−2 147 483 648 .. +2 147 483 647
long long	ja	64	−9 223 372 036 854 775 808 .. +9 223 372 036 854 775 807

Aufgabe 53 Kontrollieren Sie den angegebenen Wertebereich für den Datentyp long long.

9   Arithmetische und logische Operationen

Nachdem wir uns mit der Darstellung von Zahlen beschäftigt haben, wollen wir uns nun den Operationen zuwenden, die man mit binären Größen durchführen kann. Man unterscheidet arithmetische und logische Operationen voneinander.

- **Logische Operationen** sind solche, die BOOLEsche Verknüpfungen durchführen, z.B. AND, OR, NOT. Sie arbeiten bitweise auf Bytes, Wörtern oder anderen Arten von Daten.
- **Arithmetische Operationen** sind Berechnungen mit Zahlenwerten, beispielsweise Addition oder Multiplikation.

Eine Baugruppe, die sowohl arithmetische als auch logische Operationen beherrscht, nennt man **ALU** (<u>a</u>rithmetic and <u>l</u>ogic <u>u</u>nit). Sie ist der zentrale Bestandteil des Rechenwerks eines Prozessors.

Man stellt eine Operation in Formeln durch Operatoren dar, z.B. $+$, $-$, $\wedge$ oder $\vee$. Die Operationen verarbeiten **Operanden**. Ist lediglich ein einziger Operand möglich, nennt man die Operation **unär**. Bei zwei Operanden nennt man sie **binär**. Eine binäre Operation hat also nicht notwendigerweise etwas mit dem Dualsystem zu tun. Z.B. ist eine Addition zweier Werte eine binäre Operation, auch wenn sie mit Dezimal- oder Hexadezimalzahlen erfolgt.

Tab. 9.1:   Arithmetische und logische Operationen

	unär	binär
arithmetisch	INC, DEC	ADD, SUB, MUL, DIV
logisch	NOT, SHL, SHR, ROL, ROR	AND, OR, XOR

In der Tab. 9.1 findet man für Prozessoren typische Operationen. Entsprechend wurden sie anstelle mathematischer Symbole mit häufig verwendeten Assembler-Mnemonics bezeichnet. Die angegebenen Operationen sollen nun erläutert werden.

9.1   Arithmetische Operationen

Inkrementieren und Dekrementieren

INC steht für <u>inc</u>rement, also das **Inkrementieren**, und bedeutet das Erhöhen eines Operanden um 1. Es handelt sich also um einen Spezialfall der Addition, bei dem einer der Operanden fest vorgegeben ist. Die Addition ist ja eine binäre Operation. Durch die Vorgabe eines Operanden wird sie beim Inkrementieren auf eine unäre Operation reduziert.

Der Hauptgrund ist, dass die Addition von 1 sehr häufig benötigt wird, z.B. bei Laufvariablen in For-Schleifen. Deswegen implementiert man sie effizienter als dies mit einer Addition möglich wäre.

https://doi.org/10.1515/9783110741797-009

Bei einer Addition müsste man den Operanden mit dem Wert 1 separat in ein Register laden, was einen zusätzlichen Takt benötigt. Register können üblicherweise als Zähler betrieben werden, was man sich beim INC-Befehl zunutze macht: Man gibt einfach einen Impuls auf den Zähleingang des Registers.

INC ist somit aus Sicht der Hardware keine Addition unter Verwendung eines Addierers, sondern ein Hochzählen eines Zählers. Weil übliche Prozessoren einen INC-Befehl zur Verfügung stellen, hat dieser in viele Programmiersprachen Einzug gehalten, z.B. als Operator ++ in C.

Der Befehl **DEC** (<u>dec</u>rement) arbeitet analog dazu und steht für das **Dekrementieren**: Er zählt einen Operanden um 1 herunter. Man findet ihn in der Programmiersprache C als − − Operator. Hardwareseitig sind Register als Vor-/Rückwärtszähler betreibbar, wobei beim DEC-Befehl das Rückwärtszählen genutzt wird.

Die vier Grundrechenarten

Bei den binären arithmetischen Befehlen aus Tab. 9.1 handelt es sich um die vier Grundrechenarten

- **ADD**: Addieren (<u>add</u>)
- **SUB**: Subtrahieren (<u>sub</u>tract)
- **MUL**: Multiplizieren (<u>mul</u>tiply)
- **DIV**: Dividieren (<u>div</u>ide)

Obwohl die vier Grundrechenarten im mathematischen Sinn häufig als Einheit aufgefasst werden, können sie im Prozessor höchst unterschiedlich implementiert sein. ADD und SUB sind erheblich einfacher umzusetzen als MUL und DIV. Tatsächlich kann man eine Multiplikation aus vielen Additionsschritten zusammensetzen und eine Division aus Subtraktionsschritten. Wie man die vier Grundrechenarten auf Dualzahlen anwendet, wird in Kapitel 10 und den nachfolgenden ausführlich betrachtet werden.

9.2   Logische Operationen

Bitweise Invertierung

Der **NOT**-Operator führt eine bitweise Invertierung eines Operanden durch. Weil er nur einen einzigen Operanden verarbeiten kann, zählt NOT zu den unären Operationen. Ein Beispiel zeigt Tab. 9.2:

Tab. 9.2:   Einerkomplement-Bildung durch NOT-Operator

	Operand A	dezimal
Anfangswert: positive Zahl	01010001	+81
Resultat nach NOT: negative Zahl im Einerkomplement	10101110	−81
Erneute Anwendung von NOT: ursprüngliche positive Zahl	01010001	+81

Fasst man den Operanden A als vorzeichenbehaftete Zahl auf, dann kann man mit Hilfe des NOT-Operators eine Vorzeichenänderung unter Verwendung des Einerkomplements durchführen. Doppelte Vorzeichenänderung ergibt wieder den ursprünglichen Wert.

Kombiniert man NOT und INC bzw. DEC miteinander, dann kann man Zahlen ins Zweier-komplement und zurück wandeln, wie dies Tab. 9.3 zeigt.

Tab. 9.3:   Zweierkomplement-Bildung durch NOT- und INC-Operator

	Operand A	dezimal
Anfangswert: positive Zahl	01010001	+81
Resultat nach NOT: negative Zahl im Einerkomplement	10101110	−81
Inkrementieren: ergibt negative Zahl im Zweierkomplement	10101111	−81
Dekrementieren: ergibt negative Zahl im Einerkomplement	10101110	−81
Erneute Anwendung von NOT: ursprüngliche positive Zahl	01010001	+81

Noch ein Beispiel: Bilden die Bits des Operanden die Bitmap eines Cursors, also eine Grafik, die den Cursor für eine Texteingabe darstellt, dann kann man diesen mit Hilfe des NOT-Ope-rators blinken lassen. Man führt zu diesem Zweck z.B. jede Sekunde eine NOT-Operation mit der Bitmap durch und invertiert alle ihre Pixel.

Schiebebefehle

Die Operatoren SHL und SHR fasst man unter dem Begriff Schiebeoperationen zusammen. Dabei bedeutet:
- **SHL**: Linksschieben (shift left)
- **SHR**: Rechtsschieben (shift right)

Die Arbeitsweise dieser Operationen und mögliche Anwendungen wollen wir nun betrachten. Tab. 9.4 zeigt das mehrfache Linksschieben eines Operanden A.

Tab. 9.4:   Linksschieben

	Operand A	dezimal
Anfangswert	00010100	20
Resultat nach SHL A,1	00101000	40
Resultat nach erneutem SHL A,1	01010000	80
Resultat nach erneutem SHL A,1	10100000	160
Resultat nach erneutem SHL A,1	01000000	64

Die Bits des Operanden A werden bei jedem „SHL A, 1" um eine Position nach links gescho-ben. Nach dem SHL-Mnemonic wird also der Operand angegeben, üblicherweise ein Register, dann die Anzahl der Schiebeschritte. Das Bit, das sich am weitesten links befindet, das soge-nannte **Most Significant Bit (MSB)** oder höchstwertige Bit, wird hinaus geschoben. Von rechts wird mit einer Null aufgefüllt.

Fasst man den Operanden A als vorzeichenlose Zahl auf, dann verdoppelt sich der Wert des Operanden mit jedem Schiebeschritt. Linksschieben entspricht also einer Multiplikation mit 2. Das funktioniert allerdings nur, solange keine Einsen hinaus geschoben werden. Das Problem, dass das Ergebnis nicht in den zur Verfügung stehenden Bits Platz hat, tritt aber genauso auch bei einer „richtigen" Multiplikation auf. Wie man sieht, verschwinden bei manchen Anwen-dungsfällen die Grenzen zwischen arithmetischen und logischen Operationen.

Der Vorteil der Schiebeoperation ist aber, dass sie um ein Vielfaches schneller geht als eine Multiplikation. Moderne Prozessoren haben einen **Barrel Shifter** eingebaut, der in einem einzigen Takt den Inhalt des Operanden um eine beliebige Anzahl von Positionen verschieben kann. Ein solcher Prozessor könnte anstelle der in Tab. 9.4 aufgeführten vier einzelnen „SHL A,1"-Befehle, die insgesamt 4 Takte dauern, auch einen „SHL A,4"-Befehl durchführen, der nur einen Takt dauert. Allgemein führt ein Befehl SHL A,n eine Multiplikation mit 2^n in nur einem einzigen Takt durch.

Das Gegenstück zum SHL-Befehl ist der SHR-Befehl. Tab. 9.5 zeigt denselben Operanden A wie Tab. 9.4, nur dass er mehrfach rechtsgeschoben wird.

Tab. 9.5:   Rechtsschieben

	Operand A	dezimal
Anfangswert	00010100	20
Resultat nach SHR A,1	00001010	10
Resultat nach erneutem SHR A,1	00000101	5
Resultat nach erneutem SHR A,1	00000010	2
Resultat nach erneutem SHR A,1	00000001	1

Wie zu vermuten war, entspricht jeder Rechtsschiebeschritt einer Division durch 2. Von links wird mit Nullen aufgefüllt. Das **niederwertigste Bit** (**LSB**, <u>L</u>east <u>S</u>ignificant <u>B</u>it) wird jeweils nach rechts hinaus geschoben. Man bekommt also nur den ganzzahligen Teil des Ergebnisses. Ebenso wie bei SHL kann man auch bei SHR Zweierpotenzen verwenden, wenn man um mehrere Schritte auf einmal verschiebt. SHR A,4 würde also alle vier Schiebeschritte in nur einem Takt durchführen.

Rotierbefehle

Die Operatoren ROL und ROR nennt man **Rotieroperationen**. Dabei bedeutet:
- **ROL**: Linksrotieren (<u>ro</u>tate <u>l</u>eft)
- **ROR**: Rechtsrotieren (<u>ro</u>tate <u>r</u>ight)

Sie funktionieren fast so wie die Schiebeoperationen, nur dass hinaus geschobene Bits auf der anderen Seite wieder hinein geschoben werden. Tab. 9.6 und Tab. 9.7 zeigen das Prinzip.

Tab. 9.6: Linksrotieren

	Operand A
Anfangswert	10010100
Resultat nach ROL A,1	00101001
Resultat nach erneutem ROL A,1	01010010
Resultat nach erneutem ROL A,1	10100100
Resultat nach erneutem ROL A,1	01001001

Tab. 9.7 Rechtsrotieren

	Operand A
Anfangswert	10010100
Resultat nach ROR A,1	01001010
Resultat nach erneutem ROR A,1	00100101
Resultat nach erneutem ROR A,1	10010010
Resultat nach erneutem ROR A,1	01001001

Auch bei Rotieroperationen ist es in der Regel möglich, den Inhalt des Operanden um mehrere Positionen gleichzeitig zu verschieben. Eine Anwendung sind z.B. Bitmustergeneratoren, die zyklisch immer wieder dieselben Bitmuster erzeugen, sei es, um Schaltungen zu testen oder um periodische Signale zu erzeugen. Ferner findet man Rotieroperationen bei Verschlüsselungsalgorithmen und bei Pseudozufallsgeneratoren, die scheinbar zufällige Bitfolgen produzieren. Auch sie werden häufig in Verbindung mit Verschlüsselungsverfahren eingesetzt.

AND, OR, XOR

Bei den binären logischen Operationen werden die beiden Operanden bitweise verknüpft, d.h. Bit 0 von Operand A wird mit Bit 0 von Operand B verknüpft, desgleichen Bit 1 von Operand A mit Bit 1 von Operand B, usw. Tab. 9.8 zeigt einige Beispiele dazu.

Tab. 9.8: Binäre logische Operationen

	AND	OR	XOR
Operand A	11001010	11001010	11001010
Operand B	01010011	01010011	01010011
Resultat der Verknüpfung	01000010	11011011	10011001

Die genannten logischen Operationen erlauben es, einzelne Bits gezielt zu beeinflussen. Dazu eine praktische Anwendung: Wir betrachten ein 8-Bit-Datenwort, das den Zustand verschiedener Motoren und anderer Aktoren repräsentiert, z.B. Ventile, die sich ein- und ausschalten lassen, um Gase oder Flüssigkeitsströme zu steuern.

Wie in Abb. 9.1 zu sehen, sei jedes Bit des Datenwortes für einen dieser Aktoren zuständig, z.B. das Bit Nummer 2 für den Motor M_2. Ist das Bit gesetzt, wird der Motor angeschaltet, ist das Bit gelöscht, ist der Motor aus.

Wenn man den Motor M_2 an- und ausschaltet, sollen die anderen Aktoren tunlichst unverändert bleiben. Wie kann man diese Aufgabe lösen?

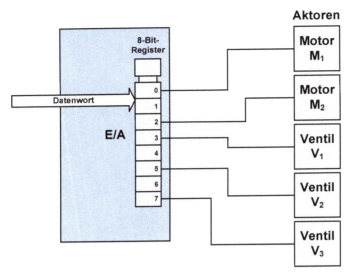

Abb. 9.1:   Ansteuerung von Aktoren

Betrachten wir dazu Tab. 9.9. Operand A enthalte das Datenwort, mit dem die Aktoren gesteuert werden. Das könnte der Inhalt eines Registers in einem E/A-Baustein sein. Das Bit Nummer 2, das für den Motor M_2 zuständig ist, ist hervorgehoben. Der Motor ist also zunächst ausgeschaltet.

Anmerkung: Mit der Nummerierung der Bits wird immer beim niederwertigsten Bit begonnen, also ganz rechts. Es bekommt die Nummer bzw. Wertigkeit 0.

Tab. 9.9:   Gezieltes Setzen eines Bits

	OR	OR
Operand A: Datenwort für die Steuerung	11001010	11001110
Operand B: OR-Mask	00000100	00000100
Resultat der Verknüpfung	11001110	11001110

Wir wollen nun den Motor einschalten, also das Bit Nummer 2 setzen. Dazu nehmen wir als Operand B eine **OR-Mask** (Oder-Maske), die aus lauter Nullen besteht. Nur an der Position, wo wir das Bit setzen wollen, findet sich eine 1.

Nach einer bitweisen OR-Verknüpfung stimmt das Resultat exakt mit dem Operanden A überein, bis auf das Bit Nummer 2, das gesetzt wurde. Das funktioniert auch, wenn Bit Nummer 2 bereits gesetzt war. Wir brauchen seinen Wert also nicht zu kennen. Es ist somit kein vorheriger Lesezugriff auf den Inhalt des E/A-Registers nötig.

Warum funktioniert das? Für die OR-Verknüpfung gelten folgende Gesetze:

$a + 0 = a$ bzw. in einer anderen üblichen Schreibweise: $a \vee 0 = a$

$a + 1 = 1$ bzw. $a \vee 1 = 1$

Das bedeutet, eine OR-Verknüpfung mit einem 0-Bit lässt den Operanden unverändert. Eine OR-Verknüpfung mit einem 1-Bit liefert in jedem Fall eine 1. Wenn wir also eine OR-Mask verwenden, wo ausschließlich Bit Nummer 2 gesetzt ist, dann wird beim Resultat ebenfalls Bit Nummer 2 gesetzt sein. Alle anderen Bits bleiben unverändert.

Als nächstes wollen wir den Motor wieder ausschalten, ohne die anderen Aktoren zu beeinflussen. Wie können wir das machen? Dafür eignet sich eine **AND-Mask**. Die AND-Verknüpfung erfüllt folgende Gesetzmäßigkeiten:

$$a \cdot 0 = 0 \text{ bzw. in einer anderen üblichen Schreibweise: } a \wedge 0 = 0$$

$$a \cdot 1 = a \text{ bzw. } a \wedge 1 = a$$

Das bedeutet, eine AND-Mask lässt Bits unverändert, wenn sie an der entsprechenden Stelle eine 1 aufweist. Wenn sie ein Nullbit besitzt, wird das Ergebnis an dieser Stelle eine Null zeigen. Tab. 9.10 zeigt die Vorgehensweise in unserem Beispiel:

Tab. 9.10:   Gezieltes Löschen eines Bits

	AND	AND
Operand A: Datenwort für die Steuerung	11001110	11001010
Operand B: AND-Mask	11111011	11111011
Resultat der Verknüpfung	11001010	11001010

Wiederum hängt das Ergebnis nicht davon ab, welchen Wert das Bit Nummer 2 zuvor hatte. Nach Verknüpfung mit der AND-Mask ist es in jedem Fall zurückgesetzt und der Motor somit ausgeschaltet.

Bits lassen sich nicht nur setzen oder löschen, sondern auch invertieren. Dazu verwendet man eine **XOR-Mask**. Betrachten wir dazu wieder die erforderlichen Gesetze der BOOLEschen Algebra:

$$a \oplus 0 = a$$

$$a \oplus 1 = \bar{a}$$

Eine Null in einer XOR-Mask lässt also das betreffende Bit unverändert. Eine Eins in der XOR-Mask invertiert es. Wir wollen in unserem Beispiel das Bit Nummer 2 invertieren. Tab. 9.11 zeigt, wie das funktioniert.

Tab. 9.11:   Gezieltes Invertieren eines Bits

	XOR	XOR
Operand A: Datenwort für die Steuerung	11001110	11001010
Operand B: XOR-Mask	00000100	00000100
Resultat der Verknüpfung	11001010	11001110

Auch hier spielt es keine Rolle, welchen Wert das betreffende Bit vorher hatte. Das ist ein wesentlicher Punkt, denn manche E/A-Bausteine besitzen reine Ausgaberegister, in die man nur Daten schreiben kann oder mit dessen Inhalt man eine logische Verknüpfung durchführen kann, aber die sich nicht lesen lassen. Entweder merkt man sich den Inhalt des Registers separat oder man wendet die Bitmaskenoperationen an. In letzterem Falle entfällt das Merken des Registerinhalts, was Speicherplatz und Rechenzeit spart.

Aufgabe 54   Zeigen Sie, wie man die Bits 4 und 7 eines 8-Bit-Registers löscht, die Bits 0, 3 und 6 setzt und ferner die Bits 1, 2 und 5 invertiert.

9.3   Bitoperationen in C und C++

Die beschriebenen Bitoperationen stehen nicht nur Assemblerprogrammierern zur Verfügung, sondern sind auch in Programmiersprachen wie C und C++ aufgenommen worden. Tab. 9.12 zeigt einen Überblick.

Tab. 9.12:   Bitoperationen in C und C++

Operator	Bedeutung	Beispiel
~	Negation	x = ~a; //bildet Einerkomplement von a
&	Und-Verknüpfung	x = a & b;//bitweise Und-Verknüpfung
		x &= b;//dasselbe wie x = x & b;
|	Oder	x = a | b;//bitweise Oder-Verknüpfung
		x |= b;//dasselbe wie x = x | b;
^	XOR	x = a ^ b;//bitweise XOR-Verknüpfung
		x ^= b;//dasselbe wie x = x ^ b;
<<	linksschieben	x = a << 4;//a um 4 Stellen nach links schieben (multiplizieren mit 2^4=16)
>>	rechtsschieben	x = a >> 3;//a um 3 Stellen nach rechts schieben (dividieren durch 2^3=8)

Als Beispiel führen wir nacheinander einige Bitoperationen mit einer Variablen x durch:

- x = (1<<6) | (1<<0);   //Bit 6 und Bit 0 setzen, die anderen sind 0; x wird also 01000001
- x |= (1<<5);   //Bit 5 wird gesetzt, die anderen bleiben unverändert; x ist jetzt
  also 01100001
- x >>= 2;   //x durch 2^2=4 dividieren, wird also 00011000
- x &= ~(1<<4);   //Bit 4 löschen, x wird somit 00001000
- x &= (1<<6);   //alle Bits außer Bit 6 löschen. x wird 00000000

10 Rechnen mit vorzeichenlosen Dualzahlen

10.1 Addition und Subtraktion

Wiederholen wir zunächst, wie man im Dezimalsystem addiert, was ja aus der Schule bekannt sein sollte. Wir betrachten folgende Rechnung:

Wertigkeit		3	2	1	0
Operand 1:		1	2	3	4
Operand 2:	+	5	6_1	7_1	8
Ergebnis:		6	9	1	**2**

Man beginnt ganz rechts bei der niederwertigsten Stelle, also dem LSB (<u>l</u>east <u>s</u>ignificant <u>b</u>it), und addiert die betreffende Stelle von Operand 1 und Operand 2. In unserem Falle ergibt sich $4 + 8 = \mathbf{12}$. Diese beiden Ziffern sind in obiger Rechnung fett eingetragen. Diese Summe von 12 hat nicht in einer Stelle Platz, so dass sich ein Übertrag von 1 auf die nächsthöhere Stelle ergibt. Die 2 dagegen wird zur niederwertigsten Stelle des Ergebnisses.

Dann werden die beiden nächsthöheren Stellen addiert, wobei man den Übertrag mit dazu rechnet. Es ergibt sich $3 + 7 + 1 = 11$. Die führende 1 bildet den Übertrag auf die nächsthöhere Stelle, die niederwertige 1 wird zur nächsten Stelle des Ergebnisses. So fährt man fort, bis alle Stellen der Operanden abgearbeitet sind.

Genau das gleiche Prinzip wendet man an, um Dualzahlen zu addieren. Hierzu ein Beispiel:

Wertigkeit		3	2	1	0
Operand 1:		0	1	1	1
Operand 2:	+	0_1	0_1	1_1	1
Ergebnis:		1	0	1	**0**

Wieder beginnen wir mit der niederwertigsten Stelle und addieren die betreffenden Bits der beiden Operanden, also $1 + 1 = \mathbf{10}$, also dezimal die 2. Das Ergebnis ist oben in der Rechnung wiederum fett eingezeichnet. Es hat nicht in einem einzelnen Bit Platz, darum gibt es einen Übertrag auf die nächsthöhere Stelle. Das niederwertigste Ergebnisbit lautet 0.

Bei der Stelle mit der Wertigkeit 2 addiert man $1 + 1 + 1 = 11$, also dezimal die 3. Das Ergebnisbit lautet somit 1, und es entsteht wieder ein Übertrag zur nächsthöheren Stelle. Dort lautet die Rechnung $1 + 0 + 1 = 10$, das ist die 2. Ein Übertrag auf die nächste Stelle erfolgt, das Ergebnisbit lautet 0.

Und schließlich addieren wir die höchstwertigen Bits und berücksichtigen den Übertrag vom vorherigen Schritt: $0 + 0 + 1 = 1$. Damit sind wir mit der Berechnung fertig. Wir kontrollieren das Ergebnis: Im Dezimalsystem hätte die Rechnung $7 + 3 = 10$ gelautet. Wir hatten das Gesamtergebnis $(1010)_2 = (10)_{10}$ bekommen. Es stimmt also.

https://doi.org/10.1515/9783110741797-010

Es hätte nun passieren können, dass eines von den höchstwertigen Bits 1 ist. In diesem Falle wäre ein Übertrag auf das Bit mit der Wertigkeit 4 aufgetreten, z.B. so:

Wertigkeit	4	3	2	1	0
Operand 1:		1	1	1	1
Operand 2:	$+_1$	0_1	0_1	1_1	1
Ergebnis:	1	0	0	1	**0**

Lesen wir das Ergebnis als 5-Bit-Dualzahl, also $(10010)_2 = (18)_{10}$, dann stimmt das Resultat. Wir hatten ja gerechnet: $15 + 3 = 18$. Das Problem ist allerdings, dass wir eigentlich nur 4-Bit-Dualzahlen zur Verfügung haben. Wo speichern wir das fünfte Ergebnisbit?

Ein Prozessor verfügt zu diesem Zweck über ein *Übertragsbit* oder *Carry-Bit*. Man kann es sich als ein zusätzliches (höchstwertiges) Bit vorstellen, mit dem das Ergebnis erweitert wird. Es lässt sich durch Maschinenbefehle prüfen, ob es gesetzt ist, und dann kann man geeignete Maßnahmen einleiten. So könnte man z.B. ein weiteres Datenwort zur Hilfe nehmen, um das Carry-Bit darin dauerhaft zu speichern, oder man könnte eine Fehlermeldung erzeugen.

Man kann auch mehr als zwei Operanden addieren, z.B.:

Wertigkeit	4	3	2	1	0
Operand 1:		0	1	1	0
Operand 2:		1	0	1	1
Operand 3:	$+_1$	0_1	0_0	1_1	1
Ergebnis:	1	0	1	0	0

Hier gibt es eine Besonderheit: Wegen der drei Operanden können bei der Addition Zwischenergebnisse auftreten, die nicht mehr in 2 Bits Platz haben. Das ist z.B. der Fall bei Stelle Nummer 1, wo man $1+1+1+1 = (100)_2 = (4)_{10}$ bekommt. Es gibt somit ein Ergebnisbit mit Wert 0, einen Übertrag von 0 auf die Stelle 2 und einen Übertrag von 1 auf die Stelle 3.

Die Addition im Hexadezimalsystem geht ganz analog zu der im Dezimal- und auch Dualsystem. Beispiel:

Wertigkeit		3	2	1	0
Operand 1:		A	F	F	E
Operand 2:	$+_1$	D_1	0_1	0_1	F
Ergebnis:	1	8	0	0	**D**

$E + F = 1D$, also ergibt sich als niederwertigste Stelle des Ergebnisses D, und es tritt ein Übertrag die Stelle mit Wertigkeit 1 auf. Als nächstes kommt $F + 0 + 1 = 10$, also Übertrag 1 und Ergebnisstelle 0. Dann ergibt sich nochmals $F + 0 + 1 = 10$. Schließlich rechnet man $A + D + 1 = 18$. Der Übertrag von Stelle 3 nach Stelle 4 ergibt wieder ein gesetztes Carry-Bit.

Aufgabe 55 Führen Sie folgende Rechnungen mit vorzeichenlosen Zahlen durch:

a) $(0100)_2 + (1000)_2$

b) $(1101)_2 + (10001)_2$

c) $(10110100)_2 + (00010111)_2$

d) $(10011101)_2 + (11011011)_2 + (00101010)_2$

e) $(BEEF)_{16} + (1CF7)_{16}$

f) $(A03FD)_{16} + (46EA)_{16}$

Subtraktion

Auch bei der Subtraktion wollen wir zunächst ein Beispiel aus dem Dezimalsystem betrachten:

Wertigkeit	3	2	1	0
Operand 1:	7	4	3	4
Operand 2:	$- \quad 2_1$	9_1	3_1	5
Ergebnis:	4	4	9	**9**

Wieder beginnt man bei der niederwertigsten Stelle und rechnet $4 - 5$. Allerdings würde dieses Teilergebnis negativ werden. Um das zu vermeiden, borgt man sich eine 1 von der nächsthöheren Stelle und rechnet stattdessen $14 - 5 = 9$. Die 9 bildet die niederwertigste Stelle des Ergebnisses. Um zu berücksichtigen, dass man die 14 statt der 4 genommen hat, muss man von der nächsthöheren Stelle eine 1 abziehen. Das ist das erwähnte „Borgen".

Bei Stelle 1 rechnet man somit $3 - 3 - 1$ bzw. mit Borgen von Stelle 2: $13 - 3 - 1 = 9$. Entsprechend rechnet man bei Stelle 2: $14 - 9 - 1 = 4$, wobei man von Stelle 3 borgt. Und schließlich gilt für die höchstwertige Stelle $7 - 2 - 1 = 4$. Hätte man auch hier noch borgen müssen, wäre das Gesamtergebnis negativ geworden.

Nun zum Dualsystem:

Wertigkeit	3	2	1	0
Operand 1:	1	1	0	1
Operand 2:	$- \quad 0_1$	1_1	1	0
Ergebnis:	0	1	**1**	1

Bei Stelle 0 erhält man wenig spektakulär $1 - 0 = 1$. Bei Stelle 1 muss man borgen, weil $0 - 1$ negativ würde. Stattdessen rechnet man also $10 - 1 = 1$. Das wäre im Dezimalsystem $2 - 1 = 1$. Die erste fett gedruckte 1 ist die von Stelle 2 geborgte. Die zweite fett gedruckte 1 ist das Ergebnisbit von Stelle 1.

Für Stelle 2 lautet die Rechnung: $1 - 1 - 1$. Auch hier muss man von der nächsthöheren Stelle borgen und somit rechnen: $11 - 1 - 1 = 1$ bzw. dezimal: $3 - 1 - 1 = 1$. Stelle 3 lässt sich ohne Borgen ermitteln, und zwar durch $1 - 0 - 1 = 0$.

Auch bei der Subtraktion kann man mehr als zwei Operanden verwenden, z.B.:

Wertigkeit	3	2	1	0
Operand 1:	1	1	0	0
Operand 2:	$-$ 0	0	1	1
Operand 3:	$- \quad 0_1$	1_0	1_1	1
Ergebnis:	0	0	1	0

Im oben stehenden Beispiel würde man so vorgehen: Bei Stelle 0 rechnet man $10 - 1 - 1 = 0$, wobei von Stelle 1 geborgt wird. Analog zur Addition mit mehr als zwei Operanden kann es passieren, dass das Borgen von der nächsthöheren Stelle nicht ausreicht.

Dann muss von noch höherwertigen Stellen geborgt werden. Bei Stelle 1 entsteht gerade dieser Fall. Borgen von Stelle 2 genügt nicht. Man muss statt dessen eine 1 von Stelle 3 borgen und rechnet $100 - 1 - 1 - 1 = 1$. Die Stellen 2 und 3 laufen wie gewohnt. Für Stelle 2 ergibt sich $1 - 0 - 1 - 0 = 0$, für Stelle 3 erhält man $1 - 0 - 0 - 1 = 0$.

Der Vollständigkeit halber nun die Subtraktion im Hexadezimalsystem:

Wertigkeit		3	2	1	0
Operand 1:		3	F	0	7
Operand 2:	$-$	1	B_1	C	3
Ergebnis:		2	3	**4**	**4**

Geborgt wird hier zum ersten Mal bei Stelle 1, wo man mit der geborgten 1 rechnet: $10 - C =$ **4**. Für Stelle 2 ergibt sich somit $F - B - 1 = 3$, wobei kein Borgen erfolgt. Und schließlich an der Stelle 3 rechnet man $3 - 1 = 2$.

Aufgabe 56   Führen Sie folgende Rechnungen mit vorzeichenlosen Zahlen durch:

a) $(1101)_2 - (1010)_2$

b) $(1000)_2 - (0111)_2$

c) $(10011101)_2 - (00011011)_2 - (00100010)_2$

d) $(4CF5)_{16} - (30EB)_{16}$

10.2   Multiplikation und Division

Die Multiplikation ist eine mehrschrittige Operation, d.h. sie wird häufig aus einer Folge von Schiebe- und Addierschritten zusammengesetzt. Es ist allerdings auch möglich, Parallelmultiplizierer zu bauen, die alle Ergebnisbits auf einmal ausrechnen. Sie arbeiten um ein Vielfaches schneller, sind aber auch komplizierter.

In diesem Kapitel wollen wir uns allerdings auf die seriellen Multiplikationsverfahren beschränken. Wir betrachten zwei solcher Verfahren und wollen damit das Produkt $(1100)_2 \cdot (1101)_2 = (10011100)_2$ bzw. im Dezimalsystem $12 \cdot 13 = 156$ berechnen.

Erstes Verfahren

Das erste Multiplikationsverfahren funktioniert folgendermaßen:

- Setze das Zwischenergebnis ZE auf Null
- Prüfe Operanden Op2 beginnend mit dem LSB Bit für Bit.
- Falls das betrachtete Bit 1 ist, addiere den Operanden Op1 n-mal linksgeschoben zu ZE. Dabei ist n die Wertigkeit des betrachteten Bits.

Mit unserer Beispielrechnung ergibt sich der nachfolgend beschriebene Ablauf.

Schritt 1:

Das erste betrachtete Bit, das LSB von Operand Op2, ist 1. Somit wird zum Zwischenergebnis ZE der Op1 dazu addiert. Weil das LSB die Wertigkeit Null hat, wird der Op1 vorher nicht geschoben. Die Summe, oben als ZE$_{neu}$ bezeichnet, tritt im nächsten Schritt an die Stelle von ZE.

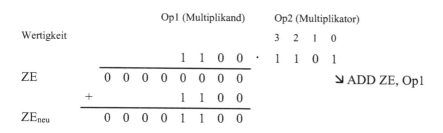

	Op1 (Multiplikand)	Op2 (Multiplikator)

Schritt 2:

Das nächsthöhere Bit von Op2 ist eine 0. Nichts passiert.

	Op1	Op2
Wertigkeit		3 2 1 0
	1 1 0 0 · 1 1 0 1	
ZE_{neu}:=ZE	0 0 0 0 1 1 0 0	↘ nicht addieren

Schritt 3:

Als nächstes folgt eine 1. Es wird wieder der Op1 zu ZE addiert. Das betrachtete Bit hat die Wertigkeit 2. Daher wird Op1 vor dem Addieren zweimal linksgeschoben, was Op1" ergibt.

	Op1	Op2
Wertigkeit		3 2 1 0
	1 1 0 0 · 1 1 0 1	
ZE	0 0 0 0 1 1 0 0	↘ ADD ZE, Op1"
SHL Op1,2 +	1 1 0 0 0 0	
ZE_{neu}	0 0 1 1 1 1 0 0	

Schritt 4:

Wieder folgt eine 1, diesmal mit Wertigkeit 3. Op1 wird also dreimal linksgeschoben addiert.

	Op1	Op2
Wertigkeit		3 2 1 0
	1 1 0 0 · 1 1 0 1	
ZE	0 0 1 1 1 1 0 0	↘ ADD ZE, Op1'''
SHL Op1,3 +	1_1 1 0 0 0 0 0	
ZE_{neu}	1 0 0 1 1 1 0 0	

Nun sind alle Bits abgearbeitet. ZE enthält das Endergebnis.

Zweites Verfahren

Ein alternativer Multiplikationsalgorithmus funktioniert folgendermaßen:

- Setze das Zwischenergebnis ZE auf Null
- Prüfe Operanden Op2 beginnend mit dem LSB Bit für Bit.
- Falls das betrachtete Bit 1 ist, addiere den Operanden Op1 zum Zwischenergebnis.
- Schiebe das Zwischenergebnis in jedem Fall eine Position nach rechts.

Wir führen unsere Beispielrechnung nun mit dem zweiten Algorithmus durch.

Schritt 1:

Das erste betrachtete Bit ist wieder das LSB von Operand Op2. Es ist 1. Somit wird zum Zwischenergebnis ZE der Op1 dazu addiert. Diese nur vorübergehend vorhandene Summe wird mit ZE' bezeichnet. Anschließend wird ZE rechtsgeschoben und ergibt ZE_{neu}. Das ZE_{neu} tritt im nächsten Schritt an die Stelle von ZE.

	Op1						Op2				
Wertigkeit							3	2	1	0	
	1	1	0	0			· 1	1	0	1	
ZE	0	0	0	0							↘ ADD ZE, Op1
	+ 1	1	0	0							
ZE'	1	1	0	0							
ZE_{neu}	0	1	1	0	0						SHR ZE, 1

Schritt 2:

Das nächsthöhere Bit ist 0. Daher erfolgt keine Addition, nur ein Rechtsschiebeschritt.

	Op1						Op2				
Wertigkeit							3	2	1	0	
	1	1	0	0			· 1	1	0	1	
ZE	0	1	1	0	0						↘ nicht addieren
ZE_{neu}	0	0	1	1	0	0					SHR ZE, 1

Schritt 3:

Als nächstes kommt eine 1. Daher wird Op1 zu ZE addiert. Anschließend wird ZE rechtsgeschoben.

	Op1						Op2				
Wertigkeit							3	2	1	0	
	1	1	0	0			· 1	1	0	1	
ZE	0	0	1	1	0	0					↘ ADD ZE, Op1
	+ 1	1	0	0							
ZE'	1	1	1	1	0	0					
ZE_{neu}	0	1	1	1	1	0	0				SHR ZE, 1

Schritt 4:

Als nächstes kommt eine 1. Daher wird Op1 zu ZE addiert. Anschließend wird ZE rechtsgeschoben.

	Op1							Op2				
Wertigkeit								3	2	1	0	
	1	1	0	0				· 1	1	0	1	
ZE	0	1	1	1	1	0	0				↘ ADD ZE, Op1	
	+ 1$_1$	1	0	0								
	1											
ZE'	1	0	0	1	1	1	0	0				
ZE$_{neu}$	1	0	0	1	1	1	0	0	SHR ZE, 1			
	Akkumulator				MQ-Register							

Dann ist die Multiplikation abgeschlossen. ZE enthält das Endergebnis.

> Man vergesse den letzten Schiebeschritt nicht! Er ist erforderlich, damit das Ergebnis stellenrichtig anliegt.

Aufgabe 57 Wie groß wäre das Multiplikationsergebnis allgemein, wenn man den letzten Schiebeschritt vergessen würde?

In unserem Beispiel hatten wir zwei 4-Bit-Operanden und ein 8-Bit-Ergebnis. Allgemein hat das Ergebnis einer Multiplikation zweier Operanden mit je m Bit Wortbreite eine Wortbreite von 2m Bit. Multipliziert man z.B. zwei 16-Bit-Operanden, dann benötigt man für das Ergebnis 32 Bit. Daher stellt man für das Ergebnis zwei Register einfacher Wortbreite m zur Verfügung. Man nennt diese Register *Akkumulator* (kurz: Akku) und *MQ-Register* (Multiplikator-Quotienten-Register).

Vergleich der beiden Algorithmen

Obwohl die beiden Algorithmen recht unterschiedlich aussehen, liefern sie nicht nur dasselbe Ergebnis, sondern auch die Folge der Zwischenergebnisse stimmt überein. Bei beiden hängt die Anzahl der Rechenschritte von der Anzahl der Einsen im Multiplikator ab. Daher ist es von Vorteil, als Multiplikator denjenigen Operanden zu nehmen, der die geringere Zahl an Einsen hat.

Ein wesentlicher Unterschied zwischen den Verfahren tritt zutage, wenn man sie in Hardware implementieren will. Das zweite Verfahren hat den Vorteil, dass es bei Operanden mit m Bit Wortbreite nur ein m-stelliges Addierwerk benötigt, denn addiert wird nur links von der senkrechten Linie im Beispiel. Verfahren 1 benötigt die doppelte Wortbreite. Daher wird Verfahren 2 gegenüber dem ersten oft bevorzugt. Auf dem später vorgestellten Ganzzahl-Rechenwerk ist Verfahren 2 lauffähig, nicht aber Verfahren 1.

Außer den genannten Algorithmen gibt es noch weitere, deren Betrachtung aber den Rahmen sprengen würde. Am Rande sei noch erwähnt, dass eine 1-Bit-Multiplikation durch ein Und-Gatter durchgeführt werden kann, wie die Wahrheitstabelle (Tab. 10.1) zeigt:

Tab. 10.1:   1-Bit-Multiplikation und Und-Verknüpfung

a	b	$x = a \wedge b$	$y = a \cdot b$
0	0	0	0
0	1	0	0
1	0	0	0
1	1	1	1

Fasst man a und b als BOOLEsche Größen auf, die Und-verknüpft werden, erhält man die Spalte x. Interpretiert man sie dagegen als zwei 1-Bit-Zahlen, die man multipliziert, bekommt man die Spalte y. Wie man sieht, stimmen x und y überein. Man kann also ein Und-Gatter als 1-Bit-Multiplizierer auffassen. Ferner ist dies der Grund, warum man häufig anstelle des $\wedge$-Zeichens den Malpunkt findet. Aus ähnlichen Gründen verwendet man statt des $\vee$-Symbols das Pluszeichen, eine Schreibweise, mit der man sich die Wahrheitstabelle und die Gesetze der BOOLEschen Algebra besser einprägen kann.

Aufgabe 58 Führen Sie die Multiplikation $(14)_{10} \cdot (10)_{10}$ mit vorzeichenlosen 4-Bit-Zahlen im Dualsystem mit beiden Algorithmen durch.

Division

Die Division wird genau entgegengesetzt zur Multiplikation durchgeführt. Wiederum gibt es unterschiedliche Algorithmen dafür. Wir greifen uns einen heraus, den man gut in Hardware umsetzen kann und der auf dem später vorgestellten Rechenwerk lauffähig ist.

Der höherwertige Teil des Dividenden befinde sich im Akkumulator AK, der niederwertige Teil im MQ-Register. Der Divisor sei in einem Operandenregister Op2 gespeichert. Der Algorithmus lautet für einen Dividenden mit 2m Bit und einen Divisor mit m Bit:

- Falls Op2 = 0, dann erzeuge Fehlersignal „Division durch Null"
- Sonst wiederhole m Mal
- Schiebe Akku und MQ-Register gemeinsam eine Position nach links.
- Falls Akku (incl. Carry-Bit) $\geq$ Op2, dann subtrahiere Op2 vom Akku, setze MQ_0 (das LSB von MQ) auf 1.
- Sonst setze MQ_0 auf 0.
- Schiebe den Inhalt von MQ nach AK.

Wir wollen den Ablauf anhand des Beispiels $(10011100)_2 : (1100)_2 = (1101)_2$ bzw. im Dezimalsystem 156 : 12 = 13 betrachten. Man beginnt mit einem Linksschiebeschritt von AK/MQ:

	Op1 (Dividend)									Op2 (Divisor)			
	C	Akku				MQ							
Start	0	1	0	0	1	1	1	0	0	:	1	1	0	0
ZE	1	0	0	1	1	1	0	0	0					

Dass dabei eine 1 nach links hinaus geschoben wird, ist nicht weiter problematisch, denn dazu gibt es ja das Carry-Bit C, das uns bei der Addition in Kapitel 10.1 begegnet ist. Darin wird es „automatisch" zwischengespeichert.

Nun wird ein Größenvergleich zwischen Akku samt Carry-Bit mit Op2 durchgeführt. Hier gilt: $10011 \geq 1100$. Also wird von Akku samt Carry-Bit der Op2 abgezogen und MQ_0 gesetzt. Anschließend wird Akku samt MQ-Register linksgeschoben:

	C	Akku				MQ				
ZE	1	0	0	1	1	1	0	0	0	
Op2 -	1	1_1	1	0	0					Op2 subtrahieren
ZE'	0	0	1	1	1	1	0	0	1	MQ_0 setzen
ZE_{neu}	0	1	1	1	1	0	0	1	0	SHL (AK, MQ), 1

Wiederum wird der Größenvergleich zwischen Akku samt Carry-Bit und Op2 durchgeführt. Nun gilt: $01111 \geq 1100$. Wieder wird von Akku samt Carry-Bit der Op2 abgezogen und MQ_0 gesetzt.

Anschließend wird Akku samt MQ-Register linksgeschoben:

	C	Akku				MQ				
ZE	0	1	1	1	1	0	0	1	0	
Op2 -		1	1	0	0					Op2 subtrahieren
ZE'	0	0	0	1	1	0	0	1	1	MQ_0 setzen
ZE_{neu}	0	0	1	1	0	0	1	1	0	SHL (AK, MQ), 1

Erneut erfolgt der Größenvergleich zwischen Akku samt Carry-Bit und Op2. Es gilt: $00110 < 1100$. Daher wird nichts subtrahiert und MQ_0 wird auf 0 gesetzt. Weil beim vorherigen Linksschieben MQ_0 bereits mit einer Null aufgefüllt wurde, kann es unverändert gelassen werden. Danach wird wieder linksgeschoben:

	C	Akku				MQ				
ZE	0	0	1	1	0	0	1	1	0	
ZE_{neu}	0	1	1	0	0	1	1	0	0	SHL (AK, MQ), 1

Diesmal liefert der Größenvergleich $01100 \geq 1100$. Es wird also wieder subtrahiert und MQ_0 gesetzt:

	C	Akku				MQ			
ZE	0	1	1	0	0	1	1	0	0
Op2	-		1	1	0	0				Op2 subtrahieren
ZE	0	0	0	0	0	1	1	0	1	MQ_0 setzen
Ergebnis	0	1	1	0	1	0	0	0	0

Danach ist die Division beendet. Das Ergebnis steht im MQ-Register. Wenn man es im Akku haben möchte, dann schiebt man den Inhalt von MQ nach AK, in unserem Falle mit SHL (AK, MQ), 4. Außerdem ist ein evtl. gesetztes Carry-Bit zu löschen.

Aufgabe 59   Führen Sie die Ganzzahl-Division $(129)_{10} : (14)_{10}$ mit vorzeichenlosen Dualzahlen (8 bzw. 4 Bit) durch. Woran bemerkt man, dass die Division nicht aufgeht?

11 Rechnen in der Vorzeichen-Betragsdarstellung

11.1 Addition und Subtraktion

Möchte man zwei vorzeichenbehaftete ganze Zahlen Z_1 und Z_2 in der Vorzeichen-Betragsdarstellung addieren, dann muss man die in Tab. 11.1 beschriebenen Fälle unterscheiden.

Tab. 11.1: Fallunterscheidung bei Addition in der Vorzeichen-Betragsdarstellung

Z_1	Z_2	Aktion
positiv	positiv	Addition der Beträge Vorzeichen des Ergebnisses wird positiv
positiv	negativ	Subtraktion der Beträge Vorzeichen des Ergebnisses wird positiv, falls $|Z_1| \geq |Z_2|$, sonst negativ
negativ	positiv	Subtraktion der Beträge Vorzeichen des Ergebnisses wird positiv, falls $|Z_2| \geq |Z_1|$, sonst negativ
negativ	negativ	Addition der Beträge Vorzeichen des Ergebnisses wird negativ

Wir wollen die Anwendung dieser Tabelle nun anhand einiger Beispiele betrachten.

Beispiel 1:

$Z_1 := (+2)_{10} = (0\,0010)_2$, $Z_2 := (+7)_{10} = (0\,0111)_2$

- Z_1, Z_2 sind positiv, also erster Fall der Tab. 11.1.
- Wir addieren die Beträge und erhalten den Betrag des Ergebnisses E:
  $|E| = |Z_1| + |Z_2| = (0010)_2 + (0111)_2 = (1001)_2 = (9)_{10}$
- Das Ergebnisvorzeichen wird positiv. Das Ergebnis lautet also $E = (0\,1001)_2 = (+9)_{10}$.

Beispiel 2:

$Z_1 := (+2)_{10} = (0\,0010)_2$, $Z_2 := (-7)_{10} = (1\,0111)_2$

- Z_1 ist positiv, Z_2 ist negativ, also zweiter Fall der Tab. 11.1.
- Wir subtrahieren die Beträge (praktischerweise den kleineren vom größeren) und erhalten den Betrag des Ergebnisses E:
  $|E| = \big| |Z_1| - |Z_2| \big| = \big| |Z_2| - |Z_1| \big| = (0111)_2 - (0010)_2 = (0101)_2 = (5)_{10}$
- Der negative Operand ist der betragsmäßig größere von beiden. Das Ergebnisvorzeichen wird also negativ. Das Ergebnis lautet somit $E = (1\,0101)_2 = (-5)_{10}$.

https://doi.org/10.1515/9783110741797-011

Beispiel 3:

$Z_1 := (-2)_{10} = (1\ 0010)_2$, $Z_2 := (+7)_{10} = (0\ 0111)_2$

- Z_1 ist negativ, Z_2 ist positiv, also dritter Fall der Tab. 11.1.
- Wir subtrahieren wieder die Beträge (wieder am besten den kleineren vom größeren) und erhalten den Betrag des Ergebnisses E:

  $|E| = \big|\ |Z_1| - |Z_2|\ \big| = \big|\ |Z_2| - |Z_1|\ \big| = (0111)_2 - (0010)_2 = (0101)_2 = (5)_{10}$
- Diesmal ist der positive Operand der betragsmäßig größere von beiden. Das Ergebnisvorzeichen wird also positiv. Das Ergebnis lautet somit E = (0\ 0101)$_2$ = (+5)$_{10}$.

Beispiel 4:

$Z_1 := (-2)_{10} = (1\ 0010)_2$, $Z_2 := (-7)_{10} = (1\ 0111)_2$

- Z_1, Z_2 sind beide negativ, also vierter Fall der Tab. 11.1.
- Wir addieren die Beträge und erhalten den Betrag des Ergebnisses E:
  $|E| = |Z_1| + |Z_2| = (0010)_2 + (0111)_2 = (1001)_2 = (9)_{10}$
- Das Ergebnisvorzeichen wird negativ. Das Ergebnis lautet also E = (1\ 1001)$_2$ = (−9)$_{10}$.

Auch für die Subtraktion ist eine Fallunterscheidung nötig, wobei dieselben Fälle wie bei der Addition auftreten, nur in anderer Reihenfolge. Tab. 11.2 zeigt diese Fälle im Einzelnen.

Tab. 11.2:   Fallunterscheidung bei Subtraktion in der Vorzeichen-Betragsdarstellung

Z_1	Z_2	Aktion
positiv	positiv	Subtraktion der Beträge Vorzeichen des Ergebnisses wird positiv, falls $|Z_1| \geq |Z_2|$, sonst negativ
positiv	negativ	Addition der Beträge Vorzeichen des Ergebnisses wird positiv
negativ	positiv	Addition der Beträge Vorzeichen des Ergebnisses wird negativ
negativ	negativ	Subtraktion der Beträge Vorzeichen des Ergebnisses wird positiv, falls $|Z_2| \geq |Z_1|$, sonst negativ

Weil die Vorgehensweise ganz analog zur Addition ist, soll hierzu ein einziges Beispiel genügen:

$Z_1 := (+2)_{10} = (0\ 0010)_2$, $Z_2 := (+7)_{10} = (0\ 0111)_2$. Wir wollen also rechnen: (+2) − (+7).

- Z_1, Z_2 sind positiv, also erster Fall der Tab. 11.2.
- Wir subtrahieren die Beträge und erhalten den Betrag des Ergebnisses E:

  $|E| = \big|\ |Z_1| - |Z_2|\ \big| = \big|\ |Z_2| - |Z_1|\ \big| = (0111)_2 - (0010)_2 = (0101)_2 = (5)_{10}$
- Der Subtrahend Z_2 ist der betragsmäßig größere von beiden. Das Ergebnisvorzeichen wird also negativ. Das Ergebnis lautet somit E = (1\ 0101)$_2$ = (−5)$_{10}$.

11.2   Multiplikation und Division

Im Vergleich zur Addition und Subtraktion wirken Multiplikation und Division in der Vorzeichen-Betragsdarstellung eher simpel. Wieder werden Vorzeichen und Beträge separat gehandhabt.

Möchte man zwei Zahlen Z_1 und Z_2 multiplizieren, dann bekommt man den Betrag des Ergebnisses E, indem man die Beträge der Operanden multipliziert, also:

$$|E| = |Z_1| \cdot |Z_2|$$

Entsprechendes gilt für die Division:

$$|E| = |Z_1| : |Z_2|$$

Das Ergebnisvorzeichen erhält man nach der Regel „Minus mal Minus gibt Plus". Etwas detaillierter ist dies in Tab. 11.3 zu sehen.

Tab. 11.3:   Vorzeichenermittlung bei Multiplikation und Division

Vorzeichen von		
Operand 1	Operand 2	Ergebnis
0	0	0
0	1	1
1	0	1
1	1	0

Diese Tabelle gilt sowohl für Multiplikation als auch für Division. Sieht man sich die Tabelle näher an, dann bemerkt man, dass sie mit der Wahrheitstabelle der Exklusiv-Oder-Funktion identisch ist. Man erhält somit das Ergebnisvorzeichen, indem man die Operandenvorzeichen miteinander exklusiv-verodert, oder als Formel:

$$Vz(E) = Vz(Op1) \oplus Vz(Op2)$$

Beispiel

Es gelte $Z_1 := (+2)_{10} = (0\ 0010)_2$, $Z_2 := (-7)_{10} = (1\ 0111)_2$. Wir wollen das Produkt der beiden Zahlen ausrechnen, ferner den Quotienten $Z_2 : Z_1$.

Für den Betrag des Produkts P erhält man:
$|P| = |Z_1| \cdot |Z_2| = (0010)_2 \cdot (0111)_2 = (00001110)_2$

Die Multiplikation der Beträge kann man wie bei der Multiplikation vorzeichenloser Zahlen beschrieben durchführen. Bei der Multiplikation zweier 4-Bit-Größen sieht man ja für das Ergebnis üblicherweise 8 Bit vor, wenngleich das Ergebnis hier auch in 4 Bit Platz hätte. Weil einer der Operanden in diesem Beispiel eine Zweierpotenz ist, würde statt des Multiplikationsalgorithmus auch einfaches Linksschieben von Z_2 ausreichen.

Das Ergebnisvorzeichen errechnet sich durch $Vz(P) = Vz(Op1) \oplus Vz(Op2) = 0 \oplus 1 = 1$, es wird also negativ. Das Ergebnis lautet somit:

$P = (1\ 00001110)_{2\ \text{VZB}}$

Analog dazu erfolgt die Berechnung des Quotienten Q. Es gilt:

$|Q| = |Z_2| : |Z_1| = (00000111)_2 : (0010)_2 = (0011)_2$

Wieder kann man wählen zwischen dem allgemeinen Divisionsalgorithmus und einfachem Rechtsschieben. Weil die Division nicht aufgeht, wird eine 1 hinaus geschoben.

12 Rechnen im Zweierkomplement

12.1 Addition und Subtraktion

Addition und Subtraktion brauchen im Zweierkomplement nicht unterschieden werden. Die Vorgehensweise geht aus Tab. 12.1 hervor.

Tab. 12.1: Addition und Subtraktion im Zweierkomplement

Operation	Vorzeichen der Zahl Z	Aktion
Addition	positiv	Addition des positiven Z
Addition	negativ	Z wird ins Zweierkomplement gewandelt und addiert
Subtraktion	positiv	Z wird ins Zweierkomplement gewandelt und addiert
Subtraktion	negativ	Addition des positiven Z

Dazu führen wir die Beispiele, die wir bei der Vorzeichen-Betragsdarstellung betrachtet hatten, nun mit der Zweierkomplementdarstellung durch.

Beispiel 1:

$Z_1 := (+2)_{10}, Z_2 := (+7)_{10}$

$$
\begin{array}{lccccc l}
Z_1: & 0 & 0 & 0 & 1 & 0 & = (+2)_{10} \\
Z_2: + & 0 & 0_1 & 1_1 & 1 & 1 & = (+7)_{10} \\
\hline
 & 0 & 1 & 0 & 0 & 1 & = (+9)_{10}
\end{array}
$$

Wir haben in diesem Fall nur positive Zahlen. Dabei spielt die Darstellung negativer Zahlen keine Rolle. Wir brauchen demnach auch kein Zweierkomplement.

Beispiel 2:

$Z_1 := (+2)_{10}, Z_2 := (-7)_{10}$

Wir wandeln zunächst die −7 ins Zweierkomplement um:

$$
\begin{array}{lccccc l}
|Z_2| & 0 & 0 & 1 & 1 & 1 & = (+7)_{10} \\
Z_2 \text{ im EK:} & 1 & 1 & 0 & 0 & 0 & = (-7)_{10} \\
+ & & & & & 1 & \\
\hline
Z_2 \text{ im ZK:} & 1 & 1 & 0 & 0 & 1 & = (-7)_{10}
\end{array}
$$

Dann addieren wir Z_2 zu Z_1:

https://doi.org/10.1515/9783110741797-012

$$
\begin{array}{lcccccl}
Z_1: & 0 & 0 & 0 & 1 & 0 & = (+2)_{10} \\
Z_2 \text{ im ZK:} \;+ & 1 & 1 & 0 & 0 & 1 & = (-7)_{10} \\
\hline
E = Z_1 + Z_2: & \mathbf{1} & 1 & 0 & 1 & 1 & = (?)_{10}
\end{array}
$$

Es stellt sich die Frage, wie das Ergebnis zu interpretieren ist. Das MSB gibt ja bei vorzeichenbehafteten Zahlen das Vorzeichen an. Dieses ist beim Ergebnis eine 1. Somit ist das Ergebnis eine negative Zahl, aber welche?

Weil wir im Zweierkomplement rechnen, wird es sich ebenfalls um eine Zahl im Zweierkomplement handeln. Um herauszufinden, welche Zahl es ist, können wir die Zahl aus dem Zweierkomplement zurück wandeln, also die zugehörige positive Zahl, den Betrag, berechnen.

$$
\begin{array}{lcccccl}
E \text{ im ZK:} & 1 & 1 & 0 & 1 & 1 & = (?)_{10} \\
- & & & & & 1 & \\
\hline
E \text{ im EK:} & 1 & 1 & 0 & 1 & 0 & \\
\hline
|E| & 0 & 0 & 1 & 0 & 1 & = (5)_{10}
\end{array}
$$

Wir sehen, wenn man das Zweierkomplement von E zurück wandelt, bekommt man die +5. Also muss E die −5 im Zweierkomplement gewesen sein. Wohlgemerkt: Ein Prozessor müsste eine solche Rückwandlung nicht vornehmen, sondern könnte einfach mit der Zahl im Zweierkomplement weiterrechnen.

Beispiel 3:

$$Z_1 := (-2)_{10}, \; Z_2 := (+7)_{10}$$

Wir wandeln die −2 ins Zweierkomplement:

$$
\begin{array}{lcccccl}
|Z_1| & 0 & 0 & 0 & 1 & 0 & = (+2)_{10} \\
Z_1 \text{ im EK:} & 1 & 1 & 1 & 0 & 1 & = (-2)_{10} \\
+ & & & & & 1 & \\
\hline
Z_1 \text{ im ZK:} & 1 & 1 & 1 & 1 & 0 & = (-2)_{10}
\end{array}
$$

Dann addieren wir Z_2 zu Z_1:

$$
\begin{array}{lcccccl}
Z_1 \text{ im ZK:} & 1 & 1 & 1 & 1 & 0 & = (-2)_{10} \\
Z_2: \;+ & 0_1 & 0_1 & 1_1 & 1 & 1 & = (+7)_{10} \\
{}^1 & & & & & & \\
\hline
E = Z_1 + Z_2: & \mathbf{1} & 0 & 0 & 1 & 0 & 1 & = (?)_{10}
\end{array}
$$

Auch hier wirft das Ergebnis Fragen auf: Um welche Zahl handelt es sich? Es ist ein Übertrag aufgetreten, und zwar vom Vorzeichenbit auf ein gar nicht mehr vorhandenes Bit, hier fett eingezeichnet.

Anhand der Dezimalzahlen sehen wir, dass eine +5 herauskommen müsste. Wir hätten eine +5, wenn wir den Übertrag einfach ignorieren, und tatsächlich ist das die Lösung. Der Übertrag gibt einfach an, dass ein Vorzeichenwechsel stattgefunden hat. Es gilt also weiterhin: Wenn das MSB des Ergebnisses, also das Bit vor dem Übertrag, eine 0 ist, handelt es sich um eine positive Zahl.

Beispiel 4:

$Z_1 := (-2)_{10}$, $Z_2 := (-7)_{10}$

Die Zweierkomplemente dieser Zahlen haben wir bereits ausgerechnet. Wir können sie direkt addieren:

Z_1 im ZK:		1	1	1	1	0	$= (-2)_{10}$
Z_2 im ZK:	+ 1	1	1	0	0	1	$= (-7)_{10}$
	1						
$E = Z_1 + Z_2$:	1	1	0	1	1	1	$= (?)_{10}$

Auch hier ist wieder ein Übertrag aufgetreten. Sollen wir ihn ignorieren oder benötigen wir ihn? Um diese Frage zu beantworten, wandeln wir das Ergebnis aus dem Zweierkomplement zurück und bilden den Betrag der Zahl.

E im ZK:	1	1	0	1	1	1	$= (?)_{10}$
	–					1	
E im EK:	1	1	0	1	1	0	
$|E|$	0	0	1	0	0	1	$= (9)_{10}$

Wir bekommen die +9, also muss E die −9 im Zweierkomplement gewesen sein. Der Übertrag liefert lediglich eine zusätzliche führende Null bzw. im Zweierkomplement war es eine zusätzliche führende Eins, was bei negativen Zahlen dasselbe bewirkt. Es spielt also keine Rolle, ob wir den Übertrag mitführen oder verwerfen.

Überlauf

Wenn man vorzeichenbehaftet rechnet, kann unter Umständen ein Überlauf auftreten. Dazu ein Beispiel:

	0	1	0	1	1	$= (11)_{10}$
+	0	1	1	0	1	$= (13)_{10}$
	1	1	0	0	0	$= (?)_{10}$

Wir wollen 11+13 rechnen, was 24 ergeben sollte. Allerdings passt die 24 gar nicht in die zur Verfügung stehende Wortbreite: Mit 5 Bits lassen sich vorzeichenbehaftet nur die Zahlen von −16 .. +15 darstellen, wenn man das Zweierkomplement verwendet.

Was haben wir demnach für ein Ergebnis bekommen? Die fett gedruckte 1 deutet an, dass es sich um eine negative Zahl handelt, genau genommen um die −8 im Zweierkomplement. Würden wir mit diesem Ergebnis weiterrechnen, wären sämtliche nachfolgenden Ergebnisse höchstwahrscheinlich fehlerhaft. Daher erkennt ein Prozessor einen solchen unerlaubten Übertrag vom zweithöchsten Bit auf das Vorzeichenbit und setzt das *Overflow-Flag (Überlaufflag)*.

Rechnet man vorzeichenlos, kann man es ignorieren, aber bei vorzeichenbehafteter Rechnung sollte man dieses Flag tunlichst beachten.

12.2   Multiplikation und Division

Die Algorithmen für Multiplikation und Division, die wir kennen gelernt haben, funktionieren auch mit Zahlen im Zweierkomplement, wenn man gewisse Dinge beachtet. Bei der Multiplikation hatten wir folgendes Beispiel kennen gelernt:

$(1100)_2 \cdot (1101)_2 = (1001\mathbf{1100})_2$

Was passiert, wenn wir die Operanden als Zahlen im Zweierkomplement auffassen? Es würde dann gelten: $(1100)_2 = (-4)_{10}$, $(1101)_2 = (-3)_{10}$. Die Multiplikation müsste also das Ergebnis $(+12)_{10} = (1100)_2$ liefern. Die niederwertigen vier Bits aus dem Multiplikationsbeispiel sind ebenfalls 1100.

Tatsächlich kann man im Zweierkomplement rechnen, wenn man beim Ergebnis so viele führende Ziffern wegstreicht, wie die Operanden insgesamt führende Einsen haben. Im Beispiel hatte jeder Operand je zwei führende Einsen, also sind die höchstwertigen 4 Bits zu streichen.

Funktioniert das auch, wenn nur ein Operand im Zweierkomplement vorliegt? Betrachten wir die Multiplikation

$(1111)_2 \cdot (0110)_2 = (0101\mathbf{1010})_2$

Im Dezimalsystem wäre das $(-1) \cdot 6 = -6$. Die -6 im Zweierkomplement lautet 1010. Der Multiplikand hat 4 führende Einsen, der Multiplikator keine. Wir streichen die 4 führenden Ziffern des Ergebnisses und erhalten tatsächlich 1010.

Auch die Division kann man im Zweierkomplement durchführen. In den Teilschritten ist dazu anstelle der Subtraktion einer positiven Zahl die Addition des entsprechenden Zweierkomplements vorzunehmen.

12.3   Fazit

Zusammenfassend lässt sich feststellen: Beträge und Vorzeichen sind bei der Vorzeichen-Betragsdarstellung immer getrennt voneinander zu betrachten. Bei der Zweierkomplementdarstellung braucht diese Unterscheidung nicht getroffen zu werden.

Um in der Vorzeichen-Betragsdarstellung eine Addition oder Subtraktion durchzuführen, benötigt man ein Addierwerk, ein Subtrahierwerk sowie eine Vorzeichenlogik mit Komparator. Teilweise sind Fallunterscheidungen nötig. Somit muss ein vergleichsweise hoher Aufwand getrieben werden. Besonders wegen dieses Aufwands wird anstelle der Vorzeichen-Betragsdarstellung eher die Zweierkomplement-Darstellung eingesetzt, wo immer dies möglich und sinnvoll ist.

Bei Multiplikation und Division in der Vorzeichen-Betragsdarstellung hält sich der Zusatzaufwand im Vergleich zur vorzeichenlosen Rechnung in Grenzen und liegt im Bereich dessen, was auch bei der Zweierkomplement-Darstellung nötig ist.

Jedoch arbeiten die hier betrachteten Algorithmen zur Multiplikation und Division allesamt sequentiell: Die Schritte werden nacheinander durchgeführt, was eine entsprechende Anzahl von Takten benötigt. Eine 32-Bit-Multiplikation kann z.B. 64 Takte dauern, was recht langsam ist.

Es gibt eine Reihe effizienterer Verfahren, aber wirklich schnell sind Parallelmultiplizierer und -dividierer, die im Idealfall nur einen Takt brauchen. Das erkauft man sich allerdings mit einem sehr hohen Hardwareaufwand, der mit der Wortbreite immens anwächst.

Z.B. kann man jede BOOLEsche Funktion als DNF (disjunktive Normalform) realisieren, so auch einen Multiplizierer. Aber ein 32-Bit-Multiplizierer hat ja zwei Operanden zu je 32 Bit, also alleine für die beiden Operanden 64 Eingänge. Das würde eine Wahrheitstabelle mit $2^{64} \approx$ $1,8447 \cdot 10^{19}$ Zeilen ergeben.

Wie man sich vorstellen kann, sprengt das die Grenzen dessen, was möglich und sinnvoll ist, und auch unter Anwendung verschiedener Tricks bleiben Parallel-Multiplizierer und -Dividierer sehr aufwendig. Daher nimmt man oft Mischformen aus parallelen und seriellen Verfahren, die einen Kompromiss aus Hardwareaufwand und Rechenzeit darstellen.

Aufgabe 60 Führen Sie folgende Berechnungen in der Vorzeichen-Betrags-Darstellung und im Zweierkomplement durch. Verwenden Sie dabei das Dualsystem und 8-Bit-Zahlen (incl. Vorzeichen). Kontrollieren Sie jeweils das Ergebnis, wo sinnvoll.

a) $-51 + 18 = ?$

b) $18 + 27 = ?$

c) $27 - 18 = ?$

d) $-112 - 18 = ?$

13   Ganzzahl-Rechenwerk

Wir haben uns eingehend damit beschäftigt, wie man logische Operationen nutzen kann, um verschiedene Aufgaben zu lösen. Ferner haben wir kennen gelernt, wie vorzeichenbehaftete ganze Zahlen im Dualsystem dargestellt werden und wie man mit ihnen rechnen kann. Nun wollen wir uns ansehen, wie die Hardware beschaffen ist, mit der diese Operationen durchgeführt werden. Im Prozessor ist dafür das *Ganzzahl-Rechenwerk* zuständig, das aus verschiedenen Komponenten besteht. Weitere häufige Bezeichnungen für das Ganzzahl-Rechenwerk sind *Rechenwerk, Integer Unit* oder *Integer Execution Unit (IEU)*. Der Kernbestandteil des Rechenwerks ist die ALU.

ALU

Die *ALU* (arithmetic and logic unit) führt, wie der Name schon sagt, arithmetische und logische Operationen durch. Typische logische Operationen einer ALU sind Invertieren (NOT), Und-Verknüpfung (AND), Oder-Verknüpfung (OR) sowie Exklusiv-Oder (XOR).

Typische arithmetische Operationen sind die Addition und die Subtraktion. Einfache ALUs beherrschen wegen des großen Hardwareaufwands keine (Parallel-) Multiplikation und Division, sondern diese Operationen werden aus Additionen bzw. Subtraktionen sowie Schiebeschritten zusammengesetzt, wie wir das bereits kennengelernt haben.

Andere ALUs besitzen zwar Parallelmultiplizierer und -Dividierer, aber oft nicht mit voller Wortbreite. Sie dienen der schnellen Ermittlung von Teilergebnissen, die dann aufaddiert bzw. subtrahiert werden. Besonders leistungsfähige Multiplizierer und Dividierer findet man in der ALU von digitalen Signalprozessoren, die auf numerische Berechnungen spezialisiert sind.

Schiebeschritte werden üblicherweise nicht in der ALU, sondern auf Registern wie dem Akkumulator und dem MQ-Register durchgeführt. Dasselbe gilt für das Inkrementieren und Dekrementieren von Operanden, wobei einige ALUs aber das Addieren und Subtrahieren einer konstanten 1 als separate Operation beherrschen, denn es ist mit wenig Implementierungsaufwand verbunden.

Eine ALU verknüpft zwei n-bittige Operanden, in Abb. 13.1 Operand 1 und Operand 2 genannt, zu einem Ergebnis derselben Wortbreite n.

https://doi.org/10.1515/9783110741797-013

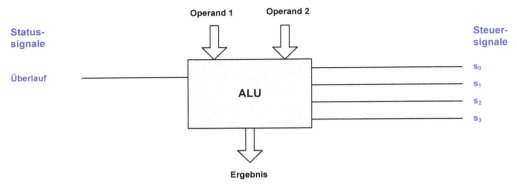

Abb. 13.1:   ALU

Auf welche Weise die Verknüpfung erfolgen soll, wird über **Steuersignale** (hier s_0 bis s_3) ausgewählt. Z.B. kann die Bitkombination 0111 eine AND-Verknüpfung von Operand 1 mit Operand 2 bedeuten, während die 0100 eine Addition der beiden Operanden auswählt.

Die Zuordnung, welche Bitkombination welche Verknüpfung bedeutet, wird vom Entwickler
der ALU festgelegt und ist mehr oder weniger willkürlich. In den wenigen, heute nicht mehr
gebräuchlichen separaten ALU-Bausteinen ist die Zuordnung im Datenblatt des Bausteins zu
finden. Wird die ALU innerhalb eines Prozessors eingesetzt, bekommen Programmierer diese
Zuordnung meist nicht mit, sondern das Steuerwerk des Prozessors übersetzt den jeweiligen
Maschinenbefehl, beispielsweise für eine Addition, in die zu aktivierenden Steuersignale.

Aus der ALU heraus kommen ferner **Statussignale**, die beispielsweise, wie in der Abb. 13.1
zu sehen, einen Überlauf anzeigen.

13.1   Beispiel-Rechenwerk

In Abb. 13.2 ist ein Beispiel-Rechenwerk mit 16 Bit Wortbreite zu sehen. Wir finden die ALU
als Kernbestandteil wieder, ferner ein Lese-/Operandenregister, ein Überlauf-Flipflop, Akku
und MQ-Register, eine Nullerkennung, einen Schiebezähler sowie diverse Gatter.

Das Rechenwerk steht mit dem Rest des Prozessors und Computersystems über Busse, Steuersignale und Statussignale in Verbindung. Obwohl es sich um ein vergleichsweise sehr einfaches Rechenwerk handelt, ist dafür schon einiges an Hardware nötig. Wir wollen nun die Arbeitsweise des Rechenwerks im Detail kennen lernen.

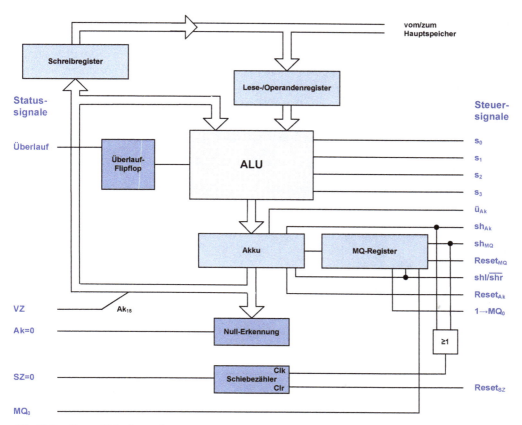

Abb. 13.2:   Ganzzahl-Rechenwerk

Register

Wie im vorigen Unterkapitel wollen wir den linken ALU-Eingang zunächst als Operand 1 bezeichnen, den rechten Eingang als Operand 2. Der Operand 2 wird bei unserem Rechenwerk immer aus dem Hauptspeicher gelesen und im Prozessor in einem *Lese-/ Operandenregister* zwischengespeichert. Man nennt es auch *Hauptspeicher-Leseregister*.

Bei komplexeren Prozessoren als dem hier betrachteten gibt es zusätzlich verschiedene Allzweckregister. Sie könnten ebenfalls als Zwischenspeicher für den Operand 2 dienen, so dass er nicht jedes Mal aus dem Hauptspeicher geholt werden müsste. Für das Verständnis der Funktionsweise macht es aber keinen Unterschied, ob der Operand aus dem Lese-/ Operandenregister oder aus einem anderen Register stammt.

Der *Akku* erfüllt in unserem Beispiel-Rechenwerk ebenso wie bei den meisten Prozessoren eine Doppelfunktion:

- *Vor* der Berechnung enthält er den Operanden 1.
- *Nach* Abschluss der Berechnung findet man in ihm das Ergebnis.

Wie wir bei der Betrachtung der Multiplikation und Division bereits kennen gelernt haben, ist der Akku ist zu klein, um bei einer Multiplikation mit voller Wortbreite das gesamte Ergebnis aufzunehmen. Bei einer Division dagegen ist der Dividend zu groß, um im Akku Platz zu finden. Daher erweitert man den Akku wie bekannt um das *MQ-Register*. Bei Addition, Subtraktion und logischen Operationen spielt es keine Rolle.

Ferner ist im Bild ein Datenpfad zum *Schreibregister* hin eingezeichnet. Man nennt es auch *Hauptspeicher-Schreibregister*. Es dient der Zwischenspeicherung des Akku-Inhalts, wenn man diesen in den Hauptspeicher schreiben möchte, um dort Ergebnisse abzulegen.

Statussignale

Bei der Durchführung von arithmetischen und logischen Operationen können Ereignisse auftreten, auf die man reagieren möchte. Beispielsweise will man bei einem Überlauf eine Fehlermeldung erzeugen. Für solche Zwecke verfügt das Rechenwerk aus Abb. 3 über Statussignale, die über bedingte Sprungbefehle abgefragt werden können. Tab. 13.1 listet die wichtigsten auf.

Tab. 13.1:   Statussignale des Rechenwerks

Signal	Bedeutung	Entsprechung bei x86	bedingter Sprungbefehl bei x86
VZ	Vorzeichenbit	SF (sign flag)	JS, JNS (jump if sign flag set/not set)
Ak=0	Akkuinhalt ist Null	ZF (zero flag)	JZ, JNZ, JE, JNE (jump if zero flag set/not set, jump if equal/not equal)
Überlauf	Überlauf ist aufgetreten	OF (overflow flag)	JO, JNO (jump if overflow flag set/not set)

Wie wir wissen, zeigt ein gesetztes MSB an, dass eine Zahl negativ ist, unabhängig davon, ob Vorzeichen-Betrags-Darstellung oder Zweierkomplement zum Einsatz kommen. Das MSB des Akkus wird somit als Vorzeichenbit VZ heraus geführt.

Bei x86-kompatiblen Prozessoren wird das Vorzeichenbit als *Sign Flag* SF bezeichnet. Es kann über die Sprungbefehle JS bzw. JNS geprüft werden. Bei JS erfolgt eine Programmverzweigung, falls das Sign Flag gesetzt ist, ansonsten wird mit dem nächsten Befehl fortgefahren. JNS funktioniert entsprechend, wenn das Sign Flag nicht gesetzt ist.

Das Statussignal *Ak=0* wird auch *Zero Flag* genannt. Es zeigt an, dass infolge einer arithmetischen oder logischen Operation alle Bits des Akkus auf Null gesetzt wurden. Auch dazu gibt es entsprechende Verzweigungsbefehle. Das Prüfen auf Gleichheit zweier Operanden wird häufig als Subtraktion realisiert. So spart man sich einen zusätzlichen Komparator. Wenn als Ergebnis der Subtraktion Null heraus kommt, dann hatten die Operanden gleiche Größe. Um diesen Sachverhalt zu verdeutlichen, findet man alternativ zu den Befehlen JZ und JNZ auch noch die Befehle JE und JNE (jump if equal/not equal). Für den Prozessor gibt es keinen Unterschied zu JZ/JNZ, sondern das ist lediglich eine Hilfe für Programmierer, um die Logik hinter dem Programm besser zu verstehen.

Das *Überlauf-* oder *Overflow*-Statussignal ist uns in Kapitel 8.3 bereits begegnet. Es kann ebenso wie die beiden anderen erwähnten Statussignale mit bedingten Verzweigungsbefehlen geprüft werden. Allerdings gibt es hier eine Besonderheit: Der Überlauf kann bei mehrschrittigen Operationen wie Multiplikation und Division bei einem beliebigen Schritt auftreten.

Nachfolgende Schritte erzeugen evtl. keinen Überlauf, so dass am Ende der Operation das Überlauf-Signal gelöscht wäre. Dennoch ist das Ergebnis unbrauchbar.

Damit man erkennen kann, dass zuvor ein Überlauf vorgekommen ist, speichert man das Ereignis in einem Flipflop, dem *Überlauf-Flipflop*. Es wird nach Ende der mehrschrittigen Operation abgefragt, so dass bei Bedarf eine Fehlermeldung generiert und das Ergebnis verworfen werden kann.

Nicht alle Statussignale brauchen über Sprungbefehle abfragbar zu sein. Die meisten sind nur innerhalb des Prozessors von Bedeutung. Dazu gehört z.B. das Signal MQ_0, also das LSB des MQ-Registers. Es wird für die bereits beschriebenen Algorithmen zur Multiplikation und Division benötigt.

Damit bei Multiplikation und Division immer nach der richtigen Anzahl von Schiebeschritten aufgehört wird, ist ein *Schiebezähler* (SZ) vorhanden. Der Schiebezähler ist als Abwärtszähler realisiert, der zu Beginn auf die Anzahl nötiger Schiebeschritte gesetzt wird. Jede Schiebeoperation löst einen Zählimpuls aus.

Wenn der Schiebezähler auf Null steht, dann wurde die richtige Anzahl von Schiebevorgängen durchgeführt, und die Statusleitung „SZ=0" wird 1. Man realisiert diese Statusleitung durch eine NAND-Verknüpfung aller Bits des Schiebezählers.

Steuersignale

Außer den schon genannten Auswahlleitungen s_0 bis s_3 für die durchzuführende arithmetische oder logische Operation findet man die Möglichkeit, den Schiebezähler auf Null zu setzen („**Reset$_{SZ}$**"). Ferner kann für die Division das LSB des MQ-Registers gesetzt werden (Steuersignal **1→MQ$_0$**). Ein Impuls auf dem Steuersignal **ü$_{Ak}$** sorgt dafür, dass das von der ALU kommende Verknüpfungsergebnis in den Akku übernommen wird.

Der Inhalt des Akkus lässt sich genauso wie der des MQ-Registers stellenweise verschieben. Mit jedem Schiebetaktimpuls an **sh$_{Ak}$** bzw. **sh$_{MQ}$** wird der Inhalt genau um eine Stelle verschoben. In welche Richtung, kann man mit **shl/¬shr** einstellen. Freiwerdende Stellen werden beim Schieben mit Nullen aufgefüllt.

Wie in Kapitel 9.2 beschrieben, können damit die Schiebebefehle SHL und SHR des Prozessors implementiert werden. Außerdem haben wir kennen gelernt, dass Links- und Rechtsschieben für Multiplikation und Division erforderlich sind.

13.2   Ergänzende Betrachtungen

Little Endian Format und Big Endian Format

Will man eine 32-Bit-Zahl in den Hauptspeicher schreiben, beispielsweise ein Multiplikationsergebnis, das in Akku und MQ-Register steht, dann benötigt man **zwei** Schreiboperationen: Eine für den Akku und eine für das MQ-Register. Je nachdem, in welcher Reihenfolge man die beiden Teile im Speicher ablegt, nennt man das *Little Endian Format* bzw. *Big Endian Format*. Die Eigenschaft, dass man die Daten in der einen oder anderen Weise ablegen kann, nennt man auf Englisch *Endianness*.

Der Speicher ist nicht notwendigerweise in Bytes organisiert, sondern evtl. in Datenworten größerer Wortbreite. Daher ist im Folgenden allgemein von Datenworten die Rede.

Little Endian Format

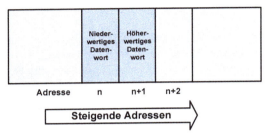

Abb. 13.3:   Little Endian Format

Beim *Little Endian Format* legt man, wie in Abb. 13.3 zu sehen, das niederwertige Datenwort an der niedrigeren Adresse ab, das höherwertige an der höheren Adresse. Das Little Endian Format wird bei Intel-Prozessoren wie dem 80x86 oder Core™-Prozessor sowie den dazu kompatiblen Prozessoren anderer Hersteller verwendet. Daher wird es auch die *INTEL-Notation* genannt.

Big Endian Format

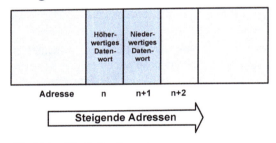

Abb. 13.4:   Big Endian Format

Die andere Alternative ist in Abb. 13.4 zu sehen. Es handelt sich um das *Big Endian Format*, bei dem man das höherwertige Datenwort an der niedrigeren Adresse ablegt und das niederwertige an der höheren Adresse. Es orientiert sich an der Tatsache, dass man bei mehrstelligen Zahlen ebenfalls die höchstwertige Ziffer ganz links und die niederwertigste Ziffer ganz rechts findet.

Das Big Endian Format wird bei Motorola-Prozessoren verwendet, weswegen man es auch *Motorola-Notation* nennt. Ferner setzt man es auf einigen IBM-Systemen ein.

Manche Prozessoren erlauben ein Umschalten zwischen Little Endian- und Big Endian Format. Man nennt diese Eigenschaft *bi-endian*. Das trifft beispielsweise auf Mikrocontroller wie die AVR-Familie zu.

Möchte man Binärdateien, die auf einer Plattform mit Little Endian Format entstanden sind, auf eine Plattform mit Big Endian Format portieren oder umgekehrt, dann muss man die Datenworte miteinander vertauschen, wie dies aus Abb. 13.5 ersichtlich ist. Dieses Prinzip lässt sich auf beliebige Wortbreiten erweitern.

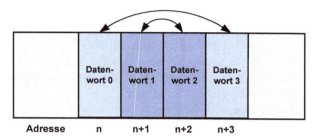

Abb. 13.5:   Umwandlung zwischen Little und Big Endian Format

Ein- und Mehradress-Maschinen

Häufig sollen Operanden verrechnet werden, die im Hauptspeicher des Computers stehen, und das Ergebnis soll ebenfalls dorthin gelangen. Eigentlich müsste man also einen solchen Addierbefehl so aufbauen:

```
ADD <Operandenadresse1>, <Operandenadresse2>, <Ergebnisadresse>
```

Weil man hier drei Adressen angibt, nennt man das einen *3-Adress-Befehl*. Ein Prozessor, der so einen Befehl ausführen kann, heißt *3-Adress-Maschine*. In der Praxis ist das aber meist weder erforderlich noch sinnvoll, und zwar aus folgenden Gründen:

- Selbst wenn bei einem „kleinen" Prozessor jede Adresse nur 16 Bit lang ist, benötigt man für einen solchen Befehl bereits 7 Bytes. Das summiert sich bei der großen Anzahl der Maschinenbefehle, aus denen ein Programm besteht, recht schnell auf.
- Außer der eigentlichen Addition muss man dreimal eine Adresse auf den Adressbus geben, warten bis der Hauptspeicher bereit ist und dann die Daten transferieren. Das dauert um ein Vielfaches länger als die eigentliche Addition.
- Daten befinden sich oft bereits in einem Register des Prozessors, so dass man nicht für alle drei Werte eine Hauptspeicheradresse benötigt.
- Man kann mit Angabe nur einer einzigen Adresse auskommen. Das vereinfacht die Entwicklung eines Prozessors.

Zu letzterem Punkt greifen wir das oben genannte Beispiel auf. Wir wollen zwei Zahlen addieren, die an den Adressen A und B stehen. Das Ergebnis soll an der Adresse C gespeichert werden. Als 3-Adress-Befehl würde das so lauten:

```
ADD [A], [B], [C]
```

Die eckigen Klammern zeigen an, dass es sich bei A, B und C um Adressen handelt, von denen Daten gelesen oder in die sie geschrieben werden sollen, und dass es nicht die Datenwerte selbst sind. So kann man beispielsweise die Adresse 1234h vom Datenwert 1234h unterscheiden. Wir könnten aber genauso gut 1-Adress-Befehle verwenden:

```
MOV AX, [A]; bewege ins AX-Register den Inhalt von Adresse A
```

```
ADD AX, [B]; addiere zum AX-Register den Inhalt von Adresse B
MOV [C], AX; bewege zur Adresse C den Inhalt des AX-Registers
```

Wir sehen, dass ein 3-Adress-Befehl durch drei 1-Adress-Befehle und einen Zwischenspeicher, in unserem Fall das AX-Register, ersetzt werden kann. Eine Reihe von Prozessoren, wie die x86-Architektur, beherrschen aus diesem Grund keine 2- oder 3-Adress-Befehle.

Einige Anmerkungen, die nötig sind, um das Beispiel zu verstehen:

- Meist besitzt ein Prozessor mehrere Register, deren Inhalt man mit einem Operanden verknüpfen kann. Bei Prozessoren der x86-Familie nennt man sie AX, BX, CX und DX. Je nach Wortbreite gibt es noch verschiedene Varianten davon. Im obigen Beispiel könnte man anstelle von AX somit auch eines der anderen Register angeben.
- Bei unserem Beispielrechenwerk haben wir nur ein einziges universell verwendbares Register, den Akku. Er entspricht dem AX-Register aus dem Beispiel.
- Das „Bewegen" mittels MOV-Befehl ist eigentlich ein Kopieren. Am ursprünglichen Ort bleibt also der Inhalt erhalten.
- Der Strichpunkt leitet jeweils einen Kommentar bis zum Zeilenende ein.

In dem Falle, dass der Prozessor über mehrere Register verfügt, sind auch Befehle der Form
```
ADD AX, BX;
```
möglich. So etwas wäre ein *Null-Adress-Befehl*, weil zu seiner Ausführung keine Angabe einer Speicheradresse nötig ist.

Datenverbindungen

Aus der Anzahl der angebbaren Adressen eines Befehls ergibt sich, welche Datenpfade benötigt werden. Bei einer 1-Adress-Maschine geht der Prozessor automatisch davon aus, dass sich der Operand 1 bereits im Akku befindet und das Ergebnis ebenfalls dorthin geschrieben werden soll. Man muss also nur noch angeben, wo der Operand 2 steht.

Bei einer 1-Adress-Maschine benötigt das Rechenwerk außer den Steuer- und Statusleitungen nur zwei Datenverbindungen als Schnittstelle zum Rest des Computers:

1. Eine Datenverbindung für den Operanden 2. Er wird nur gelesen und wird, sofern er aus dem Hauptspeicher kommt, in das Lese-/Operandenregister übertragen. Er kann aber auch bei Prozessoren mit mehreren Registern bereits in einem dieser Register stehen. Das ist bei unserem einfachen Rechenwerk nicht vorgesehen.
2. Eine Datenverbindung für Operand 1 und Ergebnis. Das Ergebnis soll in vielen Fällen in den Hauptspeicher geschrieben werden. Deswegen bietet sich das Schreibregister als Zwischenspeicher an, in den der Akku-Inhalt geschrieben wird.

Der Akku enthält zu Beginn den Operanden 1. Bei mehrschrittigen Operationen enthält er ein Zwischenergebnis. In beiden Fällen soll der betreffende Wert in der ALU verarbeitet werden. Daher führt man die Ausgangssignale des Akkus zurück zum linken Eingang Op1 der ALU.

Nicht in jedem Fall werden beide ALU-Eingänge benötigt. Man kann die ALU auch einfach „auf Durchzug" schalten und einen der Eingänge zum ALU-Ausgang durchschalten. So lässt sich beispielsweise der Akku zu Beginn mit einem Operanden laden.

13.3   Beispiel: Addition

Betrachten wir nun, wie die bereits erwähnte Addition zweier Werte im Hauptspeicher abläuft, also

```
ADD [A], [B], [C]
```

bzw. weil wir eine 1-Adress-Maschine haben:

```
MOV AX, [A]
ADD AX, [B]
MOV [C], AX
```

wobei wir die Bezeichnungen Akku und AX wieder gleichbedeutend verwenden wollen. Betrachten wir die drei Befehle nun im Detail.

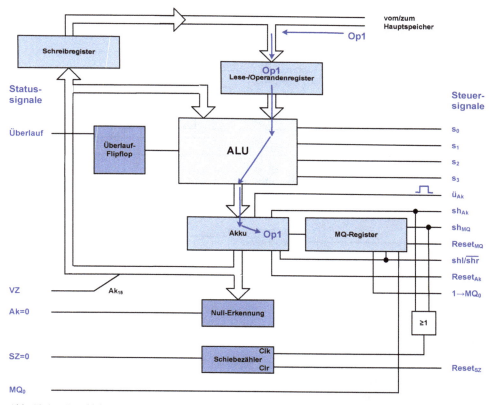

Abb. 13.6:   Durchleiten von Op1 in den Akku

Befehl 1: MOV AX, [A]

1. Hole Op1 vom Hauptspeicher aus Speicherstelle mit Adresse A ins Lese- / Operandenregister

2. Schalte ALU „auf Durchzug" (mit den Steuersignalen s0 ... s3). Somit liegt nun Op1 am ALU-Ausgang bzw. Akku-Eingang

3. Impuls auf $\ddot{u}_{Ak}$ bewirkt Übernahme von Op1 in den Akku

Diese Vorgänge sind in Abb. 13.6 zu sehen.

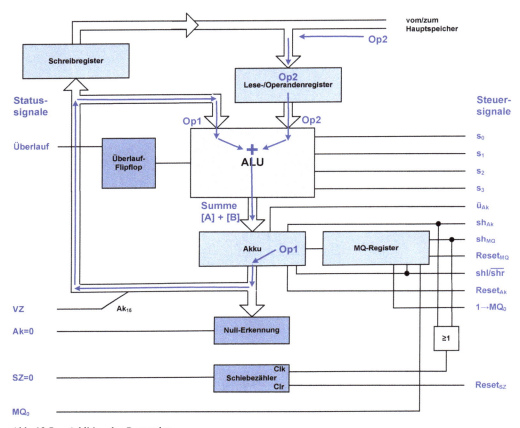

Abb. 13.7: Addition der Operanden

Befehl 2: ADD AX, [B]

Abb. 13.7 zeigt diesen Befehl im Detail:

1. Hole Op2 aus der Speicherstelle mit der Adresse B ins Lese-/Operandenregister. Op2 überschreibt den dort befindlichen Op1. Das ist unproblematisch, weil Op1 aufgrund des vorigen Schrittes ja auch noch im Akku steht. Nun steht Op1, also Inhalt von A, am linken ALU-Eingang. Op2, also Inhalt von B, steht am rechten ALU-Eingang.

2. Schalte die ALU auf Addieren (mit den Steuersignalen s_0 ... s_3). Somit liegt nun die Summe der beiden Operanden am ALU-Ausgang bzw. Akku-Eingang.

3. Wiederum gibt man einen Impuls auf $\ddot{u}_{Ak}$, um die Summe in den Akku zu übernehmen. Die Summe überschreibt Op1, der bisher im Akku war (Abb. 13.8).

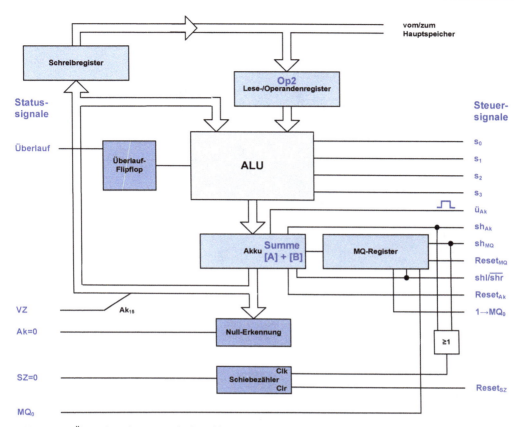

Abb. 13.8:   Übernahme der Summe in den Akku

Befehl 3: MOV [C], AX

Als letztes soll das Ergebnis in die Speicherstelle C geschrieben werden. Dazu ist Folgendes nötig (Abb. 13.9):

1. Lege Adresse von C auf den Adressbus. Der Adressbus ist bei unserem Rechenwerk nicht abgebildet.
2. Schreibe den Akku-Inhalt über das Schreibregister in den Hauptspeicher.

Damit sind alle drei Befehle abgearbeitet und die Summe steht am gewünschten Ort.

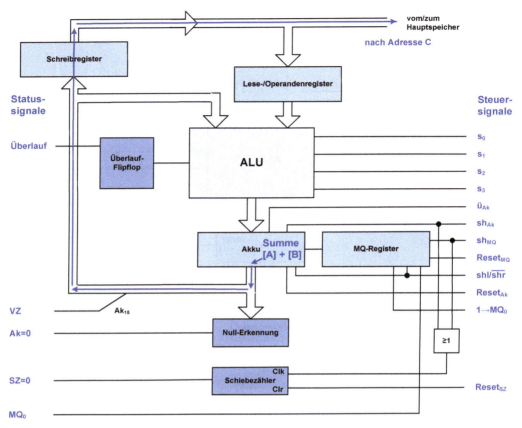

Abb. 13.9:   Schreiben des Ergebnisses in den Hauptspeicher

13.4   Beispiel Multiplikation

Unser Beispiel-Rechenwerk beherrscht nicht nur Addition und Subtraktion, sondern kann auch
für Multiplikation und Division verwendet werden. Wir wollen dies anhand eines Beispiels
betrachten, und zwar wollen wir eine binäre Multiplikation durchführen, die im Dezimalsystem $10 \cdot 6 = 60$ lauten würde. Dazu verwenden wir den Multiplikationsalgorithmus aus Kapitel
10.2.

Aufgabe 61   Führen Sie die Multiplikation $10 \cdot 6 = 60$ im Dualsystem mit Hilfe des Algorithmus aus Kapitel 10.2 (Verfahren 2) durch.

Nachdem wir nun anhand der Aufgabe wiederholt haben, wie der Multiplikationsalgorithmus
funktioniert, können wir die Abläufe auf unser Rechenwerk übertragen.

Op1 hat den Wert 10 = $(1010)_2$, Op2 den Wert 6 = $(0110)_2$. Beide sollen zunächst im Hauptspeicher stehen.

Es handelt sich um 4-Bit-Zahlen, aber unser Rechenwerk hat 16 Bit Wortbreite. Das stört aber nicht weiter: Wir füllen die Operanden mit führenden Nullen auf. Es werden nun die nachfolgend beschriebenen Schritte durchgeführt.

Schritt 1:

Bringe Op2 aus dem Hauptspeicher ins Lese-/Operandenregister. Dann schalte die ALU auf Durchzug (mit den Steuersignalen $s_0 \dots s_3$). Mit einem Übernahmeimpuls $\ddot{u}_{Ak}$ gelangt Op2 in den Akku (Abb. 13.10).

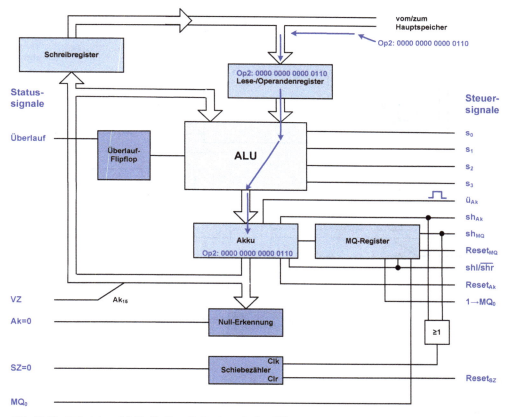

Abb. 13.10: Beispiel zur Multiplikation: Op2 gelangt in den Akku

Schritt 2:

Op2 kann nicht im Akku bleiben, denn den benötigen wir für Op1. Wir müssen ihn also woanders zwischenspeichern. Der einzige Ort, an dem wir das machen können, ist das MQ-Register. Also schieben wir Op2 dorthin.

Dazu müssen Akku und MQ-Register gemeinsam rechtsgeschoben werden, bei einem 16-Bit-Rechenwerk 16-mal. Das bewirkt, dass die niederwertigsten Bits des MQ-Registers Op2 enthalten (Abb. 13.11). Das hat den erwünschten Nebeneffekt, dass wir später den Op2 Bit für Bit testen können (mit dem Statussignal MQ_0).

Für das Ergebnis benötigen wir zwar ebenfalls das MQ-Register, aber das stört nicht weiter: Das Ergebnis wird Bit für Bit aufgebaut, und ebenso wird Op2 Bit für Bit aus dem MQ-Register hinausgeschoben werden.

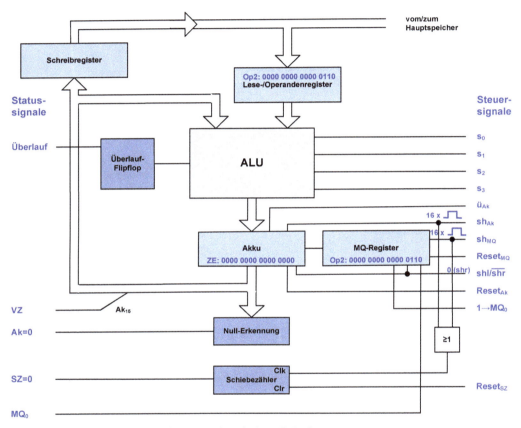

Abb. 13.11: Beispiel zur Multiplikation: Op2 gelangt in das MQ-Register

Schritt 3:

Nun können wir den Op1 holen. Er gelangt aus dem Hauptspeicher zunächst ins Lese-/Operandenregister (Abb. 13.12).

Für das Zwischenergebnis verwenden wir, wie wir bei der Betrachtung des Multiplikationsalgorithmus bereits kennengelernt haben, den Akku. Op1 muss später zum Zwischenergebnis dazu addiert werden können. Das ist für das Lese-/Operandenregister erfüllt. Op1 kann also dort bleiben.

Übrigens ist durch die Schiebeschritte aus dem vorigen Schritt der Akku, also das Zwischen-ergebnis, bereits Null. Wir brauchen den Akku somit nicht separat zurücksetzen. Außerdem können wir die ALU bereits auf Addieren stellen. Damit ist schon alles für das künftige Addieren von Op1 zu ZE vorbereitet. Wohlgemerkt: Erst wenn ein Impuls auf $ü_{Ak}$ kommt, wird die Addition wirksam, indem deren Ergebnis den Akku überschreibt. Ansonsten passiert nichts.

Damit das Steuerwerk weiß, wann die Multiplikation fertig ist, gibt es den Schiebezähler. Er wird nach jedem Schritt um eins heruntergezählt. Weil wir eine 4-Bit-Multiplikation durch-führen, benötigt das Rechenwerk 4 Schritte. Der Schiebezähler wird somit auf den Wert 4 eingestellt.

An dieser Stelle ist die Multiplikation also sozusagen initialisiert: Op1, Op2 und Zwischener-gebnis befinden sich an den richtigen Orten, die Datenpfade sind richtig durchgeschaltet und der Schiebezähler ist initialisiert. Nun kann der eigentliche Multiplikationsvorgang beginnen.

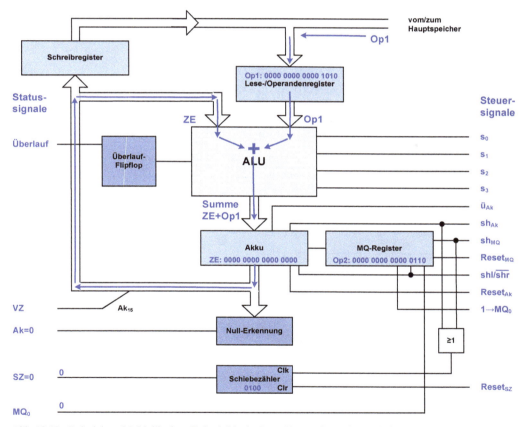

Abb. 13.12: Beispiel zur Multiplikation: Op1 wird in das Lese-/Operandenregister geholt

Schritt 4:

MQ_0 liefert ja den Wert desjenigen Bits von Op2, welches gerade betrachtet wird. Das Steuerwerk prüft, ob MQ_0 Null oder Eins ist. Ist $MQ_0 = 1$, wird ein Impuls auf $ü_{Ak}$ gegeben. Somit wird die Summe aus Akku und Op1 in den Akku übernommen, also Op1 zum Zwischenergebnis addiert. Ansonsten passiert nichts, die Addition wird ausgelassen.

Im betrachteten Beispiel ist $MQ_0 = 0$ (siehe Abb. 13.12), es wird also nicht addiert.

Schritt 5:

In jedem Fall wird der Akku zusammen mit dem MQ-Register um eine Position nach rechts geschoben. Es wird somit das nächsthöhere Bit von Op2 zum MQ_0-Bit, das getestet wird. Dabei handelt es sich um eine 1 (Abb. 13.12). Außerdem wird der Schiebezähler um 1 vermindert.

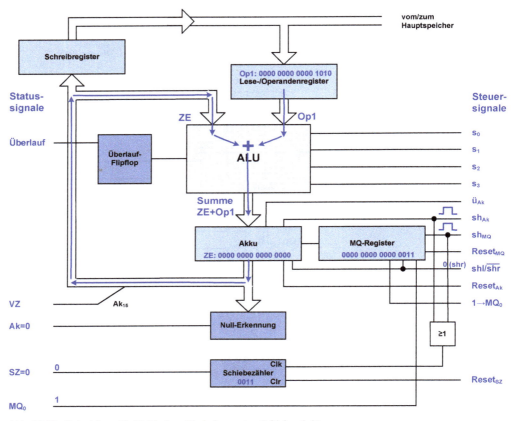

Abb. 13.13: Beispiel zur Multiplikation: Nach dem ersten Schiebeschritt

Schritt 6:

Die Schritte 4) und 5) werden solange wiederholt, bis alle Bits von Op2 abgearbeitet sind.

Das Bit mit der Wertigkeit 1 von Op2 ist eine 1 (Abb. 13.13). Es wird somit zunächst addiert, also ein Impuls auf ü$_{Ak}$ gegeben, und dann wird der Akku gemeinsam mit dem MQ-Register geschoben (Abb. 13.14). Ferner wird der Schiebezähler um 1 verringert.

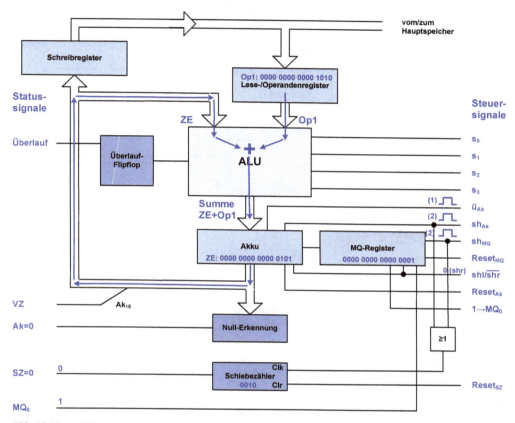

Abb. 13.14: Beispiel zur Multiplikation: Nach dem zweiten Schiebeschritt

Schritt 7:

Das Bit mit der Wertigkeit 2 von Op2 ist wiederum eine 1 (Abb. 13.14). Erneut wird durch einen Impuls auf ü$_{Ak}$ addiert, dann Akku und MQ-Register rechtsgeschoben (Abb. 13.15). Außerdem wird der Schiebezähler wieder dekrementiert.

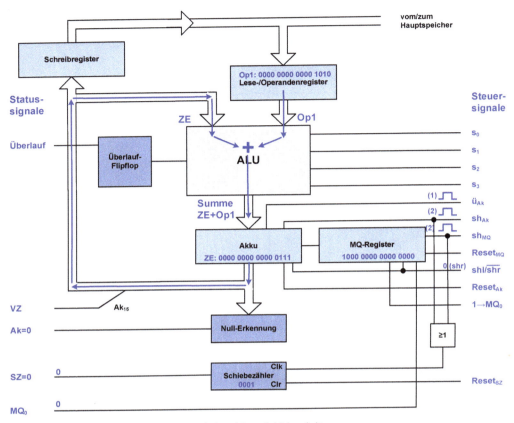

Abb. 13.15: Beispiel zur Multiplikation: Nach dem dritten Schiebeschritt

Schritt 8:

An MQ_0 erscheint eine 0 (Abb. 13.15). Daher wird nun lediglich ein Schiebeschritt durchgeführt und der Schiebezähler heruntergezählt (Abb. 13.16).

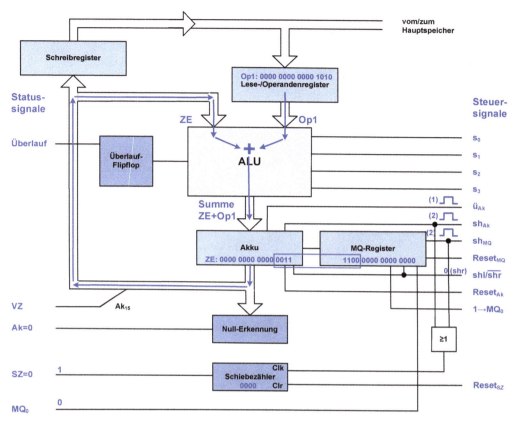

Abb. 13.16: Beispiel zur Multiplikation: Nach dem vierten Schiebeschritt

Der Schiebezähler ist nun bei Null angelangt, so dass das Signal SZ=0 aktiviert wird. Daran erkennt das Steuerwerk, dass die Multiplikation fertig ist.

Schritt 9:

Das Ergebnis findet man in den niederwertigsten vier Bits des Akkus und den höchstwertigen vier Bits des MQ-Registers (Abb. 13.16). Das liegt daran, dass wir ein 16-Bit-Rechenwerk vorliegen haben, aber nur eine 4-Bit-Multiplikation durchführen. Daher werden die Register nur teilweise verwendet.

Bei 8-Bit-Operanden stünde das Ergebnis in der niederwertigen Hälfte des Akkus und der höherwertigen Hälfte des MQ-Registers. Bei 16-Bit-Operanden würden Akku und MQ-Register voll belegt werden.

Es gibt nun zwei Möglichkeiten: Entweder schiebt man Akku und MQ-Register gemeinsam um vier Positionen nach links (Abb. 13.17). Dann findet man das Ergebnis komplett im Akku. Es kann als 8-Bit-Wert interpretiert werden, wenn man nur die niederwertigsten 8 Bits des Akkus berücksichtigt. Oder in dem Falle, dass man den gesamten Akku als Ergebnis auffasst, handelt es sich um ein 16-Bit-Ergebnis.

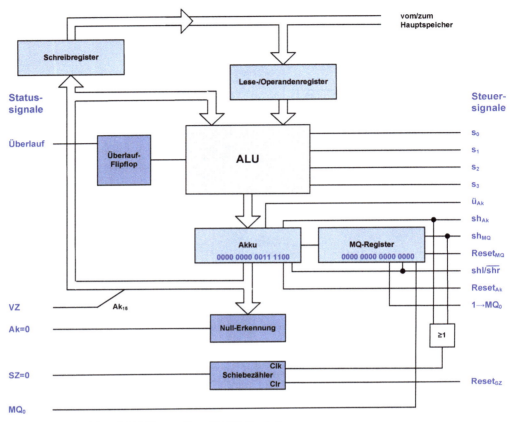

Abb. 13.17: Beispiel zur Multiplikation: 8- und 16-Bit-Ergebnis

Eine Alternative wäre das Rechtsschieben von Akku und MQ-Register um 12 Stellen. Akku und MQ-Register können dann als 32-Bit-Ergebnis aufgefasst werden (Abb. 13.18).

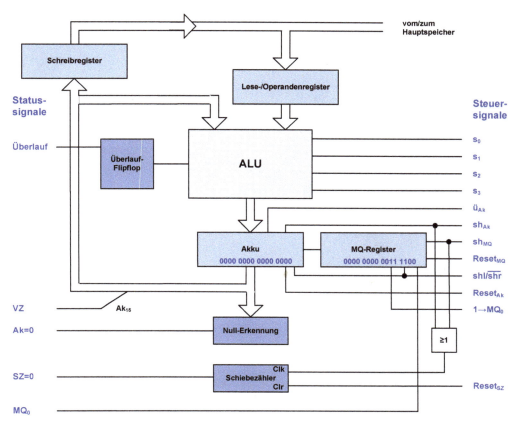

Abb. 13.18: Beispiel zur Multiplikation: 32-Bit-Ergebnis

Verwendet man einen Barrel-Shifter, dann kann man um eine beliebige Anzahl von Stellen in einem Takt verschieben, so dass der Zeitaufwand für beide Alternativen gleich groß ist. Welche der Varianten man verwendet, hängt davon ab, wie man das Ergebnis weiterverarbeiten möchte. Will man beispielsweise im weiteren Verlauf einen 32-Bit-Wert dazu addieren, dann wird man die letztere Alternative verwenden.

14 Gleitkommarechenwerk

Bisher hatten wir ausschließlich mit ganzen Zahlen gearbeitet. Für zahlreiche Anwendungen reicht das aber nicht aus. Egal ob wissenschaftliche Berechnungen, Signalverarbeitung oder Finanzmathematik, sehr oft benötigt man gebrochen rationale Zahlen.

Eine einfache Variante, um gebrochen rationale Zahlen zu verwenden, ist die **Festkommaarithmetik**, die eine konstante Zahl von Vor- und Nachkommastellen verwendet. Man findet sie beispielsweise bei digitalen Signalprozessoren in Modems, Laufwerken und für andere Anwendungsfälle. Wir wollen darauf kurz eingehen, wenn wir in Kapitel 20.7 Besonderheiten der digitalen Signalprozessoren betrachten.

Die verbreitetere und komfortablere Form ist die **Gleitkomma- oder Gleitpunktarithmetik**. Den Begriff Gleit*komma*arithmetik gebraucht man eher im Inland, wo Nachkommastellen mit einem Komma abgetrennt werden. Im internationalen Gebrauch bzw. im englischsprachigen Bereich verwendet man statt des Kommas oft einen Punkt, so dass man gleichbedeutend auch von Gleit*punkt*arithmetik spricht. Andere äquivalente Begriffe dafür sind **Fließkomma- und Fließpunktarithmetik** (Floating Point Arithmetic).

Wie der Name schon andeutet, ist bei Gleitkommazahlen die Position des Kommas variabel. Dadurch lassen sich sowohl extrem kleine als auch extrem große Zahlen mit vertretbarem Aufwand darstellen. Allerdings ist der Rechen- oder Hardwareaufwand deutlich größer als bei Festkommazahlen.

Die Verwendung von Gleitkommaarithmetik setzt keine spezielle Hardware voraus. Auch für Prozessoren, die lediglich ganze Zahlen verarbeiten können, z.B. Mikrocontroller, gibt es Softwarebibliotheken, um Gleitkommaoperationen durchzuführen. Allerdings sind diese erheblich langsamer als spezielle Hardware-Gleitkommaeinheiten (**FPU**s, <u>F</u>loating <u>P</u>oint <u>U</u>nits).

In den Anfangstagen des PCs konnte man die 8086- oder 8088-CPU um einen arithmetischen Coprozessor namens 8087 ergänzen, der Gleitkommaberechnungen um bis zu 70-mal schneller machte. Dafür gab es einen separaten Stecksockel auf dem Mainboard. Ähnlich sah es bei den darauffolgenden Prozessorgenerationen aus, wenngleich der Geschwindigkeitsvorteil nicht mehr so hoch ausfiel.

Seit dem 80486 DX verfügt jeder PC über Gleitkomma-Hardware, wobei oft mehrere FPUs vorhanden sind. Auch zahlreiche digitale Signalprozessoren sind damit ausgestattet. Neben den vier Grundrechenarten können unter anderem auch Winkelfunktionen oder Logarithmus zur Verfügung stehen. Ferner sind oft wichtige Konstanten wie die Zahlen π und e vorhanden.

https://doi.org/10.1515/9783110741797-014

14.1   Darstellung von Gleitkommazahlen

Wesentliche Parameter

Bei der Gleitkommarechnung stellt man jede Zahl folgendermaßen dar:

$$\text{Zahl } Z = \text{Mantisse } M \cdot \text{Basis } B^{\text{Exponent E}}$$

Im Dezimalsystem könnte man beispielsweise schreiben: $4{,}726 \cdot 10^3$. Betrachten wir diese Darstellung detaillierter, wie dies in Abb. 14.1 zu sehen ist.

+	4	,	726	·	10	+	3
	Vorkommateil	Komma	Nachkomma-teil				
Vorzeichen	Betrag					Vorzeichen	Be-trag
Mantisse				Basis		Exponent	

Abb. 14.1:   Aufbau einer Gleitkommazahl

Wir sehen, es gibt außer den Grundelementen Mantisse, Basis und Exponent noch weitere Parameter. Sowohl für Mantisse als auch Exponent verwendet man die Vorzeichen-Betragsdarstellung. Der Betrag der Mantisse wiederum besteht aus Vorkommateil und Nachkommateil. Insgesamt gibt es also sechs Parameter, die eine Gleitkommazahl eindeutig beschreiben:

1.   Vorzeichen der Mantisse Vz(M)
2.   Vorkommateil des Mantissenbetrags $|M|_{Vk}$
3.   Nachkommateil des Mantissenbetrags $|M|_{Nk}$
4.   Basis B
5.   Vorzeichen des Exponenten Vz(E)
6.   Betrag des Exponenten $|E|$

Möchte man eine Hardware entwickeln, die Gleitkommaberechnungen durchführt, also eine FPU, dann lassen sich einige Vereinfachungen durchführen. Wir wollen darauf nun eingehen.

Implizite Basis

Die Basis B ist typischerweise für alle Gleitkommaberechnungen gleich. Bei einer FPU wird man das Dualsystem verwenden, also B=2.

Man braucht B somit nicht für jede Gleitkommazahl separat zu speichern, sondern legt die Basis implizit fest, indem man die Schaltung entsprechend entwirft, so dass sie im Dualsystem rechnet.

Normalisierung

Im Grunde gibt es beliebig viele Darstellungsarten für ein und dieselbe Gleitkommazahl. Betrachten wir die oben erwähnte $4{,}726 \cdot 10^3$. Wir könnten stattdessen genauso gut eine der folgenden Darstellungen nehmen:

• $47{,}26 \cdot 10^2$

- $472,6 \cdot 10^1$
- $0,4726 \cdot 10^4$
- $0,04726 \cdot 10^5$

usw. Alle haben denselben Wert. Welche davon sollen wir verwenden?

Man könnte annehmen, dass man sich nicht festzulegen braucht, aber dem ist nicht so. Wollen wir beispielsweise wissen, welche von zwei Gleitkommazahlen die größere ist, dann müssen wir beide in dieselbe Darstellungsart überführen, bevor wir sie vergleichen können. Arbeiten wir immer mit derselben Darstellungsart, können wir unmittelbar vergleichen.

Außerdem werden wir sehen, dass sich durch eine geeignete Darstellungsart unter Umständen die Genauigkeit verbessern lässt. Ferner lässt sich durch geschickte Darstellung einer der sechs oben genannten Parameter einsparen.

Aus diesen Gründen *normalisiert* man Gleitkommazahlen. Das bedeutet, der Vorkommateil des Mantissenbetrags ist Null, die erste Nachkommaziffer ist ungleich Null.

Im obigen Beispiel wäre

$$0,4726 \cdot 10^4$$

die normalisierte Darstellung. Sie hat den Vorteil, dass man den Vorkommateil einspart, denn er besteht nur aus Nullen.

Im Dualsystem gibt es noch eine weitere Vereinfachung. Dort haben wir ja nur Nullen und Einsen als Ziffern. Wir wissen also, dass die erste Nachkommaziffer, weil ungleich Null, nur eine Eins sein kann. Somit ist dieses Bit bekannt und kann weggelassen werden. Man nennt das dann das *versteckte Bit* oder *Hidden Bit*.

Zahlen, die nicht normalisiert sind, nennt man *denormalisiert*. Insbesondere lässt sich die Null nicht normalisieren. Sie ist also immer denormalisiert.

Charakteristik

Beim Exponenten unterscheiden wir dessen Vorzeichen und seinen Betrag. Auch hier lässt sich ein Parameter einsparen, und zwar addiert man eine Konstante K_0 zum Exponenten. Sie ist so groß bemessen, dass die Summe immer positiv ist. Daher braucht man das Vorzeichen nicht mehr separat zu speichern.

Man spricht nun nicht mehr vom Exponenten, sondern von der *Charakteristik (biased exponent)*. Es gilt:

Charakteristik Ch := Exponent E + Konstante K_0

Eine solche Darstellung nennt man einen *Excess-Code*. Falls man z.B. für die Charakteristik 8 Bits verwendet und $K_0=127$ ist, dann handelt es sich um einen *8-Bit-Excess-127-Code*.

Für $K_0=127$ würde man bei der Zahl $0,4726 \cdot 10^4$ als Charakteristik

$$Ch := 4 + 127 = 131$$

erhalten. Weil wir die Darstellung im Dualsystem noch nicht kennen, bleiben wir hier erst mal bei einer Gleitkommazahl im Dezimalsystem.

Man mag sich fragen, wie die Konstante K_0 zu wählen ist. Im Grunde kann die Wahl zwar völlig willkürlich erfolgen, aber es hat gewisse Vorteile, wenn man genauso viele positive wie negative Exponenten darstellen kann. Aus diesem Grunde legt man K_0 häufig in die Mitte des Zahlenintervalls, das für die Charakteristik vorgesehen ist.

Bei einer 8-Bit-Charakteristik kann Ch die Werte $0 .. 2^8 - 1$, also $0 .. 255$ annehmen. Legt man K_0 in die Mitte des Intervalls, dann wählt man es zu $K_0 = 127$ oder $K_0 = 128$, je nachdem, ob man auf- oder abrundet. Gemäß der nachfolgend erwähnten IEEE-754-Norm würde man $K_0 = 127$ verwenden.

Aufgabe 62   Welche Werte dürfen die Exponenten annehmen, wenn man die Charakteristik 8 Bits groß macht und die Konstante $K_0 = 127$ nimmt?

Aufgabe 63   Welchen darstellbaren Zahlenbereich erhält man für 8 Bit Charakteristik und $K_0 = 127$, falls die Basis B=2 ist und die Zahlen normalisiert sind?

IEEE-754-Norm

Anstelle der sechs ursprünglich erwähnten Parameter kommen wir wegen der genannten Vereinfachungen mit dreien aus:

- Vorzeichen der Mantisse Vz(M)
- normalisierter Betrag der Mantisse |M|
- Charakteristik Ch

Will man eine Gleitkommazahl hardwaremäßig speichern, dann benötigt man ein Gleitkommaregister mit genau diesen drei Teilen.

Im Gegensatz zu Vz(M), das immer 1 Bit groß ist, kann man |M| und Ch im Grunde beliebig groß machen. Auch das K_0 lässt sich fast beliebig wählen. Zu Zwecken der Standardisierung hat die IEEE-754-Norm daher gewisse Größen festgelegt, unter anderem für Gleitkommazahlen einfacher und doppelter Genauigkeit (Tab. 14.1).

Tab. 14.1:   Gleitkommazahlen nach IEEE-754

	Einfache Genauigkeit	Doppelte Genauigkeit
Speicherplatz	32 Bit	64 Bit
Vorzeichen	1 Bit	1 Bit
Charakteristik	8 Bit	11 Bit
Konstante K_0	127	1023
Mantisse	23 Bit	52 Bit
Dezimalbereich (Betrag)	ca. $10^{-38} ... 10^{38}$	ca. $10^{-308} ... 10^{308}$

In der Programmiersprache C heißt der Datentyp für Gleitkommazahlen mit einfacher Genauigkeit *float*, der für solche doppelter Genauigkeit *double*.

Aufgabe 64   Wie viele gültige (Nachkomma-)Stellen bezogen auf das Dezimalsystem besitzt eine float-Variable maximal, und wie viele eine double-Variable? Welche Auswirkungen kann das in der Praxis haben?

14.2   Umwandlung von Dezimalbrüchen in Dualbrüche

Bisher hatte das Zahlensystem bei unseren Betrachtungen eine untergeordnete Rolle gespielt. Weil FPUs üblicherweise im Dualsystem rechnen, wollen wir uns nun aber damit beschäftigen, wie man gebrochen rationale Zahlen aus dem Dezimalsystem ins Dualsystem umwandelt.

Für die Umwandlung werden Vorkommateil und Nachkommateil unterschiedlich behandelt.

- Der Vorkommateil ist eine ganze Zahl und wird wie eine solche ins Dualsystem umgewandelt, beispielsweise durch fortgesetzte Division durch 2, wobei die Reste Bit für Bit die gesuchte Dualzahl ergeben.

- Bei der Umwandlung des Nachkommateils geht man genau umgekehrt vor: Man multipliziert den Nachkommateil immer wieder mit 2 und schaut, ob man über die Zahl 1,0 kommt. Wenn ja, dann ergibt sich als Nachkommastelle eine 1, ansonsten eine 0.

Beispiel

Wir wandeln 57,75 ins Dualsystem.

Umwandlung des Vorkommateils:

57	: 2 =	28	Rest 1
28	: 2 =	14	Rest 0
14	: 2 =	7	Rest 0
7	: 2 =	3	Rest 1
3	: 2 =	1	Rest 1
1	: 2 =	0	Rest 1

Wir lesen die Reste von unten nach oben: $(57)_{10} = (111001)_2$

Umwandlung des Nachkommateils:

0,75	· 2 = 1 + 0,5
0,5	· 2 = 1 + 0,0
0,0	· 2 = 0 + 0,0

Wenn eine 0,0 herauskommt, dann kann das fortgesetzte Multiplizieren mit 2 daran nichts mehr ändern: Die Umwandlung ist abgeschlossen. Die unterste Zeile wäre also bereits überflüssig.

Zusammensetzen des Ergebnisses:

Wir lesen den Nachkommateil von oben nach unten: 110. Dann setzen wir Vorkommateil und Nachkommateil zusammen:

$(57,75)_{10} = (111001,110)_2$

Hätten wir die Umwandlung fortgesetzt, dann wären weitere Nachkomma-Nullen dazugekommen, z.B. $(111001,11000)_2$. Genauso wie es im Dezimalsystem keine Rolle spielt, ob man 57,75 oder 57,750 oder 57,75000 schreibt, ändert sich der Wert auch bei Dualbrüchen nicht. Es wäre lediglich überflüssige Rechnung gewesen. Auch die letzte Null in unserem Umwandlungsergebnis können wir weglassen und stattdessen $(57,75)_{10} = (111001,11)_2$ schreiben.

Normalisierung:

Das Umwandlungsergebnis normalisieren wir:

$(111001,11)_2 = (111001,11)_2 \cdot 2^0 = (0,11100111)_2 \cdot 2^6$

Der Faktor $2^0=1$ ändert den Wert der Zahl nicht. Für jede Position, um die wir das Komma nach links verschieben, halbiert sich der Wert der Mantisse. Das gleichen wir aus, indem wir mit 2 multiplizieren. Verschieben des Kommas um n Positionen nach links wird also durch einen Faktor 2^n ausgeglichen.

Ermittlung der Charakteristik:

Wir haben nun bereits eine normalisierte Gleitkommazahl der Form $Z = M \cdot B^E$ vorliegen, mit Mantisse $(0,111001110)_2$, Basis B=2 und Exponent E=6. Was noch fehlt, ist die Charakteristik anstelle des Exponenten.

Wir wählen eine 7-Bit-Charakteristik. Der Wertebereich ist 0 ... 127, also legen wir die Konstante K_0 sinnvollerweise in die Mitte des Intervalls und setzen $K_0 = 64$ fest. In unserem Beispiel wird die Charakteristik

$Ch = K_0 + E = 64 + 6 = (70)_{10} = (1000110)_2$

Darstellung des Ergebnisses:

Wir können die Gleitkommazahl nun so darstellen, wie sie im Gleitkommaregister stehen würde. Für die Mantisse nehmen wir beispielsweise 8 Bits. Im Gleitkommaregister stünde der Dezimalbruch $(57,75)_{10}$ also wie folgt:

0	11100111	1000110
Vz(M)	|M|	Ch

Vor den Mantissenbetrag denkt man sich ein „Null Komma", das weggelassen wird. Wir setzen hier voraus, dass kein verstecktes Bit verwendet wird, also dass alle Nachkomma-Einsen des normalisierten Bruches im Register stehen. Würden wir ein verstecktes Bit verwenden, sähe der Inhalt des Registers so aus:

0	11001110	1000110
Vz(M)	|M|	Ch

Wir hätten also eine Stelle mehr in der Mantisse zur Verfügung, müssten aber immer aufpassen, das versteckte Bit bei Berechnungen nicht zu vergessen.

Ermittlung des Umwandlungsfehlers:

Bei der Umwandlung der Mantisse hatten wir zu Beginn eine zusätzliche Null am Ende des Mantissenbetrags gehabt, also $(57,75)_{10} = (111001,110)_2$. Diese Null kam von einem überflüssigen Umwandlungsschritt. Solche Nullen können problemlos weggelassen werden, wenn sie nicht mehr in die zur Verfügung stehenden Bits passen.

Was passiert aber, wenn man Einsen weglassen müsste? Nehmen wir dazu an, wir hätten lediglich 6 Bits für die Mantisse und verwenden kein verstecktes Bit. Dann sähe der Registerinhalt so aus:

0	111001	1000110

Vz(M) |M| Ch

Was steht nun in dem Register? Es ist jedenfalls nicht mehr die $(57,75)_{10}$, denn zwei Einsen sind „unter den Tisch gefallen". Wandeln wir zur Probe den Inhalt dieses Gleitkommaregisters wieder ins Dezimalsystem zurück. Bei einer ganzen Zahl, also dem Vorkommateil, steigt die Wertigkeit der Bits vom LSB beginnend an: 0, +1, +2, usw. Entsprechend fällt die Wertigkeit der Nachkommabits: $-1, -2, -3$, usw.:

$(0,\mathbf{111001})_2 \cdot 2^{(1000110)-K0} = (\mathbf{1} \cdot 2^{-1} + \mathbf{1} \cdot 2^{-2} + \mathbf{1} \cdot 2^{-3} + \mathbf{0} \cdot 2^{-4} + \mathbf{0} \cdot 2^{-5} + \mathbf{1} \cdot 2^{-6}) \cdot 2^{70-64} = (2^{-1} + 2^{-2} + 2^{-3} + 2^{-6}) \cdot 2^6 = (2^5 + 2^4 + 2^3 + 2^0) = 32 + 16 + 8 + 1 = 57$

Der Nachkommateil ist also komplett verschwunden. Zum Vergleich die Probe mit dem exakten Umwandlungsergebnis:

$(0,\mathbf{11100111})_2 \cdot 2^{(1000110)-K0} = (\mathbf{1} \cdot 2^{-1} + \mathbf{1} \cdot 2^{-2} + \mathbf{1} \cdot 2^{-3} + \mathbf{0} \cdot 2^{-4} + \mathbf{0} \cdot 2^{-5} + \mathbf{1} \cdot 2^{-6} + \mathbf{1} \cdot 2^{-7} + \mathbf{1} \cdot 2^{-8}) \cdot 2^{70-64} = (2^{-1} + 2^{-2} + 2^{-3} + 2^{-6} + 2^{-7} + 2^{-8}) \cdot 2^6 = (2^5 + 2^4 + 2^3 + 2^0 + 2^{-1} + 2^{-2}) = 32 + 16 + 8 + 1 + \mathbf{0,5} + \mathbf{0,25} = 57,75$

Die beiden weggelassenen Bits haben also genau den Wert 0,75. Es ist also ein ***Umwandlungsfehler*** aufgetreten. Den ***absoluten Umwandlungsfehler*** kann man angeben als

$\Delta x = x - x_W = 57,0 - 57,75 = -0,75$

Dabei bedeutet x den „Ist-Wert", der nach der Umwandlung im Register steht, während x_W der wahre Wert, also sozusagen der „Soll-Wert" ist, den man eigentlich haben möchte. „Absolut" bedeutet hier nicht, dass der Fehler positiv ist, denn wie man sieht, hat der Fehler ein negatives Vorzeichen. Das deutet an, dass der Wert kleiner ist als der gewünschte. Absolut steht vielmehr im Gegensatz zu dem relativen oder prozentualen Fehler.

Aufgabe 65   Wandeln Sie folgende Zahlen in Dualbrüche mit 8 Bit Mantissenbetrag und 4 Bit Charakteristik, kein Hidden Bit, um. Wählen Sie einen sinnvollen Wert für K_0. Machen Sie die Probe und geben Sie den absoluten Umwandlungsfehler an.

a)   65,625

b)   65,675

c)   0,025

d)   Vergleichen Sie die Ergebnisse aus Aufgabe a) und b) miteinander. Welche Probleme könnten sich daraus bei der Softwareentwicklung ergeben?

Besondere Größen bei Gleitkommazahlen

Es gibt einige Größen, die eine besondere Bedeutung haben und anders als übliche Gleitkommazahlen behandelt werden. Eine Übersicht ist in Tab. 14.2 zu sehen.

Tab. 14.2:   Besondere Größen in der Gleitkommadarstellung

Größe	Vorzeichen	Mantisse	Charakteristik
0,0	0	000...0	000...0
+INF	0	000...0	111...1
−INF	1	000...0	111...1
NAN	0 oder 1	ungleich 000...0	111...1

Eine Besonderheit gibt es für die Zahl Null. Sie kann nicht normalisiert werden, weil alle Mantissenbits Null sind. Wegen der Vorzeichen-Betragsdarstellung der Mantisse gibt es zwei Darstellungen für die Null, nämlich +0,0 und −0,0. Davon wird aber oft nur die erstere verwendet. Die Charakteristik könnte an sich beliebige Werte haben, wird aber für die Null so definiert, dass alle ihre Bits Null sind.

Insbesondere bei der Division können unendlich große Werte auftreten. Um diese darzustellen, gibt es **+INF** (infinity) bzw. +∞, sowie **−INF** bzw. −∞. Wie bei der Zahl Null sind alle Mantissenbits Null, jedoch sind alle Charakteristik-Bits gesetzt. Das Vorzeichenbit gibt an, ob es sich um Plus oder Minus Unendlich handelt.

Ungültige Werte werden durch **NAN** (not a number) angezeigt. Sie können z.B. für uninitialisierte Gleitkommaregister verwendet werden oder unerlaubte Operationen anzeigen, z.B. die Wurzel aus einer negativen Zahl oder Summen- bzw. Differenzbildung von unendlichen Größen. Ihr Auftreten kann unter Umständen eine Ausnahme (Exception) im Programm auslösen, um auf einen etwaigen Fehler zu reagieren. Häufig wird NAN so dargestellt, dass alle Charakteristik-Bits gesetzt sind und die Mantissenbits nicht alle Null sind.

14.3   Ein Beispiel-Gleitkommarechenwerk

Abb. 14.2 zeigt ein stark vereinfachtes Gleitkommarechenwerk. Es verfügt über einen Akkumulator und ein Operandenregister 1, welche jeweils eine Gleitkommazahl aufnehmen können. Der Akku, genauer gesagt sein Mantissenbetrag, ist wie bereits beim Ganzzahl-Rechenwerk um ein MQ-Register erweitert und kann zusammen mit diesem oder auch einzeln nach rechts oder links geschoben werden.

Weil Gleitkommaoperationen in Vorzeichen-Betragsdarstellung erfolgen, benötigt man ein Vorzeichennetzwerk, das aus den Vorzeichen der Operanden das Ergebnisvorzeichen ermittelt. Ferner enthält die ALU sowohl ein Addierwerk als auch ein Subtrahierwerk, im Gegensatz zur Zweierkomplementdarstellung, die mit einem Addierwerk auskommt.

Um Zahlen mit unterschiedlichen Exponenten und somit Charakteristiken zu verarbeiten, kann man die Charakteristiken herauf- und herunterzählen. Ein Charakteristikvergleicher liefert Aussagen, welche der beiden die größere ist bzw. ob Gleichheit herrscht. Beispielsweise lassen sich zwei Zahlen nur dann addieren, wenn ihre Charakteristiken gleich sind. Näheres wird im nächsten Unterkapitel vermittelt.

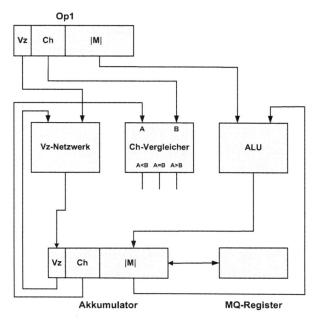

Abb. 14.2: Beispiel-Gleitkommarechenwerk

Dieses einfache Gleitkommarechenwerk ermöglicht die Durchführung der vier Grundrechenarten. Üblicherweise gibt es ferner ein Ganzzahlregister, das die Umwandlung einer ganzen Zahl in eine Gleitkommazahl ermöglicht.

„Richtige" Gleitkommarechenwerke enthalten außerdem Baugruppen, die die Berechnung von Winkelfunktionen wie Sinus oder Arkustangens per Taylor-Reihe ermöglichen, ferner das Ziehen von Quadratwurzeln.

Es fehlt bei Gleitkommarechenwerken meistens die Möglichkeit, logische Verknüpfungen durchzuführen, weil diese üblicherweise auf ganzen Zahlen arbeiten und hier nicht benötigt werden.

Betrachten wir nun beispielhaft die Durchführung der vier Grundrechenarten mit unserem Gleitkommarechenwerk. Dabei bedeuten wieder Vz das Vorzeichen, M die Mantisse, Ch die Charakteristik, Ak der Akkumulator und Op das Operandenregister.

14.3.1 Addition und Subtraktion

Gleitkommaaddition und -subtraktion werden oft mit den Assembler-Mnemonics **FADD** (floating point addition) und **FSUB** (floating point substraction) bezeichnet. Dabei geht man im Grunde genauso vor, wie man es auch „von Hand" im Dezimalsystem machen würde und wie dies in Tab. 14.3 für normalisierte Operanden zusammengefasst ist.

Tab. 14.3:   Gleitkommaaddition und -subtraktion

Gleitkommaaddition und -subtraktion (FADD und FSUB)
Charakteristikangleichung: Erhöhe die kleinere Charakteristik von beiden solange, bis Ch(Ak) = Ch(Op); Zugehörige Mantisse wird entsprechend oft rechtsgeschoben.
Mantissenaddition: Addiere (FADD) bzw. subtrahiere (FSUB) M(Ak) und M(Op) Übernehme das Ergebnis in Ak
Vorzeichenermittlung: Abhängig von der Rechenoperation und der Größe der beiden Operanden wird das neue Vorzeichen des Akkus ermittelt.
Normalisierung: Schiebe M(Ak) solange nach links, bis das MSB(Ak)=1 ist. Vermindere mit jedem Schiebeschritt Ch(Ak) um 1.

Beispiel

Aus Gründen der Einfachheit und wegen der zum Dualsystem identischen Vorgehensweise wollen wir ein Beispiel betrachten, das Dezimalzahlen verwendet:

$$0,32 \cdot 10^1 + 0,25 \cdot 10^2 = ?$$

Wie man sieht, sind die Zahlen normalisiert. Das wird ohnehin für die Operanden in Gleitkommaaddition und -subtraktion vorausgesetzt. Der erste Operand sei im Akku, der zweite im Operandenregister Op.

Für die Beispiele dieses Unterkapitels setzen wir $K_0 := 0$, weil K_0 für die Betrachtungen keine Rolle spielt und so unnötige Schritte vermieden werden. Daher besteht an dieser Stelle kein Unterschied zwischen Exponent und Charakteristik.

Charakteristikangleichung:

Zunächst müssen wir die Exponenten bzw. Charakteristiken angleichen. Dazu erhöhen wir, wie im ersten Schritt der Tabelle vorgegeben, die kleinere Charakteristik und schieben die Mantisse nach rechts. Das ist gleichbedeutend mit dem Verschieben des Kommas um eine Position nach links.

$$0,32 \cdot 10^1 + 0,25 \cdot 10^2 = 0,032 \cdot 10^2 + 0,25 \cdot 10^2$$

Mantissenaddition:

Wir führen anschließend die Mantissenaddition durch:

$$0,032 \cdot 10^2 + 0,25 \cdot 10^2 = 0,282 \cdot 10^2$$

Vorzeichenermittlung:

Wir addieren zwei positive Zahlen. Also wird das Ergebnisvorzeichen positiv sein.

Normalisierung:

Bei unserem Ergebnis ist die erste Nachkommastelle bereits ungleich Null, so dass die Normalisierung entfallen kann. Das Ergebnis ist bereits normalisiert.

14.3.2 Multiplikation

Der Ablauf der Gleitkomma-Multiplikation ist in Tab. 14.4 zu sehen.

Tab. 14.4: Gleitkommamultiplikation

Gleitkommamultiplikation (FMUL)
Initialisierung:
Schiebe M(Ak) nach MQ und fülle Ak mit Nullen auf
Charakteristikaddition:
Solange Ch(Op)<>K0
zähle Ch(Op) in Richtung K0 und Ch(Ak) in die entgegengesetzte Richtung
Mantissenmultiplikation:
Für jedes Bit von MQ:
Falls MQ0 = 1, dann addiere M(Op) zu M(Ak)
Schiebe M(Ak) zusammen mit MQ nach rechts
Vorzeichenermittlung:
Vz(Ak) := Vz(Ak) XOR Vz(Op)
Normalisierung:
Schiebe M(Ak) solange nach links, bis das MSB(Ak)=1 ist. Vermindere mit jedem Schiebeschritt Ch(Ak) um 1.

Beispiel

Wir nehmen als Beispiel dieselben Zahlen wie bei der Addition, nur dass wir die Operanden nun multiplizieren:

$$(0{,}32 \cdot 10^1) \cdot (0{,}25 \cdot 10^2) = ?$$

Initialisierung:

Die Initialisierung ist nur für das Hardware-Gleitkommarechenwerk nötig und entfällt hier.

Charakteristik-Addition:

Für die Charakteristik-Addition könnte man im Gleitkommarechenwerk ein Addierwerk und ein Subtrahierwerk vorsehen, was aber zusätzlichen Hardwareaufwand bedeuten würde. Darum wird das hier trickreicher, mit einfacherer Hardware, aber auch langsamer gemacht.

Die Charakteristik von Op wird auf $K_0 = 0$ heruntergezählt und zugleich die Charakteristik des Akkus jeweils um 1 erhöht. Wir bekommen also:

Schritt	Akku	Op
0	$0{,}32 \cdot 10^1$	$0{,}25 \cdot 10^2$
1	$0{,}32 \cdot 10^2$	$0{,}25 \cdot 10^1$
2	$0{,}32 \cdot 10^3$	$0{,}25 \cdot 10^0$

Ch(Ak) enthält jetzt die Summe aus dem alten Ch(Ak) plus Ch(Op).

Man kann das so veranschaulichen: Jede der Charakteristiken wird durch einen Sandhaufen dargestellt. Wie addiert man diese Sandhaufen?

Etwa so: Mit jedem Schritt nimmt man eine Schaufel voll Sand vom Sandhaufen Ch(Op) und schippt ihn auf den Sandhaufen Ch(Ak), solange bis der erstgenannte Sandhaufen verschwunden ist. Das Erdniveau entspricht dem K_0.

Das Ganze funktioniert auch bei Werten kleiner als K_0, also sozusagen Löchern im Boden. Sie werden aufgefüllt, bis sie verschwunden sind.

Mantissenmultiplikation:

Die Mantissenmultiplikation erfolgt nach demselben Algorithmus wie bei ganzen Zahlen. In unserem Falle steht als Ergebnis im Akku: $0,08 \cdot 10^3$.

Vorzeichenermittlung:

Die Vorzeichenermittlung ergibt wegen der beiden positiven Operanden ein positives Ergebnis.

Normalisierung:

Schließlich wird normalisiert. Das Komma wird um eine Position nach rechts verschoben und die Charakteristik somit um 1 heruntergezählt. Man erhält das Endergebnis $0,8 \cdot 10^2$.

14.3.3   Division

Die Gleitkomma-Division erfolgt wie aus Tab. 14.5 ersichtlich.

Tab. 14.5:   Gleitkommadivision

Gleitkommadivision (FDIV)
Initialisierung:
Falls M(Op)=0, dann Fehler: „Division durch Null"
Setze MQ auf 0
Charakteristiksubtraktion:
Solange Ch(Op)<>K_0
zähle Ch(Op) in Richtung K_0 und Ch(Ak) in die gleiche Richtung
Mantissendivision:
Für jedes Bit von MQ:
Schiebe M(Ak) zusammen mit MQ nach links
Falls M(Ak)>=M(Op), dann subtrahiere M(Op) von M(Ak) und setze MQ0 := 1
Vorzeichenermittlung:
Vz(Ak) := Vz(Ak) XOR Vz(Op)
Normalisierung:
Schiebe M(Ak) solange nach links, bis das MSB(Ak)=1 ist. Vermindere mit jedem Schiebeschritt Ch(Ak) um 1.

Beispiel

Wir nehmen als Beispiel wiederum die zuvor verwendeten Operanden, die wir nun aber dividieren wollen:

$(0,32 \cdot 10^1) : (0,25 \cdot 10^2) = ?$

Initialisierung

Die Initialisierung ist für unser Beispiel ohne Belang.

Charakteristiksubtraktion:

Für die Charakteristiksubtraktion greifen wir wieder das Beispiel mit den beiden Sandhaufen auf. Wie subtrahiert man zwei Sandhaufen?

Man könnte von jedem der Sandhaufen eine Schaufel Sand nehmen und irgendwohin wegschippen. Das macht man solange, bis einer der Sandhaufen verschwunden ist. Der andere bildet dann genau die Differenz der beiden ursprünglichen Haufen.

Das funktioniert auch bei Löchern, in die man von einem Vorrat jeweils eine Schaufel Sand füllt. In unserem Beispiel läuft das so ab:

Schritt	Akku	Op
0	$0{,}32 \cdot 10^1$	$0{,}25 \cdot 10^2$
1	$0{,}32 \cdot 10^0$	$0{,}25 \cdot 10^1$
2	$0{,}32 \cdot 10^{-1}$	$0{,}25 \cdot 10^0$

Wir hatten $K_0:=0$ gesetzt. Darum kann die Charakteristik negativ werden. Bei den üblichen Werten für K_0 würde das im Regelfall nicht passieren.

Mantissendivision:

Für die Mantissendivision kann man denselben Algorithmus wie bei ganzen Zahlen verwenden. Wir bekommen als Ergebnis: $1{,}28 \cdot 10^{-1}$

Vorzeichenermittlung:

Beide Operanden sind positiv, somit auch das Ergebnis.

Normalisierung:

Weil wir einen Wert größer als 1 für die Mantisse bekommen haben, müssen wir umgekehrt wie in der Tab. vorgehen: Wir schieben das Komma um eine Position nach links und erhöhen somit die Charakteristik:

$0{,}128 \cdot 10^0$

Damit ist unsere Beispielrechnung abgeschlossen.

Wie auch das Ganzzahl-Rechenwerk wird das Gleitkomma-Rechenwerk vom Steuerwerk gesteuert. Das Steuerwerk erzeugt Steuersignale und schaltet z.B. Datenpfade per Multiplexer richtig durch. Außerdem nimmt es Statussignale wie „Division durch Null" entgegen.

Aufgabe 66 Gleitkommaaddition
Gegeben sei ein einfaches Gleitkommarechenwerk mit 1 Bit Vorzeichen Vz, 4 Bit Charakteristik Ch und 6 Bit Mantissenbetrag |M|. K_0 sei der Einfachheit halber gleich Null. Addieren Sie zum Akku den Op1 unter Verwendung folgender Inhalte:

	Vz	|M|	Ch
Ak:	0	001001	1001
Op1:	0	101011	0111

a)   ohne vorher den Akkumulator zu normalisieren.

b)   mit vorheriger Normalisierung.

c)   Vergleichen Sie die Ergebnisse von a) und b) im Hinblick auf ihre Genauigkeit!

d)   Variante: Nehmen Sie nun folgende Inhalte und rechnen Sie die Aufgabe nochmal durch. Vergleichen Sie die Auswirkungen.

	Vz	|M|	Ch
Ak:	0	001001	1001
Op1:	0	001011	0111

Teil 4: Prozessoren

Wir haben in den vorangegangenen Kapiteln kennengelernt, wie man vorzeichenbehaftete Zahlen darstellt und wie man mit ihnen rechnet. Für ganze Zahlen verwendet man üblicherweise die Vorzeichen-Betragsdarstellung oder die Zweierkomplement-Darstellung. Zwar ist die Vorzeichen-Betragsdarstellung leicht verständlich und wird auch im Alltag verwendet, doch ist die Zweierkomplement-Darstellung für Computer oft die geeignetere von beiden.

Für Gleitkommazahlen gibt es unterschiedliche Darstellungsarten, wobei der IEEE-754-Standard große Verbreitung besitzt. Die Wahl der Zahlendarstellung hat umfassende Auswirkungen auf die Hardware, die mit den Zahlen rechnet, und auch auf den Programmierer, der dies in seinen Programmen berücksichtigen muss.

Ferner wurden die vier Grundrechenarten für ganze Zahlen und Gleitkommazahlen behandelt, sowie logische Verknüpfungen und ihre Anwendung. Logische Verknüpfungen stehen in engem Zusammenhang mit den arithmetischen Operationen und können diese sehr gut ergänzen.

Der Aufbau eines Ganzzahlrechenwerks und eines einfachen Gleitpunktrechenwerks verdeutlichte, wie die zunächst rein mathematischen Berechnungen im Zusammenhang mit der Hardware stehen und von dieser durchgeführt werden können.

Berechnungen mit Gleitkommazahlen ermöglichen die Verarbeitung von sehr großen ebenso wie von sehr kleinen Zahlen auf komfortable Weise. Nach Kenntnis der Nachteile, die man sich im Hinblick auf Rechenzeit und besonders im Hinblick auf Genauigkeit einhandeln kann, wird man aber stets sorgfältig überlegen, wann man sie wirklich benötigt, und wann man statt dessen lieber zu ganzen Zahlen greift. Das gilt insbesondere für den Einsatz in Embedded Systems.

Doch nun wollen wir uns der Frage zuwenden, wie ein Prozessor intern funktioniert. Der Beantwortung dieser Frage sind die nächsten Kapitel gewidmet.

Warum ist es so wichtig, das zu verstehen? Kurz gesagt, weil es nur so möglich ist, die Hardware optimal zu nutzen.

Nachdem wir in den vorangegangenen Kapiteln bereits kennengelernt haben, wie ein Computer aufgebaut ist und wie man mit ihm rechnen kann, werden wir nun zunächst auf Maschinensprache eingehen und das Steuerwerk ausführlich betrachten. Wir lernen im Detail, wie Befehle im Prozessor als Mikroprogramm abgearbeitet werden und welche Auswirkungen dies auf die Performance des Prozessors hat. Das gibt uns ein Gespür für den Aufwand, der bei der Entwicklung eines Prozessors getrieben wird, und welche Probleme dabei zu lösen sind.

Ohne diese Kenntnisse könnte man nicht verstehen, warum beispielsweise Schleifen und Programmverzweigungen problematisch sein können, und wie man als Programmierer dazu beitragen kann, dass die Komponenten eines Prozessors optimal genutzt werden.

Auch 64-Bit-Architekturen, Sicherheitsfeatures von Prozessoren sowie Multiprozessorsysteme werden Gegenstand der Betrachtung sein. Gerade letztere gewinnen zunehmend an Bedeutung, sogar in Smartphones und Embedded Systems. Wir lernen kennen, welche Besonderheiten es bei deren Programmierung zu beachten gilt.

Schließlich werfen wir einen Blick auf die digitale Signalverarbeitung und digitale Signalprozessoren (DSPs), die dazu verwendet werden. DSL-Modems enthalten genauso DSPs wie Smartphones, optische Laufwerke oder Festplatten, denn in deren Einsatzbereichen besitzen Signale und deren Verarbeitung eine zentrale Bedeutung. Wir werden sehen, dass die Transformation solcher Signale aus dem Zeitbereich in den Frequenzbereich und zurück eine ganz wesentliche Aufgabe ist, die es im Rahmen dessen durchzuführen gilt, und DSPs sind daraufhin optimiert. Auch hat der Einsatzzweck der DSPs Einfluss auf ihre Architektur, weswegen wir in diesem Zusammenhang auf die VLIW-Architektur eingehen wollen.

15 Maschinensprache

15.1 Grundbegriffe

Wie wir bereits wissen, arbeiten Prozessoren **Programme** ab, um ihre Aufgaben auszuführen. Programme können für so unterschiedliche Dinge verwendet werden wie die Steuerung einer Produktionsanlage oder das Schreiben eines Briefes, um nur zwei Beispiele zu nennen.

Programme werden meist in einer Hochsprache geschrieben, z.B. in Java oder C++, aber der Prozessor versteht nur **Maschinenbefehle**. Ein Maschinenbefehl ist nichts anderes als ein Datenwort aus Nullen und Einsen. Daher werden Hochspracheprogramme üblicherweise zuerst von einem **Compiler** in Maschinensprache übersetzt, also in **Maschinenprogramme** umgewandelt. Dann erst können sie vom Prozessor ausgeführt werden. Der Compiler überwindet somit die semantische Lücke zwischen Hochsprache und Maschinensprache, wie wir in Kapitel 4.1 kennengelernt haben (siehe Abb. 15.1).

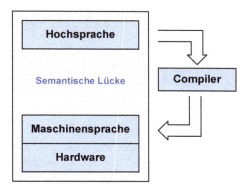

Abb. 15.1: Hochsprache und Maschinensprache

Der Vorteil dieser Vorgehensweise ist, dass ein Hochsprache-Programmierer sich nicht mit den spezifischen Gegebenheiten der Hardware auseinandersetzen muss, sondern er kann sich auf die eigentliche Programmieraufgabe konzentrieren.

Die Unterschiede zwischen Hoch- und Maschinensprache lassen sich etwa so veranschaulichen: Der Hochspracheprogrammierer sieht ein System sozusagen von weit oben aus der Vogelperspektive: Grobstrukturen wie Städte oder Straßen sind sichtbar, nicht aber die Feinheiten. Der Maschinenspracheprogrammierer befindet sich in Bodennähe und sieht jedes Detail, aber es ist für ihn schwierig, den Gesamtüberblick über ein großes Projekt zu bekommen.

Ein Hochsprachebefehl kann viele Maschinenbefehle ersetzen. Der printf-Befehl eines C-Programmes kann beispielsweise Hunderte von Maschinenbefehlen repräsentieren. Somit sind

https://doi.org/10.1515/9783110741797-015

Hochspracheprogramme in ihrem Quelltext oft erheblich kürzer als entsprechende Maschinen-programme. Ferner kann ein und dasselbe Hochspracheprogramm für unterschiedliche Hard-ware-Plattformen kompiliert werden, während Maschinensprache an eine bestimmte Pro-zessorfamilie gebunden ist.

In Maschinensprache lässt sich dagegen wesentlich ressourcenschonender programmieren als in einer Hochsprache. Man kann das Programm viel besser auf den Prozessor optimieren als dies in einer Hochsprache möglich ist. Will man verstehen, wie ein Prozessor funktioniert, kommt man um Maschinensprache ohnehin nicht herum, denn ein Prozessor kennt üblicher-weise nur diese. Daher wollen wir uns nun näher mit dem Aufbau von Maschinensprache be-schäftigen, und wie der Prozessor mit Maschinenbefehlen umgeht.

Ein Maschinenbefehl besteht aus einem *Opcode*, dem Parameter folgen können:

```
Opcode <Parameter1> <Parameter2> …
```

Der Opcode ist ein eindeutiger Zahlenwert, der vom Entwickler des Prozessors recht willkür-lich festgelegt werden kann. Jeder Maschinenbefehl des Befehlssatzes bekommt einen indivi-duellen Opcode. An ihm erkennt der Prozessor, um welchen Befehl es sich handelt. Mehr als einen Parameter zu übergeben, ist eher selten.

Der Prozessor kann gut mit den Nullen und Einsen des Opcode-Zahlenwertes umgehen, im Gegensatz zum Menschen, der besser mit Begriffen arbeiten kann. Deswegen verwendet man anstelle der Opcodes häufig *Assembler-Mnemonics* zum Erstellen von Programmen. Die für den Menschen besser lesbaren Assembler-Programme werden von einem Assembler in Ma-schinenprogramme übersetzt. Auch die umgekehrte Vorgehensweise gibt es: Maschinenpro-gramme können durch einen *Disassembler* in Assembler-Mnemonics umgewandelt werden. Auf diese Weise kann man besser verstehen, was das Maschinenprogramm macht. Ein *Debug-ger* erlaubt außerdem, ein Maschinenprogramm Schritt für Schritt auszuführen. So kann man zur Laufzeit nachvollziehen, welche Inhalte Register und Speicherstellen nach jedem Befehl haben. Auf diese Weise lassen sich Fehler im Programm aufspüren.

Um sich zu merken, welcher Maschinenbefehl gerade abgearbeitet wird, verfügt der Prozessor über ein Register, das dessen Adresse enthält. Dieses Register wird *Befehlszeiger* oder auch *Instruction Pointer (IP)* oder *Befehlszähler* genannt. Bei aufeinanderfolgenden Befehlen wird er jeweils auf den nächsten Maschinenbefehl „hochgezählt". Daher die Bezeichnung Be-fehlszähler. Es kommen jedoch zahlreiche Programmverzweigungen an beliebige Adressen vor, und die Maschinenbefehle besitzen unterschiedliche Länge. Daher reicht einfaches Hoch-zählen oft nicht. Daher ist Befehlszeiger die bessere Bezeichnung.

15.2   Adressierungsarten

Wir hatten in Kapitel 2 als Beispiel für Assembler-Mnemonics unter anderem den MOV-Be-fehl kennengelernt, der ein Datenwort von einem Ort an einen anderen kopiert. An ihm lässt sich eine Besonderheit der Assembler- bzw. Maschinensprache besonders gut zeigen, nämlich die vielen Adressierungsarten, die ein Prozessor üblicherweise beherrscht.

Bei den meisten Prozessoren kann bei einem Maschinenbefehl nur maximal eine Adresse des Hauptspeichers angegeben werden. Auf welche Weise diese Adresse ermittelt wird, kann jedoch sehr unterschiedlich sein. Außerdem braucht die Quelle, von der ein Operand geholt wird, nicht unbedingt im Hauptspeicher zu liegen, sondern kann beispielsweise auch ein Register sein. Auf die verschiedenen möglichen Adressierungsarten wollen wir nun eingehen.

Registeradressierung

Bei der *Registeradressierung (Register Addressing)* kommt der Operand aus einem Register. Beispiel:

```
MOV AX, BX;        kopiere den Inhalt des BX-Registers in das
                   AX-Register
```

Der Strichpunkt leitet hier einen Kommentar ein. Im Maschinenprogramm könnte der Befehl durch ein einziges Byte dargestellt werden, z.B. C0.

Der angegebene Zahlenwert C0 ist hier und im Folgenden nur beispielhaft zu verstehen und ist nicht auf einen bestimmten real existierenden Prozessor bezogen. Je nach Prozessortyp können ganz unterschiedliche Opcodes für denselben Befehl vorgesehen sein. Das gilt auch für die anderen im Folgenden verwendeten Opcodes.

Unmittelbare Adressierung

Bei der *unmittelbaren Adressierung* (Immediate Addressing) wird der Operand direkt als Zahlenwert angegeben. Im Maschinenprogramm liegt der Operand gleich hinter dem Opcode. Beispiel:

```
MOV AX, 10h;       kopiere den Zahlenwert 10 in das AX-Register
```

oder im Maschinenprogramm:

```
C1 10
```

Das „h" hinter der 10 im Assemblerprogramm bedeutet, dass es sich um eine Hexadezimalzahl handelt. Maschinenprogramme werden üblicherweise als Hexadezimalzahlen in Form eines *Hex Dump* dargestellt, wobei man diese nicht einzeln als Hexadezimalzahlen kennzeichnet. Der Wert C1 des Opcodes wurde wie bereits im vorigen Beispiel willkürlich festgelegt.

Aufgabe 67 Installieren Sie einen Disassembler oder Debugger mit HexDump-Funktionalität. Sehen Sie sich eine Binärdatei damit an.

> **Anmerkung:** Bitte beachten Sie, dass manche Software-Lizenzvereinbarungen das Disassemblieren der Software verbieten. Analysieren Sie also am besten eine selbst erzeugte Binärdatei.

Absolute Adressierung

Absolute Adressierung ist auch als *Direct Addressing* bekannt. Die Adresse, an der der Operand im Speicher steht, wird angegeben. Im Maschinenprogramm folgt die Adresse des Operanden auf den Opcode. Beispiel:

```
MOV AX, [5210];    kopiere den Inhalt der Adresse 5210 nach AX
```

oder im Maschinenprogramm

C2 52 10

Indirekte Adressierung

Indirekte Adressierung (Indirect Addressing) gibt es in verschiedenen Formen. Bei der *Register-indirekten Adressierung* (Register Indirect Addressing) steht die Adresse des Operanden in einem Register. Beispiel:

```
MOV AX, [BX];        kopiere den Inhalt der Adresse, die im
                     BX-Register steht, in das AX-Register
```

Enthält das BX-Register beispielsweise den Wert 5678, dann wird der Inhalt der Adresse 5678 in das AX-Register kopiert. Der Befehl kann vollständig durch einen Opcode beschrieben werden, in den das Quell- und Zielregister hineincodiert werden. Zusätzliche Parameter sind nicht nötig.

Anstelle eines Registers kann auch eine Adresse im Speicher angegeben werden, an der man die Adresse des Operanden findet (Memory Indirect Addressing). Indirekte Adressierung kann man für Zeiger (Pointer) verwenden, die die Adresse eines Operanden enthalten.

Indizierte Adressierung

Bei der *indizierten Adressierung (Indexed Addressing)* wird die Adresse, an der der Operand im Speicher steht, zunächst errechnet. Das Errechnen kann auf unterschiedliche Weise geschehen, so dass sich verschiedene Varianten der indizierten Adressierung ergeben.

Eine Möglichkeit besteht darin, zum Inhalt eines Registers einen konstanten Wert zu addieren. Das ergibt die Adresse des Operanden. Beispiel:

```
MOV AX, [BX+6];      kopiere den Inhalt der Adresse, die sich aus
                     dem um 6 erhöhten Inhalt von BX ergibt, in
                     das AX-Register
```

Diese Adressierungsart ist vorteilhaft, wenn man mit Feldern (Arrays) von Werten arbeitet, weswegen man sie auch **Array Type Addressing** nennt. Die Konstante, in unserem Fall mit dem Wert 6, nennt man **Displacement**. Daher auch der Name **Displacement Addressing**. Die Adresse, an der das Array beginnt, könnte in dem BX-Register enthalten sein. Es würde in diesem Fall das sechste Datenwort des Arrays in das AX-Register geholt werden.

Für viele Zwecke ist die Angabe einer Konstanten als Feldindex zu unflexibel, weswegen man an deren Stelle ein weiteres Register verwenden kann. Bei Prozessoren der x86-Familie gibt es zu diesem Zweck das SI (Source Index) und DI (Destination Index) Register. Abb. 15.2 zeigt die Gegebenheiten. Beispiel:

```
MOV AX, [BX+SI];     kopiere den Inhalt der Adresse, die sich aus
                     der Summe der Inhalte von BX- und SI-Register
                     ergibt, in das AX-Register
```

Es wird hier das SI-te Wort des Arrays in das AX-Register gebracht, in der Abbildung als „Array-Element" bezeichnet.

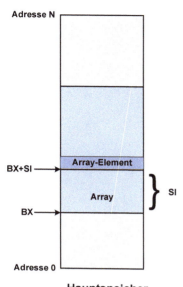

Hauptspeicher

Abb. 15.2:   Indizierte Adressierung

Welche Register verwendet werden sollen, kann bei dieser Variante in den Opcode „hineinco-diert" sein, so dass man im Grunde mit einem einzigen Byte für den Opcode auskommen kann.

Auch eine Kombination der beiden beschriebenen Varianten ist möglich:

```
MOV AX, [BX+SI+6];    kopiere den Inhalt der Adresse, die sich aus
                      der Summe der Inhalte von BX- und SI-Register
                      zuzüglich der Konstanten 6 ergibt, in das
                      AX-Register
```

Relative Adressierung

Bei der relativen Adressierung (Relative Addressing) gibt man die Anzahl der Adressen an, die man von der aktuellen Position vor- oder zurückgehen muss. Das wird hauptsächlich für bedingte Verzweigungen eingesetzt. Beispiel:

```
1234 JNZ 1230;        falls Ergebnis ungleich Null, springe nach
                      Adresse 1230
```

Der Sprungbefehl an Adresse 1234 verzweigt gegebenenfalls nach 1230, springt also um 4 Adressen im Code rückwärts. Diese -4 wäre der Operand, den man dem Sprungbefehl mitgeben würde. Der Vorteil der relativen Adressierung ist, dass man nicht die vollständige Adresse angeben muss, die mehrere Bytes umfassen würde, sondern nur die relative Angabe, die meist nur 1 Byte lang ist.

Die erwähnten Adressierungsarten stellen nur eine Auswahl dar. Deren Bezeichnungen sind nicht genormt und werden je nach Hersteller und Prozessor teils unterschiedlich verwendet.

16   Steuerwerk

16.1   Wiederholung

Wir haben in Kapitel 2.2 den groben Aufbau eines Computers kennengelernt, wie er in Abb. 16.1 zu sehen ist. Der Speicher wird zum Ablegen von Programm und Daten verwendet. Für die Ansteuerung von Peripheriegeräten sind Ein-/Ausgabe-Bausteine vorhanden, und der Prozessor steuert alle Abläufe und führt die nötigen Berechnungen durch.

Der Prozessor besteht aus Steuerwerk und Rechenwerk. Das Rechenwerk war Gegenstand intensiver Betrachtungen in Kapitel 13. Es führt logische Verknüpfungen und arithmetische Berechnungen durch, üblicherweise mit ganzen Zahlen. Ergänzt werden kann es um eine FPU für Gleitkommaberechnungen, wie in Kapitel 14 beschrieben.

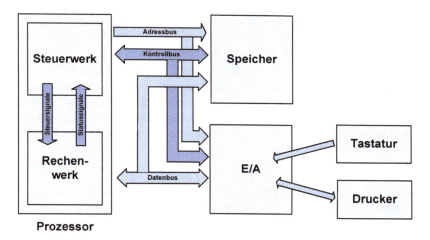

Abb. 16.1:   Computermodell

Das Steuerwerk regelt sämtliche Abläufe im Prozessor und damit indirekt auch im übrigen Computer. Ohne das Steuerwerk kann der Computer nicht arbeiten. Ihm kommt somit eine zentrale Bedeutung zu, weswegen wir seine Arbeitsweise nun im Detail untersuchen wollen.

16.2   Integration in die Umgebung

Um seine Aufgabe zu erfüllen, holt das Steuerwerk Befehle aus dem Speicher und arbeitet sie ab. Um kennenzulernen, auf welche Weise das genau geschieht, betrachten wir zuerst, wie das Steuerwerk in seine Umgebung eingebettet ist (Abb. 16.2).

https://doi.org/10.1515/9783110741797-016

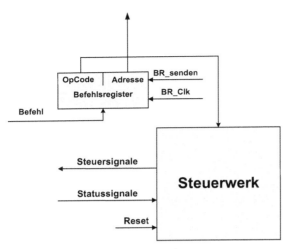

Abb. 16.2:   Umgebung des Steuerwerks

Ein Befehl, der ausgeführt werden soll, kommt zunächst in ein **Befehlsregister (Instruction Register)** im Prozessor. Der Befehl enthält in jedem Fall einen Opcode, also eine eindeutige Nummer, anhand derer der Befehl vom Steuerwerk identifiziert wird. Beispielsweise kann ein Opcode 22 einen Addierbefehl darstellen. Wir nehmen anstelle des Opcodes 22 den leichter verständlichen Assembler-Mnemonic ADD, wo immer das möglich ist.

Sofern mehrere Register vorhanden sind, z.B. AX, BX, CX und DX, erkennt das Steuerwerk anhand des Opcodes, auf welches Register sich der Befehl bezieht. Ferner erkennt es anhand des Opcodes die Adressierungsart und damit verbunden, ob der Befehl Parameter benötigt, und von welcher Art sie sind. So könnte unser Opcode 22 bedeuten, dass zum AX-Register ein Zahlenwert addiert werden soll, der in unmittelbarer Adressierung gleich nach dem Opcode im Speicher steht:

```
ADD AX, 19;          addiere zum Inhalt von AX den Zahlenwert 19
```

Anstelle des Opcodes 22 steht hier „ADD AX", wobei der zweite Summand folgt. Dagegen könnte ein Opcode 24 bedeuten, dass zum BX-Register ein Zahlenwert addiert werden soll, den der Prozessor an einer angegebenen Adresse im Hauptspeicher findet:

```
ADD BX, [4455h];     addiere zum Inhalt des BX-Registers den
                     Zahlenwert, der an der Adresse 4455 steht
```

Die Opcodes unterscheiden sich also je nachdem, welche Adressierungsart vorliegt und welche Register betroffen sind.

16.3 Realisierungsmöglichkeiten

Bei RISC-Prozessoren ist das Steuerwerk als Schaltwerk aufgebaut, das zu einem gegebenen Maschinenbefehl eine passende Folge von Steuersignalen erzeugt. Dabei werden Statussignale berücksichtigt, mit denen das Rechenwerk und andere Komponenten Rückmeldungen an das

Steuerwerk vornehmen. Es handelt sich dabei im Grunde um einen endlichen Automaten aus digitalen Bausteinen, der genau an den Befehlssatz angepasst ist. Wie man einen solchen Automaten konzipiert, ist nicht Bestandteil dieser Betrachtung.

Bei CISC-Prozessoren dagegen findet man zwischen Maschinensprache und Hardware die Mikrobefehlsebene, um die semantische Lücke zwischen Hochsprache und Maschinensprache zu verkleinern. Dies ist aus Abb. 16.3 ersichtlich.

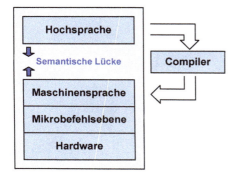

Abb. 16.3:   CISC und Mikrobefehlsebene

Hinter einem Maschinenbefehl steht ein zugehöriges Mikroprogramm bestehend aus Mikrobefehlen, die nacheinander abgearbeitet werden. Dabei wird jeder Befehl im Grunde gleich behandelt, so dass man leicht Befehle zum Befehlssatz hinzufügen kann.

Durch diese einheitliche Vorgehensweise wird der Entwurf des Steuerwerks im Vergleich zu RISC erheblich einfacher, allerdings dauert die Ausführung eines Befehls deutlich länger.

Heutige Prozessoren verwenden oft eine Mischform, bei der einfachere, häufig verwendete Maschinenbefehle als Schaltwerk implementiert sind, während alle anderen als Mikroprogramm ablaufen. Dadurch kombiniert man die Vorteile der beiden Verfahren.

17 Mikroprogrammierung

17.1 Konzept

Die Mikrobefehlsebene und somit auch Mikroprogrammierung sind wesentliches Merkmal von CISC-Prozessoren. Das Prinzip der Mikroprogrammierung ist für Verhältnisse der Informatik bereits sehr alt und geht auf einen Aufsatz von WILKES[1] aus dem Jahre 1951 zurück. Mikroprogrammierung wurde bereits eingesetzt, bevor es integrierte Schaltungen wie Mikroprozessoren gab.

Im Grunde führt man denselben Schritt wie bei der Umsetzung einer höheren Programmiersprache in Maschinensprache nochmal durch, wie man in Abb. 17.1 sehen kann.

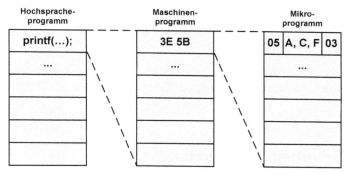

Abb. 17.1:   Ebenen der Umsetzung

Ein Befehl einer höheren Programmiersprache, z.B. printf, repräsentiert meist mehrere Maschinenbefehle. Dieses Prinzip findet man auch eine Ebene tiefer: Hinter jedem Maschinenbefehl steckt ein *Mikroprogramm (Microcode)*, das aus *Mikrobefehlen (Micro-Operations, Micro-Ops, μops)* besteht. Man spricht auch von der *Firmware* der CPU, die in einem *Mikroprogrammspeicher* steht.

Ein Mikrobefehl bewirkt, dass zu einem gegebenen Zeitpunkt eine Menge von Steuersignalen aktiv wird. Dadurch können beispielsweise Datenpfade mittels Multiplexer geschaltet werden, eine Operation der ALU ausgewählt oder Daten in ein Register übernommen werden.

---

[1]   M.V. Wilkes, „The Best Way to Design an Automated Calculating Machine", Manchester University Computer Inaugural Conf., 1951, pp. 16-18.

https://doi.org/10.1515/9783110741797-017

Performance und Performance-Optimierung

Ein Mikrobefehl dauert einen Takt, so dass die Abarbeitung eines Maschinenbefehls aus mehreren Mikrobefehlen mehrere Takte benötigt. Werden CISC-Prozessoren weiterentwickelt, so versucht man häufig, durch umfangreichere Hardware mit weniger Mikrobefehlen für einen Maschinenbefehl auszukommen. Dadurch werden weniger Takte benötigt, und der Prozessor wird bei gleicher Taktfrequenz leistungsfähiger.

Ein Beispiel dafür ist die Multiplikation. Ein sequentielles Verfahren, wie es in Kapitel 10.2 beschrieben wurde, benötigt bei n-Bit Operanden im Extremfalle n Additionen und n Schiebeschritte. Ferner müssen die Operanden geholt und das Ergebnis abgespeichert werden. Jeder Schritt entspricht einem Mikrobefehl und benötigt einen Takt. So kommt man bei einer 16-Bit-Multiplikation schnell in die Größenordnung von 35 bis 40 Takten.

Hat man dagegen Parallelmultipliziererbausteine zur Verfügung, die eine 4- oder 8-Bit-Multiplikation in nur einem Takt durchführen können, so kann man die 16-Bit-Multiplikation darauf zurückführen und kommt mit einem Bruchteil der Taktzyklen aus. Allerdings sind Parallelmultiplizierer sehr aufwendig und benötigen wesentlich mehr Transistorfunktionen auf dem Chip.

Aufgabe 68 Ein Maschinenbefehl, der zuvor 5 Takte bzw. Mikrobefehle benötigt hat, wird durch eine Optimierung auf 3 Takte verbessert. Um wie viel Prozent verbessert sich dadurch seine Performance?

Die Taktfrequenz des Prozessors betrage 2,6 GHz. Welche Taktfrequenz würde man benötigen, wenn man durch Erhöhung der Taktfrequenz denselben Effekt erzielen möchte?

17.2   Beispiel-Mikroprogrammsteuerung

In Abb. 17.2 ist der interne Aufbau einer beispielhaften, stark vereinfachten Mikroprogrammsteuerung zu sehen. Sie kommt mit den uns bereits bekannten digitalen Bausteinen aus und besteht aus folgenden Komponenten:

- *Koppelmatrix*, bestehend aus den beiden Teilen Steuermatrix und Folgematrix. Sie ist der zentrale Bestandteil der Mikroprogrammsteuerung. In der Koppelmatrix steckt der gesamte Maschinenbefehlssatz des Prozessors.
  Die *Steuermatrix* liefert die Steuersignale für das Rechenwerk und andere Komponenten des Computers. Die Steuersignale sind hier mit A ... L bezeichnet.
  Die *Folgematrix* liefert die Mikroprogrammadresse des nächsten Mikrobefehls, der abzuarbeiten ist, die sogenannte *Folgeadresse*.
- *Register*: Das Register enthält die Adresse des Mikrobefehls, der gerade abgearbeitet wird. Es ist also sozusagen der Befehlszeiger für das Mikroprogramm. Das Register wird mit dem vollen Prozessortakt betrieben.
- *Adressdecoder:* Er aktiviert die Zeile der Koppelmatrix, die zu der abzuarbeitenden Mikroprogrammadresse gehört. Die Nummer der Zeile kommt aus dem Register.

• **Adressmultiplexer**: Er bestimmt, ob im Mikroprogramm weitergemacht wird oder ob ein neuer Opcode, also ein anderes Mikroprogramm, zur Ausführung gelangt. Entsprechend wird entweder die Folgeadresse aus der Folgematrix oder der nächste Opcode zum Ausgang des Multiplexers durchgeschaltet. Dieser Wert gelangt mit dem nächsten Takt ins Register.

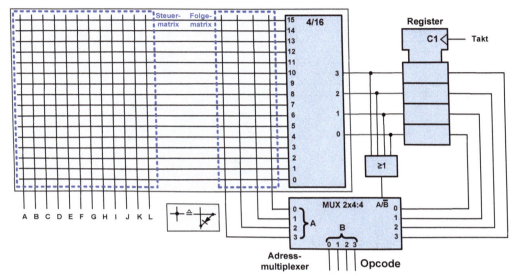

Abb. 17.2: Mikroprogrammsteuerung im Detail

Im abgebildeten mikroprogrammierten Steuerwerk gilt:

Der Opcode bildet die Startadresse des zugehörigen Mikroprogramms!

Beispiel

Betrachten wir die Abarbeitung eines Maschinenbefehls anhand eines Beispiels. Gegeben sei die Mikroprogrammsteuerung aus Abb. 17.3.

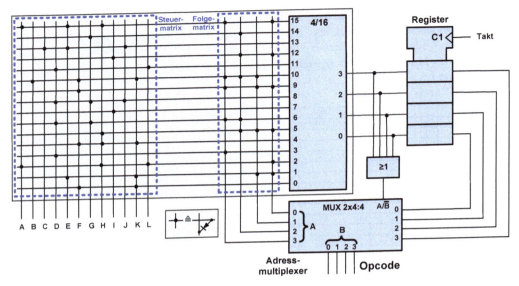

Abb. 17.3:   Beispiel Mikroprogrammsteuerung: Schritt 1

Schritt 1:

In der Koppelmatrix sind Verbindungen an den Kreuzungspunkten zwischen Zeilen und Spalten vorhanden. Sie bilden die in der Koppelmatrix gespeicherte Information über die zu aktivierenden Spalten und über die Folgeadressen.

Streng genommen befindet sich an jedem Kreuzungspunkt eine Diode, die den Strom nur von einer Zeile in Richtung einer Spalte durchlässt, aber nicht umgekehrt. Es handelt sich also um eine **Diodenmatrix**. Das hat den Zweck, dass immer nur eine einzige Zeile aktiviert wird und nicht auf Umwegen über eine Spalte weitere Zeilen aktiviert werden können. In der Abbildung wird anstelle der Dioden vereinfachend dasselbe Symbol wie bei einer elektrischen Verbindung gewählt.

Schritt 2:

Betrachten wir nun einen Maschinenbefehl mit dem Opcode $(6)_{10} = (0110)_2$, der der Mikroprogrammsteuerung zugeführt wird (Abb. 17.4). Der Adressmultiplexer ist so eingestellt, dass er den Opcode, in unserem Fall die $(0110)_2$, zum Ausgang weiterleitet.

Aufgabe 69   Welchen Inhalt muss also das Register in diesem Moment noch haben?

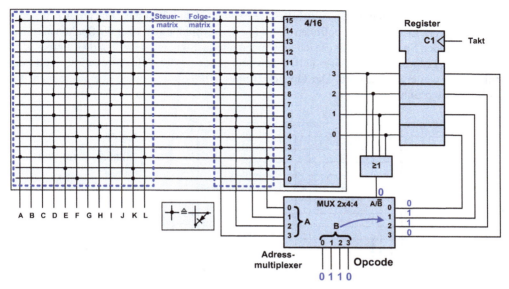

Abb. 17.4:   Beispiel Mikroprogrammsteuerung: Schritt 2

Schritt 3:

Mit der nächsten ansteigenden Taktflanke wird die $(0110)_2$ in das Register übernommen (Abb. 17.5). Die $(0110)_2$ lässt den Ausgang des OR-Gatters auf 1 springen, so dass kurz darauf die Folgeadresse anstatt des Opcodes zum Ausgang des Multiplexers durchgeschaltet wird. Aber welchen Wert hat diese?

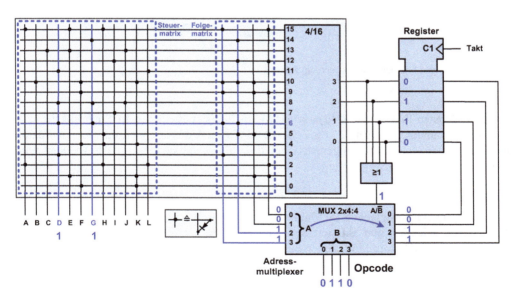

Abb. 17.5:   Beispiel Mikroprogrammsteuerung: Schritt 3

Der Registerinhalt beträgt ja $(6)_{10} = (0110)_2$. Dementsprechend wird die Zeile 6 des Adressdecoders aktiviert. In dieser Zeile befinden sich 4 Diodenverbindungen, über die Spalten aktiviert werden. Bei den Spalten handelt es sich zum einen um die Steuersignale D und G. Ferner wird dadurch die Folgeadresse $(12)_{10} = (1100)_2$ erzeugt. Dies ist die Folgeadresse, die von dem Multiplexer weitergeleitet wird. Der Opcode $(6)_{10} = (0110)_2$ spielt nun keine Rolle mehr für das Mikroprogramm.

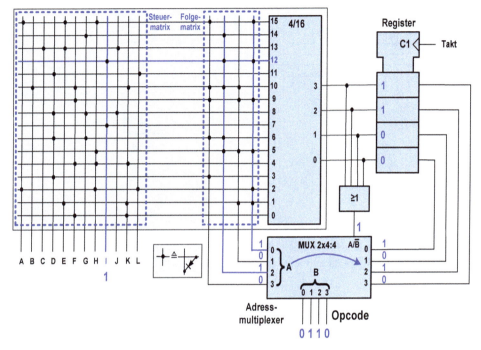

Abb. 17.6:   Beispiel Mikroprogrammsteuerung: Schritt 4

Schritt 4:

Mit dem nächsten Takt wird die $(12)_{10} = (1100)_2$ ins Register übernommen. Sie bildet die neue Mikroprogrammadresse (Abb. 17.6). Zeile 12 wird vom Adressdecoder aktiviert, und damit auch das Steuersignal I. Die Folgematrix liefert die Folgeadresse $(5)_{10} = (0101)_2$. Diese wird vom Adressmultiplexer weitergeleitet.

Schritt 5:

Erneut kommt eine ansteigende Taktflanke. Die 5 wird ins Register übernommen (Abb. 17.7). Zeile 5 wird selektiert und aktiviert Steuersignal H. Ferner wird die Folgeadresse $(7)_{10} = (0111)_2$ generiert, die vom Multiplexer weitergeleitet wird.

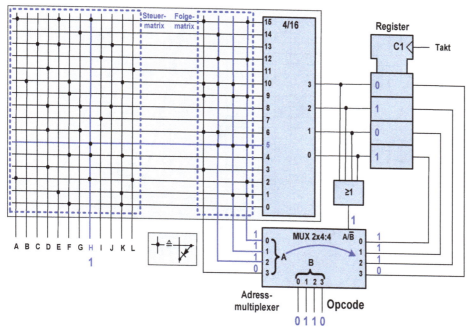

Abb. 17.7:   Beispiel Mikroprogrammsteuerung: Schritt 5

Schritt 6:

In Abb. 17.8 sieht man, dass die Mikroprogrammadresse 7 als Folgeadresse die 0 hat. Außerdem wird das Steuersignal I aktiviert. Die Folgeadresse wird wieder von dem Multiplexer zu dessen Ausgang geleitet.

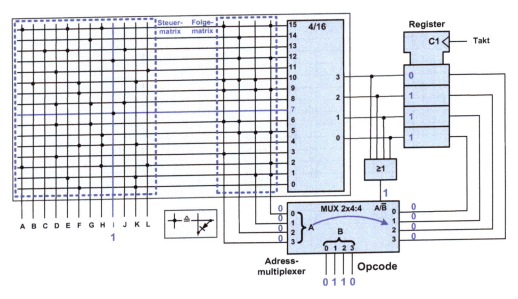

Abb. 17.8:   Beispiel Mikroprogrammsteuerung: Schritt 6

Schritt 7:

Sobald die Mikroprogrammadresse 0 in das Register übernommen wird, springt das OR-Gatter um (Abb. 17.9). Das bedeutet, die Folgeadresse, die diesmal aus der Folgematrix kommt, spielt keine Rolle, sondern stattdessen wird der nächste Opcode von dem Multiplexer weitergeleitet. Dieser Opcode muss also inzwischen am Adressmultiplexer anliegen. Somit mussten die Steuersignale, die im Laufe des Mikroprogrammes generiert wurden, auch dafür gesorgt haben, dass der nächste Opcode geholt wird.

Weil die Folgeadresse der Zeile 0 ignoriert wird, kann sie beliebige Werte besitzen, ohne einen Einfluss auf die Arbeitsweise des Steuerwerks zu haben. Es mag oft das Einfachste sein, als Folgeadresse der Adresse 0 ebenfalls die 0 einzutragen.

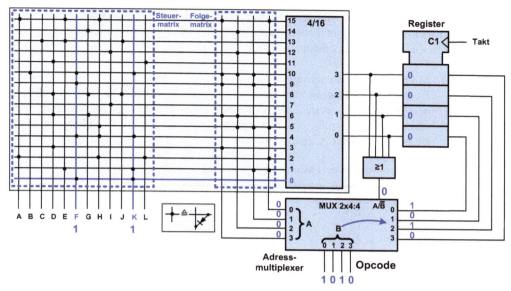

Abb. 17.9:   Beispiel Mikroprogrammsteuerung: Schritt 7

Steuersignale werden wie gewohnt generiert, bei unserem Steuerwerk die Signale F und K. Es ist allerdings zu beachten, dass unser Steuerwerk so konstruiert ist, dass jedes Mikroprogramm als letzten Schritt genau diese Steuersignale aktiviert. Es gilt also für unser Beispiel-Steuerwerk:

Jedes Mikroprogramm endet mit der Mikroprogrammadresse 0 und aktiviert dort dieselben Steuersignale!

Aufgabe 70   Warum teilen sich alle Mikroprogramme die Adresse 0?

Aufgabe 71   Könnte man mehrere unterschiedliche Adressen als Endekennung verwenden? Wenn ja, wie müsste man die Mikroprogrammsteuerung modifizieren, um das zu erreichen?

Aufgabe 72   Welche Maschinenbefehle sind außer dem betrachteten in der obigen Mikroprogrammsteuerung enthalten? Geben Sie die Opcodes, die der Reihe nach jeweils durchlaufenen Mikroprogrammadressen und die aktivierten Steuersignale an!

Aufgabe 73   In den Zeilen 7 und 12 wird jeweils nur das Steuersignal I aktiviert. Beide Mikrobefehle bewirken also dasselbe. Könnte man die beiden Zeilen somit zu einer zusammenfassen?

Weil jeder Mikrobefehl eine eigene Folgeadresse verwendet, kann man in unserer Mikroprogrammsteuerung die Adressfolge eines Mikroprogrammes völlig beliebig festlegen. Es wird sozusagen mit jedem Mikrobefehl auch ein Sprungbefehl ausgeführt. Die Befehle eines Mikroprogrammes müssen nicht einmal zusammenhängend im Mikrobefehlsspeicher stehen, ohne dass das einen Zusatzaufwand bedeuten würde.

Aufgabe 74 Mikroprogrammsteuerung
Es soll eine Mikroprogrammsteuerung konzipiert werden, die beim Maschinenbefehl mit dem Opcode 2 die in Tab. 17.1 angegebene Folge von Steuersignalen erzeugt. Skizzieren Sie eine Mikroprogrammsteuerung mit 16 Mikroprogrammadressen, die diese Aufgabe löst.

Tab. 17.1:   Folge von Steuersignalen einer Mikroprogrammsteuerung

Schritt Nr.	Adresse	aktivierte Steuersignale	Folgeadresse
1	?	D, F, G	
2	1	B, L	
3	6	A, D, E, F	
4	5	B, C	
5	?	A, H, I	

17.3   Befehlssatzentwurf

Nachdem wir nun wissen, wie die Mikroprogrammsteuerung grundsätzlich funktioniert, besteht der nächste Schritt darin, sinnvolle Sequenzen von Steuersignalen zu erzeugen, die den von uns gewünschten Maschinenbefehlen entsprechen. Das nennt man *Befehlssatzentwurf*.

Dazu sehen wir uns zunächst an, wie die Mikroprogrammsteuerung in das Gesamtsystem eingebettet ist (Abb. 17.10). Wir sehen die uns bereits bekannten Komponenten eines Computers:

- Der *Hauptspeicher* enthält die auszuführenden Maschinenprogramme und die zugehörigen Daten.
- Das *Steuerwerk* liest die Befehle in der richtigen Reihenfolge aus dem Hauptspeicher und sorgt für deren Ausführung.
- Das *Rechenwerk* führt arithmetische und logische Verknüpfungen durch.

Ferner sehen wir eine Anzahl Steuersignale, die wir für den Entwurf eines Mikroprogrammes benötigen, z.B. SAR_Clk oder BZ_senden. Was die einzelnen Signale machen, werden wir während des Befehlssatzentwurfes kennenlernen, den wir nun an einem Beispiel üben wollen.

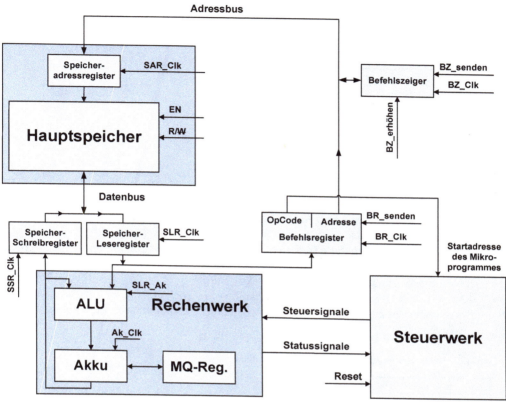

Abb. 17.10: Mikroprogrammsteuerung im Gesamtsystem

Beispiel

Wir wollen einen Maschinenbefehl implementieren, der den Akku mit dem Inhalt einer Speicherstelle lädt, z.B. MOV AX, [2B77h].

Art und Reihenfolge der Operationen

Zunächst überlegen wir uns anhand des Gesamtsystems, welche Operationen in welcher Reihenfolge durchzuführen sind:

- Gebe die Adresse (hier: 2B77h) auf den Adressbus aus (BR_senden := 1)
- Übernehme die Adresse ins Speicheradressregister (SAR_Clk := 1), aktiviere den Hauptspeicher (EN:=1) und stelle ihn auf Lesen ein (R/W := 1)
- Übernehme den vom Hauptspeicher gelieferten Datenwert, also den Inhalt der Adresse 2B77h, ins Speicher-Leseregister (SLR_Clk := 1) und schalte den Datenpfad vom Speicher-Leseregister zum Akku durch (SLR_Ak := 1). Das Durchschalten des Datenpfades durch die ALU stellt eine ALU-Operation dar, für deren Auswahl mehrere Steuersignale nötig sind (in Kapitel 6.6 mit $s_0 \ldots s_4$ bezeichnet). Als Abkürzung wählen wir hier stellvertretend das Steuersignal SLR_Ak.
- Übernehme Inhalt des Leseregisters in den Akku (Ak_Clk := 1)

Die erwähnten Signale seien ansonsten jeweils Null, wenn nichts anderes angegeben ist. Wir stellen dies tabellarisch dar:

Tab. 17.2:   Aktivierte Steuersignale

Schritt	Aktivierte Steuersignale
1	BR_senden
2	SAR_Clk, EN, R/W
3	SLR_Clk, SLR_Ak
4	Ak_Clk

Verbesserung des Timings

Bei näherer Betrachtung werden einige Schwierigkeiten sichtbar:

- Wenn in Schritt 2 die Adresse ins Speicheradressregister übernommen werden soll, liegt diese gar nicht mehr auf dem Adressbus, denn BR_senden ist nur in Schritt 1 aktiv. Wir müssen BR_senden also auch noch in Schritt 2 aktiv halten.

- In Schritt 3 soll der gelieferte Datenwert in das Speicherleseregister übernommen werden. Dazu muss aber immer noch der Speicher aktiv und auf lesen eingestellt sein. EN und R/W müssen also auch noch in Schritt 3 aktiv sein.

- Ähnliches gilt in Schritt 4: SLR_Ak muss hier auch noch aktiv sein, sonst werden keine Daten mehr von der ALU durchgeleitet, wenn diese übernommen werden sollen.

Somit kommen wir auf folgende verbesserte Darstellung:

Tab. 17.3:   Aktivierte Steuersignale, verbesserte Darstellung

Schritt	Aktivierte Steuersignale
1	BR_senden
2	BR_senden, SAR_Clk, EN, R/W̶
3	EN, R/W̶, SLR_Clk, SLR_Ak
4	SLR_Ak, Ak_Clk

Auswahl des Opcodes

Als nächstes wählen wir einen Opcode für den MOV-Befehl aus, den wir implementieren wollen. Im Grunde haben wir freie Auswahl, der Opcode darf nur noch nicht anderweitig in der Mikroprogrammsteuerung verwendet werden. Wir wählen die 9.

Auswahl der Mikroprogramm-Adressfolge

Anschließend wählen wir die Reihenfolge der zu verwendenden Mikroprogrammadressen aus. Wir benötigen für unsere 4 Schritte 4 Adressen, und außerdem die Adresse 0, die für alle Mikroprogramme gemeinsam genutzt wird und nicht für spezielle Aufgaben zur Verfügung steht. Wir können also Schritt 4 nicht auf die Adresse 0 legen. Wiederum haben wir weitgehend freie Auswahl und nehmen:

$9 \rightarrow 13 \rightarrow 2 \rightarrow 14 \rightarrow 0$

Nun können wir alles in einer Tabelle zusammenfassen:

Tab. 17.4: Gesamtübersicht der Mikroprogrammsteuerung

Schritt Nr.	µPrg-Adresse	Aktivierte Steuersignale	Folgeadresse
1	9	BR_senden	13
2	13	BR_senden, SAR_Clk, EN, R/W	2
3	2	EN, R/W, SLR_Clk, SLR_Ak	14
4	14	SLR_Ak, Ak_Clk	0
5	0	X	0 (beliebig)

Mit X wurden die bei Mikroprogrammadresse 0 aktiven, hier nicht näher bezeichneten Steuersignale abgekürzt.

Programmierung der Koppelmatrix

Diese Tabelle lässt sich nun in die Mikroprogrammsteuerung übernehmen. Die Mikroprogrammadresse gibt die Zeilennummer der Koppelmatrix an. Die aktivierten Steuersignale kommen in die Steuermatrix, die Folgeadresse kommt in die Folgematrix der genannten Zeile. Wir erhalten somit folgende Mikroprogrammsteuerung:

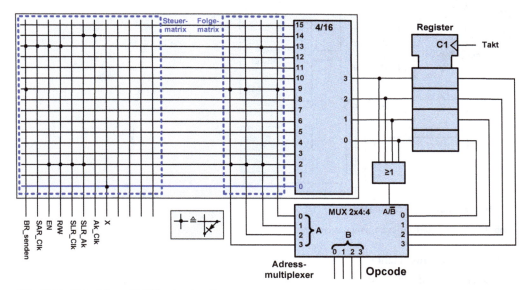

Abb. 17.11: Beispiel zum Befehlssatzentwurf

Das beschriebene Verfahren müsste man bei einem realen Prozessor für jeden einzelnen Maschinenbefehl des Befehlssatzes wiederholen, bei einem typischen CISC-Prozessor also um die 500-mal. Die Koppelmatrix und auch die Wortbreite der Mikroprogrammadressen und Opcodes müssten entsprechend größer ausfallen.

17.4   Erweiterung der Mikroprogrammsteuerung

Notwendigkeit

Unsere Beispiel-Mikroprogrammsteuerung verwendete eine Reihe von Vereinfachungen, die Nachteile mit sich bringen. Der wohl gravierendste Nachteil ist, dass bislang keine Statussignale berücksichtigt werden, die vom Rechenwerk oder anderen Komponenten erzeugt werden. Somit wären keine bedingten Verzweigungen möglich. Außerdem gibt es Optimierungsmöglichkeiten, die die Koppelmatrix verkleinern. Wir müssen die Mikroprogrammsteuerung also erweitern und erhalten die in Abb. 17.12 zu sehende Variante. Gehen wir nun auf die Änderungen im Detail ein.

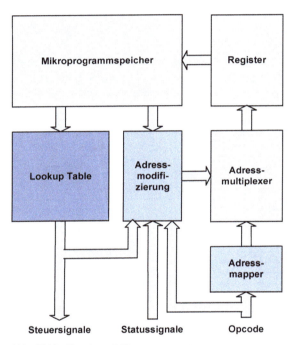

Abb. 17.12: Erweiterte Mikroprogrammsteuerung

Mikroprogrammspeicher

Zunächst fällt auf, dass Koppelmatrix und Adressdecoder durch einen ***Mikroprogrammspeicher*** ersetzt wurden. Die Arbeitsweise bleibt an sich gleich, jedoch ist man dadurch flexibler darin, wie die Informationen gespeichert werden.

- Nimmt man als Speicher ein ROM (Read-Only Memory), das nur gelesen, aber nicht verändert werden kann, hat man ähnliche Eigenschaften wie bei der oben beschriebenen Diodenmatrix.
- Verwendet man ein RAM (Random Access Memory), dann können während der Entwicklung des Mikrobefehlssatzes Änderungen nach Belieben eingebracht werden, was den

Entwicklungsprozess vereinfacht und beschleunigt. Allerdings verliert ein RAM beim Ausschalten seine Information.

- Diesen letztgenannten Nachteil besitzt ein EEPROM (Electrically Erasable Programmable Read-Only Memory) oder auch ein Flash-Speicher nicht. In ihm kann die Mikroprogrammierung dauerhaft abgelegt werden. Außerdem kann man sie im Nachhinein ändern. Das ist von Vorteil, falls man Fehler entdeckt, wenn der Prozessor bereits beim Kunden ist. Der Kunde kann sich in diesem Falle ein Firmware-*Update* für den Microcode herunterladen und den Fehler korrigieren. Das kann einen kostenträchtigen Umtausch des Prozessors vermeiden helfen.

Die Änderbarkeit des Microcodes ermöglicht es außerdem, eine **Emulation** des Maschinenbefehlssatzes vorzunehmen. Ein Prozessor vom Typ A soll sich einmal so verhalten, als wäre er ein Prozessor vom Typ B, ein anderes Mal wie ein Prozessor vom Typ C. Demnach soll sich sein Maschinenbefehlssatz ändern können. Man könnte zu diesem Zweck mal den einen, mal den anderen Befehlssatz in den Mikroprogrammspeicher laden und den Prozessor so an die Aufgabe anpassen.

Möglicherweise ist ein EEPROM oder Flashspeicher zu langsam, um eine brauchbare Ausführungsgeschwindigkeit der Mikroprogramme zu erzielen. In diesem Falle könnte man den Microcode zwar dauerhaft in einem solchen Speicher ablegen, aber dessen Inhalt beim Einschalten des Prozessors in ein wesentlich schnelleres RAM kopieren, mit dem dann als Mikroprogrammspeicher gearbeitet wird.

Lookup Table

Eine weitere Modifikation ist die Verwendung einer **Lookup Table** für die Steuersignale. Bislang kam eine **Funktionalbitsteuerung** zum Einsatz, d.h. jedes Bit, das aus der Steuermatrix kam, hatte unmittelbar eine Aufgabe als Steuersignal.

Hat ein Prozessor beispielsweise 500 Steuersignale, benötigt man 500 Spalten in der Steuermatrix. Mit 500 Signalen ergeben sich 2^{500} Kombinationsmöglichkeiten. Das ist im Dezimalsystem eine Zahl mit 150 Nullen. Von dieser immens großen Anzahl kommen in der Praxis aber nur z.B. 50 000 vor.

Deswegen wendet man einen Trick an: Man nummeriert die tatsächlich vorkommenden Kombinationen durch und speichert nur die laufende Nummer der Kombination in der Steuermatrix. Dadurch spart man sehr viele Spalten ein. Allerdings benötigt man die Lookup Table, um aus der Nummer der Kombination wieder die Steuersignale zurückzugewinnen.

Aufgabe 75 Wie viele Spalten benötigt man bei 50 000 real vorkommenden Signalkombinationen in der Steuermatrix, wenn man eine Lookup Table einsetzt? Wie viele Spalten spart man gegenüber einer Funktionalbitsteuerung mit 500 Steuersignalen ein?

Adressmodifizierung

Wir sehen, dass die Folgeadresse nicht unmittelbar in den Adressmultiplexer mündet, sondern ein Baustein zur **Adressmodifizierung** dazwischengeschaltet ist. In ihn fließen außer der Folgeadresse ferner die Statussignale und manche Steuersignale ein.

Verwendung von Statussignalen

Zunächst zur Rolle der Statussignale. Eine Möglichkeit, sie einzubeziehen ist, dass man abhängig von ihnen die Folgeadresse verändert, z.B. 1 dazu addiert. Falls ein Statussignal S gleich null ist, wird mit der Folgeadresse f fortgefahren, die aus dem Mikroprogrammspeicher kommt. Ist das Statussignal gleich eins, dann wird mit der Mikroprogrammadresse f + 1 fortgefahren. Somit erfolgt eine bedingte Mikroprogrammverzweigung.

Erschwert wird die Sache allerdings durch folgende Faktoren:

- Mehrere Statussignale können gleichzeitig 1 sein.
- Nicht alle Statussignale sind für jedes Mikroprogramm und an jeder Stelle des Mikroprogramms relevant.

Die Adressmodifizierung muss also mitgeteilt bekommen, welche Statussignale bei einem Mikrobefehl einbezogen werden sollen. Das kann beispielsweise über Steuersignale erfolgen, von denen wie in Abb. 17.12 dargestellt, einige zur Adressmodifizierung führen.

Reduktion der Zahl von Mikroprogrammadressen

Man kann die Adressmodifizierung auch dazu verwenden, die Zahl der Mikroprogrammadressen zu reduzieren. Manche Maschinenbefehle unterscheiden sich nur geringfügig, beispielsweise darin, ob ein Wert aus dem Hauptspeicher in das AX-Register (Maschinenbefehl 1) oder in das BX-Register (Maschinenbefehl 2) gebracht wird, siehe Abb. 17.13.

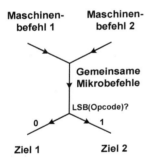

Abb. 17.13: Gemeinsam genutzte Mikrobefehle

In diesem Falle kann man beide Maschinenbefehle zusammenfassen und einige Mikrobefehle lang gemeinsam laufen lassen. Maschinenbefehl 1 und Maschinenbefehl 2 teilen sich also einige Mikroprogrammadressen. Entsprechend würden MOV AX, [] und MOV BX, [] zunächst auf gleiche Weise den Hauptspeicher adressieren und den Inhalt der Speicherstelle in das Speicherleseregister holen.

Aufgabe 76 Wie kann man zwei Maschinenbefehle zu einer gemeinsamen Abarbeitung ihrer Mikrobefehle zusammenfassen?

Man benötigt ferner eine Möglichkeit, die gemeinsame Abarbeitung zu verlassen und fortan wieder getrennte Mikroprogrammschritte auszuführen. Dazu kann man beispielsweise das

LSB (<u>L</u>east <u>S</u>ignificant <u>B</u>it) des Opcodes verwenden. Ist das LSB Null, dann wird zu den Mikrobefehlen von Maschinenbefehl 1 verzweigt, ansonsten zu denen von Maschinenbefehl 2. Im Falle von Maschinenbefehl 1 würde im Beispiel der Datenpfad vom Speicherleseregister zum AX-Register geschaltet und ein Impuls auf AX_Clk gegeben werden. Falls es sich um Maschinenbefehl 2 handelt, würde der Datenpfad zum BX-Register geschaltet und ein Impuls auf BX_Clk gegeben werden.

Aufgabe 77 Wie würde man vorgehen, wenn man vier ähnliche Maschinenbefehle teilweise zusammenfassen will, z.B. MOV AX/BX/CX/DX, []?

Adressmapper

Bisher hatten wir die feste Regel, dass der Opcode immer gleich der Startadresse des zugehörigen Mikroprogrammes ist. Das ist zwar einfach zu realisieren, aber nicht unbedingt vorteilhaft.

Nehmen wir an, ein Prozessor habe einen Befehlssatz, der 250 Maschinenbefehle umfasst. Um einen Befehl eindeutig zu kennzeichnen, würden Opcodes mit 8 Bit ausreichen, weil sich damit $2^8 = 256$ unterschiedliche Werte darstellen lassen.

Die Anzahl der Bits für den Opcode muss sich aber bei unserem einfachen Modell an der Anzahl der Mikroprogrammadressen orientieren. Falls ein Mikroprogramm im Durchschnitt 7 Mikrobefehle umfasst, dann haben wir $7 \cdot 250 = 1750$ Mikroprogrammadressen. Daher wird der Opcode mindestens 11 Bits umfassen müssen, weil die nächsthöhere Zweierpotenz $2^{11} = 2048$ ist. Weil Prozessoren als Wortbreite üblicherweise Vielfache von Zweierpotenzen verwenden, müsste man gar auf 16 Bits aufrunden.

Eine bessere Alternative ist die Verwendung eines Adressmappers. Wir lösen uns von der Regel, dass der Opcode immer gleich der Startadresse des zugehörigen Mikroprogrammes sein muss und ordnen jedem Opcode eine Startadresse zu. Diese Umsetzung wird durch den Adressmapper vorgenommen. Somit ist die von den Opcodes benötigte Wortbreite nur noch von der Anzahl der Opcodes abhängig, und nicht mehr von der Zahl der Mikroprogrammadressen.

Aufgabe 78 Ein Prozessor besitze 500 unterschiedliche Maschinenbefehle in seinem Befehlssatz. Wie viele Bits müsste ein Opcode umfassen? Wie könnte man vorteilhaft vorgehen, wenn der Prozessor nur Zweierpotenzen als Bitanzahl für die Opcodes verwenden kann? Welche Wortbreite müssen die Mikroprogrammadressen mindestens besitzen, wenn ein Maschinenbefehl im Schnitt 8 Mikrobefehle umfasst? Welche Wortbreite benötigt man für die im Mikroprogrammspeicher abzulegenden Daten, wenn es 30.000 verschiedene Steuersignalkombinationen gibt?

Aufgabe 79 Stellen Sie die wesentlichen Vor-und Nachteile der Mikroprogrammsteuerung zusammen.

18 Spezielle Techniken und Abläufe im Prozessor

18.1 Befehlszyklus

Schaltet man einen Prozessor ein, dann muss er in einen genau definierten Anfangszustand versetzt werden. Die Inhalte der Register werden zurückgesetzt, also mit Nullen gefüllt. Der Befehlszeiger wird ebenfalls auf einen definierten Wert gesetzt, nämlich eine Adresse, an der sich der erste abzuarbeitende Maschinenbefehl befinden muss. Dieser liegt beispielsweise im BIOS (Basic Input/Output System).

Das BIOS enthält somit ein Maschinenprogramm, das jedes Mal beim Einschalten abgearbeitet wird. Es sorgt dafür, dass die im Computer vorhandenen Komponenten erkannt und initialisiert werden. Außerdem sucht es nach dem Betriebssystem. Wenn dieses gefunden wird, startet das BIOS das Betriebssystem und übergibt ihm die Kontrolle.

Während der Prozessor ein Maschinenprogramm abarbeitet, durchläuft er fortgesetzt folgenden Befehlszyklus:

- **Fetch**: Befehl holen und im Befehlsregister ablegen. Ferner Befehlszeiger auf nächsten Befehl setzen.
- **Decode**: Befehl decodieren
- **Generate Address**: Gegebenenfalls Adressberechnung durchführen für Operand oder Ergebnis
- **Execute**: Befehl ausführen

Aufgabe 80 Woher weiß der Prozessor, um welchen Wert der Befehlszeiger erhöht werden muss? Reicht einmaliges Erhöhen in jedem Falle aus? Begründung!

Nicht immer werden alle genannten Schritte benötigt. Manche Befehle versetzen den Prozessor lediglich in einen anderen Betriebsmodus und benötigen bzw. erzeugen keine Daten, für die man eine Adresse berechnen müsste.

Aufgabe 81 Nennen Sie Beispiele für Befehle, bei denen nicht alle Aktionen, die in einem Befehlszyklus möglich sind, benötigt werden.

Wie wir wissen, wird nicht jeder Befehl in einem Takt abgearbeitet, insbesondere bei CISC-Prozessoren. Deswegen gibt es einen Unterschied zwischen Befehlszyklus und Taktzyklus: Ein Befehlszyklus kann durchaus mehrere Taktzyklen umfassen, nämlich dann, wenn der Maschinenbefehl aus mehreren Mikrobefehlen besteht.

https://doi.org/10.1515/9783110741797-018

Der Befehlszyklus wird selbst dann durchlaufen, wenn der Prozessor scheinbar nichts zu tun hat. In diesem Fall gibt es üblicherweise eine Warteschleife oder einen **Idle Process**, der die nicht benötigte Rechenleistung aufbraucht.

Doch sehen wir uns nun an, wie ein beispielhafter Befehlszyklus in der Hardware abläuft. Zu beachten ist dabei, dass Prozessoren in mancherlei Hinsicht verschieden konstruiert sind und vom beschriebenen Aufbau und Ablauf abweichen können.

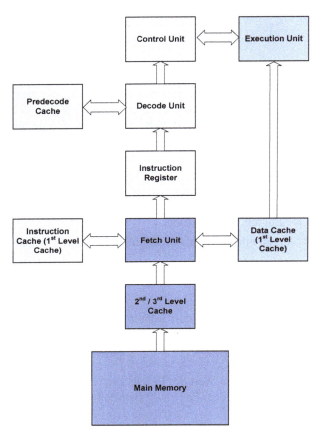

Abb. 18.1:   Hardwarestruktur für die Befehlszyklus-Abarbeitung

In der Abb. 18.1 werden nun ebenso wie in den einschlägigen Unterlagen der Prozessorhersteller die englischsprachigen Begriffe verwendet.

Wir sehen, dass für jeden der vier Schritte des Befehlszyklus eine Hardware-Komponente vorhanden ist: Die Fetch Unit führt die Fetch-Operation durch, die Decode Unit die Decode-Operation und die Execution Unit die Execute-Operation.

Im Bild fehlt der Einfachheit halber die AGU (Address Generation Unit), die für die Adressberechnung zuständig ist. Ferner sieht man diverse Caches und das Instruction Register, das wir bisher hauptsächlich unter dem Namen Befehlsregister verwendet haben.

Die *Fetch Unit* holt den nächsten abzuarbeitenden Opcode aus dem Hauptspeicher ins Befehlsregister (Instruction Register). Außerdem legt sie ihn im Instruction Cache ab. Dort bleibt der Opcode vorerst, für den Fall, dass man ihn später nochmal benötigt. Analog dazu werden Datenwerte und als Parameter angegebene Adressen von der Fetch Unit in den Data Cache geholt.

Instruction und Data Cache bilden häufig den 1st Level Cache. Zur weiteren Beschleunigung kann sich zwischen Fetch Unit und Hauptspeicher noch ein 2nd oder gar 3rd Level Cache befinden.

Die *Decode Unit* decodiert den Opcode und generiert daraus Micro-Ops. Sie entsprechen im Grunde der Ausgabe unserer Beispiel-Mikroprogrammsteuerung und bilden die Steuersignale für diverse Komponenten des Prozessors und dessen Peripherie. Allerdings können sie als eine Einheit behandelt und in einem Predecode Cache zwischengespeichert sowie an verschiedene gleichartige Execution Units geschickt werden.

Manche einfachen Maschinenbefehle können von der Hardware direkt ausgeführt werden, so dass es eine direkte Entsprechung zwischen Opcode und Micro-Op gibt. Andere Maschinenbefehle müssen ähnlich wie bei unserer Mikroprogrammsteuerung durch eine Sequenz von Micro-Ops dargestellt werden.

Die *Control Unit* sorgt dafür, dass die Micro-Ops zur richtigen Zeit und in der passenden Reihenfolge an die *Execution Units* gesendet werden. Es gibt meist mehrere *IEUs* (Integer Execution Units, Ganzzahlrechenwerke), *FPUs* (Floating Point Units, Gleitpunktrechenwerke) und *AGUs* (Address Generation Units, Adresseinheiten), die die Micro-Ops ausführen.

Die einzelnen Komponenten können dabei mehr oder weniger parallel arbeiten. So kann die Fetch Unit aufeinanderfolgende Speicherinhalte auf Vorrat holen (*Prefetching, Prefetch Queue*). Dadurch ist sie zum einen auch in Phasen mit wenigen Hauptspeicherzugriffen ausgelastet, zum anderen können die geholten Inhalte später schneller bereitgestellt werden. Auch die Decode Unit kann Befehle auf Vorrat decodieren und im Decode Cache ablegen.

Im Befehlszyklus wird häufig Pipelining eingesetzt, wobei man von einer *Befehlspipeline* spricht. Man findet das Pipelining aber auch in den Ganzzahlrechenwerken als *Integer Pipelines* und in den Gleitkommaeinheiten als *Floating Point Pipelines*.

Ferner können Funktionseinheiten mehrfach vorhanden sein. Das trifft insbesondere auf Decode Units, Control Units und Execution Units zu. In Grunde kann es auch mehrere Fetch Units geben, aber die Hauptspeicheranbindung ist dafür oft nicht schnell genug.

18.2 Strategien bei Programmverzweigungen

Problematik und Static Prediction

Im einfachsten Falle werden die Maschinenbefehle nacheinander aus dem Speicher geholt, nämlich dann, wenn man eine *Sequenz* von Befehlen abarbeitet. Der Befehlszeiger wird dann lediglich auf den nächsten Befehl gesetzt. Jedoch gibt es einige Fälle, in denen der Befehlszeiger auf gänzlich andere Werte gesetzt wird, insbesondere:
- Sprungbefehle (bedingte und unbedingte), Schleifen

- Unterprogrammaufrufe (einschließlich Rekursionen)
- Programmunterbrechungen (Interrupts)

Diese Fälle treten häufig auf, führen aber zu Problemen mit dem Pipelining. Das soll anhand eines kleinen Ausschnitts aus einem Maschinenprogramm erläutert werden:

Adresse	Befehl	
B4C4h	MOV SI, 300;	lade den Wert 300 ins SI-Register
B4C7h	ADD AX, [BX+SI];	addiere zum Inhalt von AX das SI-te Feldelement
B4C8h	DEC SI, 1;	vermindere den Inhalt des SI-Registers um 1
B4C9h	JNZ B4C7h;	wenn keine Null herauskam, springe nach B4C7h: neuer Schleifendurchlauf
B4CBh	SUB AX, CX;	Subtrahiere den Inhalt des CX-Registers vom AX-Register
B4CCh	SHR CX, 1;	Schiebe den Inhalt des CX-Registers um 1 Position nach rechts
B4CDh	MOV BX, 0;	lade den Wert 0 ins BX-Register
...	...	

In dem Programmfragment werden zunächst die Inhalte eines Feldes mit 300 Elementen aufaddiert, das bei der in BX enthaltenen Adresse plus 1 beginnt. Dann werden einige weitere Berechnungen durchgeführt.

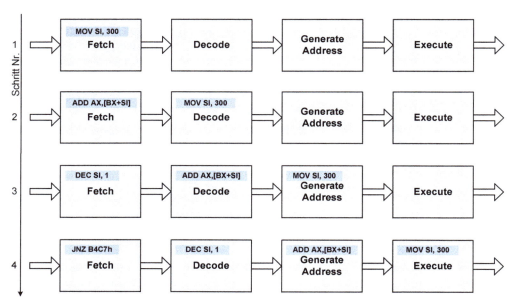

Abb. 18.2:   Abarbeitung des Beispielprogrammes, Schritte 1 bis 4

Aber wozu das Programm genau dient, ist im Grunde zweitrangig. Uns kommt es insbesondere auf die Programmschleife in den Adressen B4C7h bis B4C9h an, und wie der Prozessor damit umgeht.

Der Prozessor holt problemlos die ersten vier Befehle aus dem Speicher und speist sie in die Befehlspipeline ein, wie dies in Abb. 18.2, Schritte 1 bis 4 zu sehen ist. Es werden nacheinander die Schritte Fetch – Decode – Generate Address – Execute durchlaufen.

Nun ergibt sich aber ein Problem: Welcher Befehl soll als nächstes in die Pipeline geholt werden? Der SUB-Befehl aus Adresse B4CBh oder nochmal der ADD-Befehl aus Adresse B4C7h?

Der Prozessor kann das erst mit Sicherheit entscheiden, wenn klar ist, ob die Schleife erneut durchlaufen wird oder nicht. Das stellt sich aber erst heraus, wenn der JNZ-Befehl ausgeführt wird.

Eine Möglichkeit wäre, einfach zu warten, bis der nächste zu holende Befehl feststeht. Das wäre aber recht ineffizient. Der Prozessor kann die Zeit besser nutzen, indem er Befehle „auf Verdacht" in die Pipeline holt, und mit etwas Glück waren es die richtigen. Ansonsten kann er die unnötig geholten Befehle immer noch verwerfen, ohne dass ein großer Nachteil entsteht. Diesen Ansatz wollen wir weiterverfolgen. Man nennt das *Static Prediction*.

Solange nicht klar ist, ob eine Programmverzweigung durchgeführt wird, geht der Prozessor davon aus, dass alles „wie gewohnt" läuft, und er holt der Reihe nach die nächsten Befehle in die Pipeline. Das wird oft *Predict not Taken* genannt. Der Prozessor sagt also voraus, dass eine Verzweigung vermutlich nicht erfolgen wird. In unserem Fall holt er den SUB-Befehl, den SHR-Befehl und den MOV-Befehl aus den Adressen B4CBh bis B4CDh (Abb. 18.3, Schritte 5 bis 7).

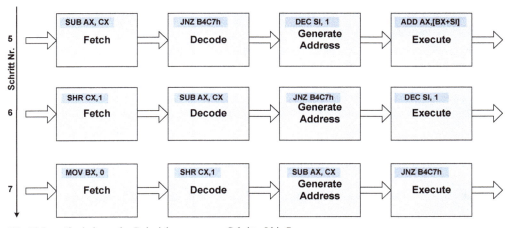

Abb. 18.3:   Abarbeitung des Beispielprogrammes, Schritte 5 bis 7

Nach der Ausführung des JNZ-Befehls, also nach Schritt 7, weiß der Prozessor, dass eine Programmverzweigung erfolgt. Es sollen also gar nicht die Befehle als nächstes ausgeführt werden, die in der Pipeline stehen. Deshalb müssen die Pipeline-Inhalte alle verworfen und stattdessen die richtigen Befehle geholt werden (Abb. 18.4, Schritte 8 bis 10). Die Pipeline läuft also leer, was Performance kostet.

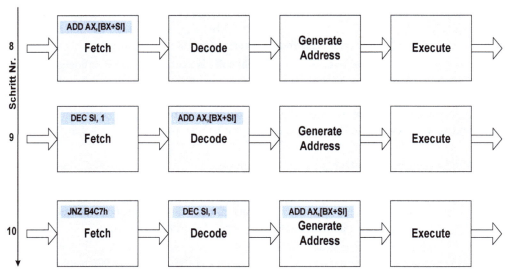

Abb. 18.4:   Abarbeitung des Beispielprogrammes, Schritte 8 bis 10

Nach dem Schritt 10 steht der Prozessor vor demselben Dilemma wie nach dem Schritt 4: Welcher Befehl soll als nächstes geholt werden? Der SUB-Befehl aus Adresse B4CBh oder nochmal der ADD-Befehl aus Adresse B4C7h?

Entsprechend wiederholt sich nun der Ablauf wie bereits in den Schritten 5 bis 10 zu sehen. Die Pipeline läuft also erneut leer.

Zusammenfassend können wir feststellen, dass die Pipeline bei jedem Schleifendurchlauf leer läuft, außer beim letzten Durchlauf. Das ist ein sehr unbefriedigendes Ergebnis, denn Schleifen machen prozentual den größten Teil der Rechenzeit aus. Wir haben also mit dem Pipelining zwar ein gutes Mittel zur Verbesserung der Performance zur Verfügung, aber ausgerechnet da, wo man es am meisten benötigen würde, bringt es kaum etwas.

Eine Verbesserung könnte es für unser Programm bringen, wenn der Prozessor davon ausginge, dass eine Programmverzweigung jedes Mal erfolgt. Diese Vorgehensweise nennt man **Predict Taken**, und auch dieses Verfahren fällt in die Rubrik Static Prediction.

Aufgabe 82   Was könnte ein Hinderungsgrund dafür sein, das Predict Taken-Verfahren einzusetzen?

Es spielt auch eine Rolle, ob Programmverzweigungen vorwärts oder rückwärts erfolgen. Schleifen enthalten immer Rückwärtsverzweigungen für den erneuten Schleifendurchlauf und werden in der Regel mehrfach durchlaufen. Daher kann man davon ausgehen, dass Rückwärtsverzweigungen häufiger ausgeführt werden als nicht ausgeführt werden.

Generell ist es für den Prozessor aber schwierig vorherzusagen, ob eine Programmverzweigung erfolgen wird oder nicht. Selbst im Falle einer Schleife weiß der Prozessor das nicht im Voraus. Tippt der Prozessor auf einen erneuten Schleifendurchlauf, dann kann die Schleife aufhören. Vermutet er das Ende der Schleife, kann ein weiterer Durchlauf erfolgen. Egal wie der Prozessor also entscheidet, kann seine Entscheidung falsch sein, mit der Folge dass die im Voraus geholten Befehle nicht zur Ausführung gelangen und die Pipeline leer läuft.

Wie groß die Auswirkungen sind, die sich durch das Leerlaufen einer Pipeline ergeben, hängt stark von deren Länge ab. Ist eine Pipeline zu kurz (***underpipelined***), dann ist die erwünschte Parallelisierung nicht allzu effektiv. Außerdem muss in diesem Fall jede Stufe relativ viel Rechenarbeit erledigen, so dass die einzelnen Stufen recht komplex werden und die Pipeline daher nicht allzu hoch getaktet werden kann.

Ist eine Pipeline zu lang (***overpipelined***), dann reagiert sie empfindlich auf Programmverzweigungen, und es müssen viele Wartezyklen eingelegt werden, bis die Pipeline wieder gefüllt ist. Das Optimum der Pipelinelänge soll bei etwa acht bis neun Stufen liegen.

Aufgabe 83   Wie beurteilen Sie die Strategie, Pipelines sehr lang zu machen, z.B. 20 oder 30 Stufen, damit man den Prozessor höher takten kann?

Es wurden zahlreiche Überlegungen angestellt, wie man Pipelining in Verbindung mit Programmverzweigungen noch besser einsetzen kann. Dazu wurden Verfahren entwickelt, bei denen sich der Prozessor dynamisch auf die Programm-Gegebenheiten einstellen kann (***Dynamic Prediction***), und einige dieser Strategien wollen wir nun kennenlernen.

Branch Prediction mit BHT

Branch Prediction ist ganz allgemein der Versuch vorherzusagen, ob ein bedingter Sprung zu einer Verzweigung führen wird oder nicht. Eine Möglichkeit dazu ist der Einsatz einer Branch History Table (***BHT, Branch History Buffer, BHB***). Dabei geht man davon aus, dass beim erneuten Erreichen eines Sprungbefehls dasselbe passiert wie beim vorigen Mal. Betrachten wir, wie sich diese Strategie bei unserem Beispielprogramm auswirken würde.

Erster Schleifendurchlauf

Beim ersten Schleifendurchlauf liegen noch keine Informationen vor, was bei dem JNZ-Befehl passieren könnte. Der Prozessor würde als Fallback-Lösung auf ein statisches Vorhersageverfahren zurückgreifen und beispielsweise einfach einen Befehl nach dem anderen in die Pipeline holen. Der Ablauf wäre dann zunächst identisch mit den Schritten 1 bis 7 aus Abb. 18.2 und Abb. 18.3.

Im Schritt 7 erkennt der Prozessor, dass eine Verzweigung erfolgt und merkt sich diese Tatsache in der BHT. Außerdem legt er das Sprungziel, also die Adresse B4C7h, im ***Branch Target Buffer (BTB)*** ab, damit er es später nicht erneut berechnen muss. Bedingte Sprungbefehle verwenden nämlich meist relative Adressierung, wo von der derzeitigen Position vorwärts oder rückwärts gerechnet werden muss. Die Pipeline läuft nun allerdings leer, genauso wie ohne Verwendung der BHT.

Zweiter Schleifendurchlauf und folgende

Wird der JNZ-Befehl erneut erreicht, dann sieht der Prozessor, dass für ihn ein BHT-Eintrag vorliegt. Dieser besagt, dass beim vorigen Mal eine Verzweigung erfolgte.

Der Prozessor geht davon aus, dass dies wieder passiert und holt die zugehörige Zieladresse B4C7h aus dem BTB. Dann werden die Befehle ab Adresse B4C7 in die Pipeline eingespeist, wie man das in Abb. 18.5 sieht.

Wird der JNZ-Befehl ausgeführt, stellt sich heraus, dass die Vermutung richtig war. Die Pipeline-Inhalte können beibehalten werden, und die Pipeline läuft nicht leer.

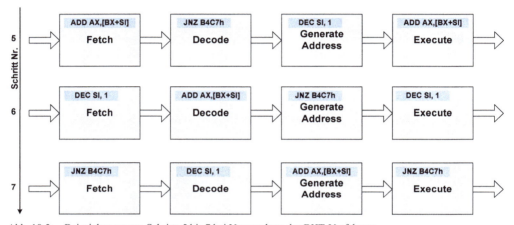

Abb. 18.5:   Beispielprogramm Schritte 5 bis 7 bei Verwendung des BHT-Verfahrens

Letzter Schleifendurchlauf

Beim letzten Schleifendurchlauf geht der Prozessor wie zuvor von einer erneuten Verzweigung aus und holt die Befehle ab Adresse B4C7 in die Pipeline. Diesmal stimmt die Vermutung allerdings nicht. Es erfolgt keine Verzweigung, und die Befehle ab B4CBh werden benötigt. Diese stehen aber nicht in der Pipeline. Die Pipeline-Inhalte müssen also verworfen werden, und die Pipeline läuft leer.

Wir können also zusammenfassen: Bei der Abarbeitung einer Schleife läuft die Pipeline genau zweimal leer: Beim ersten und beim letzten Schleifendurchlauf. Das stellt eine erhebliche Verbesserung gegenüber dem statischen Predict not Taken-Verfahren dar.

Aufgabe 84 Warum enthält die BHT typischerweise doppelt so viele Einträge wie der BTB?

Das Verfahren besitzt aber durchaus auch seine Grenzen: Wenn eine Schleife im Extremfall nur zwei Durchläufe besitzt, dann wird jedes Mal falsch entschieden, und man hat keinen Vorteil im Vergleich zum Predict not Taken-Verfahren.

Auch Algorithmen, bei denen sich mehr oder weniger regellos erfolgte Verzweigungen und nicht erfolgte Verzweigungen abwechseln, führen zu schlechter Performance. Das kann z.B.

auf die Abarbeitung von Binärbäumen zutreffen, wo mit etwa gleicher Wahrscheinlichkeit in den rechten bzw. linken Teilast verzweigt wird.

Um solche Fälle besser abzudecken, gibt es Varianten des BHT-Verfahrens, die das Verhalten bei den letzten n Malen speichern, bei denen der Sprungbefehl abgearbeitet wurde. Dadurch sollen auch Regelmäßigkeiten in die Entscheidung einbezogen werden, die nur bei allen paar Durchläufen auftreten.

Speculative Execution

Wenn der Prozessor schon nicht mit Sicherheit entscheiden kann, ob eine Verzweigung erfolgen wird oder nicht, dann könnte er aber zumindest beide Möglichkeiten weiterverfolgen, bis er erkennt, welche die richtige war. Dann werden die nicht benötigten Daten verworfen. Nach diesem Prinzip geht man vor, um Sprungvorhersage durch *Speculative Execution* zu unterstützen.

Ganz allgemein spricht man von Speculative Execution, wenn man Anweisungen ausführen lässt, von denen man noch nicht sicher weiß, ob man die Ergebnisse verwenden kann. Das mag zwar etwas seltsam klingen. Jedoch haben zahlreiche Prozessoren so viele Funktionseinheiten, dass sie oft gar nicht alle gleichzeitig ausgelastet werden können. Anstatt dass eine Funktionseinheit ungenutzt bleibt, führt man in ihr eine Operation durch, deren Ergebnis man vielleicht brauchen könnte.

Wenn man insbesondere Programmverzweigungen unterstützen möchte, dann stellt man für jede der beiden Alternativen eine Pipeline bereit, wie dies aus Abb. 18.6 hervorgeht.

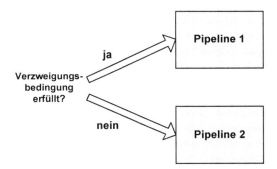

Abb. 18.6:   Speculative Execution

Bezogen auf unser Programmbeispiel würde die Pipeline 1 mit den Befehlen ab der Adresse B4C7h gefüttert werden und würde wie in Abb. 18.5 aussehen. Pipeline 2 würde wie in Abb. 18.3 mit den Inhalten ab Adresse B4CBh gefüttert werden.

Bei den ersten Schleifendurchläufen erfolgt eine Verzweigung, und Pipeline 1 wird beibehalten, während Pipeline 2 verworfen wird. Beim letzten Schleifendurchlauf ist es genau umgekehrt: Pipeline 1 verwirft man und Pipeline 2 behält man.

Auch dieses Verfahren hat seine Grenzen. Betrachten wir beispielsweise *Mehrfachverzweigungen*. Das bedeutet, dass mehrere Verzweigungsbefehle gleichzeitig in einer Pipeline enthalten sind. So etwas kann bei case-Anweisungen auftreten, die eine Fallunterscheidung durchführen, aber auch bei kleineren Schleifen, wo mehrere Durchgänge in eine Pipeline passen. Abb. 18.7 zeigt, was passiert.

Jedes Mal wenn ein Verzweigungsbefehl auftritt, muss eine weitere Pipeline bereitgestellt werden. Weil das prinzipiell bei beiden Alternativen passieren kann, kann sich die Zahl der nötigen Pipelines schnell verdoppeln oder gar vervielfachen.

Daraus ergeben sich die Anforderungen, dass
- genügend Pipelines zur Verfügung stehen
- diese schritthaltend gefüttert werden können

Beide Anforderungen sind nicht leicht umzusetzen. Die Zahl der Pipelines ist begrenzt durch den Hardwareaufwand, den man treiben möchte. Viele Prozessoren verfügen zwar über mehrere Pipelines, so dass man von *superskalaren Prozessoren* spricht. Das heißt allerdings nicht, dass auch Speculative Execution unterstützt wird.

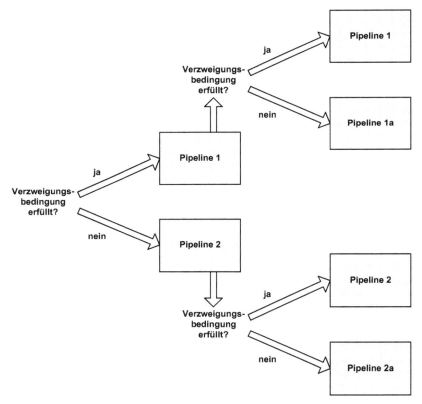

Abb. 18.7:   Mehrfachverzweigung bei Speculative Execution

Das schritthaltende Füttern wird limitiert durch die Anbindung des Hauptspeichers bzw. des Caches. Oft ist schon die schritthaltende Versorgung einer einzigen Pipeline nicht zu jedem Zeitpunkt gegeben. Das Vorkommen von Mehrfachverzweigungen ist umso wahrscheinlicher, je länger eine Pipeline ist, denn dann sind mehr Befehle und somit auch Verzweigungsbefehle in ihr enthalten.

Alles in allem lässt sich feststellen, dass es nicht praktikabel ist, wirklich alle Verzweigungen durch Speculative Execution abzudecken. Allerdings kann man Speculative Execution mit anderen Verfahren wie BHT kombinieren und so die Fehlerrate weiter senken.

Außerdem gibt es Verfahren, bei denen der Compiler dem Prozessor durch spezielle Opcodes mitteilt, ob eine Verzweigung vermutlich erfolgen wird oder nicht. Dabei macht man sich zunutze, dass der Compiler einen viel besseren Überblick über die Kontrollstrukturen eines Programmes hat, als dies beim Prozessor der Fall sein kann.

18.3 Out of Order Execution

Zwischen Prozessor und Hauptspeicher gibt es ein beträchtliches Geschwindigkeitsgefälle. Obwohl Caches das Problem mildern können, kommt es dennoch häufig vor, dass ein Prozessor bzw. eine seiner Komponenten bei der Abarbeitung eines Befehls warten muss, bis Daten aus dem Hauptspeicher geholt wurden. Während dessen stehen die Funktionseinheiten, die der Befehl verwenden soll, ungenutzt herum.

Daher verwenden immer mehr Prozessoren die *Out of Order Execution*. Dabei wird ein Befehl, der eigentlich erst später an der Reihe wäre, vorgezogen und ausgeführt, um die Wartezeit auf einen anderen Befehl zu nutzen.

Zu diesem Zweck werden Befehle zunächst in *Reservation Stations* zwischengespeichert. Dort warten sie auf ihre Ausführung, bis ihre Operanden bereit stehen. Sobald das der Fall ist, verlassen sie die Reservation Station und werden von einer Funktionseinheit ausgeführt. Die Reihenfolge der Ausführung braucht dabei nicht dieselbe zu sein wie die Reihenfolge im Programmcode.

18.4 64-Bit-Erweiterungen

Wenn man von 64-Bit-Prozessoren spricht, meint man in erster Linie die Wortbreite der Daten. Die Breite der Adressen ist davon im Prinzip unabhängig. Bei 8- und 16-Bit-Prozessoren waren die Adressen meist breiter als die Daten. 32-Bit-Prozessoren besitzen oft Adressen und Daten mit gleicher Bitzahl. Bei 64-Bit-Prozessoren schließlich sind die physikalischen Adressen oft kürzer als die Daten, z.B. 48 Bit.

Manche Prozessoren sind von Haus aus als 64-Bit-Prozessoren konzipiert. Andere dagegen entstammen einer 32-Bit-Familie und werden auf 64 Bit erweitert, so dass man von einer 64-Bit-Erweiterung spricht. Das trifft beispielsweise auf die *x64-Architektur* zu, die von AMD unter dem Namen x86-64 und AMD64 entwickelt und von Intel als IA32e, EM64T bzw. Intel 64 übernommen wurde.

Was die Adressen anbelangt, ist der Hauptvorteil von 64-Bit-Erweiterungen, dass man mehr als die 4 GB Hauptspeicher ansprechen kann, die mit 32-Bit-Adressen möglich sind.

Aufgabe 85   Wie kommt man auf die 4 GB Hauptspeicher bei 32-Bit-Adressen?

Um 64 Bit Datenworte zu verarbeiten, verdoppelt man einfach die Wortbreite der vorhandenen Register, wie dies schon bei der Erweiterung von 16- auf 32-Bit-Prozessoren gemacht wurde. Abb. 18.8 zeigt das beispielhaft für das 16 Bit breite AX-Register. Es wurde auf ein 32-Bit-Register verdoppelt, das man EAX (Extended AX) nannte. Ebenso wird das EAX-Register in seiner Breite verdoppelt, und man erhält das 64-Bit-RAX-Register.

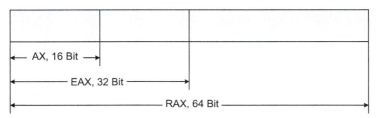

Abb. 18.8:   64-Bit-Erweiterung der Register

Bisherige Software läuft nach wie vor, nutzt aber nur die niederwertige Hälfte (EAX) bzw. das niederwertigste Viertel (AX) des RAX-Registers. Analog geht man bei den übrigen Registern vor.

Bei der x64-Architektur hat man außer den 8 bereits vorhandenen noch 8 zusätzliche Register R8 … R15 vorgesehen, die für 32-Bit-Anwendungen nicht zur Verfügung stehen.

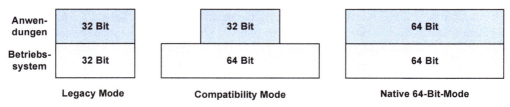

Abb. 18.9:   Betriebsmodi

Wie in Abb. 18.9 zu sehen ist, kann man auch auf x64-Prozessoren ein 32-Bit-Betriebssystem mit 32-Bit-Anwendungen laufen lassen. Das nennt man den *Legacy Mode*.

Wenn man ein 64-Bit-Betriebssystem installiert, kann dieses die Vorzüge der 64-Bit-Erweiterung nutzen. Dabei laufen sowohl 32-Bit-Anwendungen, was man den *Compatibility Mode* nennt, als auch 64-Bit-Anwendungen, die im *(nativen) 64-Bit-Modus* betrieben werden. Die letzteren beiden fasst man auch unter dem Begriff *Long Mode* zusammen.

Neben den bereits genannten Vorteilen bringt eine 64-Bit-Erweiterung aber auch Nachteile mit sich. Adressen werden im Long Mode mit vollen 64 Bit statt 32 Bit Länge angegeben, auch wenn z.B. nur 48 Bit physikalische Adressen unterstützt werden. Dadurch werden Programme deutlich länger, was den Einfluss der Hauptspeichergröße und seiner Performance verstärkt. Ferner müssen 64-Bit-Treiber für alle Hardwarekomponenten verfügbar sein. Inzwischen schwindet aber die Unterstützung für den 32-Bit-Modus immer mehr, so dass einem teilweise kaum eine andere Wahl bleibt als den Long Mode zu nutzen, selbst wenn man ihn nicht wirklich braucht.

18.5 Sicherheitsfeatures

In zunehmendem Maße werden Sicherheitsfeatures direkt in Prozessoren integriert. Wir wollen einige davon nun kennenlernen.

Domains (Ringe)

Ein Mechanismus, der schon vergleichsweise lange Zeit in x86-kompatiblen Prozessoren enthalten ist, sind die in Abb. 18.10 dargestellten vier *Domains* oder *Ringe*. Sie entsprechen Sicherheitsstufen, in denen Prozesse unterschiedliche Rechte besitzen und somit in ihren Aktionsmöglichkeiten eingeschränkt werden können.

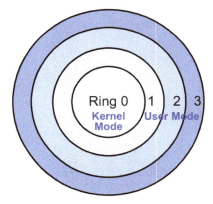

Abb. 18.10: Ringe

Auf Ring 0 läuft üblicherweise das Betriebssystem mit vollen Rechten (*Kernel Mode*). Dagegen sind Ring 1 bis 3 für Anwendungen vorgesehen, die mehr oder weniger eingeschränkte Rechte haben (*User Mode*). Das bedeutet, dass dort nur ein Teil des Maschinenbefehlssatzes genutzt werden kann und manche Speicherbereiche von dort aus nicht erreichbar sind.

Ferner kann nur aus Ring 0 direkt auf Hardware zugegriffen werden. Anwendungen greifen aus Ring 3 über sogenannte *Gates* auf Treiber zu, die sich in den darunter liegenden Ringen befinden und die Betriebssystemaufrufe nutzen, um Hardwarezugriffe durchzuführen. Bei Linux und Windows werden nur Ring 0 (Betriebssystem) und Ring 3 (Anwendungen) genutzt.

Verwendet man *Virtualisierung*, die direkt auf der Hardware aufsetzt, dann sitzt das Betriebssystem nicht auf Ring 0, sondern auf Ring 1, während sich in Ring 0 der *Hypervisor* befindet. Er gaukelt den Betriebssystemen auf Ring 1 bestimmte Hardware vor und besitzt die volle Kontrolle über das System.

Letzteres wird auch von **Virtual Machine Based Root Kits** gemacht, die ein laufendes Betriebssystem einfach von Ring 0 nach Ring 1 verschieben und so alle seine Sicherheitsmechanismen unterlaufen können.

Virtualisierung wird von zahlreichen Prozessoren hardwaremäßig unterstützt. Geräte können beispielsweise direkt in eine virtuelle Maschine durchgereicht werden, um die Performance zu verbessern. Dies geschieht oft in Zusammenarbeit mit dem Chipsatz. Auch können die virtuellen Maschinen besser voneinander abgeschottet werden, als dies rein softwaremäßig möglich wäre.

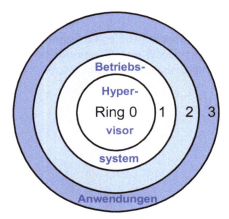

Abb. 18.11: Virtualisierung

Executable Space Protection

Bei der **Executable Space Protection** ist für einen Speicherbereich ein zusätzliches Bit vorhanden, das angibt, ob der Speicherbereich Code oder Daten enthält. Wenn Blöcke als Daten gekennzeichnet sind, dürfen sie nicht ausgeführt werden. Dadurch soll die Ausbreitung von Malware erschwert werden, die Code in Datenblöcke schreibt, diesen ausführt und sich so selbst repliziert oder Befehle mit umfassenden Rechten ausführt.

Die strikte Trennung von Code und Daten findet man bei der Harvard-Architektur wegen der komplett getrennten Speicher ohnehin. Bei Von-Neumann-Rechnern wurden lange Zeit Segmente verwendet, um Code und Daten voneinander abzugrenzen. Wegen der damit verbundenen Einschränkungen haben Segmente in ihrer ursprünglichen Form jedoch stark an Bedeutung verloren bzw. sind ganz verschwunden oder nur noch dem Namen nach vorhanden. Das stattdessen verwendete Flat Memory Model, bei dem alle Adressen auf gleiche Weise gehandhabt werden, begünstigte jedoch die Ausbreitung von Malware.

Daher brachte AMD das **NX-Bit** (No Execution) ein, das einem auch unter den Bezeichnungen **EVP** (Enhanced Virus Protection), **XD** (Execute Disable), **XN** (Execute Never), **DEP** (Data Execute Prevention), **EDB** (Execute Disable Bit) oder **Execute Protection** begegnet. Das bedeutet lediglich, dass Speicherbereiche als nicht ausführbar gekennzeichnet werden können, wenn sie lediglich Daten enthalten, aber keinen Code.

Trusted Platform Management

TPM (Trusted Platform Management) stellt kryptografische Methoden bereit, die für viele Zwecke nutzbar sind. Beispielsweise lässt sich dadurch eine so genannte *Root of Trust* bilden, also ein hardwarebasierter Vertrauensanker, der als sicher vorausgesetzt wird. Davon ausgehend kann beim Bootvorgang geprüft werden, ob Komponenten wie das BIOS und seine Konfiguration, ein evtl. vorhandener Hypervisor sowie bestimmte Teile des Betriebssystems unverändert geblieben sind *(Trusted Boot)*. Gegebenenfalls kann das System auf den vorherigen Zustand zurückgesetzt werden.

Damit soll es erschwert werden, dass beispielsweise Malware dauerhafte Änderungen am System vornimmt, die einen Reboot überstehen könnten.

Durch TPM werden noch zahlreiche weitere Möglichkeiten eröffnet. Beispielsweise können darin geheime Schlüssel gespeichert werden. Bereiche des Hauptspeichers oder von Datenträgern können mittels Verschlüsselung vor unbefugten Zugriffen geschützt werden. Der Zustand eines Systems kann „gemessen" und anderen Beteiligten mitgeteilt werden, als Beweis, dass das System vertrauenswürdig und aktuell ist. Ferner können Software und Daten untrennbar an das System gekoppelt („verdonglet") werden, was eine Nutzung auf anderen Systemen unterbindet.

TPM ist als separater Chip erhältlich, wird aber zunehmend in Prozessoren integriert. Weil für TPM ohnehin diverse Kryptografie-Baugruppen benötigt werden, kann man diese oft auch separat als Kryptografie-Beschleuniger nutzen.

Diese bieten z.B. folgende Features:

- Zufallszahlengenerator für die Schlüsselgenerierung
- AES-Beschleuniger für symmetrische Verschlüsselung
- RSA- und/oder ECC-Beschleuniger für asymmetrische Verschlüsselung und digitale Signatur
- SHA-2-Hash-Beschleuniger für „Prüfsummen"

Aufgabe 86 Forschen Sie nach, welche Informationen sich über aktuelle Prozessoren verschiedener Hersteller finden lassen. Wie ist deren interner Aufbau? Wie viele Ausführungseinheiten hat der Prozessor? Von welcher Art? Wie groß sind die prozessorinternen Caches? Was lässt sich über die in diesem Kapitel behandelten Features bei dem Prozessor finden?

19   Multiprozessorsysteme

Einen immer größeren Stellenwert nehmen Multiprozessorsysteme ein. Das trifft auf PCs bereits seit einiger Zeit zu, wo Neugeräte inzwischen standardmäßig über mehrere Kerne verfügen. Doch auch im Embedded-Bereich und bei Smartphones geht der Trend eindeutig in diese Richtung, nicht zuletzt durch Touchscreens und multimediale Unterstützung. Daher wird in diesem Kapitel ein Überblick gegeben, welche Besonderheiten dabei auftreten und welche Dinge zu beachten sind, wenn man Multiprozessorsysteme programmiert.

19.1   Ansätze zur Performancesteigerung

Eine der Hauptzielsetzungen der Rechnerarchitektur ist es, immer größere Rechenleistungen zu erreichen. Dafür gibt es verschiedene Ansätze, auf die wir nun eingehen wollen.

19.1.1   Entwicklung einer neuen Rechnerarchitektur

Es gibt sehr viele verschiedene Rechnerarchitekturen, die sich in ihrer Leistungsfähigkeit erheblich unterscheiden. Die am meisten verwendeten Rechnerarchitekturen sind dabei nicht unbedingt die in jeder Hinsicht besten.

Daher würde es nahe liegen, von der Von-Neumann-Architektur und ihren Varianten hin zu völlig andersartigen Rechnerarchitekturen zu wechseln, um die Performance zu steigern. Erfahrungen zeigten aber, dass dies kein Allheilmittel wäre:

- Neue Rechnerarchitektur heißt meistens auch Anpassung der Software. Je größer die Unterschiede in der Hardware, desto größer auch die Unterschiede in der Software. Das könnte bis zur kompletten Neuentwicklung der Software gehen. Bei dem Umfang der heute üblichen Software wäre das eine äußerst langwierige und immens teure Angelegenheit.
- Das größte Optimierungspotential bietet eine Rechnerarchitektur, die einer speziellen Aufgabenstellung angepasst ist, z.B. der Bildverarbeitung. Damit ist sie aber nicht mehr universell einsetzbar. Die Stückzahlen sind gering, die Kosten entsprechend hoch. Außerdem ist es unbequem, für jede Aufgabe eine andere Hardware verwenden zu müssen.
- Die Weiterentwicklung herkömmlicher Hardware erfolgt in einem nicht zu unterschätzenden Tempo. Bis eine neue Rechnerarchitektur marktreif ist, ist sie in ihrer Performance womöglich durch Standard-Hardware bereits überholt worden.
- Komplette Neuentwicklungen sind aus ökonomischer Sicht oft fragwürdig. Nehmen wir an, man erreicht beispielsweise durch eine bestimmte neue Rechnerarchitektur eine Verzehnfachung der Rechenleistung. Der Preis liegt aber wegen der überproportionalen

https://doi.org/10.1515/9783110741797-019

Entwicklungskosten beim 30-fachen. Dann ist es billiger, z.B. 20 herkömmliche Systeme zu beschaffen, und man hat insgesamt dennoch eine höhere Rechenleistung.

- Völlig andersartige Rechnerarchitekturen wie Quantencomputer, die einen hinreichenden Leistungsvorsprung bieten könnten, damit sich ein Umstieg lohnt, sind derzeit noch nicht produktiv einsetzbar.

Daher tendiert man häufig dazu, die bisherigen Rechnerarchitekturen im Wesentlichen beizubehalten und Verbesserungen so vorzunehmen, dass die genannten Nachteile im Rahmen bleiben.

19.1.2   Erhöhung der Taktfrequenz

Das klassische Mittel zur Erhöhung der Rechenleistung ist die Erhöhung der Taktfrequenz. Taktfrequenzen lassen sich allerdings nicht beliebig steigern. Dabei spielen verschiedene Faktoren eine Rolle, z.B. die Ausbreitungsgeschwindigkeit des Stromes oder die elektrische Verlustleistung. Letztere steigt mit der Taktfrequenz an.

Aufgabe 87   Welche Strecke legt das Licht bei einer Taktfrequenz von 3 GHz innerhalb einer Taktperiode zurück? Welche Schlussfolgerungen kann man daraus für elektrische Signale in einem Computer ziehen?

Aufgabe 88   Ein Prozessorchip habe die Abmessungen 3cm x 2cm und gebe eine Leistung von 90 W ab. Welche Leistung pro Fläche erzeugt er (Angabe in Watt pro cm²)? Vergleichen Sie dies mit der Leistungsabgabe einer Schnellkochplatte mit 2 kW Leistung und 20 cm Durchmesser!

Die beiden oben stehenden Aufgaben zeigen, in welche Dimensionen heutige Taktfrequenzen bereits vorgedrungen sind. Manche Prozessoren takten kurzzeitig auf 5 oder gar 10 GHz hoch, sofern es die Temperatur des Prozessors und andere Parameter zulassen, und bremsen dann wieder herunter, um auch noch das letzte Bisschen Spielraum auszunützen.

19.1.3   Optimierung von Maschinenbefehlen

Ein Prozessor lässt sich dadurch beschleunigen, dass man seine Maschinenbefehle optimiert. Wenn man es schafft, dass ein Befehl statt 5 Taktzyklen nur noch 4 benötigt, dann hat man damit eine Performancesteigerung von 20% für diesen Befehl.

Teilweise lassen sich noch deutlich größere Leistungssteigerungen erzielen. Verwendet man beispielsweise eine **Double Pumped ALU**, dann kann diese bei jeder Taktflanke (ansteigend und abfallend) Operationen durchführen und verdoppelt so idealerweise die Performance vieler Operationen. Das setzt aber voraus, dass die einzelnen Schritte tatsächlich so schnell erfolgen können und keine Wartezyklen nötig sind.

Für spezielle Zwecke kann man einen noch größeren Geschwindigkeitszuwachs erzielen. Ein Beispiel ist der Einsatz von Hardwarebaugruppen wie Parallelmultiplizierer, anstatt eine Multiplikation seriell mit einer Folge von Schiebe- und Addierschritten durchzuführen. Je nach

Wortbreite der Operanden und der Parallelmultiplizierer lässt sich womöglich eine Vervielfachung der Geschwindigkeit erreichen.

Allerdings sind auch der Optimierung von Maschinenbefehlen Grenzen gesetzt: Kann der Befehl bereits in einem Takt bzw. mit einer Taktflanke abgearbeitet werden, dann bringt weitere Optimierung nichts mehr, denn dies ist die kleinste nach außen sichtbare Einheit.

19.1.4 Parallelisierung

Nachdem die vorstehend genannten Verfahren teilweise an verschiedene Grenzen gestoßen sind, werden die besten Möglichkeiten derzeit in der Parallelisierung gesehen. Diese kann auf verschiedenen Ebenen bzw. mit unterschiedlichen Granularitäten erfolgen, wie Tab. 19.1 zeigt. Verfahren wie Pipelining und den Einsatz mehrerer Ausführungseinheiten haben wir bereits kennengelernt. Auch Vektoreinheiten sind uns bei der FLYNNschen Taxonomie schon begegnet. Sie verarbeiten mehrere Datenwerte gleichzeitig mit einer meist arithmetischen Operation.

Tab. 19.1: Ebenen der Parallelisierung

Ebene	Verfahren	Beispiele
Unterhalb der Maschinenbefehlsebene	Pipelining	Befehls-, Integer-, Floating Point Pipelines
Maschinenbefehlsebene	Einsatz mehrerer Ausführungseinheiten	IEU (Integer Execution Unit), FPU (Floating Point Unit), AGU (Address Generation Unit)
Maschinenbefehlsebene	Vektoreinheiten	SIMD-Erweiterungen, z.B. bei Grafikprozessoren
Prozessorebene	Multiprozessorsysteme	Multiprozessorboards, Multicore-CPUs
Rechnerebene	Multirechnersysteme	Cluster, Serverfarmen, Cloud Computing

Unter dem Begriff *Multiprozessorsysteme* fassen wir Systeme zusammen, die mehrere Prozessoren, mehrere *Prozessorkerne (Cores)* oder beides besitzen. Üblicherweise verfügen sie über einen gemeinsamen physikalischen Speicher, auf den alle Prozessoren und deren Kerne mit MOV-Befehlen zugreifen können, und über den sie Informationen austauschen. Dieser kann gleichzeitig einen Engpass des Systems bilden. Virtueller Speicher erlaubt es, dass Prozesse dennoch nur auf „ihre" Daten zugreifen können.

Im Gegensatz dazu haben die Rechner eines *Multirechnersystems* jeder seinen eigenen Speicher, und die Kommunikation erfolgt durch Nachrichten über Netzwerkverbindungen. Auch bei Multirechnersystemen ist ein gemeinsamer Speicher möglich, wobei Zugriffe auf den Speicher eines anderen Rechners allerdings vergleichsweise langsame Netzwerkoperationen benötigen.

Als Oberbegriff für Multiprozessorsysteme und Multirechnersysteme wählen wir den Begriff *Parallelrechner.* Die Parallelisierungsmechanismen der verschiedenen Ebenen können beliebig kombiniert werden. So kann ein Beispiel-Multirechnersystem aus einer Anzahl von Servern bestehen, von denen jeder ein Board mit mehreren Prozessorsockeln besitzt. Jeder Prozessor hat mehrere Kerne, von denen jeder wiederum über SIMD-Einheiten für Multimedia-

Befehle verfügt und mehrere IEUs und AGUs sowie diverse Pipelines hat. Somit sind alle genannten Ebenen der Parallelisierung vertreten.

Aufgabe 89 Wir betrachten zwei Alternativen. Die erste ist ein System mit einem Prozessor, der mit 3 GHz getaktet wird. Die zweite Alternative ist ein System mit drei Prozessoren, die zum vorher genannten baugleich sind, aber mit jeweils 1 GHz Taktfrequenz getaktet werden. Welches ist die schnellere der beiden Alternativen?

19.2   Aufwand für Parallelisierung

Warum man bislang meist lieber die Taktfrequenz gesteigert hat, anstatt die Anzahl der Prozessoren, hat einen einfachen Grund: Es entsteht bei Multiprozessorsystemen ein erheblicher Zusatzaufwand, sowohl bei der Hardware als auch bei der Software.

19.2.1   Zusatzaufwand bei der Hardware

Multiprozessorboards, in die man mehrere Prozessoren einsetzen kann, benötigen einen speziellen Chipsatz, der neben den üblichen Mechanismen auch die Kommunikation der Prozessoren untereinander unterstützt. Die Prozessoren selbst müssen ebenfalls dazu in der Lage sein, weswegen es spezielle Prozessoren für Multiprozessorboards gibt.

Die ohnehin bereits hohe Stromaufnahme eines Prozessors vervielfacht sich, so dass erhebliche Anforderungen an die Spannungsversorgung gestellt werden. Einen gemeinsamen physikalischen Speicher für eine größere Zahl von Prozessoren zu schaffen, ist ebenfalls sehr aufwendig.

Es werden häufig mehrere Prozessorkerne *(Cores)* auf einem Chip integriert, was eine Variante der Multiprozessorsysteme darstellt. Oft gibt es einen gemeinsamen Cache für alle Prozessorkerne eines Chips, z.B. auf der Ebene des L3-Caches.

Moderne Prozessorkerne können hunderte Millionen Transistorfunktionen umfassen, und dies vervielfacht sich mit der Zahl der Kerne. Zusammen mit den nötigen Caches können sich viele Milliarden Transistorfunktionen auf einem Multicore-Prozessorchip befinden.

Das bringt neben den Kosten und höherem Ausschuss bei der Chipfertigung auch Kühlungsprobleme mit sich, was die Zahl der möglichen Kerne begrenzt. Bei sehr einfachen Prozessorkernen, wie sie z.B. in Grafikchips zum Einsatz kommen, gelingt es jedoch, Tausende sogenannte *Streamprozessoren* auf einem Chip unterzubringen. Auch hier kommt man in den Bereich von vielen Milliarden Transistorfunktionen für den gesamten Chip.

Multirechnersysteme dagegen können fast beliebig skaliert werden, und sie können im Bereich der Supercomputer Millionen Kerne umfassen. Dafür ist die Programmierung von Multirechnersystemen deutlich schwieriger als bei Multiprozessorsystemen, da sie teilweise auf Netzwerkebene erfolgt.

Für viele Betrachtungen ist es egal, ob mehrere Prozessoren mit je einem Kern oder ein Prozessor mit mehreren Kernen oder eine Kombination daraus die Daten verarbeiten. Auch kann es manchmal egal sein, ob es sich um ein Multiprozessor- oder ein Multirechnersystem oder eine Kombination handelt. Daher spricht man bei einer verarbeitenden Instanz häufig ganz allgemein von einem *Knoten*. Das kann ein Kern, ein Prozessor oder ein Rechner sein, evtl. auch ein Switch, der Daten zwischen Beteiligten vermittelt.

19.2.2   Zusatzaufwand bei der Software

Sowohl Multicore- und Multiprozessor- als auch Multirechnersysteme benötigen einen Teil der insgesamt vorhandenen Rechenleistung für Verwaltungsaufgaben (siehe Abb. 19.1):

- Die durchzuführende Rechenarbeit muss auf die vorhandenen Knoten verteilt werden.
- Die Rechenlast ist während der Berechnungen gleichmäßig verteilt zu halten (*Load Balancing*). Dazu ist es nötig, die Auslastung der Knoten zu messen und zu stark ausgelastete Knoten zu erkennen. Prozesse oder deren Teile *(Threads)* müssen gegebenenfalls auf weniger stark ausgelastete Knoten migriert werden. Dabei ist zu verhindern, dass Prozesse oder Threads nur dauernd von einem Knoten zum anderen weitergereicht werden, ohne dass sie in hinreichendem Umfang abgearbeitet werden.
- Die Teilergebnisse müssen „zusammengesammelt" und zu einem Gesamtergebnis verrechnet werden.
- Beim Zugriff auf gemeinsame Ressourcen wie den Hauptspeicher müssen die Zugriffe synchronisiert werden.

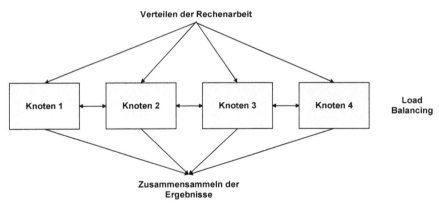

Abb. 19.1:   Parallelisierungsaufwand bei der Software

Wenn Anwendungen nicht speziell für Multiprozessor- oder Multirechnersysteme entwickelt wurden, dann bleibt nur die Alternative, ganze Anwendungen bzw. Prozesse auf die vorhandenen Knoten zu verteilen. Läuft nur ein einziger Prozess, der umfangreiche Rechenleistung benötigt, dann bringt ein System mit mehreren Knoten kaum etwas bzw. es kann wegen des nötigen Overheads sogar langsamer als ein einzelner Prozessor sein. Das trifft insbesondere auf Multirechnersysteme zu, bei denen die Latenzzeiten (sozusagen die „Antwortzeiten") der Netzwerkverbindungen erheblich sein können.

19.3   Topologien

Die Kommunikation bei Multirechnersystemen hat naturgemäß viel mit Rechnernetzen zu tun. Doch auch innerhalb eines Multiprozessorsystems werden in zunehmendem Maße dieselben Techniken angewendet: Von einem Knoten A geht eine Verbindungsanfrage zu einem Knoten B aus. Wenn die Verbindung steht, wird ein Datenpaket übermittelt, eine Antwort generiert, und dann wird die Verbindung abgebaut. Daher werden Begriffe aus der Netzwerktechnik verwendet, um die Kommunikation zu beschreiben.

Bei der Kommunikation lassen sich folgende Komponenten unterscheiden:
- Knoten wie Prozessoren, Prozessorkerne, Rechner und auch Speichermodule als Endpunkte einer Kommunikation
- *Switches*, die an einem Port ein Datenpaket empfangen und zu einem oder mehreren Ports weiterleiten, je nach den Empfängern, die im Paket angegeben sind. Sie befinden sich zwischen den Endpunkten und vermitteln die Daten zwischen ihnen.
- Verbindungen zwischen den zuvor genannten Komponenten, über die die Daten laufen.

Die *Topologie*, also die Anordnung von Komponenten zueinander, wird häufig in Form eines *Graphen* dargestellt. Dabei sind Switches und Endpunkte die *Knoten* des Graphen, die Verbindungen sind die *Kanten* des Graphen.

Man unterscheidet unter anderem die in Abb. 19.2 zu sehenden Topologien
- Pipeline
- Bus
- Ring
- Stern (Star)
- Baum (Tree)
- kompletten Zusammenschluss (Fully Connected)
- 2D-Gitter
- 3D-Würfel (Cube)
- 4D-Hypercube.

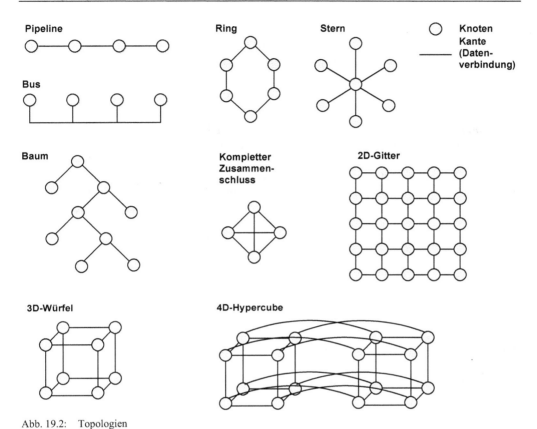

Abb. 19.2:   Topologien

Der 4D-Hypercube kann auch als Würfel im Würfel aufgefasst werden. Bei ihm ist jeder Knoten des einen Würfels mit dem entsprechenden Knoten des anderen Würfels verbunden. Bei dem kompletten Zusammenschluss ist jeder Knoten mit jedem verbunden.

Einige Anwendungsbeispiele:

- Beim Stern könnten die äußeren Knoten die Prozessoren und Speichermodule sein, der mittlere Knoten wäre ein Switch, der die Daten zwischen diesen vermittelt.
- 2D-Gitter eignen sich für die Verarbeitung zweidimensionaler Daten, z.B. bei der Bildverarbeitung.
- Baumtopologien können für besonders effiziente Suchalgorithmen eingesetzt werden.

Die Anzahl der Verbindungen, die von einem Knoten ausgehen, wird der **Grad** des Knotens genannt. Der Grad bestimmt die Zahl der nötigen Schnittstellen oder Netzwerk-Interfaces, die ein Knoten aufweisen muss.

Der Grad der gesamten Topologie ist der maximale Grad, den die enthaltenen Knoten besitzen. So hat ein Ring den Grad 2, weil alle Knoten 2 Verbindungen besitzen. Haben die einzelnen Knoten aber beispielsweise 2, 3 bzw. 4 Verbindungen zu anderen Knoten, dann ist der Grad der Topologie das Maximum, also 4.

Als *Durchmesser (Diameter)* wird die weiteste Verbindung zwischen zwei Knoten bezeichnet. Bei einem 3D-Cube beträgt er z.B. 3. Besitzen die Knoten in einer Topologie unterschiedliche Entfernungen, dann nimmt man als Durchmesser der Topologie das Maximum davon.

Je kleiner der Durchmesser, desto kleiner die Anzahl der *Hops*, also die Zahl der Knoten, über die die Daten weitergereicht werden müssen. Umso schneller gelangen die Daten dann also zum Ziel.

Die *Dimensionalität* gibt einfach gesagt an, auf wie vielen verschiedenen Wegen man von einem Knoten zum anderen gelangen kann. Hat man nur eine einzige Möglichkeit, z.B. beim Stern, dann sagt man, das Netz hat eine *Nulldimension:* Es gibt keinen alternativen Übertragungsweg. Beim Ring hat man die Wahl, ob man z.B. im Uhrzeigersinn oder dagegen weitergehen möchte. Es gibt also immer genau eine Alternative. Daher nennt man ihn eindimensional. Gibt es eine unterschiedliche Zahl von alternativen Wegen zwischen beliebigen Knoten, dann nimmt man das Minimum.

Aus der Dimensionalität kann man schließen, wie viele Kanten ausfallen dürfen, damit man trotzdem noch jeden Knoten erreichen kann. Sie kann somit verwendet werden, um die Verfügbarkeit des Systems abzuschätzen. Bei einer nulldimensionalen Topologie darf somit gar keine beliebige Verbindung ausfallen.

Aufgabe 90   Welchen Grad besitzen 3D-Cube, 2D-Gitter und Stern?

Aufgabe 91   Wie groß ist der Durchmesser der Ring-Topologie aus Abb. 19.2?

Aufgabe 92   Welche Dimensionalität besitzt ein kompletter Zusammenschluss mit 3 Knoten?

19.4   Datenübertragung

Die Topologie beschäftigt sich mit der Anordnung der Knoten und deren Verbindungen. Davon zu unterscheiden ist die Art und Weise, wie über die gegebene Topologie Daten übertragen werden. Man unterscheidet dabei zwei grundsätzliche Formen: die Leitungsvermittlung und die Paketvermittlung.

Bei der *Leitungsvermittlung (Circuit Switching)* wird zunächst der gesamte Verbindungspfad von einem Knoten A zu einem Knoten B reserviert. Das kann eine Zeitlang dauern. Dann startet der Transfer. Weil die Verbindung ausschließlich für die Kommunikation zwischen A und B zur Verfügung steht, kann nun sehr schnell und effizient übertragen werden (siehe Abb. 19.3). Ein Nachteil ist, dass nur so viele Kommunikationsverbindungen möglich sind, wie Leitungen vorhanden sind.

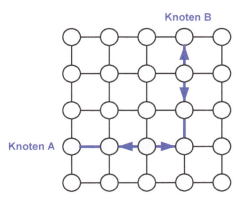

Abb. 19.3: Leitungsvermittlung

Bei der **Paketvermittlung (Packet Switching, Store-and-Forward-Switching)** bekommen A und B keine Leitung zur ausschließlichen Verfügung, sondern sie müssen sich diese mit anderen teilen. Entsprechend entfällt die Reservierungsphase, und die Übertragung kann gleich vom Sender A zum benachbarten Knoten erfolgen. Dieser speichert das Paket und leitet es an den nächsten Knoten weiter. Daher der Name Store-and-Forward-Switching (siehe Abb. 19.4).

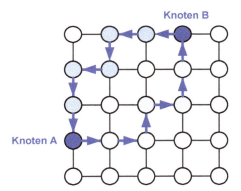

Abb. 19.4: Paketvermittlung

Über welche Kante das Paket bei jedem Schritt geschickt wird, richtet sich danach, welche Kante durch einen Knoten als die geeignetste eingestuft wird. Das kann z.B. die am wenigsten ausgelastete sein. Somit kann jedes Paket einen anderen Weg durch das Netzwerk nehmen.

Es ist daher nicht gewährleistet, dass Pakete in derselben Reihenfolge ankommen, wie sie losgeschickt wurden. Ein Paket kann ein anderes überholen. Daher versieht man die Pakete mit Paketfolgenummern, damit sie der Empfänger wieder in die richtige Reihenfolge bringen kann.

Vorteilhaft ist dabei, dass praktisch beliebig viele Kommunikationspartner sich die vorhandene Infrastruktur teilen können und dass Ausfälle von Kanten recht unproblematisch sind, solange es nicht zu viele sind.

19.5   Software für Multiprozessorsysteme

19.5.1   Parallelisierung auf Prozessebene

Eine einfache Möglichkeit der Parallelisierung besteht darin, die Prozesse auf die vorhandenen Kerne gleichmäßig zu verteilen. Das funktioniert auch mit Anwendungen, die nicht speziell für Multiprozessorsysteme entwickelt wurden, und wo pro gestarteter Anwendung genau ein Prozess oder Thread entsteht.

Allerdings hat es den Nachteil, dass das Multiprozessorsystem nicht optimal genutzt werden kann, insbesondere wenn nur eine einzige der Anwendungen die mit Abstand größte Rechenleistung benötigt. In diesem Fall kann die Anwendung nur einen der Kerne nutzen, während die anderen Kerne kaum eine Entlastung bringen können.

Besser sind also Anwendungen, die Parallelisierung explizit unterstützen, und das kann auf verschiedene Weise erfolgen, wie aus den folgenden Unterkapiteln hervorgeht.

19.5.2   Software-Bibliotheken

Es können Software-Bibliotheken für numerische Operationen vorgesehen werden. Numerische Operationen benötigen oft einen Großteil der Rechenleistung, beispielsweise beim Lösen von Gleichungssystemen oder bei der Bildverarbeitung.

Die Parallelverarbeitung kann sich auf die numerischen Bibliotheksfunktionen beschränken, während alles andere unverändert bleibt. Das ist zwar für den Programmierer komfortabel, aber es nutzt die vorhandene Rechenleistung in der Regel nicht optimal aus.

Besser ist es, wenn auch Software-Bibliotheken zum Einsatz kommen, die die Kommunikation zwischen den Knoten und die Steuerung der Abläufe unterstützen. Der Programmierer muss sich in diesem Fall selbst mit der Parallelisierung auseinandersetzen, was bessere Kenntnisse erfordert und größeren Aufwand bei der Softwareentwicklung mit sich bringt. Dafür ist dieser Ansatz effizienter und flexibler als die ausschließliche Nutzung von numerischen Bibliotheken.

19.5.3   Sprachelemente und Programmiersprachen

Einen Schritt weiter geht die Verwendung einer Programmiersprache, die spezielle Sprachelemente für die Parallelverarbeitung enthält. Beispielsweise gibt es die Möglichkeit, die oft mehreren tausend **GPGPUs** (General Purpose Graphics Processing Units) auf Grafikkarten für numerische Operationen zu nutzen. Entsprechende Karten finden sogar in Supercomputern Einsatz, um preisgünstig hohe Rechenleistung zu erzielen.

Zur Programmierung gibt es Sprachen wie **C for CUDA** oder **OpenCL** mit speziellen Konstrukten für die Nutzung der GPGPUs.

Allgemein können bei Multiprozessorsystemen je nach Sprache mit den zusätzlichen Sprachelementen z.B. Schleifendurchgänge auf mehrere Prozessoren verteilt werden oder

Operationen auf unterschiedlichen Komponenten eines Vektors parallelisiert werden. Neue Sprachelemente werden häufig durch geeignete Software-Bibliotheken ergänzt.

Die Programme werden durch die zusätzlichen Sprachelemente zwar kompakter, aber inkompatibel zur zugrundeliegenden Programmiersprache und womöglich auf bestimmte Hardware festgelegt.

Schließlich kann eine komplett neue Programmiersprache entworfen werden. Programme werden noch effizienter, aber es muss eine neue Programmiersprache erlernt werden, und Compiler und Anwendungen sind von Grund auf neu zu entwickeln.

Zu beobachten ist diese Vorgehensweise hauptsächlich in der Welt der Supercomputer, wo verschiedene Hersteller ihre eigenen Sprachen propagieren, z.B. X10 von IBM oder Chapel von Cray.

Aufgabe 93 Werfen Sie einen Blick in die Handbücher von Programmiersprachen und Spracherweiterungen für Multiprozessorsysteme. Wo liegen die Unterschiede und Besonderheiten im Vergleich zu herkömmlichen Sprachen? Wozu benötigt man diese?

19.6 Speicherzugriff

Wenn man nur einen einzigen Prozessor in einem System hat, dann sind Speicherzugriffe nicht allzu spektakulär. Das ändert sich, wenn mehrere Prozessoren auf den Speicher zugreifen können. Es ergibt sich eine Vielzahl unterschiedlicher Möglichkeiten, wie man damit umgehen kann. Unter anderem unterscheidet man die folgenden Ansätze:

- *UMA* (Uniform Memory Access): Jeder Prozessor kann auf jedes Speichermodul gleich schnell zugreifen. Die Ausführungsdauer von Operationen ist somit bekannt und systemweit einheitlich.
- *NUMA* (Non Uniform Memory Access): Ein Prozessor besitzt lokalen Speicher, auf den er besonders schnell zugreifen kann. Ein anderer Prozessor kann zwar auch darauf zugreifen, aber mit geringerer Geschwindigkeit. Die Zugriffszeit ist somit unterschiedlich.
- *COMA* (Cache Only Memory Access): Der Arbeitsspeicher jedes Prozessors wird als Cache verwendet, und die Cache-Einträge können beliebig im System umherwandern.

Manche Multiprozessorsysteme besitzen spezielle Ein-/Ausgabe-Prozessoren, so dass nicht jede Operation durch jeden Prozessor durchgeführt werden kann. Sind die Prozessoren jedoch aus Sicht des Betriebssystems gegeneinander austauschbar und gleichrangig, dann spricht man von *SMP* (Symmetric Multiprocessing). Das trifft beispielsweise auf die Kerne heutiger Mehrkernprozessoren im PC-Bereich zu.

19.7   Konsistenz

19.7.1   Problematik

Wenn mehrere Prozessoren auf denselben Speicher zugreifen können, kann es zu einem Problem kommen, das in Abb. 19.5 dargestellt ist. Nehmen wir an, eine Speicherstelle S enthält den Datenwert 59.

1. Prozessor P_1 schreibt zum Zeitpunkt t_1 in die Speicherstelle S den Wert 29.
2. Prozessor P_2 schreibt etwas später zum Zeitpunkt t_2 ebenfalls in die Speicherstelle S den Wert 44.
3. Anschließend (Zeitpunkt t_3) liest Prozessor P_3 den Inhalt von S.

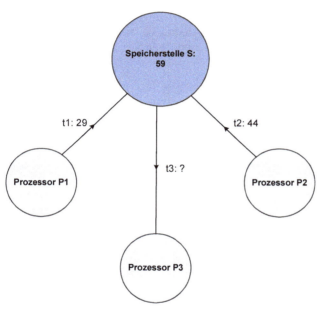

Abb. 19.5:   Konsistenz

Welchen Wert erhält P_3? Immer die 44?

Das klingt zwar logisch, und die meisten würden so antworten. Aber tatsächlich ist das nicht unbedingt der Fall. Vielmehr ist die Antwort abhängig von dem **Konsistenzmodell**, das zum Einsatz kommt. Es gibt eine Vielzahl solcher Konsistenzmodelle, von denen wir nun einige betrachten wollen.

19.7.2   Strikte Konsistenz

Die naheliegende Lösung, dass P_3 immer die 44 liest, nennt man **strikte Konsistenz**. Allgemein heißt strikte Konsistenz, dass eine Leseoperation immer den zuletzt geschriebenen Wert liefert.

So einfach dieses Modell auch scheint, aber es hat einen gewichtigen Nachteil: Man kann es nicht gut in Verbindung mit Caching einsetzen.

Stellen wir uns vor, die Prozessoren verwenden jeweils einen eigenen Cache, in dem eine lokale Kopie von S liegt (Abb. 19.6). Dann beziehen sich Lese- und Schreiboperationen auf diese lokale Kopie, nicht auf das Original von S. Weder der Schreibvorgang von P_1, noch der von P_2 beeinflusst zunächst den Wert von S. Noch schlimmer: Im lokalen Cache von P_3 könnte noch ein alter Wert liegen, den S früher hatte, die 77. In diesem Falle würde die 77 von P_3 gelesen werden.

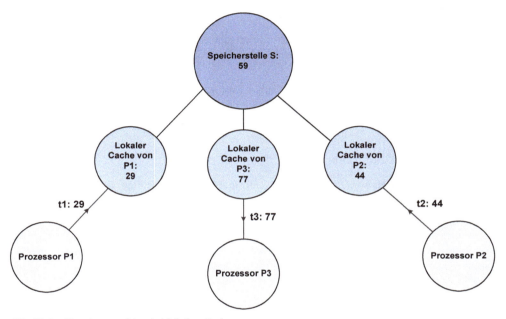

Abb. 19.6:   Konsistenzproblem bei lokalem Cache

Dieses Ergebnis ist weit entfernt von der gewünschten strikten Konsistenz. Doch wie kann man sie erreichen?

- Zunächst müsste man sicherstellen, dass sich die Schreibvorgänge nicht nur auf den lokalen Cache beziehen, sondern tatsächlich bei S ankommen. Das darf nicht erst mit zeitlicher Verzögerung geschehen, weil sonst die Reihenfolge der Schreibvorgänge durcheinanderkommen könnte. Würde der Schreibvorgang von P1 etwas verzögert, und somit erst nach dem Schreibvorgang von P2 ausgeführt, dann würde in S die 29 statt der 44 stehen. Die strikte Konsistenz wäre nicht gewährleistet. Man benötigt also die Write-Through-Strategie, die allerdings den Nachteil hat, dass Schreibvorgänge nicht beschleunigt werden.
- Außerdem wäre zu gewährleisten, dass der lokale Cache von P3 jederzeit den aktuellen Wert von S enthält. Ansonsten würde P3 einen veralteten Wert lesen und die strikte Konsistenz wäre nicht erfüllt.
- Bei jedem Schreibvorgang wären also sämtliche Caches zu aktualisieren, in denen eine Kopie von S steht. Das würde einen erheblichen Aufwand verursachen: Ein einziger

Schreibvorgang in eine Speicherstelle würde bei n vorhandenen Prozessoren bis zu n Schreibvorgänge in deren Caches auslösen und das System dadurch eine Zeitlang blockieren. Alternativ wäre das Lese-Caching abzuschalten.

Zusammenfassend können wir sagen, dass man für strikte Konsistenz sowohl das Lese- als auch das Schreib-Caching abschalten müsste, so dass man eine sehr schlechte Performance bekommen würde. Daher wird die strikte Konsistenz in Multiprozessorsystemen kaum verwendet.

19.7.3   Sequentielle Konsistenz

Sequentielle Konsistenz ist eine schwächere Form der Konsistenz als die strikte Konsistenz. Sie besagt, dass alle Prozessoren dieselbe Reihenfolge von Werten in einer Speicherstelle sehen.

Liest P_3 mehrfach dicht hintereinander den Inhalt von S, dann erhält er z.B. 77, 59, 29, 29, 44, 44, 44, aber es taucht niemals ein „alter" Wert wieder auf, sobald er durch einen neuen ersetzt wurde. Die Folge 29, 44, 29, 29, 44 wäre also nicht möglich.

19.7.4   Schwache Konsistenz

Bei der *schwachen Konsistenz* kann selbst die Reihenfolge der aus einer Speicherstelle gelesenen Werte je nach Prozessor unterschiedlich sein. Z.B. liest ein Prozessor 29, 44 und ein anderer 44, 29 aus S.

Es kann aber eine Synchronisation vorgenommen werden, so dass alle vorherigen Schreiboperationen manifestiert werden, bevor eine erneute erfolgen darf. Wird nach der Synchronisation beispielsweise eine 99 in S geschrieben, kann anschließend weder die 29 noch die 44 als Lese-Ergebnis auftreten, sondern nur noch die 99.

Um das zu erreichen, muss das System in der Lage sein, alle unvollendeten Operationen abzuschließen und alle Schreiboperationen bis dahin zwischenzuspeichern.

Aufgabe 94   Wie wirken sich die Konsistenzprobleme auf die Effizienz von Multiprozessorsystemen im Vergleich zu Einprozessorsystemen aus?

20   Digitale Signalprozessoren

Digitale Signalprozessoren sind praktisch in jedem Smartphone und auch in zahlreicher anderer Hardware enthalten. Als Elektroniker und Informatiker steht man immer wieder vor der Aufgabe, analoge Signale digital zu verarbeiten. Dabei kann es sich um Audio- oder Videosignale handeln, aber auch bei der Steuerung und Regelung von Systemen ist dies erforderlich. Auch SDR (Software Defined Radio) ist inzwischen allgegenwärtig geworden. Daher wollen wir in diesem Kapitel speziell auf digitale Signalprozessoren eingehen.

Es wird gezeigt, wie die Signalverarbeitungskette im Allgemeinen aussieht, und wozu Verfahren wie die Fourier-Transformation benötigt werden. Ferner werden einige Architektur-Features betrachtet, die man besonders bei DSP findet.

Im Rahmen dieses Buches kann nur sehr rudimentär auf die Grundlagen der digitalen Signalverarbeitung eingegangen werden. Das Buch soll auch für Studienanfänger geeignet sein, und in den ersten Studiensemestern sind die nötigen mathematischen Grundlagen noch gar nicht vorhanden. Auch liegt unser Schwerpunkt eindeutig in der Hardware und deren Anwendung. Daher kann allenfalls ein kurzer Einblick gegeben werden, der bei Bedarf mit speziellen Lehrveranstaltungen vertieft werden sollte. Für viele Zwecke dürfte dieser erste Einblick jedoch ausreichend sein.

20.1   Einsatzgebiete

Wir wollen nun eine Kategorie von Prozessoren kennenlernen, die eine sehr große Bedeutung besitzt, aber die ihre Aufgaben meist wenig auffällig verrichtet: ***Digitale Signalprozessoren (DSP)***. Man findet sie beispielsweise in folgenden Geräten:
- Soundkarten und -chips
- DVD- und Blu-Ray-Laufwerke
- Festplatten
- DSL-Router
- ABS
- Einparkhilfen
- Sprachsteuerung
- Computertomographen

Ganz allgemein kann man sie überall da einsetzen, wo analoge Signale digital verarbeitet werden sollen. Analoge Signale können beispielsweise akustische oder optische Signale sein, aber auch Funksignale oder Messsignale in der Regelungstechnik.

In Verbindung mit Funksignalen aller Art spricht man auch von ***SDR*** (Software Defined Radio). Es wird häufig in folgenden Bereichen verwendet:
- Empfang von DVB-T- und Radiosendern

https://doi.org/10.1515/9783110741797-020

- Mobilfunk
- GPS
- Übermittlung von Positionsdaten von Schiffen und Flugzeugen

Wobei dies nur wenige Beispiele sind. Die Verarbeitung der Signale im DSP könnte beispielsweise Folgendes umfassen:

- Herausfiltern von Störungen
- Extraktion von Nutzinformationen, z.B. Positionsdaten oder Daten zum Zweck der Sprachsteuerung
- Datenkompression, z.B. MP3
- Transformation von Signalen, z.B. Anheben von Bässen in Audiosignalen, Kantenextraktion in Bildern

Eine klassische Anwendung der DSP sind *digitale Filter*, die z.B. in Radio- oder Fernsehtunern benötigt werden. Weil man nicht zwei Kanäle durcheinander hören oder im selben Bild sehen möchte, benötigt man einen Filter, der genau einen Kanal herausfiltert.

Weil Kanäle dicht nebeneinander liegen können und es auch störend wirkt, wenn ein anderer Kanal nur ein wenig einstreut, müssen diese Filter eine hohe Trennschärfe besitzen. Das bedeutet, die Filter müssen sehr „steil" arbeiten, also nur einen exakt definierten Frequenzbereich durchlassen, der zum gewünschten Sender gehört. Alles andere wird unterdrückt (*Bandpass*).

Vor dem Einsatz von DSP baute man solche Filter als analoge Filterschaltungen aus Widerständen, Kondensatoren und Spulen auf. Man benötigt dabei umso mehr Bauteile, je steiler die Filter arbeiten sollen. Ferner muss man immer geringere Toleranzen bei den Bauteilwerten einhalten, und unerwünschte Nebenwirkungen wie das Überschwingen von Signalen treten immer stärker in Erscheinung. Diese Nachteile vermeidet man durch die Verwendung von DSP. Außerdem kann man die Filtereigenschaften digitaler Filter jederzeit softwaremäßig verändern. Bei analogen Filterschaltungen müsste man Bauteile umlöten oder die ganze Schaltung ersetzen.

Weitere Vorteile von DSP sind:

- Man kann dieselbe Hardware für vielfältige Zwecke einsetzen. Was bei Computern selbstverständlich erscheint, ist es bei den Einsatzgebieten der DSP nicht, denn ansonsten würde man analoge Spezialhardware einsetzen.
- DSP sind gegenüber Temperatur und Alterung nicht so anfällig wie Analogschaltungen
- Unterschiedliche DSP, die aus der Fertigung kommen, liefern immer die gleiche Qualität. Bauteilstreuungen fallen weit weniger ins Gewicht als bei analoger Signalverarbeitung, so dass die Serienproduktion erheblich bessere Ergebnisse liefert als bei rein analogen Geräten.

Ganz ohne analoge Komponenten kommt aber auch ein DSP-System nicht aus. Sie werden für die Vorverarbeitung und Nachbearbeitung der Signale benötigt.

20.2 Zeitabhängige Signale und Signalverarbeitungskette

Die meisten interessanten Signale, die per Computer verarbeitet werden sollen, sind *zeitab-hängig*. Ein Beispiel sind Audiosignale. Sie können zu jedem beliebigen Zeitpunkt unterschiedliche Werte aufweisen. Solche Größen nennt man *zeitkontinuierlich*.

Gebräuchliche Computer arbeiten aber nicht zeitkontinuierlich, sondern *zeitdiskret*: Nur zu genau definierten Zeitpunkten, z.B. den Taktflanken, geschieht etwas Sinnvolles im Computer.

Um ein zeitkontinuierliches Signal mit dem Computer verarbeiten zu können, wird es in bestimmten Zeitabständen gemessen, z.B. alle 3 ms. Dadurch erhält man eine diskrete Folge von Messwerten, also ein zeitdiskretes Signal. Diesen Vorgang nennt man *Abtastung* oder *Sampling,* die Messwerte heißen *Abtastwerte* oder *Samples*.

Wie andere Prozessoren auch, arbeitet ein DSP ferner im Grunde digital, also *wertdiskret*. Das heißt, ein Datenwert kann nicht beliebige Werte annehmen, sondern die Wertemenge ist genau festgelegt. Verwendet man für einen Datenwert beispielsweise einen 8-Bit vorzeichenlosen Integer, dann kann dieser nur ganze Zahlen zwischen 0 und 255 annehmen. Im Gegensatz dazu kann ein Signal wie das genannte Audiosignal beliebige Werte annehmen. Das nennt man *wertkontinuierlich*.

Will man also analoge Signale verarbeiten, dann müssen diese zunächst in digitale Größen umgewandelt werden. Dann kann die Verarbeitung in digitaler Form erfolgen. Benötigt man ferner eine analoge Größe als Ausgabe, dann ist das digitale Ergebnis in ein analoges Signal zurück zu wandeln.

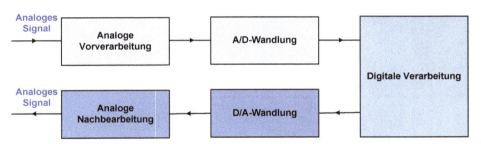

Abb. 20.1:   Signalverarbeitungskette in Kurzform

Abb. 20.1 zeigt diesen Vorgang in Kürze. Das analoge Signal wird zunächst vorverarbeitet. Unter anderem wird hier die Abtastung vorgenommen. Dadurch wird es in eine Form gebracht, die sich für die Umwandlung in digitale Größen (*Analog/Digital-Wandlung, A/D-Wandlung*) eignet.

Nachdem die Daten digital verarbeitet wurden, werden sie in ein analoges Signal zurück gewandelt (*Digital/Analog-Wandlung, D/A-Wandlung*). Anschließend werden gewisse Nachbearbeitungsoperationen auf das resultierende analoge Signal angewendet.

20.3   Analoge Vorverarbeitung und A/D-Wandlung

20.3.1   Verstärkung und Anti-Aliasing

Wir betrachten nun beispielhaft die analoge Vorverarbeitung eines Audiosignals (Abb. 20.2).

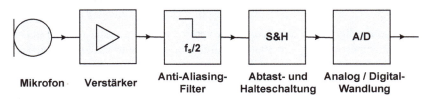

Abb. 20.2:   Analoge Vorverarbeitung und A/D-Wandlung

Das Audiosignal wird in obiger Abbildung von einem Mikrofon aufgenommen. Damit es die richtige Amplitude (Signalhöhe) bekommt, verstärkt man das Signal.

Anschließend durchläuft es ein **Anti-Aliasing-Filter**. Dieses filtert alle Frequenzen heraus, die oberhalb einer Frequenz von $f_s/2$ liegen. Das ist die halbe Abtastfrequenz. Warum dies nötig ist, wird später noch erläutert. Vorab nur so viel, dass ansonsten fehlerhafte Ergebnisse bei der nachfolgenden digitalen Signalverarbeitung auftreten könnten, das sogenannte **Aliasing**. Nach dem Anti-Aliasing-Filter könnte das Signal etwa so aussehen, wie es in Abb. 20.3 zu sehen ist.

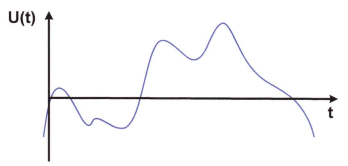

Abb. 20.3:   Signal nach dem Anti-Aliasing-Filter

Das Signal ist zeitkontinuierlich, weil es zu beliebigen Zeitpunkten definiert ist. Außerdem ist es wertkontinuierlich, weil jeder beliebige y-Wert vorkommen kann.

20.3.2   Abtast- und Halteschaltung

Der nächste Schritt ist nun, aus dem zeitkontinuierlichen Signal ein zeitdiskretes Signal zu machen, also ein Signal, das nur zu bestimmten Zeitpunkten definiert ist. Das erreicht man durch die Abtastung (Sampling) des Signals. Dazu misst man das Signal in konstanten Zeitabständen Δt. Die Frequenz $f_s = 1/\Delta t$ nennt man die **Abtastfrequenz (Sampling Frequency)**.

Dieses Verfahren findet man in ganz ähnlicher Weise bei einer Fieberkurve, wo beispielsweise dreimal täglich die Temperatur gemessen und eingetragen wird. Oder bei Börsenkursen, die z.B. im Stundenabstand in ein Diagramm eingetragen werden.

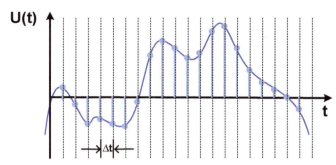

Abb. 20.4:   Abgetastetes Audiosignal

Die Abtastzeitpunkte dürfen nicht zu weit auseinanderliegen, sonst gehen wichtige Informationen verloren. Würde man die Körpertemperatur beispielsweise nur morgens messen, dann würde man einen Temperaturanstieg, der immer abends erfolgt, nicht erkennen. Andererseits sollte das Sampling auch nicht zu dicht hintereinander erfolgen, weil sonst die auszuwertende Datenmenge zu groß würde.

Unser gesampeltes Audiosignal sieht so wie in Abb. 20.4 aus. Die durchgezogene Linie des Signalverlaufs ist nur der Anschaulichkeit halber abgebildet und wäre im gesampelten Signal nicht mehr enthalten. Ein einzelner Messwert wird durch eine senkrechte Linie passender Höhe mit einem Endpunkt dargestellt. Die Messwerte werden zunächst nicht miteinander verbunden.

Man sieht, dass die Folge der Abtastwerte das abgetastete Signal gut darstellt. Was nun noch fehlt, ist die Digitalisierung in y-Richtung, also die A/D-Wandlung. Allerdings ist zuvor noch ein weiterer Schritt nötig. Die Umwandlung in einen digitalen Wert erfordert nämlich, dass der analoge Wert mindestens so lange anliegt wie die Umwandlung andauert.

Dazu verwendet man eine **Halteschaltung (Hold Circuit)**. Sie hält den Abtastwert solange konstant, bis die nächste Abtastung erfolgt. Oft verwendet man beide Schaltungen als eine Einheit und bezeichnet dies als **Abtast- und Halteschaltung** (Sample and Hold Circuit, **S&H**).

Danach hat das Signal den Verlauf einer Treppenkurve, die in Abb. 20.5 zu sehen ist. Wiederum ist das ursprüngliche Signal zum Vergleich mit eingezeichnet.

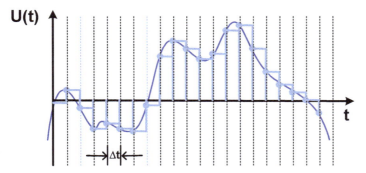

Abb. 20.5:   Signal nach der Halteschaltung

20.3.3   Analog/Digital-Wandlung

Nun kann die **Digitalisierung** oder **Quantisierung** erfolgen. In y-Richtung sind für das Signal nur noch genau definierte, diskrete Werte möglich. Der A/D-Wandler ordnet jede Treppenstufe dem nächstliegenden erlaubten y-Wert zu.

Der A/D-Wandlungsvorgang ist immer mit einem Genauigkeitsverlust verbunden, weil ein Intervall aus unendlich vielen y-Werten nur einer einzigen Dualzahl zugeordnet wird. In Abb. 20.6 werden für diese Werte ganze Zahlen im Bereich von –7 bis 12 verwendet.

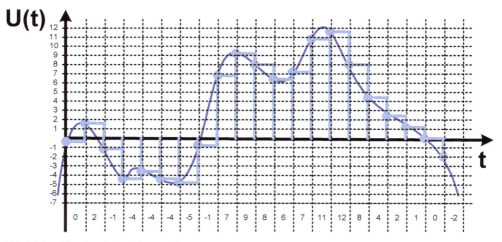

Abb. 20.6:   Signal nach der A/D-Wandlung

Bei einer realen A/D-Wandlung hätte man eine wesentlich höhere Auflösung, um auch noch kleine Unterschiede in der Signalhöhe darstellen zu können. Sie liegt üblicherweise 8 bis 24 Bit. Ein 24-Bit-Wandler ist $2^{16} = 65536$-mal genauer ist als ein 8-Bit-Wandler.

Besitzt ein 24-Bit-Wandler einen Eingangsspannungsbereich von 0 bis 5V, dann kann er die Spannung auf $5V/2^{24} = 300$ nV genau bestimmen. Das erfordert sehr umfangreiche Maßnahmen, um Temperaturabhängigkeiten und Störungen zu eliminieren.

Aufgabe 95 Forschen Sie nach, welche Arten von A/D-Wandlern es gibt und wie sie arbeiten. Welche zeichnen sich durch besonders hohe Geschwindigkeit aus?

Aufgabe 96 Was versteht man unter μ-Law? Wozu setzt man es ein?

Beim *1-Bit-Wandler (Sigma-Delta-Wandler)* geht man einen anderen Weg. Er liefert nicht einen kompletten Zahlenwert, sondern zeigt vereinfacht gesagt nur, ob das Signal momentan ansteigt oder abfällt. Als Ausgleich zur geringen Auflösung benötigt man eine sehr hohe Abtastfrequenz. Das gibt man dann als n-fach *Oversampling* (Überabtastung) an, also in Vielfachen der für das Signal eigentlich nötigen Abtastfrequenz. Mit 256-fach Oversampling erreicht man eine Auflösung von 24 Bit, was 7,2 Dezimalstellen entspricht.

Anstelle des ursprünglichen Signals hat man nach der A/D-Wandlung lediglich die Zahlenfolge 0, 2, −1, −4, usw., die unten in der Abb. 20.6 zu sehen ist. Sie stellt das Signal hinreichend genau dar und kann von einem Prozessor gut verarbeitet werden. Man spricht hier von einem *zeit- und wertdiskreten* Signal.

Aber was fängt man mit einer solchen Zahlenfolge an? Eine wesentliche Operation ist die Fourier-Transformation, ein Verfahren, das in den Bereich der Spektralanalyse fällt.

20.4   Spektralanalyse

Es soll hier ein einfacher, qualitativer Überblick über die Thematik erfolgen. Für tiefergehende Betrachtungen sei auf die einschlägige Fachliteratur zu den Themen Signalverarbeitung und Systemtheorie verwiesen. Die folgenden Betrachtungen gelten jeweils ohne Abtastung, sondern beziehen sich auf die zeitkontinuierlichen Originalsignale.

20.4.1   Transformation von Sinusschwingungen

In der digitalen Signalverarbeitung spielt das Spektrum eines Signales eine wichtige Rolle. Nehmen wir als Beispiel ein sinusförmiges Signal u(t), wie es in Abb. 20.7 zu sehen ist.

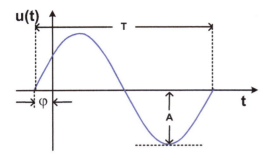

Abb. 20.7:   Sinusschwingung

Ein sinusförmiges Signal (***harmonische Schwingung***) ist durch drei Größen charakterisiert:

- Es besitzt eine bestimmte Amplitude A. Das ist die „Höhe" der Sinusschwingung oder der Abstand zwischen Minimum bzw. Maximum und Abszisse.

- Das Signal besitzt eine gewisse Frequenz f. Die Frequenz gibt an, wie oft sich ein Signal pro Sekunde wiederholt, also wie viele gleichartige Schwingungen pro Sekunde das Signal durchführt. Stattdessen findet man häufig auch die ***Kreisfrequenz*** $\omega = 2\,\pi$ f oder die ***Periodendauer*** T = 1/f. Weil diese drei Größen durch einfache Umformungen auseinander hervorgehen, reicht die Angabe einer dieser Größen aus.

- Und schließlich gibt es beim Sinussignal eine ***Phasenverschiebung*** φ, die angibt, wie weit das Signal in x-Richtung verschoben ist.

Ein Sinussignal hat also die Form

$$u(t) = A \sin(\omega t + \varphi) \text{ oder}$$
$$u(t) = A \sin(2\pi f t + \varphi) \text{ bzw.}$$
$$u(t) = A \sin(2\pi \tfrac{t}{T} + \varphi)$$

Die Darstellung des Sinussignals oder auch anderer Signale in Abhängigkeit von der Zeit t nennt man den ***Zeitbereich (Time Domain)***.

Man kann nun aus den drei wesentlichen Größen f, A und φ zwei Koordinatensysteme bilden, in denen man auf der Abszisse anstelle der Zeit die Frequenz f aufträgt. Das eine Koordinatensystem bekommt die Amplitude als Ordinate und heißt ***Amplitudenspektrum***. Das andere hat als Ordinate die Phase und wird ***Phasenspektrum*** genannt. Beides nennt man den ***Frequenzbereich (Frequency Domain)***.

Trägt man ein Sinussignal $u(t) = A_1 \sin(2\pi f_1 + \varphi_1)$ in diese Koordinatensysteme ein, dann erhält man das in Abb. 20.8 dargestellte Amplituden- und Phasenspektrum. Das Sinussignal wird also jeweils nur durch einen einzelnen Punkt dargestellt.

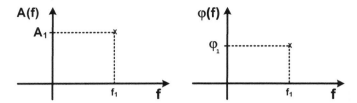

Abb. 20.8:   Amplituden- und Phasenspektrum einer Sinusschwingung

Es sei an dieser Stelle der Hinweis ergänzt, dass man das Spektrum häufig mit Hilfe von komplexen Zahlen und Zeigern darstellt, die Amplitude und Phase in sich vereinen (*komplexes Spektrum*).

Die Phasenverschiebung φ ist bei akustischen Signalen unhörbar. Auch bei anderen Signalen kann sie eine untergeordnete Rolle spielen und wird daher oft weggelassen. Wenn man daher kurz vom Spektrum spricht, meint man insbesondere das *Amplitudenspektrum*, das auch *Betragsspektrum* genannt wird.

Ein wesentlicher Vorteil des Spektrums ist, dass man anstelle einer harmonischen Schwingung als Zeitfunktion mit unendlich vielen Punkten nun lediglich einzelne Punkte erhält. Das kann in verschiedener Hinsicht eine beträchtliche Komplexitätsreduktion mit sich bringen.

20.4.2   Transformation von periodischen Signalen

Man möchte nicht nur sinusförmige Signale verarbeiten, sondern solche mit beliebigen Kurvenverläufen. Betrachten wir zunächst beliebige periodische Signale, also Signale, bei denen sich ein bestimmter Kurvenverlauf immer wieder, unendlich oft wiederholt.

Periodische Signalverläufe lassen sich durch eine *Fourier-Reihe* darstellen, also als eine Überlagerung von Sinusschwingungen verschiedener Frequenz, Amplitude und Phase. Bezüglich der Phase reicht es aus, wenn man außer den Sinus-Termen auch noch Cosinus-Terme, also um $\frac{\pi}{2}$ verschobene Sinus-Terme, in der Reihe vorsieht. Für jeden Summand der Reihe kommen im Spektrum zwei Punkte hinzu, die auch zu einem kontinuierlichen Spektrum verschmelzen können.

Überträgt man ein Signal vom Zeitbereich in den Frequenzbereich, dann spricht man von einer *Fourier-Transformation* bzw. von einer *Spektralanalyse*. Diese funktioniert also im Prinzip für alle periodischen Signale.

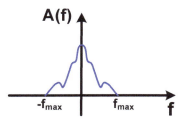

Abb. 20.9:   Spektrum eines bandbegrenzten Signals

Wenn ein Signal bandbegrenzt ist, also alle Frequenzen oberhalb einer Frequenz f_{max} heraus-gefiltert wurden, dann können im Spektrum ebenfalls keine höheren Frequenzen als f_{max} auf-treten. Das Spektrum des Signals sieht dann etwa so wie in Abb. 20.9 aus.

Weil es sich bei der Fourier-Transformation um eine rein formale Methode handelt, können auch negative Frequenzen auftreten, die aber keine physikalische Bedeutung besitzen.

20.4.3   Transformation abgetasteter Signale

Als Auswirkung der Abtastung ergibt sich ein periodisches Spektrum, wie in Abb. 20.10 zu sehen. Das Spektrum wiederholt sich im Abstand der Abtastfrequenz f_s.

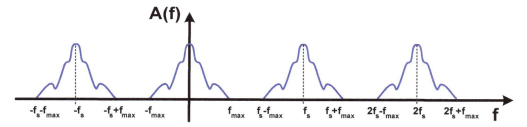

Abb. 20.10:   Spektrum eines abgetasteten bandbegrenzten Signals

Verwendet man als Ausgangsbasis diskrete Abtastwerte, dann spricht man von einer ***diskreten Fourier-Transformation (DFT, Discrete Fourier Transform)***. Deren Umkehrung, also die Rücktransformation vom Frequenzbereich in den Zeitbereich, nennt man ***IDFT (Inverse Discrete Fourier Transform)***. Die ***schnelle Fourier-Transformation (FFT, Fast Fourier-Transform)*** ist ein Algorithmus für die DFT, der in Verbindung mit DSPs besonders effizient arbeitet.

Aufgabe 97   Finden Sie heraus, wie ein FFT-Algorithmus funktioniert.

20.4.4   Abtasttheorem

Verringert man die Abtastfrequenz in Abb. 20.10, dann schieben sich die Spektren immer mehr zusammen. Wenn gilt: $f_s - f_{max} = f_{max} \Leftrightarrow f_s = 2f_{max}$, dann berühren sich die Spektren, wie in

Abb. 20.11 zu sehen. Das ist die niedrigste mögliche Abtastfrequenz, mit der sich noch sinnvoll arbeiten lässt.

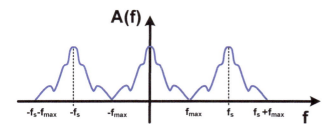

Abb. 20.11: Spektren berühren sich

Verringert man f_s noch weiter, dann tritt ein gravierendes Problem auf, das **Aliasing**. Das bedeutet, die Spektren überlappen sich, wie in Abb. 20.12 dargestellt. In den Überlappungsbereichen addieren sich beispielsweise die Spektren, so dass ein anderer Kurvenverlauf entsteht als gewünscht: Das Spektrum wird unbrauchbar.

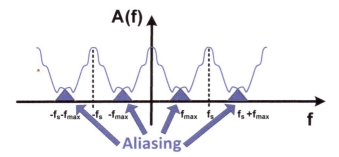

Abb. 20.12: Aliasing

Diese Erkenntnis nennt man das **Abtasttheorem**, auch *SHANNONsches Theorem* bzw. *NYQU-IST-Kriterium*. Es besagt:

Enthält ein Signal als höchste Frequenz eine Frequenz f_{max}, dann muss man mindestens mit der doppelten Frequenz

$$f_s \geq 2\ f_{max}$$

abtasten!

Aus diesem Grunde filtert man vor dem Abtasten alle Frequenzen aus dem Signal heraus, die größer als die halbe Abtastfrequenz sind. Man verwendet dazu das in Kapitel 20.3.1 erwähnte *Anti-Aliasing-Filter*. Das ist nichts anderes als ein Tiefpass.

Aufgabe 98   Kann Aliasing auch dann auftreten, wenn nicht abgetastet wird? Begründung!

20.4.5   Transformation aperiodischer Signale

Fourier-Reihen und Fourier-Transformation funktionieren nur mit periodischen Signalen. Die
meisten Signale sind jedoch nicht periodisch. Deswegen muss man für aperiodische Signale
einen Trick anwenden.

Man erfasst das Signal während eines gewissen Zeitfensters. Nun tut man so, als ob sich dieses
Zeitfenster unendlich oft wiederholt. Es entsteht ein periodisches Signal, das in den Frequenzbereich übertragen werden kann.

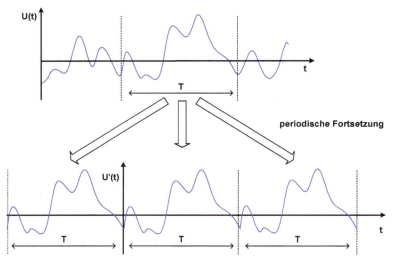

Abb. 20.13: Zeitfenster und periodische Fortsetzung

Abb. 20.13 zeigt, wie aus dem aperiodischen Signal ein Zeitfenster der Breite T herausge-
schnitten wird. Dann wird es in beiden Richtungen unendlich oft mit der Periodendauer T
wiederholt. Das ist nicht buchstäblich nötig, sondern man tut bei den Berechnungen einfach
so, als ob das der Fall wäre.

Weil es für Abtastung und A/D-Wandlung keine Rolle spielt, ob das Signal periodisch ist oder
nicht, kann man diese Schritte durchaus bereits vorab durchführen, so dass man lediglich aus
den digitalisierten Abtastwerten einen Ausschnitt als Zeitfenster nimmt und dieses einer DFT
unterzieht.

Im Frequenzbereich können alle gewünschten Verfahren zur Signalverarbeitung angewendet
werden, wie im folgenden Kapitel 20.5 beschrieben. Bei einem Audio-Signal könnten beispielsweise Störungen entfernt werden. Anschließend wird das Ergebnis in den Zeitbereich
zurücktransformiert. Es repräsentiert das verarbeitete Zeitfenster und wird dann z.B. als auf-
bereitetes Audiosignal auf einen Lautsprecher gegeben.

Anschließend verschiebt man das Zeitfenster ein Stückchen und führt dasselbe für den nächsten Teil des aperiodischen Signals durch. In der Regel werden sich die Zeitfenster überlappen,
um Unstetigkeiten an den Grenzen zu vermeiden. Zwischen Eingangs- und Ausgangssignal

ergibt sich lediglich eine gewisse zeitliche Verzögerung durch die Verarbeitung, die aber in der Regel unmerklich ist.

20.5 Operationen im Frequenzbereich

Das Signal im Frequenzbereich ist nichts anderes als ein Array, wobei der Index die Frequenz angibt, und das Feldelement die Amplitude bei dieser Frequenz. Mit dem Array kann man beliebige Operationen durchführen. Einige Beispiele:

- Man kann Feldelemente auf Null setzen und so die betreffenden Frequenzen herausfiltern. So lassen sich digitale Filter wie Tiefpass, Hochpass, Bandpass und Bandsperre realisieren.
- Feldelemente lassen sich zu höheren oder niedrigeren Indizes verschieben. So kann man Signale in andere Frequenzbereiche transformieren, um beispielsweise Signale zu multiplexen (siehe Beispiel unten).
- Der Feldinhalt lässt sich interpolieren, oder Signalcharakteristika lassen sich nutzen, um stark abweichende Werte wie Störsignale herauszufiltern.

20.5.1 Beispiel: Herausfiltern von Störungen

Betrachten wir konkret das Herausfiltern von Störungen bei einem DSL-Modem. Man weiß, dass das Nutzsignal bei einer Übertragungsrate von n Bit/s nur ganz bestimmte Frequenzen enthalten kann. Es können z.B. eine Maximalzahl von Einsen oder von Nullen aufeinander folgen, abwechselnd Einsen und Nullen, etc. Der Abstand zwischen zwei gültigen Impulsen kann also nur ein ganzzahliges Vielfaches einer konstanten Taktdauer sein.

Nun transformiert man das Signal in den Frequenzbereich und setzt einfach die Amplituden aller ungültigen Frequenzen auf Null. Dadurch werden praktisch alle Störfrequenzen herausgefiltert. Nach der Rücktransformation in den Zeitbereich erhält man ein „sauberes" Signal.

20.5.2 Beispiel: FDM zwischen Vermittlungsstellen

Ein weiteres Beispiel: Das *Frequency Division Multiplexing (FDM)* (Abb. 20.14). Man möchte zwischen Vermittlungsstellen n Kanäle über eine Leitung übertragen, beispielsweise mehrere Telefon- oder DSL-Kanäle über ein Glasfaserkabel. Jeder Kanal soll eine Bandbreite B beanspruchen, z.B. 1 MHz. Insgesamt ist somit eine Bandbreite n·B auf dem Glasfaserkabel erforderlich.

Zunächst transformiert man die Zeitsignale jedes der n Kanäle in den Frequenzbereich und erhält n Spektren, die jeweils von 0 bis 1 MHz reichen. Dann verschiebt man die Spektren so, dass sie nebeneinander auf der Frequenzachse liegen, also insgesamt von 0 bis n MHz. Bei z.B. n=2000 Kanälen bekommt man somit Frequenzanteile bis 2 GHz.

Anschließend transformiert man das gesamte Signal wieder zurück in den Zeitbereich. Mit dem Zeitsignal moduliert man eine Laserdiode, so dass der Lichtstrahl alle zu übertragenden Daten enthält.

Der Empfänger, typischerweise eine andere Vermittlungsstelle, transformiert das empfangene Zeitsignal wiederum in den Frequenzbereich und ordnet jeden 1 MHz-Block einem anderen Kanal zu. Es ergeben sich also wieder die ursprünglichen 2000 Spektren von 0 bis 1 MHz. Jedes der Spektren wird in den Zeitbereich zurücktransformiert und als Zeitsignal dem Empfänger übergeben. Alternativ belässt die Vermittlungsstelle das Spektrum im Frequenzbereich, stellt es mit anderen Spektren neu zusammen und schickt es an die nächste Vermittlungsstelle

20.5.3 Beispiel: FDM bei DSL-Modems

Ein ähnliches Verfahren wie das FDM zwischen Vermittlungsstellen wendet man an, um bei DSL die Leitungskapazität bestmöglich zu nutzen. Bei *ADSL* (<u>A</u>symmetric <u>D</u>igital <u>S</u>ubscriber <u>L</u>ine) stehen 1104 KHz Bandbreite zur Verfügung, die in 256 Kanäle aufgespalten werden. Die unteren 31 Kanäle bis 138 kHz werden für die ISDN-Telefonie genutzt. Die Kanäle 32 bis 64 entsprechend Frequenzen bis 276 kHz stehen für den Upstream zur Verfügung, alle restlichen für den Downstream.

SDSL (<u>S</u>ymmetric <u>D</u>igital <u>S</u>ubscriber <u>L</u>ine) ist für Unternehmen gedacht, die eine höhere Upload-Bandbreite benötigen als Privatpersonen. Dort werden die insgesamt verfügbaren Kanäle in eine gleiche Anzahl von Upstream- und Downstream-Kanälen unterteilt.

ADSL 2 verwendet eine verbesserte Codierung, um die höheren Übertragungsraten zu erreichen, *ADSL 2+* verdoppelt ferner den Umfang des Frequenzbereichs.

VDSL (<u>V</u>ery High Speed <u>D</u>igital <u>S</u>ubscriber <u>L</u>ine) vergrößert den Umfang des Frequenzbereichs nochmals auf z.B. über 35 MHz und erzielt so Übertragungsraten von bis zu 350 MBit/s für Upstream und Downstream zusammen. Je weiter die nächste Vermittlungsstelle (*DSLAM*, <u>D</u>igital <u>S</u>ubscriber <u>L</u>ine <u>A</u>ccess <u>M</u>ultiplexer) entfernt ist, desto geringer sind allerdings die tatsächlich erreichbaren Datenraten.

Je nach Frequenzbereich lassen sich Daten unterschiedlich gut übertragen. Daher misst das DSL-Modem anfangs die Leitungseigenschaften und bestimmt so die Datentransferraten der einzelnen Kanäle. Bei besonders schlechten Ergebnissen können Kanäle komplett deaktiviert werden.

Aufgabe 99 Wie kann man bemerken, wie gut die Leitungseigenschaften bei einem DSL-Anschluss sind?

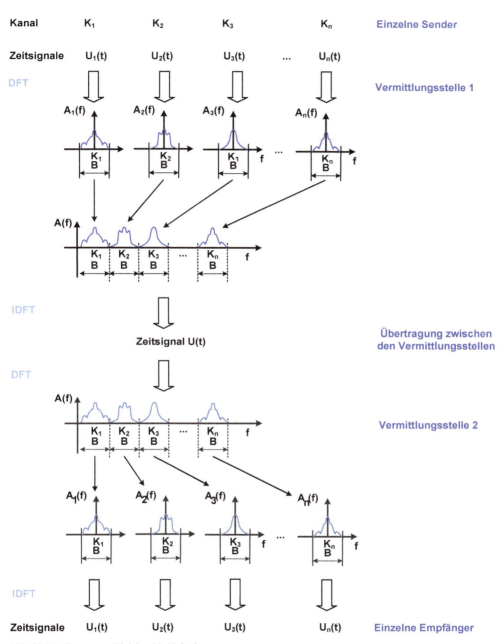

Abb. 20.14: Frequency Division Multiplexing

20.6   D/A-Wandlung und analoge Nachbearbeitung

Das Gegenstück zum A/D-Wandler *(ADC, Analog/Digital Converter)* ist der *Digital/Analog-Wandler (DAC, Digital/Analog Converter)*: Er wandelt eine Dualzahl in eine analoge Spannung um. Dabei kann er nicht beliebig viele unterschiedliche Analogwerte erzeugen, sondern nur so viele wie seine Auflösung zulässt. Ein 12-Bit-D/A-Wandler kann $2^{12} = 4096$ verschiedene Spannungswerte liefern.

Wegen dieser genau definierten, diskreten Spannungswerte findet sich am Ausgang des D/A-Wandlers anstelle eines „schönen" und gleichmäßigen Spannungsverlaufs eine Treppenkurve. Die steilen Flanken aus der Treppenkurve entsprechen hohen Frequenzen. Will man die Treppenstufen glätten, dann sind genau diese steilen Flanken, also die hohen Frequenzen zu entfernen. Dazu verwendet man einen Tiefpass, der üblicherweise aus Widerständen und Kondensatoren gebildet wird. Ergänzt wird bei Bedarf ferner ein Verstärker, der die Amplitude der Ausgangssignale oder deren Strombelastbarkeit erhöht.

Bei DSP werden meistens dieselben Baugruppen als Außenbeschaltung benötigt, nämlich die analoge Vor- und Nachbearbeitung und der A/D-D/A-Wandler. Daher gibt es fertige *AICs (Analog Interface Circuits)*, die diese Komponenten enthalten.

20.7   Architektur-Besonderheiten von DSP

20.7.1   Harvard- und RISC-Architektur

Die allermeisten DSP sind nach der Harvard-Architektur aufgebaut und besitzen getrennte Busse für Code, Daten und E/A. Diese können gleichzeitig betrieben werden, wodurch sich eine beträchtliche Performancesteigerung ergibt. Es gibt allerdings auch vereinzelt von-Neumann-DSP.

Zusätzlich handelt es sich bei DSP meist um RISC-Prozessoren, die die meisten Befehle in nur einem Takt durchführen können. Die Harvard-Architektur und die RISC-Architektur sind wesentliche Faktoren, warum DSP für ihre hohe Rechenleistung mit vergleichsweise niedrigen Taktfrequenzen auskommen.

20.7.2   VLIW-Architektur

Bei einigen DSP findet man die VLIW-Architektur. Bei der *VLIW-Architektur* (Very Long Instruction Word) werden in einem *Fetch Packet*, also einem Wort, das aus dem Hauptspeicher geholt wird, mehrere Befehle samt Parametern untergebracht. Das Fetch Packet hat eine konstante Größe von z.B. 128 Bit und mehr (Abb. 20.15). Es ist also recht umfangreich, was zum Namen dieser Architektur führte.

8-Bit-Befehl	32-Bit-Befehl	16-Bit-Befehl	...	32-Bit-Befehl	ungenutzt

Abb. 20.15: VLIW-Architektur

Jeder Befehl wird gleichzeitig durch eine der mehreren vorhandenen Funktioneinheiten abgearbeitet. Dadurch ergibt sich eine bessere Parallelisierungsmöglichkeit als bei herkömmlichen Architekturen, wo ein Befehl nach dem anderen geholt wird.

Die VLIW-Architektur in ihrer Reinform hat jedoch auch wesentliche Nachteile. So gibt es nicht immer genügend Befehle, die alle gleichzeitig durchgeführt werden können. Wenn beispielsweise aufgrund von Abhängigkeiten ein Befehl auf das Ergebnis eines anderen warten muss, kann man diese nicht in einem einzigen Fetch Packet unterbringen. Wegen der konstanten Größe der Fetch Packets bleibt in diesen ferner oft Platz ungenutzt, so dass Speicherplatz verschwendet wird.

Auch können sehr viele gleichartige Befehle durchzuführen sein, bei denen die Zahl der verfügbaren Ausführungseinheiten an ihre Grenzen stößt. Wenn z.B. 2 FPUs, 4 IEUs und 2 AGUs zur Verfügung stehen, aber man hat ausschließlich Gleitkommaberechnungen durchzuführen, dann kann man nur je 2 Gleitkommabefehle im Fetch Packet unterbringen. Die IEUs und AGUs bleiben ungenutzt.

Daher hat man Verbesserungen der VLIW-Architektur vorgenommen. Ein Fetch Packet kann mehrere *Execute Packets* enthalten, die nacheinander ausgeführt werden. Somit kann ein einziges Fetch Packet den Prozessor für mehrere Takte auslasten, und Hauptspeicherzugriffe brauchen nicht so dicht hintereinander zu erfolgen.

20.7.3   Festkomma-Arithmetik

Bei der Verarbeitung von Signalen besitzen numerische Berechnungen, insbesondere mit gebrochen rationalen Zahlen, eine zentrale Bedeutung. Obwohl Gleitkomma-Arithmetik bei DSP immer wichtiger wird, wird gerade im Low-Cost-Bereich oft Festkomma-Arithmetik eingesetzt.

Bei Festkomma-Arithmetik bewegen sich die gebrochen rationalen Zahlen immer zwischen -1 und $+0,999$. Das hat den Vorteil, dass bei Multiplikationen kein Überlauf verursacht werden kann.

Man verwendet für Festkommazahlen häufig das *Q15-Format*, bei dem man insgesamt 16 Bits zur Verfügung hat und negative Zahlen im Zweierkomplement darstellt. Wie beim Zweierkomplement üblich, kann man am führenden Bit erkennen, ob es sich um eine positive oder negative Zahl handelt. Jedoch ist es primär für ganze Zahlen gedacht.

Will man damit gebrochen rationalen Zahlen darstellen, dann wendet man einen Trick an. Man multipliziert die gebrochen rationale Zahl mit einer Konstanten. Beim Q15-Format ist dies K := 32768. Es ergibt sich beispielsweise:

$0,77 \cdot 32768 = 25231,36$

Die Nachkommastellen lässt man weg. Also ist die Zahl 0,77 im Q15-Format $(0110.0010.1000.1111)_{Q15}$, entsprechend $(25231)_{10}$, wenn es als Dualzahl interpretiert würde.

Das funktioniert auch mit negativen Zahlen. Die −0,77 wäre das ZK von 0110.0010.1000.1111, also $(1001.1101.0111.0001)_{Q15}$. Die führende 1 zeigt an, dass es sich um eine negative Zahl handelt. Für die Rückumwandlung teilt man die Q15-Zahl durch K und bekommt die entsprechende gebrochen rationale Zahl zurück.

Multipliziert man zwei Q15-Zahlen, dann wird auch der Faktor K multipliziert, der ja in beiden Zahlen steckt. Das Multiplikationsergebnis muss also durch K dividiert werden, um das korrekte Ergebnis im Q15-Format zu erhalten. Dadurch fällt einer der beiden K-Faktoren weg:

$(Z_1)_{Q15} = a \cdot K$

$(Z_2)_{Q15} = b \cdot K$

$(Z_1)_{Q15} \cdot (Z_2)_{Q15} = (a \cdot K) \cdot (b \cdot K) = a \cdot b \cdot K^2$

$\Rightarrow Z := (Z_1)_{Q15} \cdot (Z_2)_{Q15}/K$

Die Division durch K ist in diesem Falle einfach ein Rechtsschieben um 15 Stellen.

Multiplikationen mit kleineren ganzen Zahlen werden in der Regel in Additionen umgewandelt. Anstelle einer Multiplikation von a mit 2 addiert man a + a, was häufig effizienter ist. Man ist bei DSP nicht vollständig auf Gleitkomma- oder Festkommazahlen festgelegt. Gleitkomma-DSP haben üblicherweise auch Festkomma-Operationen integriert. Für Festkomma-DSP gibt es Bibliotheken, mit denen man Gleitkomma-Operationen emulieren kann, allerdings mit beträchtlichen Performance-Einbußen.

20.7.4   MAC-Operation

Eine besondere Rolle spielt bei DSP die ***MAC-Operation*** (Multiply, Add, Accumulate). Dabei handelt es sich um eine Operation der Form A := B $\cdot$ C + D. Sie kann von DSP in einem einzigen Takt durchgeführt werden und wird besonders häufig bei der Fourier-Transformation benötigt.

20.7.5   Schnittstellen

DSP bieten oft zahlreiche Schnittstellen, die man bei anderen Prozessoren in einen separaten Baustein auslagern würde. Dazu zählen Controller für SATA, Flash-Karten, Audio- und Videosignale, LC-Displays, Ethernet oder USB. Auch ein Controller für den Hauptspeicher ist üblicherweise integriert.

Aufgabe 100 Informieren Sie sich über Features und internen Aufbau von aktuellen DSP!

Teil 5: Speicher und Peripherie

In den vorangegangenen Kapiteln haben wir erfahren, wie die Abläufe in verschiedenen Prozessoren funktionieren. Zunächst hatten wir ein mikroprogrammiertes Steuerwerk kennengelernt. Wir haben gesehen, dass bei CISC-Prozessoren viele Maschinenbefehle aus mehreren Mikrobefehlen zusammengesetzt sind, die nacheinander abgearbeitet werden. Ferner konnten wir beispielhaft betrachten, wie ein Mikroprogramm entworfen werden kann.

Wir haben festgestellt, dass Pipelining und Programmverzweigungen einander oft entgegenstehen, und dass man Mechanismen vorsehen muss, damit das Pipelining trotzdem erfolgreich eingesetzt werden kann. Ferner haben wir einen Blick auf 64-Bit-Erweiterungen und Sicherheitsfeatures moderner Prozessoren geworfen.

Eine wesentliche Erkenntnis war ferner, dass größere Performancesteigerungen derzeit hauptsächlich durch Parallelisierung zu erwarten sind. Dabei sollte die Topologie wenn möglich an die Aufgabenstellung angepasst werden. Wir haben erkannt, dass für die Parallelisierung seitens der Software ein teils beträchtlicher Aufwand nötig ist, wenn man sie effizient nutzen will. Idealerweise sind dazu Software-Bibliotheken, neue Sprachelemente oder gar komplett neue Sprachen vorzusehen. Probleme wie die Wahrung der Konsistenz machen teils neue Programmierkonzepte und Denkweisen erforderlich.

Wir konnten schließlich in diesem Kapitel erkennen, dass digitale Signalprozessoren in vielen Bereichen eingesetzt werden, wo man sie nicht auf Anhieb vermuten würde. Zentrale Bedeutung bei der digitalen Signalverarbeitung besitzt die Fourier-Transformation. Durch sie kann man Signale im Frequenzbereich auf eine Weise verarbeiten, die im Zeitbereich äußerst schwierig umzusetzen wäre. Dabei kommen gleitende Zeitfenster zum Einsatz, die eine fortlaufende Verarbeitung von beliebigen Signalen ermöglichen.

Nachdem wir uns in den vorangegangenen Kapiteln in erster Linie mit dem Prozessor und seiner Arbeitsweise beschäftigt haben, wollen wir in diesem Kapitel und den nachfolgenden die Peripherie des Prozessors und deren Anbindung kennenlernen.

Besondere Bedeutung besitzt dabei der Hauptspeicher, ohne den ein Prozessor nicht sinnvoll arbeiten kann. Wir werden sehen, welche Arten von Speicherbausteinen es gibt und wie sie intern funktionieren. Wegen seiner großen Bedeutung für die Performance des gesamten Rechners gehen wir besonders auf das RAM, seinen internen Aufbau und das Interfacing ein.

In vielen Fällen verfügt ein Computer über virtuellen Speicher. Dessen Anwendung und Funktionsweise wird im nächsten Kapitel betrachtet werden. Mechanismen von zentraler Bedeutung wie Paging und Trennung der logischen Adressräume von Prozessen werden erklärt werden.

Anschließend widmen wir uns den Schnittstellen in einem Computersystem. Warum gibt es so viele unterschiedliche Schnittstellen? Wie unterscheiden sie sich? Welche Schnittstellen sind für welchen Einsatzzweck geeignet? Beispielhaft wird auf einige wichtige Schnittstellen eingegangen. Es wird auch die besondere Bedeutung von Fehlererkennung und Fehlerkorrektur aufgezeigt.

Programme und Daten werden sehr häufig auf Speichermedien wie Festplatten und optische Medien gespeichert. Wie funktionieren diese Medien? Welche Besonderheiten sind dabei zu beachten? Diese Fragen werden uns dabei beschäftigen.

Als weiteres Kapitel widmen wir uns den Mikrocontrollern. In Form von Embedded Systems findet man Mikrocontroller schon lange, z.B. in Peripheriegeräten oder Fahrzeugen. In den letzten Jahren haben auch Begriffe wie IoT oder Home Automation zunehmend an Bedeutung gewonnen. Auch hier sind Mikrocontroller nicht mehr wegzudenken. Auch im Hobby-Bereich und in der Maker-Szene werden sie ausgiebig genutzt. Was zeichnet Mikrocontroller aus? Wie lassen sie sich verwenden? Und welche Besonderheiten muss man beachten? Diese Betrachtungen werden den Abschluss dieses Buches bilden.

21 Speicherbausteine

21.1 Arten von Speichermedien

Speicherung von Informationen ist eine Aufgabe von zentraler Bedeutung in Computersystemen. Je nach dem, zu welchem Zweck man speichert, verwendet man verschiedene Medien:

- Festplatten speichern das Betriebssystem und größere Datenmengen, auf die man ständig Zugriff haben möchte. Sie werden zunehmend durch Flash-Medien ergänzt oder ersetzt.
- Optische Medien sind deutlich langsamer als Festplatten und besitzen meist eine erheblich niedrigere Speicherkapazität. Sie dienen unter anderem zum Austausch von Daten und Programmen, teilweise auch für kleinere Backups, also Sicherungskopien. Oft greift man auf das Speichermedium nur vorübergehend zu, um die darauf enthaltenen Daten und Programme auf einer Festplatte zu installieren.
- Magnetbänder dienen der längerfristigen Archivierung von Daten und Programmen. Die Speicherkapazität und Geschwindigkeit eines Magnetbandes kann deutlich größer sein als die einer Festplatte.

Auf die genannten Speichermedien wird in späteren Kapiteln eingegangen. Sie alle haben gemeinsam, dass sie Daten permanent speichern können. Jedoch sind sie im Verhältnis zum Prozessor sehr langsam. Deswegen benötigt er ein weiteres Speichermedium: den ***Haupt- oder Arbeitsspeicher***.

Der Hauptspeicher ist deutlich kleiner als eine Festplatte oder ein Magnetband und verliert seine Informationen beim Ausschalten des Rechners. Dafür ist er um Größenordnungen schneller als die oben erwähnten Speichermedien.

Weil der Hauptspeicher seine Informationen beim Ausschalten verliert, werden beim Einschalten eines Computers zunächst die nötigen Programme und Daten, in erster Linie das Betriebssystem, von einer Festplatte oder einem anderen Speichermedium in den Arbeitsspeicher geladen. Der Rechner ***bootet***, wie man sagt.

Im laufenden Betrieb arbeitet der Prozessor dann fast nur noch mit dem Hauptspeicher. Zugriffe auf andere Speichermedien sind hauptsächlich dann erforderlich, wenn die benötigten Daten und Programme sich noch nicht im Hauptspeicher befinden oder wenn sie dauerhaft gespeichert werden sollen. Eine Sonderrolle nimmt das später behandelte vorübergehende Auslagern von Daten ein.

https://doi.org/10.1515/9783110741797-021

21.2   Halbleiter-Speicher

Der Hauptspeicher besteht aus *Halbleiter-Speicherbausteinen,* die man *RAM* nennt. Zudem gibt es noch zahlreiche weitere Arten von Halbleiter-Speicherbausteinen, die in Abb. 21.1 zu sehen sind.

Man unterscheidet insbesondere solche, die die gespeicherten Informationen beim Ausschalten verlieren (*„flüchtige Speicher"*) von solchen, die dies nicht tun (*„nicht-flüchtige Speicher"*).

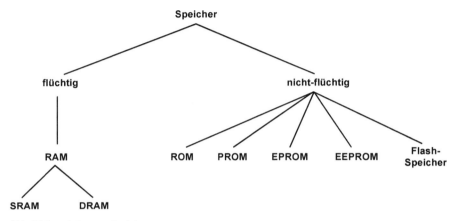

Abb. 21.1:   Arten von Speichern

Zu den flüchtigen Speichern zählt insbesondere das *RAM* (Random Access Memory), das für Hauptspeicher und Cache eingesetzt wird. Es kann nach Belieben gelesen und geschrieben werden. Für Hauptspeicher verwendet man meist *DRAM*-Speicher (Dynamic RAM), wogegen für Cache das schnellere *SRAM* (Static RAM) zur Verwendung kommt.

Bei den nicht-flüchtigen Speichern unterscheidet man z.B.

*   Maskenprogrammiertes *ROM* (Read-Only Memory): Die Speicherinhalte werden bereits bei der Herstellung mittels Belichtungsmaske unlöschbar eingebracht. Das ist nur für große Stückzahlen rentabel.
*   *PROM* (Programmable ROM): Es kann genau einmal programmiert werden, indem so genannte Fusable Links durchgebrannt werden. Diese lassen sich nicht wieder herstellen. Entsprechend können die Inhalte nicht wieder gelöscht werden.
*   *EPROM* (Electrically Programmable ROM): Es wird mit elektrischen Impulsen programmiert und kann wieder gelöscht werden, indem man den Chip längere Zeit dem UV-Licht aussetzt. Zu diesem Zweck besitzen EPROMs ein lichtdurchlässiges Fenster, das abgeklebt wird, damit die Informationen nicht bereits durch fortgesetzte Einwirkung von Sonnenlicht verloren gehen. Lange Zeit wurden EPROMs als Speicher für das BIOS eingesetzt, wurden aber durch Flash-Speicher weitgehend abgelöst.
*   *EEPROM* (Electrically Erasable PROM): Wie das EPROM, nur dass das Löschen ebenso wie das Programmieren mit elektrischen Impulsen erfolgt. EEPROMs lassen sich als Vorläufer der Flash-Speicher ansehen. Sie werden beispielsweise als Senderspeicher in

Geräten der Unterhaltungselektronik eingesetzt oder in Mikrocontrollern als Speicher für Parameter.

- **Flash-Speicher**: Flash-Speicher teilt viele Eigenschaften des EEPROMs, ist allerdings wesentlich schneller und häufiger programmier- und löschbar. Er löst die anderen Arten nicht-flüchtiger Speicher in zunehmendem Maße ab.

Aufgabe 101 Woran könnte es liegen, dass man RAM nicht generell durch Flash-Speicher ersetzt? Das würde das Booten überflüssig machen.

21.3 Statisches und dynamisches RAM

21.3.1 Statisches RAM

Bei statischen RAMs (SRAMs) ist jede Speicherzelle als Flipflop aufgebaut. Dafür benötigt man vier bis sechs Transistoren. Das ist vergleichsweise aufwendig und erfordert viel Chipfläche, weswegen man statisches RAM nicht allzu hoch integrieren kann. Darum ist es außerdem relativ teuer.

Der große Vorteil des SRAMs ist seine hohe Geschwindigkeit. Daher werden SRAMs bevorzugt für Cache-Speicher eingesetzt, teilweise auch für Grafikspeicher.

Als **NVRAM** (**Non-volatile RAM**) können sie mit einer Stromaufnahme im Mikro- oder gar Nanoampere-Bereich ihre Daten beliebig lange halten. Dabei wird der Strom z.B. von einem Akku, einer Lithiumbatterie oder einem Kondensator hoher Kapazität geliefert.

NVRAM benötigt man z.B. für die Echtzeituhr auf einem Mainboard. Dafür lässt sich Flash-Speicher nicht gut einsetzen, weil dieser nur eine begrenzte Zahl von Schreib-Lösch-Zyklen verträgt, aber die Echtzeit-Uhr in kurzen Zeitintervallen aktualisiert wird. Das wird häufig **CMOS-RAM** genannt.

Manchmal wird für NVRAM statischer Speicher mit Flash-Speicher kombiniert. Zugriffe erfolgen zunächst ausschließlich auf das SRAM, wobei dessen Vorteile genutzt werden. Diese Form von NVRAM ist sehr schnell und beliebig wiederbeschreibbar. Wird das Gerät ausgeschaltet, schreibt das SRAM seine Daten in den Flash-Speicher, wo sie auch ohne Versorgungsspannung gespeichert bleiben. Dazu muss man lediglich mit einem Kondensator kleiner Kapazität die Versorgungsspannung von SRAM und Flash-Speicher noch kurz nach dem Ausschalten des Gerätes aufrechterhalten.

21.3.2 Dynamisches RAM

Für eine DRAM-Speicherzelle benötigt man nur einen einzigen Transistor, so dass man DRAMs mit einer vielfachen Speicherkapazität im Vergleich zu SRAMs fertigen kann. Dadurch sind DRAMs ferner im Preis erheblich günstiger.

Der Grund für den einfachen Aufbau ist, dass die Information als Ladung eines Kondensators gespeichert wird. Dieser ist nicht als separates Bauelement nötig, sondern man macht die Gate-

Kapazität des Transistors besonders groß. Der Begriff „groß" ist hier relativ, denn die Kapazität bewegt sich im Femto-Farad-Bereich (1 fF = 10^{-15} F).

Man nennt diese Art der Speicherzelle auch *1T1C-Speicherzelle*, was für 1 Transistor, 1 Kondensator steht. Der Transistor ermöglicht dabei den Zugriff auf die im Kondensator gespeicherte Information.

Je nachdem, ob der Kondensator geladen oder entladen ist, ist eine 1 oder eine 0 gespeichert. Beim Lesen misst man die Spannung des Kondensators. Beim Schreiben wird der Kondensator geladen bzw. entladen, abhängig davon, ob man eine 1 oder eine 0 schreiben möchte. Beides dauert deutlich länger als beim SRAM, so dass DRAMs deutlich langsamer sind als SRAMs.

Ferner entlädt sich der Kondensator im Laufe der Zeit durch Leckströme. Daher muss man DRAMs periodisch *auffrischen* (*refresh*). Etwa hundertmal pro Sekunde, teils noch öfter, wird dabei jeder geladene Kondensator wieder auf seine volle Ladung gebracht. Ansonsten wären die gespeicherten Informationen verloren.

Während des Auffrischens kann man den Speicherbaustein nicht anderweitig verwenden, so dass dadurch etwa 1% der Performance verloren gehen. Stellt man die Dauer zwischen den Refresh-Zyklen zu niedrig ein, hat man einen unnötigen Performance-Verlust. Wählt man die Dauer zu hoch, dann können Bits kippen, was Abstürze und Datenverluste nach sich ziehen kann.

Aus der Entladung bzw. dem daher nötigen Refresh ergibt sich eine relativ hohe Ruhestromaufnahme des Bausteins. Weil die Leckströme ferner temperaturabhängig sind, kann man DRAMs nicht bei allzu hohen Temperaturen einsetzen. Ansonsten würden entweder Datenverluste auftreten, oder man müsste die Refreshrate ziemlich hoch ansetzen.

Aufgabe 102 Forschen Sie nach, welche Speicherkapazitäten und Zugriffszeiten für SRAM und DRAM aktuell erreichbar sind.

21.4 Speicherorganisation auf Chipebene

21.4.1 Speicherzelle

Um mit einer Speicherzelle arbeiten zu können, sind mindestens folgende Anforderungen zu erfüllen:
- Man muss die Speicherzelle selektieren (auswählen) können. Das geschieht über eine *Wortleitung* WL (<u>W</u>ord <u>L</u>ine).
- Man muss Daten aus der Speicherzelle lesen oder in sie hinein schreiben können. Das gelesene oder zu schreibende Bit wird dabei über eine *Bitleitung* BL (<u>B</u>it <u>L</u>ine) übertragen.

Diese Gegebenheiten sind aus Abb. 21.2 ersichtlich.

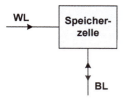

Abb. 21.2:   Ansteuerung einer einzelnen Speicherzelle

21.4.2   Adressierung

Um die Speicherzellen zielgerichtet anzusprechen, versieht man jeden Speicherplatz mit einer eindeutigen *Adresse*. Um anhand einer mehrbittigen Adresse die entsprechende Wortleitung der Speicherzelle zu aktivieren, wird ein Adressdecoder eingesetzt, wie in Abb. 21.3 zu sehen. Über die Bitleitung BL kann anschließend der Inhalt der ausgewählten Speicherzelle gelesen oder geschrieben werden.

Weil immer nur maximal eine einzige Speicherzelle zu einem gegebenen Zeitpunkt aktiv ist, könnte man problemlos die Bitleitungen aller Speicherzellen zu einer gemeinsamen zusammenfassen, wie dies in Abb. 21.3 gemacht wurde. Allerdings macht man das bei „richtigen" Speicherbausteinen etwas anders, wie noch gezeigt wird.

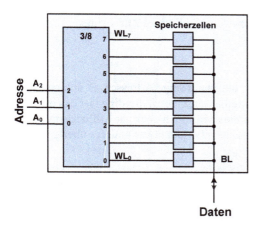

Abb. 21.3:   Ansteuerung mehrerer Speicherzellen

Ein konkretes Beispiel zur Adressierung zeigt Abb. 21.4. An den Speicherbaustein wird die Adresse $(011)_2 = (3)_{10}$ angelegt. Entsprechend wird Speicherzelle 3 über deren Wortleitung WL_3 aktiviert.

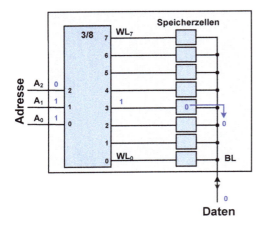

Abb. 21.4: Beispiel für Auswahl einer Speicherzelle

Der Inhalt von Speicherzelle 3 ist eine 0. Dieser Wert wird über die Bitleitung gelesen. Alle anderen Speicherzellen werden nicht aktiviert und sind am Geschehen somit nicht beteiligt.

Um zu bestimmen, ob gelesen oder geschrieben wird, verfügt der Speicher über ein Signal R/$\overline{\text{W}}$ (Read/Not Write). Es bestimmt die Richtung, in der die Daten zwischen Datenbus und Speicherbaustein fließen. Ist das Signal 1, sollen Daten gelesen werden. Ist es dagegen 0, werden Daten geschrieben. Details zur Umsetzung lernen wir in Kapitel 21.5 kennen.

21.4.3   Matrixanordnung

Verwendet man wie in Abb. 21.3 einen Speicher, der nur wenige Adressen zu unterscheiden braucht, kann man den betrachteten Aufbau unmittelbar einsetzen. Allerdings ist das meistens nicht der Fall, sondern Speicher können ohne weiteres Millionen oder gar Milliarden von Adressen besitzen. Dann muss man sich für die Adressdecodierung etwas anderes überlegen. Ein Beispiel soll die Problematik verdeutlichen.

Nehmen wir an, unser Speicherbaustein besitzt 28 Adresssignale. Damit lassen sich $2^{28} =$ 268.435.456 Adressen unterscheiden. Das ist im Zeitalter von etlichen Gigabyte Hauptspeicher nicht besonders viel. Wie müsste in diesem Fall unser Adressdecoder beschaffen sein?

Er müsste 28 Adresseingänge und 268.435.456 Ausgänge haben. Allein um einen Ausgang auf 0 oder 1 setzen zu können, benötigt man bereits 2 Bauteile, z.B. 2 Transistoren. Das sind beim DRAM bereits doppelt so viele wie für die Speicherung der Information an besagter Adresse. Insgesamt würde der Adressdecoder somit weit mehr Aufwand verursachen als die eigentliche Speicherung der Daten.

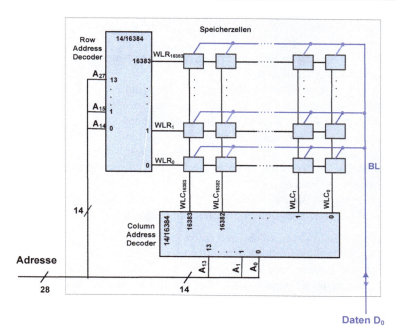

Abb. 21.5:   Mögliche Matrixanordnung von Speicherzellen

Deswegen wendet man einen Trick an: Man ordnet die Speicherzellen in einer Matrix an. In unserem Beispiel hätte die Matrix 2^{14} = 16384 Zeilen und ebenso viele Spalten, wie in Abb. 21.5 zu sehen. Das ist zwar immer noch recht komplex, aber beherrschbar.

Der große Unterschied zu unserer anfänglichen Idee in Abb. 21.3 liegt darin, dass man nun zwei Adressdecoder einsetzt, nämlich einen *Zeilen-Adressdecoder (Row Address Decoder)* und einen *Spalten-Adressdecoder (Column Address Decoder)*. Weil jeder Adressdecoder nur die halbe Wortbreite bekommt, sind bei 14 Eingängen nur zweimal 16384 Ausgänge nötig anstelle von mehr als 268 Millionen. Diese starke Verringerung auf etwas mehr als ein Zehntausendstel ergibt sich daraus, dass die Zahl der Ausgänge exponentiell mit der Zahl der Eingänge anwächst.

Entsprechend wird die Adresse in eine höherwertige und eine niederwertige Hälfte aufgeteilt. Der höherwertige Teil bildet die *Zeilenadresse,* der niederwertige bildet die *Spaltenadresse.* Zeilen- und Spaltenadresse brauchen nicht notwendigerweise die gleiche Anzahl von Bits zu besitzen, wenngleich wir das in unseren Beispielen so handhaben wollen.

Möglich sind auch dreidimensionale Anordnungen, die eine weitere Reduktion der Komplexität bei den Adressdecodern ermöglichen, aber bei der Verdrahtung im Chip eine Herausforderung darstellen.

Aufgabe 103 Welche Adressdecoder benötigt man, wenn man bei 28 Adresssignalen eine dreidimensionale Anordnung wählt? Mit wie vielen Adressdecoder-Ausgängen kommt man nun insgesamt aus?

Aufgabe 104 Welche Speicherkapazität in MBit besitzt der Speicherbaustein in Abb. 21.5?

In Abb. 21.5 ist wie bisher jede Speicherzelle mit einer gemeinsamen Bitleitung verbunden. Das bringt jedoch erhebliche Nachteile mit sich:

- Jede Speicherzelle benötigt 3 Anschlüsse: Außer der Bitleitung sind 2 Wortleitungen nötig, eine für die Zeilenadresse und eine für die Spaltenadresse. In Abb. 21.5 werden sie mit WLR (Wordline Row) und WLC (Wordline Column) bezeichnet.

- Die beiden Wortleitungen müssen miteinander Und-verknüpft werden, damit nur die gewünschte Speicherzelle aktiv wird. Das erfordert für jede Speicherzelle zusätzlichen Aufwand. Weil eine DRAM-Speicherzelle nur aus einem einzigen Transistor besteht, würde sich der Aufwand somit vervielfachen.

- Man muss die Bitleitung zu jeder Speicherzelle hinführen. Sie ist also sozusagen flächendeckend vorhanden, was bezüglich der Störempfindlichkeit Probleme aufwerfen kann.

Deswegen wählt man bei realen DRAMs einen anderen Aufbau, der ohne Kenntnis dieser Zusammenhänge zumindest ungewöhnlich erscheint. Ähnlich wie in Abb. 21.6 sieht man für alle Speicherzellen einer Spalte eine gemeinsame Bitleitung vor und aktiviert bei jedem Zugriff sämtliche Speicherzellen einer Zeile. Es wird somit immer der Inhalt einer ganzen Zeile bereitgestellt, zumindest innerhalb des Speicherbausteins.

Adressen, die zu einer gemeinsamen Zeile gehören, werden übrigens zu einer *Seite (Page)* zusammengefasst. Diese Art von Seite hat allerdings nicht direkt mit dem Begriff der Seite zu tun, den wir in Verbindung mit dem Paging in Kapitel 22.4 noch kennenlernen werden.

Für jede Spalte ist ein Treiber vorhanden, der bei DRAMs *Sense Amplifier* oder *Sense Amp* genannt wird. Er ist erforderlich wegen der nicht unerheblichen Zahl von Speicherzellen, die sich in einer Spalte befinden. Das I/O-Gating sorgt dafür, dass nur die vom Spaltendecoder ausgewählte Bit Line mit dem Datensignal, im Bild D_0 genannt, verbunden wird. Im Grunde arbeitet die Kombination aus Spaltenadressdecoder und Sense Amp/I/O-Gating also wie ein Multiplexer, der eine der Bitleitungen auswählt und den darauf enthaltenen Datenwert nach außen leitet.

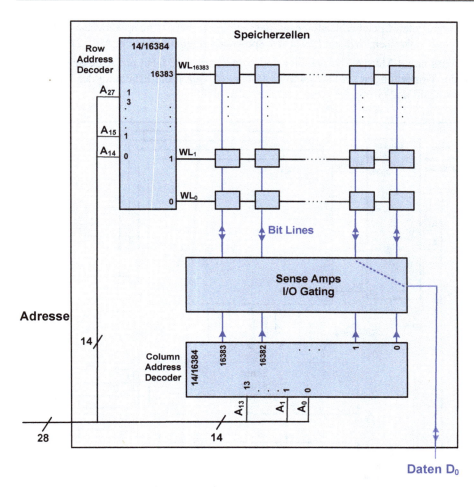

Abb. 21.6: DRAM-Aufbau mit separaten Bitleitungen

21.4.4 Wortbreite

Der Speicherbaustein in Abb. 21.3 kann an jeder Adresse genau ein Bit speichern. Weil er ferner 8 Adressen aufweist, spricht man von einem Speicher 8 Bit × 1, kurz 8 × 1. Das bedeutet, er ist in Form von 8 Adressen zu je 1 Bit organisiert.

Auch der Speicher aus Abb. 21.6 kann an jeder Adresse genau ein Bit speichern. Er weist 256M Adressen auf, weswegen man von einem Speicher 256MBit × 1, kurz 256M × 1 spricht.

Das 1 Bit pro Adresse nennt man die *Wortbreite des Speicherbausteins*. Sie muss nicht mit der Wortbreite des Prozessors übereinstimmen, weil man mehrere Speicherbausteine „parallelschalten" und dadurch die Wortbreite erhöhen kann. Bei einem Prozessor, der 64 Bit Wortbreite besitzt, müsste man 64 solche Speicherbausteine mit je 1 Bit Wortbreite parallelschalten. Das wäre allein schon wegen der Baugröße ineffizient.

Daher organisiert man Speicherbausteine so, dass sie intern bereits beispielsweise 4 Bit oder 8 Bit Wortbreite aufweisen. Wie ein $256M \times 4$ Speicher aufgebaut ist, zeigt Abb. 21.7.

Wir sehen, dass nun 4 Matrizen vorhanden sind, von denen jede 1 Bit pro Adresse speichert. Bezüglich der Wortleitungen sind sie parallel geschaltet. Durch die Erhöhung der Wortbreite ändern sich Anzahl und Größe der Adressdecoder also nicht.

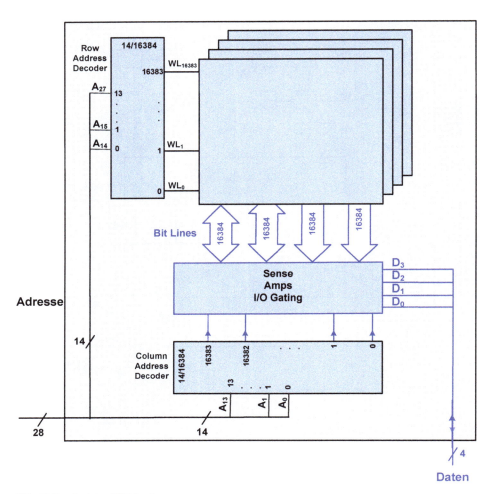

Abb. 21.7:   Speicher 256M x 4

21.4.5   Erweiterungen

Bei dem Speicherbaustein aus Abb. 21.7 handelt es sich um eine vereinfachte Darstellung. Reale Speicherbausteine enthalten ferner z.B. folgende Erweiterungen:

- Zwischenspeicher: Um Anschlusspins zu sparen, werden bei DRAMs Zeilen- und Spaltenadresse nacheinander angelegt. Durch dieses Multiplexing kommt man mit der

Hälfte der Adresseingänge aus. Weil aber alle Adresssignale gleichzeitig an den Adress-decodern benötigt werden, muss man die beiden Adresshälften zwischenspeichern. Die Zwischenspeicher nennt man **Row-** bzw. ***Column Adress Buffer***.
Weil SRAMs deutlich schneller als DRAMs sind, würde das Multiplexing der Adress-Anschlusspins sie ausbremsen. Daher wird es dort üblicherweise nicht eingesetzt.

- In zunehmendem Maße werden RAMs mit seriellen Schnittstellen angeschlossen. Die dar-über übertragenen Informationen müssen ebenfalls zwischengespeichert werden.
- Refresh-Logik: Bei DRAMs nötig, um die Ladungen der Kapazitäten aufzufrischen.
- Häufig findet man eine Aufteilung des RAM-Bausteins in mehrere ***Bänke***, auf die ab-wechselnd zugegriffen wird. Zwischen zwei Zugriffen muss eine gewisse Zeit vergehen. Wenn man beispielsweise gerade und ungerade Adressen in unterschiedlichen Bänken speichert, kann sich bei Zugriffen auf aufeinanderfolgende Adressen jeweils die eine Bank „erholen", während man auf die andere zugreift. Dadurch halbiert sich die Wartezeit. Es können auch 4 oder mehr Bänke eingesetzt werden, was eine weitere Beschleunigung mit sich bringt. In diesem Falle werden die niederwertigsten n Bits zur Auswahl der Bank verwendet.
Nachteilig ist dabei der höhere Aufwand: Für jede Bank benötigt man insbesondere sepa-rate Adressdecoder und Treiber.

21.5 Interfacing und Protokolle

Während wir bisher den internen Aufbau von Speicherbausteinen betrachtet haben, wollen wir nun kennenlernen, wie die Kommunikation eines Speicherbausteins mit seiner Außenwelt ab-läuft.

21.5.1 Asynchrone Protokolle

Bei klassischen DRAMs läuft ein Lesezugriff wie folgt ab:
- Zunächst legt man eine Zeilenadresse an die Adresseingänge des DRAMs und stellt das DRAM auf Lesen ein.
- Um zwischen beiden Adresshälften zu unterscheiden, wird mit einem Impuls an **/RAS** (Row Address Strobe) angegeben, dass es sich um eine Zeilenadresse handelt, und diese wird in den Row Address Buffer übernommen. Die ganze Zeile (Page) wird nun gelesen.
- Dann wird die Spaltenadresse auf die Adresseingänge gegeben.
- Ein Impuls an **/CAS** (Column Address Strobe) sorgt für die Übernahme in den Column Address Buffer.
- Die gewünschte Spalte wird an die Datenausgänge geleitet.
- Die gelesenen Zellen werden aufgefrischt, weil sie durch das Lesen entladen wurden. Die-ser Vorgang ist insbesondere dafür verantwortlich, dass zwischen zwei Zugriffen eine er-hebliche Wartezeit vergehen muss, die in der Größenordnung von 50 bis 70 ns liegen kann.

Werden weitere Adressen aus derselben Page gelesen, dann kann man die Schritte 1) und 2) auslassen. Das nennt man ***FPM (Fast Page Mode)***.

Es handelt sich bei dem beschriebenen Ablauf um ein ***asynchrones Protokoll***. Das bedeutet, dass zwar bestimmte Timing-Kriterien einzuhalten sind, aber dass ansonsten die Signale im Prinzip jederzeit und weitgehend unabhängig voneinander auftreten dürfen. Die früher ausschließlich verwendeten asynchronen Protokolle wurden seit der Einführung von SDRAM durch synchrone Protokolle verdrängt. Wir werden uns daher nachfolgend nur mit synchronen Protokollen beschäftigen.

21.5.2   Synchrone Protokolle

Synchrone Protokolle zeichnen sich dadurch aus, dass es eine Taktsteuerung gibt und die Signale nur zum Taktzeitpunkt, also zu den Taktflanken, ausgewertet werden. Vorteilhaft ist dabei, dass sich Störungen weit weniger stark auswirken können, insbesondere solche, die nicht mit den Taktflanken zusammenfallen.

Außerdem muss bei der Schaltungsentwicklung nicht mehr jeder beliebige Zeitpunkt betrachtet werden, zu dem sich irgendeines der Signale ändert, sondern man kann sich auf die Zeitpunkte beschränken, zu denen Taktflanken auftreten.

Häufig verwendet man differentielle Verfahren, bei denen ein Takt und der dazu invertierte Takt eingesetzt werden. Nur bei den Schnittpunkten zwischen diesen Signalen, also in der Mitte der Taktflanken, sind die Signale gültig. So werden die Schaltzeitpunkte noch genauer definiert.

Ein DRAM, das mit synchronen Protokollen arbeitet, nennt man ***SDRAM*** (Synchronous DRAM). Das „S" hat also nichts mit „statisch" zu tun!

Steuersignale wie RAS und CAS findet man auch bei SDRAMs wieder. Allerdings haben sie etwas andere Bedeutungen als bei asynchronen Protokollen und werden alle zusammen als Bitkombination aufgefasst, um die durchzuführende Operation auszuwählen.

21.5.3   Datenbustakt, Speichertakt und I/O-Takt

Wie in Abb. 21.8 zu sehen, wird der Speicher über einen Speichercontroller an den Prozessor angebunden. Der Speichercontroller kann dabei im Chipsatz untergebracht sein, oder er ist auf dem Prozessorchip integriert.

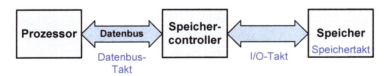

Abb. 21.8:   Speicheranbindung

Der Speichercontroller wiederum ist über einen Datenbus an den Prozessor angebunden. In der Realität kann dies z.B. über ***Intel Ultra Path Interconnect (UPI)***, ***Infinity Fabric (IF)*** oder deren Vorgänger wie ***QuickPath Interconnect (QPI)*** oder ***Hypertransport*** geschehen. Nicht immer handelt es sich um „Busse" im eigentlichen Sinne, sondern in zunehmendem Maße werden Punkt-zu-Punkt-Verbindungen eingesetzt.

Diese Anbindung ist weitgehend unabhängig von der Schnittstelle zwischen Speichercontroller und Speicher. Insbesondere können ganz unterschiedliche Taktfrequenzen zum Einsatz kommen. Daher wird in der Abbildung zwischen *Datenbus-Takt* und *I/O-Takt* (auch *I/O-Bustakt, I/O Clock*) unterschieden. Ferner gibt es einen *Speichertakt (Memory Clock)*, den der Speicher intern verwendet. Wir wollen uns im Weiteren auf die Beziehung zwischen Speichertakt und I/O-Takt konzentrieren.

21.5.4 SDR- und DDR-Verfahren

SDR-DRAM

Zunächst betrieb man synchrone DRAMs im *SDR*-Verfahren (Single Data Rate). Das bedeutet, es wird ein Datenwort pro Taktzyklus übertragen, entweder bei der ansteigenden oder bei der abfallenden Taktflanke. Dabei verwendete man bis zu 133 MHz Speichertakt, bzw. 166 MHz bei Übertaktung.

DDR1-SDRAM

Zur Erhöhung der Datentransferrate ging man danach zum *DDR*-Verfahren (Double Data Rate) über, auch *DDR1* genannt. Dabei werden zwei Datenworte pro Taktzyklus übertragen, nämlich eines bei der ansteigenden und eines bei der abfallenden Taktflanke.

Allerdings gab es ein Problem: Die interne Geschwindigkeit der Speicherbausteine blieb weitgehend unverändert. Tatsächlich hat sich diese mittlerweile über viele Jahre hinweg nicht schritthaltend erhöht. Deswegen überlegte man sich das *Prefetching*. Dabei werden mit jedem Adressierungsvorgang mehrere Spalten gelesen oder geschrieben, also mehrere aufeinanderfolgende Adressen.

Die in einem Schritt aus der Speichermatrix gelesenen Daten werden in einem I/O-Puffer im RAM-Baustein zwischengespeichert und reichen aus, um teils über mehrere Takte hinweg Daten nach außen zu liefern. Beim Schreiben funktioniert es entsprechend.

Damit geht einher, dass es nun zwei Taktsignale gibt: Wie bisher gibt es den Speichertakt, mit dem der Speicher intern arbeitet. Zusätzlich aber existiert ein I/O-Takt, der für die Kommunikation mit der Außenwelt dient und der ein Vielfaches des Speichertaktes betragen kann.

Bei der ersten Generation der DDR-SDRAMs handelte es sich um 2 Spalten, die bei einem Zugriff gleichzeitig gelesen werden, also um ein Prefetching von 2. Bei der z.B. ansteigenden Taktflanke des I/O-Taktes wird der Inhalt der ersten Spalte nach draußen übertragen, bei der darauffolgenden abfallenden Flanke der Inhalt der zweiten Spalte. Den Inhalt der zweiten Spalte speichert man daher solange zwischen. Bei DDR1 ist der I/O-Takt noch genauso hoch wie der Speichertakt und beträgt bis zu 200 MHz.

DDR2-SDRAM

Bei *DDR2* verwendet man ein Prefetching von 4 und nennt dies *QDR* (Quadruple Data Rate). Beim Lesen werden in einem Schritt die Inhalte von 4 aufeinanderfolgenden Adressen in den I/O-Puffer geholt und dann in mehreren Takten nach draußen gegeben. Es werden beim I/O-Puffer weiterhin beide Taktflanken genutzt und außerdem wird der I/O-Takt gegenüber dem Speichertakt verdoppelt.

Der Begriff QDR ist etwas irreführend, denn tatsächlich erreicht man meist keine vierfache Datentransferrate. Nicht immer werden tatsächlich die Inhalte von vier aufeinanderfolgenden Adressen benötigt, und es werden auch nicht nur Nutzdaten übertragen, sondern auch Adress- und Steuersignale, die nur eine einzige Taktflanke pro Takt nutzen. DDR2 erlaubt bis 266 MHz Speichertakt.

DDR3- bis DDR5-SDRAM

In gewissen Zeitabständen sind weitere DDR-SDRAM-Standards erschienen:

- **DDR3**: Achtfach Prefetching, genannt **ODR** (**O**ctal **D**ata **R**ate), bis 266 MHz Speichertakt. Der I/O-Takt ist dabei viermal so hoch wie der Speichertakt.
- **DDR4**: Ebenfalls achtfach Prefetching, aber bis zu 400 MHz Speichertakt.
- **DDR5**: 16-fach- und optional 32-fach-Prefetching durch 2 Interface-Kanäle. Bis 525 MHz Speichertakt. Interne Fehlerkorrekturmechanismen, unabhängig vom Speichermodul und ohne dass Prozessorunterstützung nötig wäre.

Zu unterscheiden ist dabei jeweils, wie hoch der Speichertakt bei der jeweiligen DDR-Spezifikation sein darf und welchen Speichertakt ein Speicherbaustein tatsächlich noch verkraftet. Viele Speicherbausteine werden die Maximalwerte nicht ausschöpfen können.

Ferner muss man die Datentransferrate eines RAM-Bausteins von der eines Speichermoduls unterscheiden. Bei DDR5-Modulen mit 64 Bit Wortbreite kommt man auf bis zu $2 \times 33{,}6$ GB/s im Vergleich zu 3,2 GB/s bei entsprechenden DDR1-Modulen. Wiederum hängt es von den Speicherbausteinen ab, ob diese prinzipiell mögliche Datentransferrate erreicht werden kann.

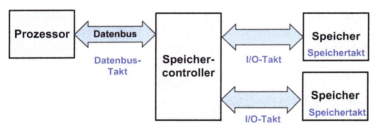

Abb. 21.9:   Speicheranbindung mit zwei Kanälen

Ein Beispiel: Wir nehmen an, der Speichertakt betrage jeweils 200 MHz. Je nach verwendetem Typ der Speicherbausteine spricht man daher von
- DDR-400, wobei der I/O-Takt 200 MHz beträgt
- DDR2-800 mit 400 MHz I/O-Takt oder
- DDR3-1600 mit einem I/O-Takt von 800 MHz.

In vielen Fällen wird der Speicher zur Performancesteigerung mit mehr als einem Kanal angebunden, so wie in Abb. 21.9 zu sehen. Dadurch ändern sich die verwendeten Takte nicht, sondern es wird lediglich der Datendurchsatz erhöht.

21.5.5   Timing-Parameter von DRAMs

Von den zahlreichen Timing-Parametern wollen wir die folgenden herausgreifen:

- **CAS Latency CL**: Die CAS Latency gibt an, wie viel Zeit vergeht, bis nach einem CAS-Signal die gelesenen Daten an den Ausgängen des Speicherbausteins erscheinen.
- **RAS-to-CAS Delay** t_{RCD}: Mindestzeitraum zwischen RAS- und CAS-Signal, also dem Anlegen der Zeilen- und der Spaltenadresse.
- **Row Precharge Time** t_{RP}: Zeitspanne für das Vorbereiten der Zeilen, indem man sie auf ein definiertes Spannungsniveau bringt.
- **Row Active Time** t_{RAS} (auch **Activate to Precharge Delay**, **Minimum RAS Active Time**): Gibt an, wie viel Zeit zwischen dem Anlegen der Zeilenadresse und dem Precharge-Signal vergehen muss.

Diese vier Größen gibt man in der Reihenfolge CL-t_{RCD}-t_{RP}-t_{RAS} an, um das Timing eines Speicherbausteins oder Speichermoduls zu charakterisieren. Den letzten Wert lässt man ab DDR4-SDRAM oft weg, weil sich t_{RAS} dann in etwa als Summe aus CL und t_{RCD} ergibt. Die Angabe erfolgt in I/O-Taktzyklen.

Beispiel 1:

Wie ist die Angabe DDR3-1600 CL9-9-9-24 zu interpretieren? Wie hoch sind I/O-Takt und Speichertakt?

Die Zahl 1600 bedeutet 1600 Mega-Transfers pro Sekunde (MT/s). Es werden also in jeder Sekunde 1600 Millionen Mal Daten übertragen.

Weil es sich um ein DDR-Verfahren handelt, finden davon pro Sekunde 800 Millionen Datentransfers bei der ansteigenden und ebenfalls 800 Millionen Datentransfers bei der abfallenden Taktflanke statt. Der I/O-Takt beträgt also 800 MHz.

DDR3-SDRAM verwendet achtfaches Prefetching. Das setzt sich zusammen aus dem Faktor 2 aufgrund des DDR-Verfahrens und dem Faktor 4, der eine Vervierfachung des I/O-Takts gegenüber dem Speichertakt bedeutet.

Der Speichertakt beträgt somit ein Viertel des I/O-Taktes und damit 200 MHz.

Für die Berechnung des Timings legen wir den I/O-Takt zugrunde. Bei 800 MHz dauert 1 Takt genau $1 / (800 \cdot 10^6)$ s = 1,25 ns.

9 Takte dauern entsprechend $9 \cdot 1{,}25$ ns = 11,25 ns. 24 Takte dauern $24 \cdot 1{,}25$ ns = 30 ns.

Es gilt also:

CL = t_{RCD} = t_{RP} = 11,25 ns

t_{RAS} = 30 ns.

Beispiel 2:

Ein Speicherbaustein wird als DDR4-3200 CL24-24-24 beschrieben. Wie hoch sind I/O-Takt und Speichertakt? Wie lauten die Timingparameter in Nanosekunden?

Die Zahl 3200 bedeutet 3200 Mega-Transfers pro Sekunde (MT/s). Weil es sich um ein DDR-Verfahren handelt, wird der I/O-Takt 3200 MHz / 2 = 1600 MHz betragen. In jedem Takt können ja 2 Datentransfers stattfinden, einer bei der ansteigenden und einer bei der abfallenden Taktflanke.

DDR4-SDRAM verwendet achtfaches Prefetching, genauer gesagt $2 \cdot 4$ -faches Prefetching, wobei der Faktor 2 aus dem DDR-Verfahren resultiert. Der Speichertakt beträgt also noch ein Viertel des I/O-Taktes und damit 400 MHz.

Bei 1600 MHz dauert 1 Takt genau $1 / (1600 \cdot 10^6)$ s = 0,625 ns.

24 Takte dauern entsprechend $24 \cdot 0,625$ ns = 15 ns.

Es gilt also:

$CL = t_{RCD} = t_{RP} = 15$ ns

t_{RAS} wird etwa beim Doppelten liegen, also bei 30 ns.

Aufgabe 105 Ein Speicherbaustein wird mit DDR5-6400 CL56-56-56 bezeichnet. Welche Latenzzeiten in Nanosekunden kann man daraus ableiten?

Beim Vergleich der Timing-Parameter, die in den beiden Beispielen und in der Aufgabe errechnet wurden, fällt auf, dass die Latenzen mit jeder Generation von DDR-SDRAMs sogar ansteigen. Tatsächlich ist es nicht so einfach, diese Parameter zu verbessern.

Man möchte die Speicherkapazität der Speicherbausteine fortlaufend erhöhen. Somit befinden sich in einer Spalte immer mehr Speicherzellen. Das bringt längere Leitungen und höhere Kapazitäten der Kondensatoren mit sich, die die Informationen speichern. Desto länger dauert auch das Lesen und Schreiben einer Speicherzelle, was ja mit dem Laden und Entladen des Kondensators verbunden ist. Je höher also die Speicherkapazität, desto langsamer drohen SDRAMs zu werden.

Gegenmaßnahmen bestehen in kleineren Strukturen und damit verbunden geringeren kapazitiven Belastungen. Ferner können performancesteigernde Maßnahmen wie die in Kapitel 21.6 erwähnte Aufteilung der Bausteine in Bänke Verbesserungen bringen.

Maßnahmen wie immer höheres Prefetching und die Verwendung mehrerer Speicherkanäle führen dazu, dass die Datentransferraten trotz der genannten Probleme immer weiter ansteigen.

21.6   Speichermodule

21.6.1   Aufbau

Speicherbausteine besitzen meist eine relativ geringe Speicherkapazität im Vergleich zur gewünschten Gesamtgröße des Hauptspeichers. Außerdem ist die Wortbreite deutlich geringer als die des Prozessors bzw. Speichercontrollers. Deswegen fasst man mehrere Speicherbausteine zu einem *Speichermodul* zusammen. Ein Speichercontroller kann üblicherweise mehrere Speichermodule verwalten.

Gängige Bauform für Speichermodule ist das *DIMM* (Dual Inline Memory Module), das es für Notebooks in der kleineren Variante des *SODIMMs* (Small Outline DIMM) gibt. Es besitzt eine Wortbreite von 64 Bit.

RDIMMs (Registered DIMM) werden üblicherweise im Serverbereich eingesetzt und zeichnen sich durch besonders hohe Speicherkapazitäten aus. Das zusätzliche Register entkoppelt das DIMM vom Speicherbus und vermindert dessen Belastung, die durch die hohe Anzahl von Speicherbausteinen auf dem Modul entstehen würde.

Beispielhaft könnte ein RDIMM eine nutzbare Speicherkapazität von 512 GByte aufweisen und dazu 40 Stück DDR5-7200 Speicherbausteine verwenden, von denen jeder wiederum aus acht übereinander gestapelten 16 GBit = 2 GByte-Chips besteht.

Daraus ergibt sich eine Gesamtspeicherkapazität von 2 GByte · 40 · 8 = 640 GByte, wovon 512 GByte für Nutzdaten vorgesehen sind und die restlichen 128 GByte der Fehlererkennung und Fehlerkorrektur dienen. Es handelt sich also, wie im Serverbereich üblich, um ein ECC-Modul (siehe Kapitel 21.6.3).

Wir wollen den Aufbau eines Speichermoduls jedoch anhand eines einfacheren Beispiels kennenlernen.

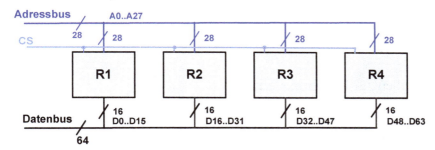

Abb. 21.10: Aufbau eines Speichermoduls

Abb. 21.10 zeigt ein Speichermodul, bei dem die einzelnen Speicherbausteine 16 Bit Wortbreite besitzen. Um auf die 64 Bit Wortbreite des gesamten Moduls zu kommen, benötigt man 64 Bit/16 Bit = 4 Speicherbausteine R1...R4. Jeder von ihnen steuert 16 Bits zum gesamten Datenwort bei. Die Adressen sind dagegen bei jedem Speicherbaustein dieselben. Die Speicherbausteine sind also bezüglich der Adressen parallel geschaltet.

Das Signal *CS (Chip Select)* aktiviert bzw. deaktiviert alle vier Speicherbausteine gleichzeitig. Manche Module besitzen zwei so genannte Ranks, die wie in Abb. 21.11 verschaltet sind und sich unabhängig voneinander aktivieren und deaktivieren lassen. Zu diesem Zweck sind zwei CS-Signale CS0 und CS1 vorhanden.

Nach der JEDEC-Norm (1) dürfen die Speicherbausteine eines Moduls 4, 8 oder 16 Bit Wortbreite besitzen. Wegen der Vielzahl möglicher Arten von Speicherbausteinen befindet sich auf dem Speichermodul ein *SPD-EEPROM* (Serial Presence Detect-EEPROM), das Informationen zum Aufbau und zu den Timing-Parametern des Speichermoduls enthält. Der Speichercontroller liest den Inhalt des SPD-EEPROMs mittels *SMBus* (System Management Bus) und stellt sich auf die Module entsprechend ein.

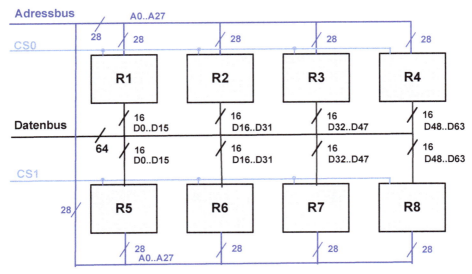

Abb. 21.11: Aufbau eines Speichermoduls mit 2 Ranks

21.6.2 Angaben zur Datentransferrate

Man bezeichnet Speichermodule nach der JEDEC-Norm mit einer Kennung der Form PCx-yyyyy. Der Wert x gibt an, um welche Form von SDRAM es sich handelt, während yyyyy die Datentransferrate in MByte/s angibt. Beispiele:

- PC3-6400 zeigt an, dass DDR3-SDRAM verwendet wurde und bis zu 6,4 GByte/s erreicht werden.
- PC4-25600 lässt auf DDR4-SDRAM und maximal 25,6 GByte/s Datendurchsatz schließen.
- PC5-51200 bezeichnet DDR5-SDRAM mit bis zu 51,2 GByte/s Datendurchsatz

Aus diesen Angaben lassen sich andere relevante Größen bei Bedarf errechnen. Die Wortbreite eines solchen Speichermoduls beträgt 64 Bit = 8 Byte.

Daher kommt man bei PC4-25600 auf 25600 / 8 MT/s = 3200 MT/s. Das Modul könnte daher auch als DDR4-3200 bezeichnet werden, wie uns dies in Kapitel 21.5.5 in Beispiel 2 bereits begegnet war.

Aufgabe 106 Berechnen Sie, mit welchem Speichertakt und I/O-Takt folgende Speichermodule betrieben werden.

a)   PC4-21300

b)   PC5-38400

21.6.3 Integritätsaspekte

Aus verschiedenen Gründen können sporadisch Bits im RAM kippen, wodurch die Integrität der gespeicherten Daten verletzt wird: Daten werden unerwünscht verändert, ohne dass ein Defekt in einem Bauteil vorhanden wäre. Man nennt das einen *Soft Error*. Ein einziges umkippendes Bit kann bereits ausreichen, um einen Computer zum Absturz zu bringen.

Gründe für Soft Errors können zu lange Abstände zwischen Refreshzyklen sein, Störimpulse auf der Versorgungsspannung oder auch ionisierende Strahlung. Letztere ist überall in gewissem Umfang vorhanden und kann nur schwer kompensiert werden. Dabei sind nicht nur DRAMs, sondern auch SRAMs und Flash-Speicher betroffen.

Eine Schätzung aus dem Jahre 1996 (2) besagte, dass bei 256 MByte Hauptspeicher etwa einmal pro Monat ein Bit wegen kosmischer Strahlung kippt. Hochgerechnet auf einen PC mit 8 GByte Hauptspeicher wäre das jeden Tag ein Soft Error, bei einem Server mit 512 GByte sogar etwa alle 20 Minuten.

Auch wenn die Speicherbausteine im Laufe der Jahre robuster wurden und die genannte Hochrechnung vermutlich mittlerweile zu pessimistisch sein sollte, zeigt dies doch die Notwendigkeit, Maßnahmen gegen Soft Errors zu treffen.

Bewährt haben sich dabei *ECC-Module* (<u>E</u>rror <u>C</u>orrecting <u>C</u>ode). Ein 64 Bit-Nutzdatenwort wird ergänzt um 8 Kontrollbits, so dass man insgesamt Datenworte mit 72 Bit Länge speichert. Dabei kommt ein Hamming Code zum Einsatz (siehe Kapitel 23.5), mit dem man 1-Bit-Fehler korrigieren und 2-Bit-Fehler erkennen kann (*SEC/DED*, <u>S</u>ingle <u>E</u>rror <u>C</u>orrection/<u>D</u>ouble <u>E</u>rror <u>D</u>etection).

Allerdings müssen die Kontrollbits in jedem Fall zu den Nutzdaten passen, selbst wenn man einen Teil des Speichers gar nicht aktiv nutzt oder wenn er nach dem Einschalten mit Zufallswerten gefüllt ist. Daher müssen beim Booten des Rechners zunächst sämtliche Kontrollbits errechnet und geschrieben werden. Das bezeichnet man als *Memory Scrubbing*.

Noch robuster ist der Einsatz des *Chipkill*-Verfahrens. Es ermöglicht die Korrektur von 4-Bit- oder 8-Bit-Fehlern und kann somit den Ausfall eines kompletten Speicherbausteins kompensieren.

21.7 Flash Speicher

21.7.1 Arten von Flash-Speichern

Flash-Speicher kommen unter anderem in Speicherkarten, USB-Sticks, SSDs (<u>S</u>olid <u>S</u>tate <u>D</u>isks) und als Speicher für das BIOS von Mainboards zum Einsatz. Sie können ebenso wie ein RAM elektrisch gelöscht und beschrieben werden. Jedoch gehen die gespeicherten Daten auch beim Ausschalten der Versorgungsspannung nicht verloren. Das Wort „Flash" bezieht sich auf die hohe Geschwindigkeit im Vergleich zu seinem Vorgänger, dem EEPROM, mit der die Daten geschrieben werden können.

Man unterscheidet nach dem internen Aufbau des Flash-Speichers im Wesentlichen NOR- und NAND-Flash.

NOR-Flash-Speicher sind relativ robust, und man kann nach Belieben auf einzelne Bytes lesend zugreifen, wenngleich Schreiben nur blockweise möglich ist. Die Anbindung an die Umgebung erfolgt analog zu dem von den RAMs bekannten Verfahren parallel mittels Adress- und Datensignalen. Das prädestiniert NOR-Flash eigentlich für den Einsatz als permanente Programm- und Datenspeicher. Allerdings ist eine NOR-Flash-Speicherzelle relativ groß und somit teuer und nicht allzu hoch integrierbar. Deswegen findet man NOR-Flash in erster Linie bei Mainboards, um deren BIOS zu speichern, außerdem bei Mikrocontrollern als Programmspeicher.

NAND-Flash-Speicher ist besonders gut für serielle Zugriffe geeignet und lässt sich hoch integrieren. Er ist der am weitesten verbreitete Typ von Flash-Speicher und wird in SD-Cards und USB-Sticks eingesetzt, aber auch in SSDs.

Ferner unterscheidet man SLC und MLC-Flash-Speicher. *SLC* (<u>S</u>ingle <u>L</u>evel <u>C</u>ell) speichert pro Speicherzelle nur 1 Bit. Der Name kommt daher, dass man nur einen von Null verschiedenen Spannungswert einsetzt. Dagegen unterscheidet *MLC* (<u>M</u>ultiple <u>L</u>evel <u>C</u>ell) mehrere Spannungswerte, z.B. vier verschiedene. Damit lassen sich pro Speicherzelle 2 Bits speichern, was die Packungsdichte der Informationen verdoppelt. Auch mehr als 2 Bits sind möglich.

21.7.2 Schreibstrategien und Wear Leveling

NAND-Flash-Speicher ist üblicherweise in Pages von z.B. 16 KByte Größe organisiert, von denen mehrere einen Block bilden. Dabei kann sich das Lesen auf die betreffende Page beschränken, während das Schreiben nur blockweise möglich ist. Die Blockgröße liegt dabei oft im Megabyte-Bereich. Zuerst muss der Zieldatenblock gelöscht werden, dann kann man erst den eigentlichen Schreibvorgang durchführen und den gesamten Block schreiben. Das gilt auch, wenn sich nur ein einziges Bit geändert hat.

Das Schreiben erfolgt daher also deutlich langsamer als das Lesen von Daten, wo nur ein einziger Zugriff nötig ist und sich dieser auf eine Page beschränken kann. Deswegen wendet man einen Trick an, den man als *COW-Verfahren* (<u>C</u>opy <u>o</u>n <u>W</u>rite) bezeichnet. Wenn man einen Block zuerst liest und dann Daten in ihn hinein schreibt, dann wird für das Schreiben nicht derselbe Block genommen, sondern ein anderer, leerer Block. Das geht viel schneller. Es wird also bei jedem Schreibvorgang eine geänderte Kopie des Blocks angelegt.

Das hat Auswirkungen auf die Vertraulichkeit von Daten. Häufig wird zum sicheren Löschen von Daten empfohlen, die Daten mit anderen Informationen zu überschreiben, am besten mehrfach DoD-Löschen (<u>D</u>epartment <u>of</u> <u>D</u>efense). Was bei Festplatten gut funktioniert, ist bei Flash-Speicher, z.B. SSDs, wirkungslos. Es wird nicht das zu löschende Original überschrieben, sondern es werden in zuvor leere Blöcke nutzlose Daten geschrieben.

Erst wenn kaum noch leere Blöcke vorhanden sind, beginnt der Flash-Controller, der sich im Flash-Speicher befindet, Blöcke zu löschen. Dann sinkt allerdings die Schreibrate auf die Hälfte oder weniger. Man müsste also den nicht belegten Bereich des Flash-Speichers komplett überschreiben, um auch zuvor angelegte Kopien von Daten zu erreichen.

Als Restrisiko bleibt das *Wear-Leveling*, das eigentlich zum Schutz vor Datenverlust gedacht ist. Eine Flash-Speicherzelle übersteht je nach Typ etwa ein paar Tausend bis zu viele Millionen Schreibvorgänge. Der Flash-Controller zählt mit, wie viele Schreibvorgänge jeder Block

bereits bekommen hat und versucht, deren Anzahl möglichst gleichmäßig zu verteilen. Fehlerhafte Blöcke werden ermittelt und bei Bedarf werden Ersatzblöcke anstelle eines „verbrauch-
ten" Blockes verwendet. Dieser wird für weitere Nutzung gesperrt. Das bedeutet aber auch,
dass darin enthaltene vertrauliche Informationen auf keine Weise mit gewöhnlichen
Schreibvorgängen überschrieben werden können. Mit geeigneten technischen Mitteln könnte
ein Unbefugter versuchen, doch wieder an die Informationen heranzukommen.

Das CoW-Verfahren wirkt sich ferner ungünstig aus, wenn man ein Verschlüsselungstool verwendet, um das gesamte Medium zu verschlüsseln oder einen entsprechend großen Container
darauf anzulegen. Auch wenn keine Nutzdaten enthalten sind, wird dennoch jeder Block als
belegt markiert. Der Flash-Controller findet keine freien Blöcke mehr und die Schreibrate
bricht ein. Daher sollte ein gewisser Prozentsatz des Flash-Mediums immer unbelegt bleiben,
z.B. 10%. Selbstverschlüsselnde SSDs machen das oft automatisch.

22 Speicherverwaltung

Bislang haben wir uns mit Speicherbausteinen vor allem aus Hardwaresicht beschäftigt. Eine wesentliche Rolle spielt aber auch das Betriebssystem, wobei man bei dieser Sichtweise häufig von *Speicherverwaltung* spricht. Das Betriebssystem wird dabei durch entsprechende Komponenten im Chipsatz unterstützt.

22.1 Programme und Prozesse

In enger Verbindung mit der Speicherverwaltung stehen die Begriffe „Programm" und „Prozess". Ein *Programm* beschreibt, welche Anweisungen in welcher Reihenfolge durchzuführen sind. Das Programm an sich macht überhaupt nichts, sondern es benötigt einen Prozessor, der es versteht und der es ausführen kann. Ein Programm ist somit vergleichbar mit einem Kochrezept, das nur dann etwas bewirkt, wenn es jemand in die Tat umsetzt.

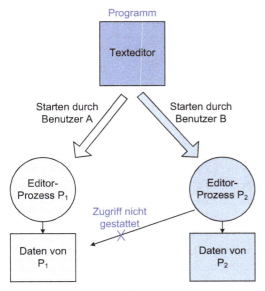

Abb. 22.1:   Programm und Prozesse

Die Abarbeitung eines Programmes, vergleichbar mit dem Kochvorgang, nennt man *Prozess* oder *Task.* So wie mehrere Köche unabhängig voneinander gleichzeitig dasselbe kochen können, kann auch ein Programm mehrfach gestartet werden, so dass mehrere *Programminstan-*

https://doi.org/10.1515/9783110741797-022

zen entstehen und als Task abgearbeitet werden. Betriebssysteme, die das gestatten, nennt man *Multitasking-Betriebssysteme*. Die scheinbar gleichzeitige Ausführung mehrerer Prozesse nennt man *Multitasking*. Dadurch, dass zwischen den Tasks sehr schnell durchgewechselt wird, hat man den Eindruck, dass alle Tasks gleichzeitig laufen. In Wirklichkeit können aber zu einem gegebenen Zeitpunkt nur so viele Tasks aktiv sein wie Prozessorkerne bzw. Ausführungseinheiten vorhanden sind.

Betrachten wir als Beispiel einen Texteditor. Wie in Abb. 22.1 zu sehen, kann man ihn mehrmals starten, so dass mehrere Texte gleichzeitig bearbeitet werden können, evtl. sogar von unterschiedlichen Benutzern auf demselben Rechner. Dabei geht es den Benutzer A nichts an, was der Benutzer B schreibt, und umgekehrt. Das Betriebssystem muss also in der Lage sein, die Daten unterschiedlicher Programminstanzen voneinander zu trennen und die Zugriffe darauf zu kontrollieren.

Will beispielsweise Prozess P_2 auf die Daten von Prozess P_1 zugreifen, wird dieser Zugriff vom Betriebssystem abgeblockt. Der Zugriff von P_2 auf seine eigenen Daten hingegen wird zugelassen.

Wenn in unserem Beispiel P_1 und P_2 von demselben Prozessor ausgeführt werden, dann muss dieser in der Lage sein, die Abarbeitung eines Prozesses nach Belieben zu unterbrechen und später fortzusetzen. Alle Daten, die bezüglich eines Prozesses dazu nötig sind, fasst man zum *Prozesskontext* zusammen. Ein *Kontextwechsel*, also im Beispiel die Umschaltung von P_1 nach P_2, läuft so ab:

- Der Prozesskontext von P_1 wird gerettet. Dazu zählen insbesondere die Registerinhalte.
- Der Prozesskontext von P_2 wird wiederhergestellt.
- P_2 wird eine Zeitlang ausgeführt.
- Das Ganze wiederholt sich mit dem jeweils anderen Prozess.

Dieses Verfahren kann auf eine beliebige Anzahl von Prozessen erweitert werden.

22.2   Virtueller Speicher

22.2.1   Aufbau

Den virtuellen Speicher kennen viele Computerbenutzer als Mittel, um den Hauptspeicher zu erweitern, indem Teile davon auf eine Festplatte ausgelagert werden. Diese Vorstellung ist zwar nicht verkehrt, deckt aber nur einen kleinen Teil dessen ab, was ein virtueller Speicher leistet. Der Aufbau eines Systems mit virtuellem Speicher ist in Abb. 22.2 zu sehen.

Wir sehen zwei Prozesse P_1 und P_2. Dabei kann es sich z.B. um zwei Instanzen eines Texteditors handeln. Das System verfügt über einen Hauptspeicher und einen Bereich auf der Festplatte, um den der Hauptspeicher erweitert wird. Diesen Bereich nennt man beispielsweise *Auslagerungsdatei, Page File, Swap Partition* oder *Swap Space*. Dazwischen befindet sich die *MMU* (*Memory Management Unit*), auch *virtuelle Speicherverwaltung* genannt. Sie sorgt für alle nötigen Maßnahmen in Verbindung mit dem virtuellen Speicher. Wir wollen nun einige nützliche Eigenschaften der virtuellen Speicherverwaltung beleuchten.

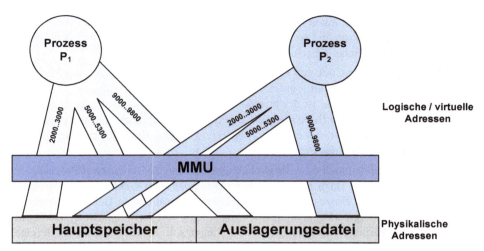

Abb. 22.2:   Virtueller Speicher

Aufgabe 107 Welchen Unterschied könnte es machen, ob man eine einzelne Datei oder eine ganze Partition für die Auslagerung verwendet?

22.2.2   Adressumsetzung

Wenn ein Programmierer ein Programm schreibt, dann werden die Adressen, an denen Code und Daten liegen, vom Compiler festgelegt. Das sind die sogenannten *logischen Adressen*. Der Compiler kann aber nicht wissen, wo später bei der Ausführung des Programmes Platz im Speicher frei sein wird. Die Adressen im Programm müssen also an freie Bereiche „verschoben" werden. Virtueller Speicher erlaubt eine beliebige Zuordnung logischer Adressen zu den *physikalischen oder physischen Adressen*, die der Hauptspeicher verwendet. Diese Zuordnung nennt man ein *Mapping*.

In Abb. 22.2 verwendet jeder der beiden Prozesse dieselben logischen Adressen, nämlich den Bereich zwischen 2000 und 3000, zwischen 5000 und 5300 sowie zwischen 9000 und 9800. Diesen Adressbereichen ordnet die MMU Bereiche im Hauptspeicher und in der Auslagerungsdatei zu.

Die Menge aller logischen Adressen, die ein Prozess sieht, bildet seinen *logischen Adressraum*. Der logische Adressraum ist eine Art „Gummizelle", aus der der Prozess nicht hinaus darf. Alles was sich außerhalb dieses Adressraumes befindet, ist für den Prozess unsichtbar. Alle logischen Adressräume aller Prozesse zusammen genommen bilden den *virtuellen Adressraum*.

Werden zwei Instanzen desselben Programmes ausgeführt, dann verwenden sie dieselben logischen Adressen. Trotzdem dürfen keine „Kollisionen" auftreten. Die virtuelle Speicherverwaltung ordnet daher dieselben logischen Adressen im Allgemeinen unterschiedlichen physikalischen Adressen zu. So ist der Bereich zwischen 2000 und 3000 von P_1 einem völlig anderen physikalischen Speicherort zugeordnet als derselbe Bereich von P_2.

Außerdem dürfen die Daten der einen Instanz nicht ohne Weiteres für die andere Instanz sichtbar sein. Physikalische Adressen, die zu P_1 gehören, sind für P_2 grundsätzlich nicht erreichbar, auch nicht dadurch, dass gleiche logische Adressen verwendet werden.

In unserem Beispiel könnte im Code von P_1 eine Anweisung enthalten sein, die einer Variablen x den Wert 50 zuweist. Der Compiler legt fest, dass die Variable x an der Adresse 2500 liegen soll. Wie aus Abb. 22.2 ersichtlich, ist der physikalische Speicherort der Adresse 2500 für P_2 ein anderer als für P_1. Daher beeinflusst die Wertzuweisung durch P_1 nicht den Wert, den x für P_2 besitzt. Jeder Prozess kann nur sein eigenes x sehen und ändern. Bei solchen Daten handelt es sich somit um *private Daten* des Prozesses.

Für manche Zwecke wird dennoch eine Möglichkeit gewünscht, zwischen zwei Prozessen P_1 und P_2 Daten auszutauschen. Dazu kann ein *Shared Memory* oder *Gemeinsamer Speicher* eingerichtet werden, den die Prozesse gleichermaßen sehen. In unserem Beispiel könnte im Code von P_1 eine Anweisung vorkommen, die der Variablen y den Wert 10 zuweist. Der Compiler legt fest, dass die Variable y an der Adresse 5100 liegen soll. In Abb. 22.2 ist der Bereich, in dem diese Adresse liegt, für P_1 und P_2 denselben Adressen zugeordnet. Wenn also nun P_2 den Wert von y liest, dann bekommt P_2 die 10, die P_1 zuvor geschrieben hat.

Shared Memory kann auch zwischen mehr als zwei Prozessen eingerichtet werden. Gibt es in einem System mehrere Prozessorkerne, dann könnte es passieren, dass zwei oder mehr Prozesse gleichzeitige Schreibzugriffe auf das Shared Memory durchführen wollen. Für diesen Fall müssen Schreibzugriffe synchronisiert werden.

Greift ein Prozess auf eine logische Adresse zu, der keine physikalische Adresse zugeordnet ist, kommt es zu einem Fehler, den man unter anderem *Speicherzugriffsverletzung, Access Violation, Segmentation Fault* oder *Storage Violation* nennt. In einem solchen Fall wird eine *Exception* ausgelöst, auf die durch einen *Exception Handler*, auch *Ausnahmebehandlung* genannt, reagiert wird.

In unserem Beispiel könnte der Prozess ein Array mit 10 Feldelementen verwenden, das bis zur Adresse 5300 geht. Aufgrund eines Programmierfehlers könnte P_1 versuchen, das elfte Element des Arrays anzusprechen. Die Adresse 5301 ist aber keinem physikalischen Speicherort zugeordnet, sodass die genannte Exception ausgelöst werden würde. Dadurch wird der Programmierfehler offenkundig und kann behoben werden.

In der Praxis ist eine Exception oft lästig, weil sie einen Prozess in der Regel beendet oder „ein Programm zum Absturz bringt". Doch was würde passieren, wenn eine Exception ignoriert oder erst gar nicht ausgelöst würde?

Nehmen wir an, gleich neben dem physikalischen Speicherort der Adresse 5300, also an der vermeintlichen Adresse 5301, wären Daten, die zu einem hier nicht dargestellten Prozess P_3 gehören. Würde die Speicherverwaltung zulassen, dass P_1 auf die Daten von P_3 zugreift, dann könnte beispielsweise Folgendes passieren:

- P_1 könnte einen verkehrten Wert lesen und mit diesem weiterarbeiten. Die Ergebnisse von P_1 wären unbrauchbar, womöglich ohne dass man es bemerken würde. Außerdem könnte dies zu weiteren Speicherzugriffsverletzungen führen und P_1 zum Absturz bringen.
- Beim Schreiben in die verkehrte Adresse könnte als Seiteneffekt P_3 beeinflusst werden und ebenfalls nicht mehr korrekt arbeiten, obwohl der Code von P_3 korrekt ist.

- Handelt es sich bei dem Zugriff nicht um ein Versehen, sondern um eine gezielte Aktion, dann könnten vertrauliche Daten des Prozesses P_3 gelesen oder dieser Prozess bewusst zum Absturz gebracht werden. Wenn P_3 weitreichendere Rechte als P_1 besitzt, könnte P_1 Aktionen durchführen, die ihm gar nicht gestattet sind, z.B. Benutzerpassworte beliebiger Benutzer ändern oder die Festplatte formatieren.

Das zeigt, welche große Rolle die virtuelle Speicherverwaltung für die Sicherheit und Zuverlässigkeit des Systems spielt.

Die Umsetzung von virtuellen in physische Adressen erfolgt bei vielen Prozessoren über ein mehrstufiges, z.B. dreistufiges, System, das relativ zeitaufwendig ist. Um diesen Vorgang nicht bei jedem Speicherzugriff durchführen zu müssen, wird ein **TLB (*T*ranslation *L*ook *A*side *Buffer*)** eingesetzt. Es handelt sich dabei um eine Art Cache, in dem bereits erfolgte Adressumsetzungen zwischengespeichert werden.

22.2.3 Fragmentierung

Speicher neigt zur *Fragmentierung*. Das bedeutet, dass der freie Speicherplatz des Systems nicht am Stück zur Verfügung steht, sondern von belegten Bereichen unterbrochen ist.

Diese Problematik tritt besonders in Verbindung mit *dynamischer Speicherverwaltung* auf. Dabei verwendet man einen *Heap* (deutsch: Haufen), also eine Menge von Bytes, von denen sich ein Prozess nach Belieben einen zusammenhängenden Bereich reservieren und später wieder freigeben kann. In C gibt es dazu Funktionen wie calloc() oder malloc() zum Reservieren bzw. free() zum Freigeben. Dazu nun ein Beispiel.

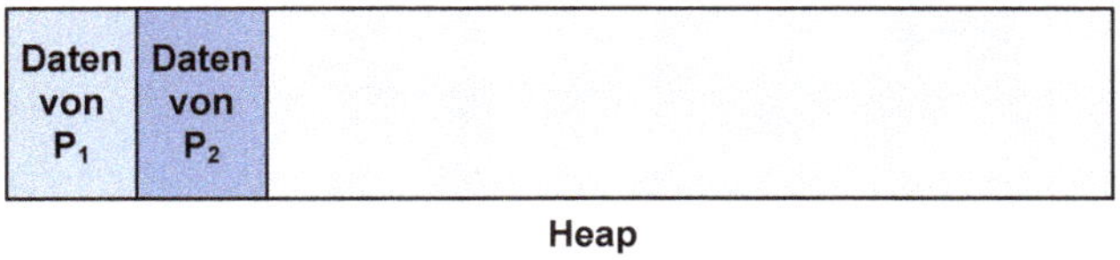

Heap

Abb. 22.3: Fragmentierung – Phase 1

Nehmen wir an, ein Prozess P_1 soll Daten von einer Schnittstelle einlesen und verarbeiten. Im Voraus ist nicht bekannt, wie umfangreich die Daten sein werden. Der Prozess belegt z.B. einen Block mit 1 MB Größe. Dann belegt ein anderer Prozess P_2 ebenfalls Speicher, wie in Abb. 22.3 zu sehen.

Es stellt sich nun heraus, dass der reservierte Speicher für P_1 zu knapp bemessen ist. Er kann nicht ohne Weiteres vergrößert werden, weil die Daten von P_2 dies verhindern. Somit muss P_1 nun einen Bereich mit 2 MB anfordern, den Inhalt des alten Blocks hineinkopieren und dann den alten Block freigeben. Dann beansprucht ein anderer Prozess P_3 ebenfalls einen Block, wie in Abb. 22.4 abgebildet.

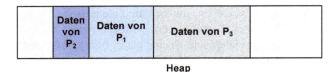

Abb. 22.4:   Fragmentierung – Phase 2

Einige Zeit später stellt sich heraus, dass auch 2 MB für P_1 zu klein sind. Er benötigt einen 4 MB-Block. Wegen der Fragmentierung ergibt sich nun ein Problem, wie das im oberen Teil von Abb. 22.5 ersichtlich ist: Es gibt keinen zusammenhängenden Speicherblock dieser Größe, obwohl insgesamt durchaus noch so viel Speicher zur Verfügung steht.

Ohne Fragmentierung könnte man, wie im unteren Teil von Abb. 22.5 zu sehen, den Datenblock ohne weiteres unterbringen.

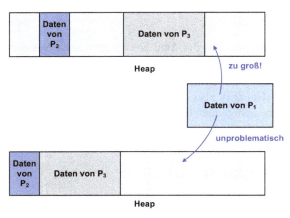

Abb. 22.5:   Fragmentierung – Phase 3

Aufgabe 108 Warum sollte man als Programmierer dafür sorgen, dass dynamisch angeforderter Speicher immer freigegeben wird, sobald man ihn nicht mehr benötigt?

Man findet Verfahren wie die *Garbage Collection* (deutsch: Müllabfuhr), die die Daten bei Bedarf so zusammenschiebt, wie es in der unteren Bildhälfte zu sehen ist. Der Nachteil daran ist, dass dieser Verschiebevorgang beträchtliche Zeit in Anspruch nehmen kann und immer wieder nötig ist.

Besser ist ein Verfahren, das in Verbindung mit virtuellem Speicher gut eingesetzt werden kann, nämlich das *Paging*. In etwas anderer Form wird es uns in Kapitel 22.4 wieder begegnen.

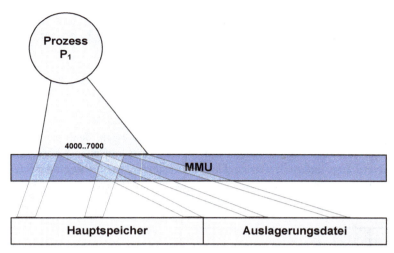

Abb. 22.6:   Virtueller Speicher mit Pages

Wegen der Adressumsetzung durch die MMU benötigt man den physikalischen Speicher nämlich gar nicht an einem Stück, sondern es reicht, wenn die logischen Adressen für einen Speicherblock zusammenhängen. Den physikalischen Speicher organisiert man in *Seiten (Pages)*
konstanter Länge, z.B. 4 KByte.

Wie man in Abb. 22.6 erkennen kann, spielt es keine Rolle, ob der physikalische Speicher
fragmentiert ist. Für den Prozess folgen alle Speicherblöcke aufeinander und sind in einem
Stück, z.B. als Array, adressierbar. Auch ist es für den Prozess egal, ob sich Blöcke im Hauptspeicher oder in einer Auslagerungsdatei befinden.

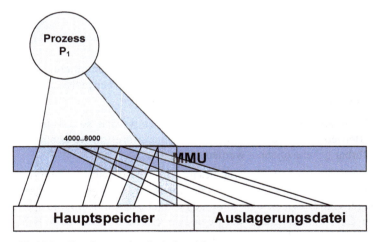

Abb. 22.7:   Erweiterung eines logischen Adressraumes

Man kann sogar problemlos den logischen Adressraum um weitere Blöcke erweitern, ohne
dass man Daten umkopieren muss. Das ist in Abb. 22.7 zu sehen. Die MMU könnte einfach in

den logischen Adressram des Prozesses weitere Blöcke hinein mappen, an logische Adressen, die vorher noch nicht gültig waren. Der logische Adressraum wird im Beispiel bis auf 8000 erweitert.

22.3   Segmentierung und Swapping

Auf die Segmentierung sei hier nur der Vollständigkeit halber eingegangen, denn sie wurde durch das nachfolgend beschriebene Paging weitgehend abgelöst. Ein logischer Adressraum kann in Segmente variabler Länge unterteilt werden. Das nennt man **Segmentierung** oder **Segmenting**. Mit Segmenten grenzt man Daten, die unterschiedlichen Zwecken dienen, voneinander ab und schützt sie vor unbefugten Zugriffen.

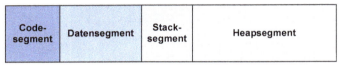

logischer Adressraum

Abb. 22.8:   Segmentierung

Wie auch in Abb. 22.8 zu sehen, unterscheidet man je nach dem vorgesehenen Inhalt eines Segmentes z.B.
- *Codesegment*: Enthält den abzuarbeitenden Programmcode eines Prozesses.
- *Datensegment*: Hier werden die Konstanten und Variablen eines Prozesses abgelegt, deren Byteanzahl bereits bei der Compilierung des Programmes feststeht. Zum Beispiel weiß der Compiler, dass eine Variable vom Typ char genau ein Byte belegt und reserviert dafür den entsprechenden Platz im Datensegment.
- *Stacksegment*: Enthält den Stack, auf dem z.B. Registerinhalte und Rückkehradressen bei Unterprogrammaufrufen zwischengespeichert werden.
- *Heapsegment*: Es wird für Daten benötigt, deren Umfang man bei der Compilierung noch nicht kennt. Jeder Prozess aus dem Beispiel in Kapitel 22.2.3 könnte beispielsweise sein eigenes Heapsegment besitzen, das Teil des gesamten Heaps ist.

Segmente können je nach Prozessortyp mit Zugriffsrechten versehen werden, so dass nur bestimmte Prozesse und das Betriebssystem darauf zugreifen können. Ihre Inhalte können als ausführbar bzw. nicht ausführbar gekennzeichnet werden.

Während Segmentierung früher eine große Bedeutung besaß, wird sie inzwischen kaum noch eingesetzt. Früher wurde bei Betriebssystemen wie Unix das **Swapping** verwendet, um ganze Segmente bei Speichermangel vom Hauptspeicher auf eine Festplatte auszulagern und später wieder einzulagern. Wegen der variablen Länge der Segmente konnte es dabei zu teils beträchtlichen Verzögerungen kommen, und die Dauer eines solchen Vorgangs ließ sich nicht gut vorhersagen oder auf eine Maximaldauer limitieren. Das stellte insbesondere für Echtzeitsysteme ein Problem dar. Und die immer wieder auftretenden Zwangspausen machten auch für Benutzer die Arbeit an einem solchen System unkomfortabel.

Aus diesen Gründen wurde das Swapping praktisch überall durch das nachstehend erläuterte Paging abgelöst. Den Begriff des Swappings findet man aber immer noch wieder, beispielsweise bei Linux, wo man von Swap Space und Swap Partition spricht. Tatsächlich verwendet man aber auch hier das Paging.

22.4 Paging

22.4.1 Verwendung von Speicherseiten

Der Begriff des **Pagings** wird auf unterschiedliche Weise gebraucht. In seiner einen Bedeutung wird der logische Adressraum analog zum Segmenting in kleinere Einheiten unterteilt. Anders als beim Segmenting besitzen diese **Seiten (Pages)** jedoch konstante Länge. Die Länge hängt vom verwendeten Prozessortyp ab und kann z.B. 4 KByte betragen. Das ist in Abb. 22.9 dargestellt.

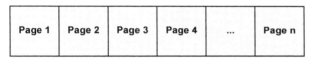

logischer Adressraum

Abb. 22.9:   Paging

Paging und Segmenting lassen sich miteinander kombinieren: Ein logischer Adressraum wird in Segmente variabler Länge unterteilt. Jedes Segment wiederum besteht aus einer gewissen Anzahl von Pages konstanter Länge.

Auch der physikalische Speicher ist in Pages unterteilt, die man aber zur Unterscheidung **Page Frames** nennt. Eine Page des logischen Adressraumes wird also in einem Page Frame des Hauptspeichers gespeichert. Sie kann aber auch auf eine Festplatte oder ein anderes Speichermedium ausgelagert werden.

Welche Page welchem Page Frame zugeordnet ist, wird in einer **Seitentabelle** oder **Page Table** festgehalten. Üblicherweise gibt es für jeden Prozess eine separate Page Table.

Aufgabe 109 Forschen Sie nach, wie ein Prozessor Ihrer Wahl mit Paging und Segmenting umgeht.

22.4.2 Aus- und Einlagerung von Speicherseiten

Auch den Vorgang des Aus- und Einlagerns von Speicherseiten nennt man **Paging**, was man aber nicht mit der zuvor genannten Bedeutung verwechseln darf. Diese Form des Pagings wollen wir nun näher beleuchten.

Betrachten wir dazu einen Prozess P mit vier Speicherseiten Page 1 bis Page 4, die in Abb. 22.10 zu sehen sind. P wartet längere Zeit auf ein Ausgabegerät, z.B. auf einen Drucker, sodass keine Zugriffe auf seine Speicherseiten erfolgen.

Wenn der Hauptspeicher knapp wird und anderweitig benötigt wird, wendet die Speicherverwaltung z.B. die *LRU-Strategie* (Last Recently Used) an. Diese Strategie ist uns in Verbindung mit dem Caching bereits begegnet. In diesem Zusammenhang bedeutet es nun, dass Speicherseiten, die am längsten nicht mehr benötigt wurden, ausgelagert werden, um Platz im Hauptspeicher zu schaffen. Auf diese Weise werden Page 1 bis Page 4 zu Auslagerungskandidaten.

Außer der LRU-Strategie gibt es noch einige weitere Verfahren, auf die aber hier nicht eingegangen werden soll.

Aufgabe 110 Forschen Sie nach, welche Alternativen es zur LRU-Strategie beim Paging gibt und welche Vor- und Nachteile sie aufweisen.

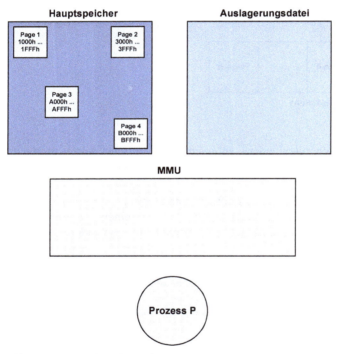

Abb. 22.10: Zustand vor der Auslagerung

Weil nur so viele Seiten ausgelagert werden, wie nötig, beschränke sich die Auslagerung auf Page 1 und Page 2. Die MMU kopiert die Inhalte dieser Seiten in die Auslagerungsdatei und merkt sich, dass diese Seiten dort zu finden sind.

Nehmen wir an, Page 1 belege wie abgebildet die logischen Adressen von 1000h bis 1FFFh, Page 2 die Adressen 3000h bis 3FFFh. Auch dies merkt sich die MMU. Genauer gesagt wird die Startadresse festgehalten. Die Endadresse ergibt sich aus der Seitengröße und braucht nicht gesondert gespeichert zu werden. Ferner kennzeichnet die MMU den zugehörigen Speicherplatz im Hauptspeicher als frei (Abb. 22.11). Er wird anderen Prozessen zur Verfügung gestellt.

Man beachte, dass die freigegebenen Speicherseiten am besten physisch gelöscht, also mit wertlosen Daten überschrieben werden sollten, bevor sie anderen Prozessen überlassen werden. Ansonsten könnte der nächste Prozess den Inhalt der Speicherseite lesen und darin eventuell ungewollt Informationen finden, z.B. zwischengespeicherte Passwörter oder Teile vertraulicher Dokumente.

Der Prozess P bekommt von alldem nichts mit, sondern befindet sich weiterhin in einem Wartezustand. Nach einer gewissen Zeit wird der Wartezustand von P beendet, z.B. weil der Drucker mit dem Drucken der Daten fertig ist und nun für P zur Verfügung steht.

Wenn der Prozess P aktiviert wird, benötigt er seine Pages, um den nächsten Befehl auszuführen. Dieser will womöglich auf einen auszugebenden Datenwert in einer anderen Page zugreifen. Die betreffenden Pages sind aber teilweise ausgelagert. Wenn P vor seinem Wartezustand beim Befehl an der logischen Adresse 13F7h angelangt war, wird er nun von der Adresse 13F8h den nächsten auszuführenden Befehl holen wollen. Das kann nur über die MMU geschehen.

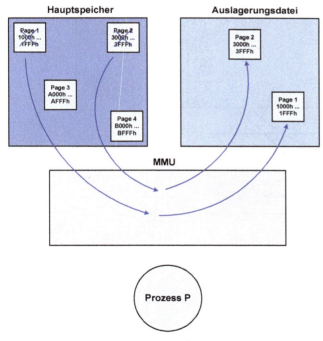

Abb. 22.11: Auslagerung von Page 1 und Page 2

Der Inhalt von Adresse 13F8h befindet sich aber nicht im Hauptspeicher. Das bedeutet, es existiert kein passender Eintrag in der Seitentabelle. Daher wird ein *Seitenfehler (Page Fault)* ausgelöst. Ein Seitenfehler kann entweder bedeuten, dass die Seite ausgelagert ist oder dass die Adresse unerlaubt ist. In letzterem Falle zieht der Page Fault einen Segmentation Fault nach sich.

In unserem Beispiel würde aber die MMU feststellen, dass die zugehörige Seite, nämlich Page 1, ausgelagert ist. Bevor der Zugriff durch den Prozess erfolgen kann, muss die Seite daher erst wieder eingelagert werden, wie in Abb. 22.12 zu sehen.

Dazu wird zunächst ein freier Page Frame im Hauptspeicher benötigt. Wenn keiner da ist, wird wieder eine Seite nach LRU-Strategie ausgewählt und ausgelagert. An deren Stelle kommt nun die Page 1.

Sobald die Page 1 wieder im Hauptspeicher steht, wird der Zugriff durch den Prozess P eingeleitet. P holt den Befehl von Adresse 13F8h und führt ihn aus. Die nächsten Befehle werden vermutlich ebenfalls in Adressen innerhalb von Page 1 liegen, so dass dafür keine weitere Seite eingelagert werden muss. Sobald aber eine Adresse in Page 2 angesprochen wird, gibt es wieder einen Page Fault, und Page 2 wird eingelagert.

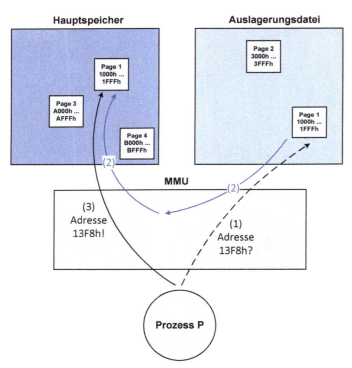

Abb. 22.12: Einlagerung von Page 1

Wenn sich wie in unserem Beispiel nicht alle Seiten eines Prozesses gleichzeitig im Hauptspeicher befinden müssen, sondern je nach Bedarf geladen werden, nennt man dies ***Demand Paging***.

22.4.3 Optimierung der Paging-Strategie

Das betrachtete Paging-Verfahren würde in dieser Form bereits funktionieren, kann aber an einigen Stellen noch verbessert werden. Muss beispielsweise P erneut auf das Ausgabegerät warten, dann können wiederum seine Pages zu Auslagerungskandidaten werden. Nehmen wir an, in Page 1 steht Code, der sich typischerweise nicht ändert. Die Kopie von Page 1 in der Auslagerungsdatei ist immer noch vorhanden. Dann braucht Page 1 nicht erneut in die Auslagerungsdatei geschrieben zu werden, sondern ihr Page Frame kann einfach freigegeben und für eine andere Seite verwendet werden.

Anders verhält es sich mit Seiten, in denen Daten stehen, die verändert wurden. Eine solche Seite müsste man erst in die Auslagerungsdatei zurückschreiben, bevor man sie anderweitig verwenden kann. Somit muss sich die MMU merken, auf welche Seiten seit der letzten Einlagerung Schreibzugriffe erfolgt sind.

Daten können auch vorsorglich ein- oder ausgelagert werden, um im Bedarfsfalle schneller reagieren zu können. Wurde eine Speicherseite länger nicht benötigt und ist der Rechner gerade nur wenig ausgelastet, dann kann sie schon mal vorsorglich in die Auslagerungsdatei kopiert werden, weil sie sowieso bald ausgelagert werden würde. So lassen sich künftige Spitzen in der Auslastung reduzieren. Wird das Auslagern dann doch nicht erforderlich, z.B. weil vorher erneut auf sie zugegriffen wird, kann man die Kopie verwerfen, was wenig Zeit beansprucht: Sie wird lediglich als frei gekennzeichnet.

22.4.4 Swap Partition statt Datei

Die Verwendung einer kompletten Partition für Auslagerungszwecke, wie dies bei Linux mit dem Swap Space gemacht wird, hat den Vorteil, dass man ein effizienteres Dateisystem nutzen kann als bei Verwendung einer Auslagerungsdatei, die in einem gewöhnlichen Dateisystem liegt.

Verzeichnisbäume und feingranulare Zugriffsrechte benötigt man zur Auslagerung nicht, und dies würde nur die Zugriffe bremsen. Daher kommt ein spezielles Swap-Dateisystem zum Einsatz. Auch lassen sich mehrere Swap-Partitionen auf unterschiedlichen Datenträgern problemlos und automatisch zu einem großen Swap Space vereinen.

22.4.5 Verwendung unterschiedlicher Seitengrößen

Einige Prozessoren unterstützen mehrere Seitengrößen, die man teils auch gleichzeitig nutzen kann. So kann man beispielsweise für das Betriebssystem und den Grafikspeicher eine große Seitengröße vorsehen, z.B. 8 MByte. Das hat den Vorteil, dass man nicht so häufig Seitenwechsel vornehmen muss und weniger Einträge in der Seitentabelle benötigt. Aus- und Einlagern ist bei dieser Art von Speicher ohnehin nicht sinnvoll. Dagegen nimmt man für gewöhnliche Anwendungen eine kleine Seitengröße von 4 KByte, so dass man den vorhandenen Speicherplatz besser ausnutzen kann. Außerdem geht das Ein- oder Auslagern einer einzelnen Seite damit relativ schnell, so dass sich die Stockungen im Programmablauf in Grenzen halten.

22.4.6   Sicherheitsaspekte

Dadurch dass die Auslagerungsdatei für Speicherseiten aller Art verwendet wird, können sich in ihr vertrauliche Daten befinden, z.B. Passwörter. Außerdem kann man anhand der Auslagerungsdatei analysieren, was der Benutzer gemacht hat. Will man dies verhindern, sollte die Auslagerungsdatei verschlüsselt werden, ebenso wie andere temporäre Speicherbereiche.

22.4.7   Thrashing

Ist der Hauptspeicher viel zu klein für die laufenden Prozesse, kann es passieren, dass ständig Seiten ausgelagert werden, die man kurz darauf wieder benötigt und einlagern muss. Die daraus resultierende erhebliche Zahl von Plattenzugriffen kann das gesamte System ausbremsen. Das nennt man **Thrashing**. Kommt es häufiger vor, sollte man eine Erweiterung des Hauptspeichers in Erwägung ziehen.

23   Datenübertragung und Schnittstellen

Wir wollen uns in diesem Kapitel mit Hardwareschnittstellen beschäftigen. Über *Schnittstellen (Interfaces)* werden Komponenten miteinander verbunden. Als einige wenige Beispiele für buchstäblich hunderte von Schnittstellentypen seien hier die SATA-Schnittstelle für Festplatten und optische Laufwerke zu erwähnen, die USB-Schnittstelle für Maus, Tastatur und andere Geräte, sowie die HDMI-Schnittstelle zum Anschluss eines Displays.

Festgelegt wird bei Schnittstellen unter anderem, welche Stecker mit welcher Anschlussbelegung zum Einsatz kommen und in welcher Form die Daten zu übertragen sind. Sie umfassen also in aller Regel einen physikalisch-elektrischen Teil und einen logischen Teil. Schnittstellen unterscheiden sich z.B. in der maximalen Leitungslänge, in der Datentransferrate und im Verwendungszweck.

Manchmal hört man den Begriff *Legacy-Schnittstellen*. Legacy bedeutet so viel wie Erbe oder gar Altlast. Damit sind Schnittstellen gemeint, die nicht mehr Stand der Technik sind, aber aus Kompatibilitäts- oder sonstigen Gründen trotzdem noch Verwendung finden.

Ein Beispiel dafür ist die uralte, langsame, aber im industriellen Umfeld und bei Mikrocontrollern immer noch weit verbreitete RS-232-Schnittstelle. Wenn man einfach nur von einer „seriellen Schnittstelle" spricht, meint man diese. Mit RS-232 lassen sich Geschwindigkeiten von z.B. 115.200 Bit/s erreichen, manchmal auch 500 kBit/s. Das ist immer noch etwa tausendmal langsamer als das für ähnliche Zwecke einsetzbare USB 2.0.

Aufgabe 111 Warum ist die RS-232-Schnittstelle immer noch so weit verbreitet?

23.1   Leitungstheorie

Die *Leitungstheorie* spielt eine große Rolle bei der schnellen Datenübertragung. Bei niedrigen Frequenzen kann man die Eigenschaften einer Leitung noch vernachlässigen, doch je höher die Datentransferraten und somit auch die verwendeten Frequenzen werden, desto stärker fallen besonders Leitungskapazitäten und -induktivitäten ins Gewicht.

Als Beginn für solche Hochfrequenzeffekte legt man üblicherweise fest, dass die Leitungslänge mindestens in derselben Größenordnung liegt wie die Wellenlänge λ der übertragenen Signale. Es gilt:

$f = c/\lambda$,

wobei f die Frequenz und c die Lichtgeschwindigkeit ist. Diese Formel gilt allerdings für die Ausbreitung von Wellen im Vakuum. Für leitungsgebundene Wellen liegt die Ausbreitungsgeschwindigkeit bei etwa der Hälfte oder zwei Drittel davon.

https://doi.org/10.1515/9783110741797-023

Außerdem kommen bei Schnittstellen nicht Sinussignale zum Einsatz, sondern Rechtecksignale. Diese haben einen großen Anteil an Oberwellen, die man ebenfalls übertragen muss. Ansonsten hätte man kein sauberes Rechtecksignal mehr. Somit werden die Methoden der Leitungstheorie bereits bei etwa zwanzigmal niedrigeren Frequenzen eingesetzt, als dies die obige Formel vermuten lässt.

Aufgabe 112 Ab welcher Frequenz dominieren Hochfrequenzeffekte, wenn man Daten über eine Leitung mit 1 Meter Länge übertragen möchte?

Im Hochfrequenzbereich verhalten sich Leiter nicht mehr einfach wie ein Stück Draht. Elektrische Impulse zeigen ein immer ausgeprägteres Wellenverhalten. Sie können auf der Leitung in eine bestimmten Richtung wandern, wobei sie eine gewisse Ausbreitungsgeschwindigkeit besitzen. Sie können auch unter manchen Bedingungen reflektiert werden, z.B. an einem Knick oder an einem Leitungsende. Das kann zu Störungen bei der Übertragung führen, weil sich die Reflexionen mit den erwünschten Signalen „ins Gehege kommen".

Um diese Effekte zu berücksichtigen, modelliert man ein Stückchen Leitung wie in Abb. 23.1 zu sehen.

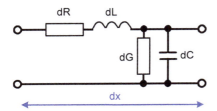

Abb. 23.1:   Infinitesimal kleines Leitungsstück

Ein Leitungsstück der Länge dx besitze einen OHM'schen Widerstand dR, eine Induktivität dL, einen Leitwert dG und eine Kapazität dC. Das Verhalten der gesamten Leitung bekommt man, indem man diese Größen über die gesamte Leitungslänge aufintegriert.

In vielen Fällen kann man ferner einen **Wellenwiderstand** Z_0 errechnen. Er hängt oft nur vom Leitungsquerschnitt und vom **Dielektrikum** zwischen den Leitern ab. Im Gegensatz zu einem OHM'schen Widerstand ist der Wellenwiderstand üblicherweise längenunabhängig. Beispielsweise bleibt ein 50 Ω-Koax-Kabel ein 50 Ω-Koax-Kabel, auch wenn man es kürzt. Diese Angabe bezieht sich nämlich auf den Wellenwiderstand.

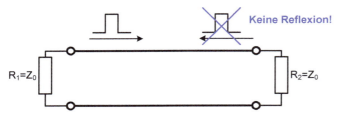

Abb. 23.2:   Terminierung

Der Wellenwiderstand besitzt eine große Bedeutung. Wenn man ihn kennt, kann man nämlich Leitungsreflexionen verhindern. Dazu **terminiert** man die Leitung an beiden Enden mit einem OHM'schen Widerstand, der denselben Wert wie der Wellenwiderstand besitzt (Abb. 23.2). Diesen Widerstand bezeichnet man als **Terminator**.

Ein Beispiel aus der Vergangenheit, das die Bedeutung der Terminierung zeigt: Leitungsreflexionen waren der Hauptgrund, warum die parallele ATA-Schnittstelle zunächst auf eine Frequenz von maximal 16,67 MHz begrenzt war, was bei 16 Bit Wortbreite einer Datentransferrate von 33 MByte/s (UDMA33) entsprach. Die Schnittstelle war ohne Berücksichtigung der Hochfrequenzeigenschaften entworfen worden. Eine Terminierung ließ sich nicht ohne weiteres vornehmen, weil sich der Wellenwiderstand der Flachbandkabel nicht errechnen ließ.

Daher wendete man einen Trick an: Der Wellenwiderstand der Flachbandkabel ließ sich nur deswegen nicht errechnen, weil dort Signalleitung neben Signalleitung lag. Wenn dazwischen jeweils noch eine Masse-Ader liegen würde, könnte man den Wellenwiderstand aber angeben. Deswegen hatte man die Idee, andere Kabel einzusetzen, bei denen dies erfüllt war. Aus Kompatibilitätsgründen behielt man die 40-poligen Stecker bei, aber man setzte 80-adrige Kabel ein, wobei jede zweite Ader eine Masse-Ader war. Nun konnte man die Leitungen terminieren und die Datentransferrate bis auf 133 MByte/s steigern. Ein hilfreicher Nebeneffekt der Masse-Adern war, dass auch das Übersprechen zwischen den Leitungen reduziert wurde. Heutige Schnittstellen mit ihren hohen Datentransferraten sind ohne den Einsatz von Terminierung nicht mehr denkbar.

23.2 Serielle und parallele Datenübertragung

Bei serieller Datenübertragung wandern die Bits nacheinander (seriell) über eine Datenleitung, wogegen bei paralleler Datenübertragung mehrere Bits gleichzeitig übertragen werden. Daher erscheint es auf den ersten Blick als logisch, dass parallele Datenübertragung schneller ist als serielle Datenübertragung.

Das traf über viele Jahre hinweg auch weitgehend zu. Überall da, wo es auf vergleichsweise hohe Geschwindigkeit ankam, verwendete man parallele Datenübertragungsverfahren. Beispiele dafür sind ATA, PCI oder ganz früher die Parallelschnittstelle für den Drucker. Serielle Verfahren hatten ihre Berechtigung dagegen da, wo es auf die Überbrückung längerer Distanzen ankam, z.B. bei Modems, oder wo Geschwindigkeit zweitrangig war.

Etwa ab der Einführung von USB kehrte sich der Trend jedoch um: In immer mehr Bereichen wurden parallele durch serielle Verfahren abgelöst. USB ersetzte RS-232 und Parallelport, dann Serial-ATA die Parallel-ATA-Schnittstelle, danach PCIe (PCI Express) das PCI Interface. Mittlerweile werden auch bei Speicheranbindungen und zwischen den Prozessorkernen häufig seriellen Formen der Datenübertragung eingesetzt. Wir wollen nun einige Gründe dafür kennenlernen.

Aufgabe 113 Was fällt auf, wenn man die zeitliche Reihenfolge betrachtet, in der parallele Verfahren von seriellen abgelöst wurden? Was könnten Gründe dafür sein?

Bei paralleler Datenübertragung werden alle Bits eines Datenwortes gleichzeitig losgeschickt. Das heißt aber nicht, dass sie auch gleichzeitig beim Empfänger ankommen. Betrachten wir als Beispiel ein Mainboard, auf dem Daten parallel übertragen werden.

Zu einem gegebenen Zeitpunkt fungiere ein Baustein als Sender der Daten, ein anderer als Empfänger. Dazwischen befinde sich wie in Abb. 23.3 ein weiterer Chip, um den die Signale herumgeführt werden müssen.

Man kann erkennen, dass Leiterbahnen, die näher an dem Chip in der Mitte liegen, etwas kürzer sind als die, die ganz außen herumgeführt werden müssen. Je kürzer die Leitung, desto schneller erreichen Signale ihr Ziel.

Außerdem stellen die Bausteine auf dem Mainboard Wärmequellen dar, aufgrund derer sich verschiedene Temperaturgefälle oder Temperaturgradienten ausbilden können. Auch dies beeinflusst die Ausbreitungsgeschwindigkeit der elektrischen Signale.

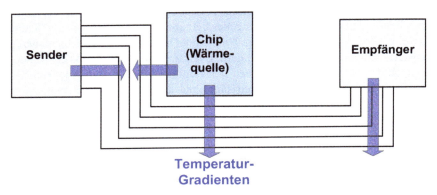

Abb. 23.3:   Laufzeitunterschiede

Je nach den Gegebenheiten kommen also manche Signale schneller beim Empfänger an als andere. Somit muss der Empfänger warten, bis auch unter extremen Betriebsbedingungen alle Signale sicher anliegen. Das reduziert die mögliche Übertragungsrate.

Je nach Beschaffenheit der Schnittstelle und den erlaubten Leitungslängen lassen sich selten mehr als einige Hundert Megahertz Taktfrequenz erreichen, oft deutlich weniger.

Weil man bei serieller Datenübertragung nur ein einziges Datensignal verwendet, entfällt das Problem der Laufzeitunterschiede. Zwar treten Verzögerungen des gesamten Datensignals auf. Ferner ist *Jitter* möglich, also zeitliche Dehnungen und Stauchungen des Signals. Jedoch hat man diese Probleme auch bei paralleler Datenübertragung bei jedem einzelnen Datensignal.

Andererseits lassen sich durch den Wegfall der Laufzeitunterschiede serielle Datenübertragungen um ein Vielfaches schneller takten als parallele Verfahren, was den Nachteil nur einer einzigen Datenleitung bei weitem überkompensiert. Außerdem lassen sich mehrere serielle *Links* in Form von *Kanalbündelung* kombinieren, so dass sich die Datentransferrate vervielfacht. Weil die Links weitgehend unabhängig voneinander arbeiten, hat man auch hier kein Problem durch Laufzeitunterschiede.

Ein konkretes Beispiel: PCI als paralleles Datenübertragungsverfahren verwendete je nach Ausführung 33,3 oder 66,6 MHz Taktfrequenz bei 32 bzw. 64 Bit Wortbreite. Die am häufigsten verwendete Variante war die mit 33 MHz und 32 Bit. Hier ergibt sich eine Datentransferrate von $33,3$ MHz $\cdot$ 32 Bit/8 = 133 MByte/s.

Der serielle Nachfolger von PCI, PCIe, hatte bereits in Version 2.0 eine Datentransferrate von 5 GBit/s. Wegen der Codierung der Daten entsprach 1 Nutzbyte 10 übertragenen Bits, so dass man auf eine Datentransferrate von 500 MByte/s für die Nutzdaten kam. Das galt pro Richtung und für einen einzigen Kanal, eine so genannte *Lane*. Bei Version 6.0 erreicht man pro Lane und Richtung bereits bis zu 7,5 GByte/s.

Auf Steckkarten sind bis zu 16 Lanes. Mit Riser Cards lassen sich mehrere Steckkarten zusammenschalten, so dass man z.B. 48 Lanes im Gesamtsystem erreichen kann.

Komponenten mit eher geringem Datendurchsatz kommen mit einer einzigen Lane aus, während beispielsweise leistungsstarke Grafikchips mehrere Lanes benötigen.

Serielle Datenübertragung wendet heute ganz ähnliche Verfahren an wie man sie von Netzwerken zur Datenkommunikation kennt. Es kommen in zunehmendem Maße Punkt-zu-Punkt-Verbindungen anstelle von Bussen zum Einsatz, wie sie bei paralleler Datenübertragung üblich sind. Anstelle von Bus-Controllern findet man dann Switches, die die Verbindungen herstellen und die Abläufe bei der Kommunikation kontrollieren.

Punkt-zu-Punkt-Verbindungen besitzen im Gegensatz zum Bus den Vorteil, dass sich unterschiedliche Geräte nicht denselben Übertragungsweg teilen müssen und somit immer die volle Bandbreite für die Kommunikation zur Verfügung steht. Stockungen bei Audio- und Videoströmen können dadurch leichter vermieden werden.

Je nachdem, wie die Kommunikation in beiden Richtungen gehandhabt wird, unterscheidet man:

- *Simplex*: Die Kommunikation erfolgt ausschließlich von A nach B. Dieses Prinzip findet z.B. bei Sendestationen im Rundfunkbereich Anwendung.
- *Halbduplex*: Die Kommunikation erfolgt abwechselnd von A nach B und von B nach A. Gleichzeitige Datenübertragung in beide Richtungen ist nicht möglich. Problematisch ist das Aushandeln, welcher Kommunikationspartner zum Zuge kommen soll, wenn beide gleichzeitig senden wollen, also die *Kollisionserkennung*.
- *Vollduplex* (kurz *Duplex*): A und B können zeitgleich senden und empfangen.

Für Vollduplex benötigt man mindestens zwei Aderpaare, eines für den Hinkanal und eines für den Rückkanal. Dieses Prinzip findet man z.B. bei PCIe, verschiedenen Formen von Ethernet oder bei USB 3.0. Hin- und Rückkanal werden logisch oft zu einem einzigen Kanal, bei PCIe Lane genannt, zusammengefasst.

Aufgabe 114 Nennen Sie je zwei Beispiele für Simplex-, Halbduplex- und Vollduplexkommunikation!

23.3   Das OSI-Modell

Für einen Anwender soll es bei der Bedienung möglichst keinen Unterschied machen, ob er per LAN, WLAN oder LTE ins Internet geht, und welche Arten von Kabeln, Funk und Protokollen auf dem Weg zwischen ihm und einem Webserver verwendet werden. Häufig wird auf den einzelnen Etappen ganz unterschiedliche Infrastruktur eingesetzt, die möglichst nahtlos zusammenarbeiten soll.

Um das zu vereinfachen, verwendet man gerne das *OSI-Referenzmodell* (Open Systems Interconnection). Das OSI-Modell ist ein *ISO-Standard* (International Standards Organisation), weswegen man auch vom ISO-OSI-Modell spricht. Es unterteilt die Kommunikation in 7 Ebenen, die beim Sender von oben nach unten und beim Empfänger in umgekehrter Richtung durchlaufen werden.

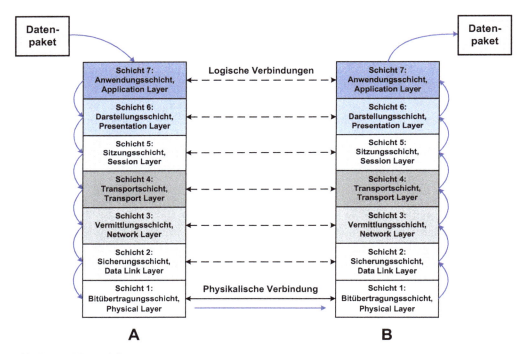

Abb. 23.4:   OSI-Modell

Man kann das vergleichen mit einem Bonbon, das der Sender A in ein Papier einwickelt. Mehrere Bonbons kommen in eine Tüte, mehrere Tüten in einen Karton, mehrere Kartons auf eine Palette. Die Palette wird auf einen LKW geladen und zum Empfänger B transportiert. Das wäre die unterste, physikalische Ebene.

B lädt die Palette ab und entpackt in umgekehrter Reihenfolge: Er nimmt die Kartons von der Palette, entnimmt daraus die Tüten, öffnet die Tüten und packt im Laufe der Zeit die Bonbons aus.

Wahrscheinlich wird B die Bonbons nicht alle selber essen, sondern als Zwischenhändler viel- leicht nur ein Routing durchführen: Verschiedene Kartons werden zu verschiedenen Empfän- gern geleitet. Auch so etwas wird durch das OSI-Modell unterstützt.

Abb. 23.4 zeigt den Aufbau des OSI-Modells. Sowohl A als auch B verwenden einen *Proto- kollstack* mit sieben *Schichten (Layers)*. Nicht immer benötigt man alle vorhandenen Schich- ten, und manchmal unterteilt man die Layers nochmal in Sublayers.

Das Datenpaket entspricht dem Bonbon aus dem obigen Beispiel. Es wird Schicht für Schicht nach unten weitergereicht und dabei jeweils mit zusätzlichen Informationen versehen, sozusa- gen eingepackt. Schließlich wird es über die physikalische Verbindung, z.B. ein Kabel, zum Empfänger geschickt. Der entfernt eine Hülle des Paketes, wertet sie aus und reicht die Daten in die nächsthöhere Ebene weiter, wo sich das Ganze wiederholt. Schließlich verlässt das Da- tenpaket den Protokollstack.

Jede Schicht von A kann sich mit ihrem entsprechenden Gegenstück von B unterhalten, als ob es eine direkte Verbindung gäbe. Die Verbindung ist aber nur logischer Natur.

Tab. 23.1:   OSI-Modell

Schicht		beschreibt	einige der darin geklärten Fragen
7	Anwendungsschicht Application Layer	Möglichst plattformunabhän- gige Bereitstellung der Netz- werkdienste für Anwendungen aller Art, z.B. E-Mail, etc.	Wie sehen die Datei- und Verzeichnisnamen aus? Wie werden Datensätze in einer Datei von- einander getrennt? Wie zeigt man ein entferntes Shell-Fenster auf einer Maschine mit anderem Betriebssystem an?
6	Darstellungsschicht Presentation Layer	Einheitliche Codierung von Daten und Datenstrukturen	In welcher Reihenfolge setzt man die Bytes ei- ner Variablen zusammen? Wie sieht ein Float- Wert aus? Welche Zeichensatzcodierung kommt zum Einsatz?
5	Sitzungsschicht Session Layer	Aufbau von Sitzungen, um z.B. auf einem entfernten Sys- tem zu arbeiten oder Dateien herunterzuladen.	Wie meldet man sich auf einem entfernten Sys- tem an? Wie geht man vor, wenn Verbindungen zusammenbrechen? Wer hat Vorrang beim Sen- den seiner Daten?
4	Transportschicht Transport Layer	Vorspiegeln einer durchgehen- den, ständigen Verbindung vom Sender bis zum Empfän- ger	Wie zerlegt man größere Datenblöcke in Fra- mes? Wie setzt man sie beim Empfänger in der richtigen Reihenfolge wieder zusammen? Wie kann man mit mehreren Empfängern gleichzei- tig kommunizieren?
3	Vermittlungsschicht Network Layer	Zusammensetzen des Übertra- gungsweges vom Sender zum Empfänger aus Teilstücken (Routing)	Wie lastet man die bestehenden Teilverbindun- gen möglichst optimal aus? Wie rechnet man evtl. Gebühren ab, wenn Leitungen unterschied- licher Netzbetreiber verwendet werden?
2	Sicherungsschicht Data Link Layer	Übertragung einer kleinen Menge zusammen gehörender Bits (Data Frame) bis zum nächsten „Nachbarn"	Wo beginnt und endet ein Data Frame? Was passiert, wenn mehrere Geräte gleichzeitig sen- den? Wie verwendet man EDC/ECC für verlo- ren gegangene oder gestörte Bits?
1	Bitübertragungs- schicht Physical Layer	Übertragung eines einzelnen Bits bis zum nächsten „Nach- barn"	Wie wird eine 0 und eine 1 dargestellt? (Höhe des Stroms bzw. der Spannung, Timing) Welche Kabel und Stecker mit welcher Anschlussbele- gung werden verwendet?

In jeder Schicht kann das dort verwendete Protokoll durch ein anderes ersetzt werden, ohne dass Änderungen auf anderen Ebenen nötig werden. So kann eine Verbindung ins Internet mal per LAN erfolgen, ein anderes Mal per WLAN. Einmal wird auf den betroffenen Schichten, z.B. 1 und 2, das Ethernet-Interface angesprochen, das andere Mal die WLAN-Karte. Alle Schichten darüber können unverändert bleiben.

Die höheren Schichten spielen hauptsächlich bei Rechnernetzen eine Rolle, während man die niederen bei allen Arten von Schnittstellen vorfindet, z.B. auch bei Festplatten und anderen Komponenten. In Tab. 23.1 findet sich eine kleine Übersicht, was in den einzelnen Schichten gemacht wird.

23.4   Codierung

Wie stellt man eine Bitfolge möglichst effizient als Signal dar, das man über eine Schnittstelle übertragen oder auf einem Datenträger speichern möchte? Mit dieser Problematik wollen wir uns nun beschäftigen. Sie hat beträchtliche Auswirkungen auf die Datentransferrate von Schnittstellen und auf die Speicherkapazität eines Mediums.

23.4.1   NRZ-Codierung

Eine einfache Möglichkeit, Daten in ein digitales Signal umzuwandeln, ist die Verwendung einer hohen Spannung $+U_B$ für eine 1 und einer niedrigen Spannung von 0V für eine 0, wie dies in Abb. 23.5 zu sehen ist. Das nennt man die **NRZ-Codierung** (<u>N</u>on-<u>R</u>eturn to <u>Z</u>ero). Der Name kommt daher, dass es keinen neutralen Zustand oder Ruhezustand („Zero") gibt, sondern jeder Zustand trägt eine Information.

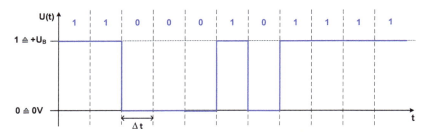

Abb. 23.5:   Digitales Signal mit NRZ-Codierung

In der oben abgebildeten Form bringt die NRZ-Codierung aber einen Nachteil mit sich: den Gleichanteil. Nehmen wir an, das Signal enthält gleich viele Nullen und Einsen. Dann bekommen wir einen zeitlichen Mittelwert für das Signal, der genau in der Mitte zwischen 0 und 1 liegt, nämlich bei $+U_B/2$.

Das kann zur Folge haben, dass sich der Arbeitspunkt der Empfänger-Elektronik verschiebt, was man **Baseline Wandering** nennt. Pegelwechsel könnten deswegen womöglich nicht mehr erkannt werden.

Daher ist es vorteilhafter, die logische 0 als $-U_B$ darzustellen, wie in Abb. 23.6 zu sehen. Nun ist der zeitliche Mittelwert 0V, wenn Nullen und Einsen gleich häufig sind.

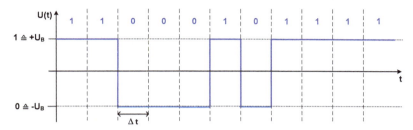

Abb. 23.6:   NRZ-Codierung mit positivem und negativem Spannungsniveau

Das kann man aber nicht unbedingt voraussetzen. Es können durchaus lange Folgen von Nullen oder lange Folgen von Einsen darzustellen sein. Wieder haben wir dann keine Wechselspannung mehr, sondern Gleichspannung. Die Folgen:

- Verwendet man Kondensatoren, um den Gleichanteil abzuhalten, dann wird das Signal verfälscht, weil es nur noch aus Gleichanteil besteht, der weggefiltert wird.
- Wenn keine Änderungen im Signal mehr vorhanden sind, gibt es Probleme mit der Taktrückgewinnung: Handelt es sich wirklich um 100 Einsen am Stück oder nicht vielleicht um 99 oder 101, die gesendet wurden? Das kann womöglich nicht mehr sicher gesagt werden.

Wir wollen nun betrachten, wie man mit geeigneter Codierung diese Probleme in den Griff bekommt.

23.4.2   Manchester-Codierung

Eine frühe Lösungsmöglichkeit, um eine Taktrückgewinnung zu ermöglichen, ist die *Manchester-Codierung*: In der ersten Hälfte der Bitperiode wird das eigentliche Datenbit übertragen, in der zweiten Hälfte dessen Invertierung. In Abb. 23.7 sehen wir, wie der Signalverlauf für die Bitfolge aus Abb. 23.6 mit Manchester-Codierung aussehen würde.

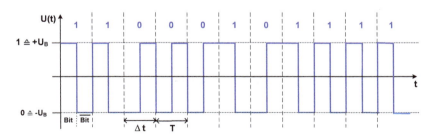

Abb. 23.7:   Manchester-Codierung

Der Mittelwert ist 0, und auch Folgen gleicher Bits führen immer zu Signalwechseln, die eine Taktrückgewinnung ermöglichen. Die Anforderungen aus Kapitel 23.4.1 werden also erfüllt.

Aber wie effizient ist dieses Verfahren? Gibt es vielleicht Möglichkeiten, Daten schneller zu übertragen? Um diese Fragen zu klären, benötigen wir einige Begriffe.

Ein *Symbol* sei eine Signaländerung. Jedes Mal, wenn z.b. U(t) von 0 nach 1 oder von 1 nach 0 wechselt, also bei jeder Flanke, wird ein Symbol übertragen.

Außer einem Wechsel in der Spannung kann ein Symbol aber auch ein Wechsel des Stroms, der Frequenz oder Phase sein. Eigentlich ändert sich bei der Manchester-Codierung in Abhängigkeit des übertragenen Bits die Phasenlage des Signals. Das wollen wir aber hier nicht weiter ausbauen.

Die *Symbolrate* oder *Baudrate* ist die Anzahl der Symbole pro Sekunde. Sie wird in *Baud,* abgekürzt *Bd*, gemessen.

Je nachdem, durch wie viele Symbole ein Datenbit dargestellt wird, können sich Symbolrate und Datentransferrate, auch *Bitrate* genannt, voneinander unterscheiden. Betrachten wir das in unserem Beispiel aus Abb. 23.7.

An den Stellen im Signal, wo mehrere Nullen bzw. mehrere Einsen aufeinanderfolgen, erkennt man, dass ein Datenbit im Extremfall einen Wechsel von 0 nach 1 und außerdem einen Wechsel von 1 nach 0 umfasst. Ein Datenbit wird also durch 2 Symbole dargestellt. Die Symbolrate ist somit doppelt so groß wie die Bitrate.

Bei digitalen Signalen umfasst eine Signalperiode der zeitlichen Länge T eine ansteigende und eine abfallende Flanke. Ein Datenbit benötigt in unserem Beispiel ebenfalls maximal eine ansteigende und eine abfallende Flanke, also eine komplette Signalperiode. Das bedeutet, Signalperiode T und das Zeitfenster Δt für ein Bit haben denselben Wert.

Die Manchester-Codierung wurde beispielsweise eingesetzt für Ethernet-Varianten mit einer Datentransferrate von d = 10 MBit/s. Es gilt Δt = 1/d, in unserem Falle also Δt = 1/(10 · 10^6 1/s) = 100 ns.

Ein wesentliches Merkmal bei der Datenübertragung ist die *Bandbreite*. Einfach gesagt ist das die Breite des Frequenzbereiches, den man für die Datenübertragung benötigt. Wie groß ist die nötige Bandbreite in unserem Falle?

Dafür ist T verantwortlich. Es gilt T = Δt und ferner f = 1/T. Somit hat das Signal eine Bandbreite von f = 1/Δt, also f = 1/100 ns = 10 MHz.

Für so relativ niedrige Datentransferraten ist das akzeptabel, aber bei Datentransferraten von z.B. 100 MBit/s oder 1 GBit/s bräuchte man 100 MHz oder 1 GHz Bandbreite, was bei Twisted Pair Kabeln nicht leicht zu erreichen ist. Man möchte daher mit einer niedrigeren Symbolrate auskommen, so dass man eine geringere Bandbreite bei gleicher Datentransferrate benötigt.

Ähnliches gilt, wenn man Daten auf einem Medium speichern will, nur dass man statt der Zeitabhängigkeit des Signals eine Ortsabhängigkeit hat. Ein Symbol wäre in diesem Fall z.B. ein magnetischer Flusswechsel. Die magnetischen Flusswechsel können nicht beliebig dicht aufeinanderfolgen, was die Speicherdichte des Mediums bestimmt. Geringere „Bandbreite" (diesmal auf Ortsfrequenzen bezogen) bedeutet, dass man mehr Daten auf derselben Fläche unterbringen kann.

Aufgabe 115 Welche drei grundsätzlichen Möglichkeiten, die Datentransferrate zu erhöhen, kennen Sie?

23.4.3   NRZI-Codierung

Eine Möglichkeit, die Symbolrate bei gleicher Datentransferrate zu reduzieren, ist die die **NRZI-Codierung** (<u>N</u>on-<u>R</u>eturn to <u>Z</u>ero/<u>I</u>nverted). Dabei stellt man eine Eins durch einen Pegelwechsel dar, eine Null durch einen fehlenden Pegelwechsel (Abb. 23.8).

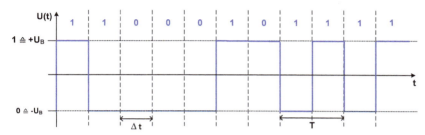

Abb. 23.8:   NRZI-Codierung

Wie man sieht, treten in dem Signal deutlich weniger Flanken auf als bei der Manchester-Codierung. Die höchsten Frequenzen bzw. Symbolraten bekommt man, wenn mehrere Einsen aufeinanderfolgen. Maximal hat man eine Flanke bei einer 1 und die nächste Flanke bei der nächsten 1, so dass sich eine Signalperiode T über zwei Zeitfenster Δt erstreckt. Für eine Datentransferrate von 100 MBit/s benötigt man also eine Bandbreite von 50 MHz statt 100 MHz bei der Manchester-Codierung.

23.4.4   MLT3-Codierung

Eine weitere Reduzierung der nötigen Bandbreite erreicht man mit der **MLT3-Codierung** (<u>M</u>ulti<u>l</u>evel <u>T</u>ransmission, <u>3</u> Levels). Sie verwendet eine dreiwertige Logik, bei der man statt 0 und 1 die Werte 0, +1 und −1 unterscheidet. Eine 0 im Datenwort lässt das Signal unverändert, eine 1 ändert das Signal um eine „Treppenstufe", z.B. zuerst von +1 nach 0, dann von 0 nach −1, von −1 nach 0 und schließlich von 0 nach +1. Somit bilden vier „Treppenstufen" eine Periode. Es gilt daher: $T = 4\,\Delta t$, was die nötige Bandbreite gegenüber NRZI nochmals halbiert.

Unser Beispiel sieht mit MLT3-Codierung so aus, wie es in Abb. 23.9 zu sehen ist.

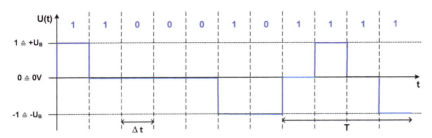

Abb. 23.9:   MLT3-Codierung

23.4.5   Bit Stuffing, 4B/5B- und 8B/10B-Codierung

Sowohl bei der NRZI-Codierung als auch bei der MLT3-Codierung gibt es ein Problem: Wenn viele Nullen aufeinanderfolgen, gibt es keinen Signalwechsel, was aus den schon erwähnten Gründen unerwünscht ist. Daher muss man vor der NRZI- oder MLT3-Codierung eine weitere Codierung durchführen, die nach einer maximalen Zahl von Bits einen Signalwechsel garantiert.

Dafür gibt es verschiedene Möglichkeiten. Eine einfache Möglichkeit ist *Bit Stuffing*. Dabei fügt man immer nach einer bestimmten Zahl gleicher Bits ein Bit mit entgegengesetztem Wert ein. Der Empfänger erkennt dies und entfernt das zusätzliche Bit wieder. USB 1.x und 2.0 setzen beispielsweise NRZI-Codierung in Verbindung mit Bit Stuffing ein.

Aufgabe 116 Informieren Sie sich, wie das Bit Stuffing bei USB vorgenommen wird.

Ein aufwendigeres, aber auch leistungsfähigeres Verfahren ist die *4B/5B-Codierung*, d.h. es werden immer vier Bits zusammengefasst und anhand einer Umsetztabelle in eine Gruppe mit fünf Bits umgesetzt.

Von den sich daraus ergebenden 32 möglichen 5-Bit-Worten verwendet man 16, um die eigentlichen Datenworte darzustellen. Dabei wird auf hinreichend häufigen Signalwechsel geachtet. Einige weitere der 5-Bit-Gruppen werden als Steuersignale interpretiert. Andere Bitkombinationen, die *Violation Symbols,* dürfen nicht auftreten. Anhand ihrer Häufigkeit kann man die Qualität der Übertragungsstrecke bewerten. Nimmt ihre Zahl stark zu, so kann man daran Übertragungsprobleme erkennen. Auf ähnliche Weise kann man übrigens feststellen, bis zu welcher Datenrate man eine DSL-Leitung verwenden kann.

Die Kombination aus MLT3- und 4B/5B-Codierung wird z.B. bei Ethernet nach 100-Base-TX eingesetzt, das Twisted Pair Kabel verwendet und eine Datentransferrate von 100 MBit/s erreicht.

Aufgabe 117 Berechnen Sie die Bandbreite, die für 100-Base-TX-Ethernet nötig ist.

Mit der 4B/5B-Codierung eng verwandt ist die *8B/10B-Codierung.* Sie macht aus 8 Nutzbits ein 10-Bit-Wort und vergrößert das Datenvolumen ebenfalls wie die 4B/5B-Codierung um den Faktor 5/4 = 10/8 = 1,25.

Die 8B/10B-Codierung ist sehr weit verbreitet und wird beispielsweise bei USB 3.0, PCIe 1.x und 2.x, HyperTransport, SATA, SAS und DVI eingesetzt. Sie ist dafür verantwortlich, dass man zur Umrechnung der Datentransferrate von MBit/s in MByte/s den Faktor 10 statt 8 benötigt, denn ein Nutzbyte wird mit 10 Bits codiert.

Als weiteres Codierungsverfahren sei hier die *128B/130B-Codierung* genannt, das bei PCIe 3.0 bis 5.0 zum Einsatz kommt und das Datenvolumen lediglich um $2/128 = 1,5625\,\%$ erhöht und somit deutlich effizienter ist als 4B/5B und 8B/10B. Ferner gibt es verschiedene *RLL-Codes* (Run Length Limited), die z.B. bei der Datenspeicherung auf magnetischen Medien zum Einsatz kommen.

23.5 Fehlererkennung und Fehlerkorrektur

23.5.1 Redundanz

Redundanz ist die Voraussetzung für Fehlererkennung und Fehlerkorrektur. Einfach gesagt heißt *Redundanz*, dass mehr Bits für Daten verwendet werden, als eigentlich nötig ist.

Redundanz begegnet uns im täglichen Leben in der gesprochenen oder geschriebenen Sprache. Der Gebrauch von Abkürzungen zeigt, dass die weggelassenen Buchstaben überflüssig oder redundant sind. Was bedeutet beispielsweise „Tlfn"?

Richtig, „Telefon". Somit sind die Buchstaben e und o in diesem Wort redundant. Angenommen, wir möchten jemanden in einem belebten Raum ans Telefon rufen, dann würden wir aber nicht „Tlfn" rufen, sondern „Telefon" Die redundanten Buchstaben tragen nämlich dazu bei, dass man trotz Störungen das Gesagte verstehen kann.

23.5.2 Parität

Ganz ähnlich wie in obigem Beispiel geht man bei *redundanten Codes* vor. Die einfachste Form eines redundanten Codes ist die Ergänzung eines *Paritätsbits*. Man ergänzt ein eigentlich überflüssiges Bit, damit übertragene oder gespeicherte Information störunempfindlicher wird.

Betrachten wir als Beispiel eine 8-Bit-Dualzahl, die wir zur Fehlererkennung mit einem Paritätsbit versehen wollen. Dabei gibt es zwei Möglichkeiten:

- *Gerade Parität (Even Parity)*: Man ergänzt als Paritätsbit eine 1 bzw. 0, so dass die Anzahl aller Einsen in der Zahl, inklusive Paritätsbit, gerade wird.
  Aus 01101010 wird 01101010 **0**
  Aus 11011100 wird 11011100 **1**
- *Ungerade Parität (Odd Parity)*: Wie bei der geraden Parität, nur dass die Anzahl aller Einsen ungerade werden muss.
  Aus 00010111 wird 00010111 **1**
  Aus 10001100 wird 10001100 **0**

Dieses Verfahren wird bei verschiedenen Formen der Datenübertragung eingesetzt, aber auch beim Hauptspeicher von Computern, um „umgekippte" Bits im Speicher ausfindig zu machen.

Als Erweiterung findet man ***mehrdimensionale Paritäten***. Dazu werden die Daten in einer Matrix angeordnet, und man bildet für jede Zeile eine Zeilenparität und für jede Spalte eine Spaltenparität.

Aufgabe 118 Wie lautet das Paritätsbit für 0110 1110, wenn man gerade Parität möchte? Wie bei ungerader Parität?

23.5.3   Hamming-Distanz

Wir wollen die Vorgehensweise bei der Bildung der Parität nun grafisch veranschaulichen. Dazu nehmen wir der Einfachheit halber einen Code mit nur zwei Nutzbits und einem Paritätsbit. Daraus ergeben sich dreibittige Datenworte der Form $(x_3\, x_2\, x_1)_2$.

Die drei Koordinaten x_1, x_2, x_3 spannen einen dreidimensionalen Raum auf, wo die möglichen Codeworte die Ecken eines Würfels bilden, so wie in Abb. 23.10 zu sehen.

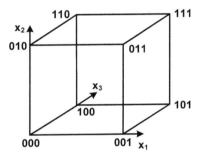

Abb. 23.10: Codewürfel

Markieren wir nun die Codeworte, die zu einer gültigen geraden Parität gehören, siehe Abb. 23.11. Wir erkennen, dass sich die gültigen Codeworte an gegenüberliegenden Ecken des Würfels befinden und nicht direkt benachbart sind. Wenn man sich von einem gültigen Codewort eine Kantenlänge entfernt, egal in welcher Richtung, kommt man immer bei einem ungültigen Codewort heraus, siehe Abb. 23.12. Das bedeutet, jeder 1-Bit-Fehler kann durch die Parität erkannt werden.

Wir erkennen aber auch, dass man mit zwei Kantenlängen wieder bei einem gültigen Codewort ankommt. Wenn also zwei Bits kippen, kann man diesen Fehler nicht erkennen.

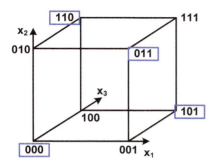

Abb. 23.11: Codewürfel bei gerader Parität

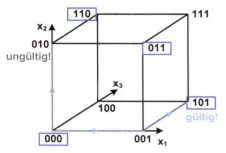

Abb. 23.12: Hamming-Distanz

Diese Anzahl der Bits, die man mindestens invertieren muss, um von einem beliebigen gültigen Codewort zu einem anderen zu gelangen, wird *Hamming-Distanz* d_{min} genannt. Sie ist der *kleinste* Abstand zwischen zwei gültigen Codeworten und wird verwendet, um ein Maß für die Erkennbarkeit und Korrigierbarkeit von Fehlern zu erhalten. Die Hamming-Distanz des abgebildeten Codes ist also $d_{min} = 2$. Unsere Feststellungen lassen sich zu der Regel verallgemeinern:

Die maximal erkennbare Fehlerzahl in einem Code beträgt $F_{emax} = d_{min} - 1$

Werden jedoch alle drei Bits invertiert, dann ist der Fehler erstaunlicherweise wieder erkennbar. Die Formel gibt also an, wie viele Bits umkippen dürfen, damit der Fehler *in jedem Falle* erkannt wird. Sie bedeutet *nicht*, dass *alle* umfangreicheren Fehler unentdeckt bleiben müssen!

Aufgabe 119 Wie lautet die Hamming-Distanz für folgenden Code:

Tab. 23.2:   Beispielcode C

dezimal	Code C
0	0101
1	0110
2	1001
3	1110

23.5.4   Fehlerkorrektur

Mit Hilfe eines Paritätsbits kann man zwar ein einzelnes umgekipptes Bit erkennen, aber man kann den Fehler nicht korrigieren, denn man weiß nicht, welches Bit gekippt ist. Wenn man im täglichen Leben merkt, dass man etwas akustisch nicht richtig verstanden hat, dann fragt man nach und bittet, das Gesagte zu wiederholen. Ebenso könnte ein Empfänger von Daten, bei denen die Parität nicht stimmt, die Daten erneut anfordern.

Das bedingt aber, dass man einen **Rückkanal** hat. Das ist allerdings nicht immer gegeben. Bei Daten, die auf einem Speichermedium liegen und offenbar fehlerhaft sind, kann man nicht nachfragen, wie die Daten ursprünglich gelautet haben. Vielleicht handelt es sich sogar um eine Sicherungskopie und man will die Daten gerade deshalb lesen, weil die Originaldaten verloren gegangen sind und man sie nicht kennt. Ein nicht behebbarer Lesefehler könnte fatale Auswirkungen haben.

Eine Möglichkeit wäre, die Daten mehrfach zu senden oder zu speichern und im Zweifelsfalle einen **Voter** eine Mehrheitsentscheidung treffen zu lassen, wie in Abb. 23.13 zu sehen.

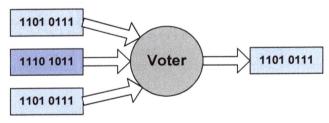

Abb. 23.13: Voting

Der Nachteil ist, dass man ein Vielfaches der Nutzdatenmenge benötigt, also eine extrem große Redundanz hat. Wir wollen daher nun kennenlernen, wie fehlerkorrigierende Codes arbeiten, die mit geringerer Redundanz auskommen und dennoch keinen Rückkanal benötigen.

23.5.5   Korrekturradius

Fehlerkorrigierende Codes ermöglichen es, allein durch die Analyse der empfangenen Daten auf mögliche Fehler zu schließen und die Fehler anschließend zu korrigieren. Das bedeutet, der Empfänger findet genau ein „ähnlichstes" gültiges Codewort, das somit sehr wahrscheinlich das Original gewesen sein muss.

Ist dies auch mit der Parität möglich? Sehen wir uns nochmal den Codewürfel der geraden Parität in Abb. 23.11 an. Empfängt man z.B. das ungültige 001, dann könnte das gültige Original 101, 011 oder 000 gelautet haben. Alle drei sind gleich weit entfernt: Man muss genau eine Kantenlänge des Würfels zurücklegen, also ein Bit invertieren. Wir können also nicht eindeutig sagen, was das Original war, und die Fehlerkorrektur misslingt. Ein einzelnes Paritätsbit ist also zur Fehlerkorrektur bei einem 3-Bit-Wort nicht genug.

Daher versuchen wir nun etwas anderes: Wir nehmen nur ein einziges Nutzbit, das wir mit zwei so genannten **Kontrollbits** versehen. Die Kontrollbits sind sozusagen eine Verallgemeinerung der Parität. In Abb. 23.14 sind wieder die gültigen Codeworte, nämlich 000 und 111 eingerahmt.

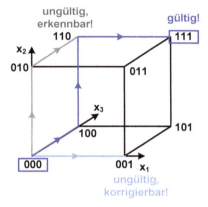

Abb. 23.14: Korrekturradius

Aufgabe 120 Wie groß sind d_{min} und F_{emax} in unserem Beispiel?

Bewegen wir uns von 000 eine Kantenlänge in beliebiger Richtung, dann gelangen wir zu 100, 010 oder 001. Der Unterschied zum gültigen Codewort 000 beträgt entsprechend 1 Bit. Dagegen unterscheiden sich diese drei Codeworte von 111 jeweils in 2 Bits. Daher kann man annehmen, dass das gültige Original-Codewort 000 war und kann eine entsprechende Korrektur vornehmen.

Analog dazu erhalten wir von 111 ausgehend die 1-Bit-Fehler 011, 101 und 110. Alle drei sind von dem gültigen Codewort 000 jeweils 2 Bits entfernt. Daher sollte das Original 111 gewesen sein. Wie wir sehen, können also alle 1-Bit-Fehler korrigiert werden.

Das lässt sich auch in allgemeiner Form formelmäßig angeben. Die maximal **korrigierbare Fehlerzahl** in einem Code, auch **Korrekturradius** genannt, beträgt

$$F_{kmax} = \frac{d_{min}-1}{2} \text{ für } d_{min} \text{ ungerade}$$

$$F_{kmax} = \frac{d_{min}-2}{2} \text{ für } d_{min} \text{ gerade}$$

Behalten wir aber Folgendes im Sinn:

Es gibt immer Fehler, die man nicht erkennen kann, und eine Fehlerkorrektur kann auch falsch sein!

Um Information zu übertragen, benötigen wir mindestens zwei gültige Codeworte. Egal, wie lang wir diese wählen, es können immer so viele Bits umkippen, dass wir von dem einen gültigen Codewort zu dem anderen gelangen. In diesem Fall ist kein Fehler erkennbar.

Wenn so viele Bits kippen, dass man näher an einem anderen gültigen Codewort ist als an dem Original, dann kann man zwar womöglich eine Korrektur durchführen, aber diese ist verkehrt.

Bevor man sich also auf Fehlererkennungs- und Fehlerkorrekturmechanismen verlässt, sollte man sicherstellen, dass die Signalqualität brauchbar ist. Nur dann kippen relativ wenige Bits, so dass Fehlererkennung und Fehlerkorrektur aussichtsreich sind.

Aufgabe 121 Es sei ein Code mit $d_{min} = 5$ gegeben. Wie viele Fehler sind maximal erkennbar, wie viele korrigierbar?

Aufgabe 122 Hamming-Distanz
Gegeben seien folgende Codes:

Tab. 23.3:   Beispielcodes zur Hamming-Distanz

dezimal	Code C_1	Code C_2	Code C_3	Code C_4
0	001	0100	000110	11110000
1	010	1101	101011	00001111
2	100	1001	011100	
3	111	0100		

a) Ermitteln Sie für jeden dieser Codes die Hamming-Distanz.
b) Geben Sie jeweils an, wie viele Fehler maximal erkennbar und wie viele korrigierbar sind.
c) Es wird bei C_1 101, bei C_2 1111, bei C_3 000000 und bei C_4 11000010 empfangen. Wozu könnten diese Codewörter korrigiert werden? Ist die Korrektur eindeutig? Ist sie korrekt?

23.5.6   Hamming-Codes

Das, was wir an einfachen Beispielen festgestellt haben, wollen wir nun verallgemeinern. Ein zu übertragendes Codewort bestehe aus *m Nutzbits*. Man ergänzt *k Kontrollbits* so, dass eine gewünschte Zahl Fehler erkannt bzw. korrigiert werden können. Die Gesamtlänge beträgt also

$$n = m + k$$

Stellen.

Es gibt verschiedene Verfahren, wie man aus den Nutzbits die Kontrollbits errechnen kann. Eines davon führt zu den **Hamming-Codes**. Die uns bereits bekannte Parität ist ein Hamming-Code mit k = 1. Jeder Hamming-Code besitzt folgende Eigenschaften:

Möchte man eine Hamming-Distanz von d_{min} = 3, dann gilt:

$$m = 2^k - k - 1$$

Bei einer Hamming-Distanz von d_{min} = 4 gilt:

$$m = 2^{k-1} - k$$

Allgemein gilt:

$$m = 2^{k-(d_{min}-3)} - [k - (d_{min} - 3)] - 1 = 2^{k-d_{min}+3} - k + d_{min} - 4$$

Hamming-Codes werden beispielsweise bei ECC-Modulen im Hauptspeicher eingesetzt (siehe Kapitel 21.6.3). Weitere fehlererkennende und fehlerkorrigierende Codes sind der **RSPC** (Reed-Solomon Product Code), der z.B. bei DVDs verwendet wird, **CIRC** (Cross Interleaved Reed-Solomon-Code) bei CDs und **CRC** (Cyclic Redundancy Check) bei Netzwerkprotokollen.

Aufgabe 123 Hamming-Code
Ein Hamming-Code enthalte

a) m = 1 Nutzbits und k = 3 Kontrollbits

b) m = 120 Nutzbits und k = 8 Kontrollbits.

Wie groß sind jeweils Hamming-Distanz d_{min} und Redundanz r (in %)? Anmerkung: Die Redundanz sei – für diese Aufgabe vereinfacht – das Verhältnis von Kontrollbits zur Gesamtmenge der Daten.

Aufgabe 124 Die Codeworte eines Codes C besitzen eine Länge von 12 Bit. Es soll eine Hamming-Distanz von 3 erreicht werden. Wie viele Nutzbits können in einem Codewort von C untergebracht werden? Rechnerische Begründung!

Aufgabe 125 Wie groß ist die Hamming-Distanz für 8 Nutzbits und 4 Kontrollbits pro Codewort?

23.6   Beispiel USB

23.6.1   Eigenschaften und Standards

Wir wollen nun USB als Beispiel für eine verbreitete serielle Schnittstelle kennenlernen. **USB** (Universal Serial Bus) ist, wie der Name bereits andeutet, eine universell einsetzbare Schnittstelle für Geräte aller Art. Es können bis zu 127 Geräte angeschlossen werden, wobei bis zu einem gewissen Maximum der Strom aus dem USB-Anschluss bezogen werden kann. Bei

USB 2.0 sind insgesamt 500 mA möglich, bei USB 3.0 bis zu 900mA. Nicht-standardkonforme Varianten aus dem industriellen Bereich ermöglichen mehrere Ampere Stromaufnahme.

USB-C ist ein 24-poliges Stecksystem, das nicht auf eine bestimmte USB-Version und nicht einmal auf USB festgelegt ist. USB-C ermöglicht es, Geräte z.B. mit 3A oder 5A zu versorgen. Ferner können außer der Nutzung als USB-Schnittstelle z.B. Bildschirme, Mikrofone, Lautsprecher angeschlossen werden.

USB ist *hot-plug-fähig*. Man kann also Geräte ausstecken oder hinzufügen, ohne den Rechner vorher herunterzufahren. Entsprechend werden neu hinzu gekommene Geräte selbsttätig erkannt.

Es werden folgende Übertragungsgeschwindigkeiten unterschieden:
- *Low Speed* mit 1,5 Mbit/s, was in erster Linie für Maus und Tastatur gedacht ist.
- Full Speed oder Medium Speed mit 12 Mbit/s.
- Ab USB 2.0 *High Speed* mit 480 Mbit/s.
- USB 3.0 führt einen Modus mit der Bezeichnung *Super Speed* ein, der 4 Gbit/s schnell ist. Oft wird ab dann die Symbolrate von 5 Gbit/s genannt, im Gegensatz zu den zuvor üblichen Angaben der Brutto-Datenrate.
- USB 3.1 ermöglicht *Super Speed+* mit 10 Gbit/s. Der Super-Speed-Modus aus USB 3.0 wird weiterhin unterstützt, wobei man diesen mit „USB 3.1 Gen 1" bezeichnet. Zur Unterscheidung nennt man den neuen Modus nun auch „USB 3.1 Gen 2".
- USB 3.2 bringt einen Modus namens *USB 3.2 Gen 2x2* oder *SuperSpeed USB 20Gbps* mit sich, der entsprechend seiner Bezeichnung 20 Gbit/s schnell ist. Super Speed+ aus USB 3.1 wird nun unter der Bezeichnung „USB 3.2 Gen 2" unterstützt, ebenso wie USB 3.0 als „USB 3.2 Gen 1".
- USB 4 ist der gemeinsame Nachfolger von USB 3.2 und Thunderbolt 3. USB 4 ist nicht notwendigerweise schneller als USB 3.2. Nur optional gibt es einen neuen Modus *USB4 Gen 3x2* mit 40 Gbit/s.

Wenn ein Gerät z.B. USB 3.1 unterstützt, dann bedeutet das nicht notwendigerweise, dass man damit die volle Geschwindigkeit von Super Speed+ nutzen kann. Es heißt nur, dass der genannte Standard unterstützt wird. Besonders deutlich wird dies z.B. bei USB-Sticks, die oft beträchtlich hinter der Geschwindigkeit zurückbleiben, die die Schnittstelle bieten würde.

Die tatsächlich nutzbaren Datenraten liegen ferner wegen Codierung und Steuerinformationen deutlich unter den angegebenen Werten der Symbolraten. Bei High Speed sind maximal etwa 40 MByte/s nutzbar, also zwei Drittel der insgesamt übertragenen Daten:

40 MByte/s $\cdot$ 8 Bit/Byte / 480 MBaud = 66,7%

Bei SuperSpeed USB 20Gbps können bis zu 1800 MByte/s Nutzdaten übertragen werden. Das sind 1800 MByte/s $\cdot$ 8 Bit/Byte / 20000 MBaud = 72% der gesamten Datenmenge.

Warum neuere Standards einen etwas besseren Prozentsatz aufweisen, liegt in erster Linie in der effizienteren Codierung begründet. Bis USB 2.0 wurde eine NRZI-Codierung mit Bit Stuffing eingesetzt. USB 3.0 verwendet einen 8B/10B-Code und ab USB 3.1 wird eine 128B/132B-Codierung genommen.

23.6.2 Signale und Topologie

USB 1.x und 2.0 verwenden vieradrige Kabel. Diese umfassen neben der Versorgungsspannung (+5V und GND) die beiden Datensignale D+ und D-. Die Vorzeichen deuten an, dass es sich um *differentielle Datenübertragung* handelt. Das bedeutet, dass die zu übertragende Information in der Differenz aus D+ und D- steckt.

D+ und D- sind immer invertiert zueinander. Durch die Differenzbildung verdoppelt sich daher die Signalamplitude. Dagegen heben sich Störungen, die beide Adern betreffen, weitgehend auf.

Weil lediglich ein einziges Adernpaar für Daten vorhanden ist, kann man nur im Halbduplexverfahren abwechselnd senden und empfangen, aber nicht beides gleichzeitig. Dagegen sind bei USB 3.0 zwei weitere Adernpaare für Daten vorhanden, SSTX+/SSTX- (Super Speed Transmit) und SSRX+/SSRX- (Super Speed Receive), die anstelle von D+/D- genutzt werden. Das ermöglicht Vollduplexbetrieb. D+/D- liegen dabei brach.

USB-C ermöglicht die Verwendung von bis zu 4 solchen Super-Speed-Übertragungskanälen, die aus jeweils 4 Adern bestehen. USB 3.1 Super Speed+ verwendet beispielsweise eine solche Gruppe aus 4 Adern, aber mit doppelter Geschwindigkeit. USB 3.2 nimmt 2x4 Adern, daher die Bezeichung USB 3.2 Gen *2x2* für diese Betriebsart.

USB verwendet eine *physikalische Baumstruktur* mit dem Host bzw. *Root Hub* als Wurzel. Damit man Geräte nur in Baumform zusammenstecken, aber keine Querverbindungen oder Ringe bilden kann, verwendet USB vor USB-C zwei verschiedene Steckertypen. In Richtung Host, also *upstream*, verwendet man den *A-Stecker*. *Downstream* nimmt man den *B-Stecker*. Durch weitere Hubs lässt sich ein Baum mit bis zu 7 Ebenen bilden, einschließlich Root Hub und Gerät nach der letzten Hub-Ebene.

Logisch gesehen handelt es sich bei USB, wie der Name andeutet, aber um eine *Busstruktur.* Alle Geräte teilen sich dabei die Bandbreite für die Datenübertragung.

23.6.3 Datenübertragung und Betriebsmodi

Jedes Gerät, einschließlich der Hubs, bekommt eine eindeutige Gerätenummer. Der Host fragt mittels *Polling* jedes Gerät reihum ab, ob es aktiv werden möchte und kontrolliert die Richtung, in der die Daten übertragen werden. Das ist wegen des Halbduplex-Verfahrens bei USB 1.x und 2.0 erforderlich, nicht mehr jedoch ab USB 3.0 zwingend nötig.

Gerätetreiber kommunizieren mit ihrem zugehörigen USB-Gerät über *Pipes.* Das sind logische Punkt-zu-Punkt-Übertragungskanäle. Man unterscheidet Lese-Pipes und Schreib-Pipes, von denen jedes Gerät mehrere gleichzeitig betreiben kann.

Damit ein generischer Treiber mehrere ähnliche Geräte mit deren Grundfunktionen abdecken kann, unterscheidet USB verschiedene Geräteklassen, z.B. Tastaturen, Mäuse, Massenspeicher, Drucker oder Smartcard-Lesegeräte. So erreicht man, dass beispielsweise beim Einstecken einer Tastatur diese gleich nutzbar ist, ohne erst einen speziellen Treiber installieren zu müssen. Ein solcher mag aber nötig sein, um besondere Funktionalitäten wie Sondertasten zu unterstützen.

Es sind vier verschiedene Betriebsmodi möglich, die unabhängig von den Übertragungsgeschwindigkeiten sind und die man nicht mit diesen verwechseln sollte:

1. Der *Isochronous Mode* dient der Übertragung von Audio- und Videodatenströmen, denen eine gewisse Mindestbandbreite garantiert werden muss. Im Falle von Übertragungsfehlern werden die fehlerhaften Daten verworfen statt erneut angefordert. Dadurch werden Stockungen vermieden. Latenzzeiten werden gering gehalten. Es können für isochrone Datenübertragung bei USB 2.0 maximal 80% der Bandbreite reserviert werden, denn sonst könnten asynchron arbeitende Geräte wie Maus oder Tastatur womöglich blockiert werden.

2. Der *Bulk Mode* ist der typische Betriebsmodus für USB-Massenspeicher. Wenn Dateien kopiert werden, spielt die Integrität der Daten eine wichtige Rolle, so dass fehlerhafte Pakete erneut übertragen werden. Bandbreite und Latenzzeiten können dagegen stark schwanken.

3. *Interrupt Transfers* sind für Geräte gedacht, bei denen es auf schnelle Reaktion, also kurze Latenzzeiten ankommt. Das sind typischerweise Eingabegeräte wie Maus und Tastatur. Größere Datenmengen sollten hier nicht anfallen. Wie erwähnt, arbeitet USB mit Polling, kennt also gar keine Interrupts. Daher ist die Bezeichnung Interrupt Transfer irreführend.

4. *Control Transfers* dienen der Identifikation und Konfiguration von neu angeschlossenen Geräten sowie deren Abmeldung.

Aufgabe 126 Man schließt einen USB-Stick, auf dem Videos enthalten sind, an einen Rechner an. Beim Abspielen des Videos kommt es zu Stockungen. Woran kann das liegen?

24 Festplatte

24.1 Aufbau

Die *Festplatte (Hard Disk)* besteht aus starren, nichtmagnetischen Scheiben, die mit einer magnetisierbaren Substanz beschichtet sind. Dabei können mehrere gleichartige Scheiben als Plattenstapel übereinander angeordnet sein.

Die Beschichtung ist oft nur wenige Atomlagen dick. Je nachdem, ob eine 0 oder eine 1 geschrieben werden soll, wird die Scheibe an der betreffenden Stelle in der einen oder in der anderen Richtung magnetisiert. Dabei kommen Techniken zur Codierung und zu Fehlererkennung und Korrektur zum Einsatz, die denen aus den Kapiteln 23.4 und 23.5 ähneln.

24.2 Datenorganisation

Bei der Festplatte zeichnet man die Daten in *Sektoren* auf konzentrischen Kreisen, den *Spuren* oder *Tracks*, auf. Tracks können sich sowohl auf der Oberseite als auch auf der Unterseite einer Scheibe befinden (*Side 0, Side 1*) und werden von außen nach innen durchnummeriert. Für jede Plattenseite ist ein *Schreib-Lesekopf (Head)* zuständig. Die Menge aller übereinanderliegenden Spuren auf beiden Seiten aller Scheiben nennt man *Zylinder (Cylinder)*.

Früher enthielt jede Spur dieselbe Anzahl von Sektoren, wobei man sich bei deren Anzahl an der kürzesten Spur, also der innersten, orientierte. Beim *Zone-Bit-Recording* unterteilt man die Festplatte in Zonen, die jede eine andere Anzahl von Sektoren besitzen. So kann man den zur Verfügung stehenden Platz besser ausnutzen und z.B. 30% mehr Daten speichern. Allerdings wird die Laufwerkselektronik dadurch deutlich aufwendiger, denn sie muss sich auf die unterschiedlichen Zonen einstellen können.

Aufgabe 127 Ein Tool, das Systeminformationen ermittelt, zeigt für eine Festplatte mehrere Tausend Köpfe an. Woran kann das liegen?

24.3 Partionierung und Formatierung

Man kann eine Festplatte in mehrere logische Teile unterteilen, die sich wie separate Laufwerke verhalten. Diesen Vorgang nennt man *Partitionierung*. Mehrere Partitionen zu verwenden hat verschiedene Vorteile:
- Man kann mehrere Betriebssysteme auf einer Festplatte installieren.

https://doi.org/10.1515/9783110741797-024

- Betriebssystem und Daten können voneinander getrennt werden. Das ist besonders in Verbindung mit der Datensicherung vorteilhaft, weil man Benutzerdaten oft häufiger sichern möchte als das Betriebssystem.
- Daten lassen sich auf einer separaten Partition besser von mehreren Betriebssystemen abwechselnd nutzen.
- Fehler, die ein ganzes Dateisystem betreffen, bleiben eventuell auf eine Partition beschränkt, während die anderen Partitionen noch funktionsfähig bleiben.
- Eine separate Swap Partition bietet Vorteile gegenüber einer Auslagerungsdatei innerhalb einer Betriebssystempartition, was die Effizienz anbelangt.

Bevor man etwas auf einer Festplatte speichern kann, muss man sie *formatieren*. Man kann das Formatieren mit dem Aufbringen von Formularfeldern auf ein leeres Stück Papier vergleichen. Erst wenn das Formular erstellt wurde, kann man die leeren Felder ausfüllen bzw. Daten auf der Festplatte speichern. Je nachdem, wie das „Formular" aussieht, unterscheidet man unterschiedliche Dateisysteme, z.B. FAT/FAT32, NTFS, ext2/3/4 und viele andere mehr.

24.4   Serial-ATA-Schnittstelle

Die meisten Festplatten und optischen Laufwerke verwenden die Serial ATA Schnittstelle (S-ATA, SATA, Serial Advanced Technology Attachment), bei der drei Geschwindigkeiten spezifiziert sind:
- S-ATA I mit 1,5 Gbit/s, was netto etwa 150 MByte/s entspricht
- S-ATA II mit 3 Gbit/s und
- S-ATA III mit 6 Gbit/s.

Bei S-ATA kommt eine 8B/10B-Codierung zum Einsatz. Elektrisch verwendet man ein differentielles Verfahren, wobei ein Adernpaar für das Senden von Daten eingesetzt wird (tx+, tx-) und ein weiteres für das Empfangen (rx+ und rx-). Allerdings ist dennoch kein Vollduplexbetrieb für die Daten vorgesehen, sondern nur das Handshaking, also die Steuerung der Abläufe, nutzt beide Leitungen gleichzeitig.

S-ATA nutzt physikalische Punkt-zu Punkt-Verbindungen. Daher wird jedes Gerät mit einem separaten Kabel angeschlossen und kann die volle Bandbreite nutzen. Als Besonderheit besitzt die Stromversorgung mehr Kontakte als der Datenstecker. Der Grund liegt in der Hot-Plug-Fähigkeit. Es können, sofern von Festplatten, Mainboard und Betriebssystem unterstützt, Geräte im laufenden Betrieb angeschlossen oder abgeklemmt werden. Weil einige der Spannungsversorgungskontakte länger sind als die anderen, bekommen sie beim Einstecken als erste Kontakt und bereiten das Gerät auf die Inbetriebnahme vor (*Precharging*). Auch wird das Netzteil durch den Einschaltvorgang weniger stark belastet als ohne Precharging. Beim Herausziehen des Steckers bleiben die langen Kontakte noch etwas länger aktiv als die anderen.

Für herkömmliche Festplatten reicht die S-ATA-Schnittstelle immer noch aus, jedoch nicht für SSDs. Dafür eignet sich die *NVMe-Schnittstelle* (Non-Volatile Memory Express) besser, die eine direkte Anbindung an PCIe ermöglicht. NVMe definiert die Software-Schnittstelle und kann mit verschiedenen Hardware-Bauformen kombiniert werden, z.B. M.2 oder PCIe-Karten.

24.5 Performance

Je dichter man die Daten auf einer Festplatte packt, desto mehr Daten kommen pro Umdrehung unter dem Schreib-Lese-Kopf vorbei, und desto höher ist die Datentransferrate. Daher sind Festplatten mit höherer Speicherkapazität meist schneller als solche mit niedriger Speicherkapazität.

Ferner hat die Umdrehungszahl der Scheiben großen Einfluss auf die Performance. Eine Serverplatte mit 15000 upm (Umdrehungen pro Minute) hat eine fast dreimal so hohe Datentransferrate wie eine ansonsten gleich aufgebaute Platte mit 5400 upm. Außerdem verbessert sich bei hoher Drehzahl die Zugriffszeit, denn es vergeht weniger Zeit, bis ein gewünschter Sektor unter dem Schreib-Lesekopf vorbeikommt.

Nachteilig bei der höheren Drehzahl sind Lärmentwicklung, Stromverbrauch und Kühlung, schwierigere mechanische Lagerung der Scheiben sowie die höhere Stoßempfindlichkeit.

Aufgabe 128 Jemand kauft eine Festplatte mit doppelter Speicherkapazität als die bisherige, in der Annahme, dass sie deswegen schneller wäre. Tatsächlich ist sie das nicht. Woran könnte das liegen?

24.6 Verfügbarkeit

MTBF

Verfügbarkeit bedeutet bei einem Speichermedium, dass das Gerät einwandfrei arbeitet und die gespeicherten Daten nicht unbeabsichtigt verloren gehen.

Festplatten-Hersteller geben als **MTBF** (Mean Time Between Failures), also als mittlere Zeit bis zum Ausfall der Platte, oft Werte von mehreren Hunderttausend Betriebsstunden an, was einem jahrzehntelangen Dauerbetrieb entspricht. Dies gilt jedoch nur bei sachgemäßer Behandlung, wobei die Betriebsbedingungen eine wichtige Rolle spielen.

Betriebsbedingungen

Nicht jede Festplatte ist überhaupt für Dauerbetrieb geeignet. Baut man sie dennoch in ein *NAS*-Gehäuse (Network Attached Storage) ein, wo sie rund um die Uhr läuft und Daten bereithält, dann kann das ihre Lebensdauer beträchtlich verkürzen.

Umgekehrt sind manche Serverplatten nicht für häufiges Ein- und Ausschalten konzipiert. Würde man eine solche Platte in einem Desktop-PC nutzen, würde sie bald defekt werden.

Besonders bei schnell drehenden Festplatten sollte man auf hinreichende Kühlung achten. Als grobe Faustregel gibt man an, dass 10°C Temperaturerhöhung die Lebensdauer elektronischer Geräte halbieren kann.

ESD

Bei gewissen Materialkombinationen von Schuhen und Bodenbelägen zusammen mit geringer Luftfeuchtigkeit lädt sich der Körper beim Gehen elektrostatisch auf. Das bemerkt man, wenn man beispielsweise eine Türklinke berührt und ein Funke überspringt.

Die durch solche Effekte hervorgerufenen elektrostatischen Entladungen, auch als *ESD* (Electro Static Discharge) bekannt, können elektronische Geräte, darunter auch Festplatten, dauerhaft schädigen. Daher sollte man sie erst unmittelbar vor der Montage aus ihrer antistatischen Verpackung entnehmen. Im professionellen Bereich sorgen Erdungsarmbänder dafür, dass die Ladungen zur Erde abgeleitet werden. Eine gewisse Hilfe mag es aber schon sein, vor dem Hantieren mit einer Festplatte das Rechnergehäuse anzufassen, um eventuelle Potentialunterschiede auszugleichen.

Mechanische Schäden

Die Schreib-Leseköpfe einer Platte fliegen im Normalbetrieb auf einem äußerst dünnen Luftfilm über der Plattenoberfläche. Bei 7200 upm wird eine Relativgeschwindigkeit von 120 km/h erreicht. Staub und andere Partikel, die in den Innenraum der Festplatte gelangen, können in diesen Spalt gelangen, sich an einem Kopf festsetzen und die Plattenoberfläche beschädigen. Staubfilter im Innenraum können diese Gefahr vermindern.

Schäden durch zu harte Stöße im laufenden Betrieb können zu defekten Sektoren und zum Ausfall einer Festplatte führen. Das gilt besonders während Lese- und Schreibvorgängen. Ein Schreib-Lesekopf trifft auf der Plattenoberfläche auf und beschädigt diese. Auch er selbst wird dabei beschädigt. Man nennt dies einen *Head Crash*. Beim Auftreffen kann eine Vielzahl von Partikeln losgeschlagen werden, die im Platteninneren umherfliegen und Schäden anrichten können. Überall, wo der beschädigte Schreib-Lesekopf vorbei kommt, können neue Schäden angerichtet werden.

Aber auch in ausgeschaltetem Zustand kann prinzipiell Schaden auftreten, z.B. während des Transports der Festplatte oder des Geräts, in dem sie eingebaut ist. Bei vielen Laufwerken gibt es eine Landezone, auf der die Schreib-Leseköpfe im abgeschalteten Zustand aufliegen. Ein starker Stoß führt dazu, dass sie von der Plattenoberfläche abheben und dann darauf aufschlagen. Das wird *Head Slap* genannt. Die Auswirkungen sind ähnlich wie beim Head Crash.

Notebook-Platten besitzen zur Verringerung des Risikos eine Kunststofframpe, auf der die Schreib-Leseköpfe geschützt sind, wenn sie gerade nicht im Einsatz sind. Ferner werden Beschleunigungssensoren eingesetzt, die ein Herunterfallen im laufenden Betrieb erkennen und die Schreib-Leseköpfe dann in die Parkposition fahren.

Weil sich die Schäden nach einem Head Crash oder Head Slap immer mehr ausweiten können, sollte man das Laufwerk nicht mehr weiter betreiben, sondern es an ein Datenrettungsunternehmen senden, sofern die Daten entsprechend wichtig sind.

Seitliche Stöße, bei denen die Köpfe nicht auf der Plattenoberfläche auftreffen, können dennoch Schäden verursachen. Die Köpfe können auf benachbarte Spuren gelangen und die dortigen Daten ungewollt überschreiben. Oder es können sogar die Scheiben dauerhaft gegeneinander verschoben oder das Lager beschädigt werden.

Zahlreiche Festplatten unterstützen *SMART* (Self-Monitoring, Analysis and Reporting Technology), was aber nicht immer aktiviert ist. Dabei werden Fehlerereignisse protokolliert, die man mit einem entsprechenden Tool automatisiert auswerten kann. Bei kritischen Ereignissen oder einer Zunahme von Fehlern kann eine Warnmeldung ausgegeben werden, die vor einem möglichen bevorstehenden Plattendefekt warnt.

RAID-Systeme

RAID-Systeme (R̲edundant A̲rray of I̲nexpensive D̲isks oder stattdessen auch I̲ndependant D̲isks) kombinieren mehrere Festplatten miteinander, um die Verfügbarkeit und/oder Speicherkapazität zu erhöhen.

Bei RAID Level 1 (*Mirroring*) verwendet man so genannte *gespiegelte Platten*, um einen Verlust wichtiger Daten zu vermeiden. Das sind zwei Festplatten, die immer dieselben Informationen enthalten. Fällt eine der Festplatten aus, dann kann man die Daten immer noch von der anderen Festplatte lesen, erleidet also keinen Datenverlust.

Effizienter ist es aber, wie bei RAID Level 5 nur eine zusätzliche Platte zu verwenden, um zwei Datenplatten zu schützen und deren Daten bei Bedarf zu rekonstruieren. Dabei speichert man außer den Datenblöcken A (auf Platte 1) und B (auf Platte 2) auch noch einen dritten Block $C := A \oplus B$ (auf Platte 3). Fällt z.B. Platte 2 aus, dann kann man den Datenblock B rekonstruieren, indem man die Blöcke der noch funktionierenden Platten bitweise XOR-verknüpft: $C \oplus A = (A \oplus B) \oplus A = B \oplus (A \oplus A) = B \oplus 0 = B$.

Level 6 verwendet zwei voneinander unabhängige Prüfsummen, so dass zwei Festplatten gleichzeitig ausfallen können.

Mit RAID-Systemen alleine erreicht man jedoch keine hinreichende Verfügbarkeit:

- Ist der Controller defekt, dann können alle geschriebenen Daten fehlerhaft sein.
- Verwendet man Festplatten gleichen Typs, womöglich aus derselben Charge, dann haben alle etwa dieselbe Lebensdauer. Ein Ausfall mehrerer Platten dicht hintereinander ist zu erwarten. Daher sollte man mit dem Austausch einer defekten Platte nicht allzu lange warten.
- Einflüsse, die das gesamte RAID-Array betreffen, können den gesamten gespeicherten Datenbestand vernichten, z.B. Viren, Brand, Wasserschäden oder auch versehentliches Löschen von Daten.

Aus diesen Gründen ersetzt ein RAID-Array nicht die regelmäßige Erstellung von Backups. Mehr zum Thema RAID-Systeme und Verfügbarkeit findet sich in meinem Buch IT-Sicherheit (3) in Kapitel 7.

25 Optische Datenspeicher

25.1 Standards

Das klassische optische Speichermedium ist die **CD** (Compact Disc). Ursprünglich kommt sie aus dem Audiobereich. Das erklärt, warum die Daten wie bei der Schallplatte in einer langen Spiralbahn gespeichert werden, was für die Speicherung von Daten eher unvorteilhaft ist. Allerdings geht die Spiralbahn im Gegensatz zur Schallplatte von innen nach außen. Sie weist bei der CD eine Länge von knapp 6 km auf. Würde man die CD auf einen Durchmesser von 120 m statt 12 cm vergrößern, dann wäre die Spur trotzdem nur einen halben Millimeter breit.

Nach der **Audio-CD,** auch **CD-DA** (Compact Disc Digital Audio) genannt, entstanden im Laufe der Zeit weitere Standards. Nach den Farben ihres Einbands, den sie als Druckwerk bekommen haben, nennt man die verschiedenen Standard-Werke auch **Colored Books**. Die CD-DA ist dabei im Red Book enthalten. Das Yellow Book beschreibt die Datenspeicherung auf CD, während das Orange Book Single- und Multisession CDs definiert, und zwar u.a. **CD-R** (CD-Recordable), **CD-RW** (CD-Rewriteable) und UDF (Universal Disc Format).

Ferner entstanden Standards zu DVD (Digital Video Disc bzw. später Digital Versatile Disc), Blu-ray und anderen optischen Medien.

In Verbindung mit optischen Datenträgern findet man Begriffe wie die folgenden:
*   **ISO-9660-Standard:** Er dient der Verwendung von optischen Medien auf unterschiedlichen Hardware-Plattformen und unterschiedlichen Betriebssystemen. Festgelegt wird ein hierarchisches Dateisystem und die Beschaffenheit von Verzeichnissen, Unterverzeichnissen und Pfaden.
*   **UDF** (Universal Disc Format) zur Ablösung des ISO-9660-Standards. Es unterstützt das Packet Writing, mit dem sich optische Medien wie ein USB-Stick oder ein anderes wiederbeschreibbares Medium ansprechen lassen. Ein separates Brennprogramm ist nicht mehr unbedingt nötig.
*   **El-Torito-Format**: Es beschreibt das Booten von optischen Medien.

Außer den hier beschriebenen optischen Medien CD, DVD und Blu-ray gibt es noch weitere, die aber nicht näher betrachtet werden sollen. Der Begriff „optische Medien" bezieht sich im Weiteren nur auf diese drei.

Die unterschiedlichen Datenmengen, die sich auf den Medien speichern lassen, ergeben sich aus folgenden Parametern:
*   Minimale Größe von Pits und Lands (s.u.).
*   Spurabstand: Bei einer DVD liegen pro Längeneinheit mehr als doppelt so viele Spurwindungen nebeneinander wie bei einer CD.

https://doi.org/10.1515/9783110741797-025

- Wellenlänge des Lasers: Je kurzwelliger der Laser, desto feinere Strukturen lassen sich erfassen. Die Blu-ray hat ihren Namen von dem recht kurzwelligen blauen Laser, im Gegensatz zum roten und damit langwelligeren Laser bei der DVD.
- Verwendung mehrerer Lagen und Schichten: Während eine CD nur eine einzige datentragende Schicht besitzt, kann die DVD zweiseitig und zweilagig hergestellt werden, also mit vier datentragenden Schichten.
- Unterschiede in den Modulationsverfahren, bei der Fehlerkorrektur und beim Aufbau der Sektoren.
- Genutzte Fläche: Der nicht genutzte Innenteil des Mediums besitzt unterschiedliche Größe.

25.2   Aufbau

Die genannten optischen Medien bestehen aus einer bzw. zwei aufeinander geklebten Polycarbonat-Scheiben als Trägermaterial, also aus durchsichtigem Kunststoff.

Nur-lesbare Medien

Nur-lesbare optische Medien werden mit Hilfe eines *Masters* gefertigt. Er enthält ein Negativ des Mediums, dessen Struktur bei der Fertigung auf das Medium gebracht wird. Dabei tragen *Pits* (Vertiefungen) und *Lands* (Erhöhungen) die gespeicherten Informationen. Ein Pit/Land-Wechsel, also eine Ecke, entspricht einer 1, ein fehlender Wechsel bedeutet eine 0.

Um die Daten lesen zu können, trägt man eine reflektierende Schicht, meist Aluminium, auf. Ein Laserstrahl wird darauf gerichtet und bei einem Pit/Land-Wechsel gestreut: Bei dem optischen Empfänger, einer Fotodiode oder einem Fototransistor, kommt nur wenig Licht an. Ohne Pit/Land-Wechsel bleibt der Strahl unverändert und der Empfänger wird mit hoher Intensität beleuchtet. So kann man Nullen und Einsen voneinander unterscheiden.

Einmal Beschreibbare Medien

Bei den einmal beschreibbaren Medien CD-R, DVD-R, DVD+R und BD-R speichert man die Informationen in einer Schicht aus organischem Farbstoff. Im Ausgangszustand ist der Farbstoff durchsichtig (*kristallin*). Beim Brennvorgang wird der Farbstoff stellenweise erhitzt und ändert seine optischen Eigenschaften nach *amorph*: Licht wird an solchen Stellen nun absorbiert bzw. gestreut, wie bei einem Pit/Land-Wechsel. Man spricht dabei von einer sogenannten *Phase-Change-Technologie*.

Wieder verwendet man eine Schicht, um den Laserstrahl beim Lesen zu reflektieren. An den nicht erhitzten Stellen bleibt der Laserstrahl durch den transparenten Farbstoff weitgehend unverändert und gelangt zum Sensor. Bei den erhitzten Stellen wird der Laserstrahl absorbiert, der Sensor bleibt dunkel.

Brennen und Lesen unterscheiden sich in der Energie des Laserstrahls, der beim Brennen etwa zehnmal stärker eingestellt wird als beim Lesen.

Damit der Laser beim Brennen korrekt auf der vorgesehenen Spur geführt wird, verwendet man eine *Vorformatierung*. Dazu wird in den Polykarbonatträger bei der Herstellung eine dünne Spiralbahn eingebracht, die den Weg vorgibt. Die Spiralbahn schwankt sinusförmig mit einer *Wobblingfrequenz*, die genau vorgegeben ist. Beim Brennen wird die Wobblingfrequenz gemessen und der Antriebsmotor so geregelt, dass sie auf dem vorgesehenen Wert bleibt. Dadurch verringert man Drehzahlschwankungen und somit spätere Lesefehler.

Wiederbeschreibbare Medien

Auch hier verwendet man die *Phase-Change-Technologie*, aber der oben beschriebene Vorgang ist umkehrbar. Die Farbstoffschicht ist in zwei weitere Schichten eingebettet, die der Wärmeableitung dienen.

Die Farbstoffschicht wird beim Brennen zum Schmelzen gebracht. Erhitzt man die Farbstoffschicht stark, also mit hoher Laserleistung, dann kühlt sie schnell ab. Die Farbstoffmoleküle werden ungerichtet „eingefroren" und eine amorphe Struktur entsteht, die undurchsichtig ist und das Licht streut bzw. absorbiert. Erhitzt man dagegen mit geringerer Energie, erfolgt die Abkühlung langsamer. Die Farbstoffmoleküle haben Zeit, sich in einem Kristallgitter anzuordnen, und man bekommt eine kristalline, durchsichtige Struktur.

Je nach Medium liegt die Wiederbeschreibbarkeit bei einigen hunderttausend Mal (CD-RW, DVD-RAM) oder nur bei wenigen Hundert Mal (DVD+RW, DVD-RW).

25.3   Verfügbarkeit

Optische Medien können im Laufe der Zeit unlesbar werden. Ein wesentlicher Faktor ist dabei die reflektierende Schicht, die häufig aus Aluminium besteht. Beschriftung mit spitzen Bleistiften oder Kugelschreibern kann sie beschädigen. Ähnliches gilt für Aufkleber oder Klebestreifen, besonders wenn diese wieder abgezogen werden.

Bei Verwendung ungeeigneter Pigmente aus Filzstiften oder Druckertinten können die Pigmente mit der reflektierenden Schicht reagieren und diese z.B. schwärzen, so dass sie das Licht nicht mehr reflektiert.

Ferner können Kratzer Daten unlesbar machen. Sie entstehen beispielsweise durch Staubpartikel auf einem Tisch, auf dem der Datenträger abgelegt wird. Wird der Datenträger beiseitegeschoben, zerkratzt ein Staubkörnchen die Unterseite des Mediums. Kleinere Kratzer können durch Fehlerkorrekturmechanismen kompensiert werden.

DVD-RW und DVD+RW müssen nach der Herstellung erst mehrmals überschrieben werden, bis sich die Bitfehlerrate auf einem gleichmäßig niedrigen Niveau einpendelt. Nachdem sie mehrere Hundert Male überschrieben wurden, steigt die Bitfehlerrate wieder an. Insbesondere die Bereiche für das Inhaltsverzeichnis können recht schnell diese Zahl von Schreibzyklen erreichen, weil womöglich bei jedem Dateizugriff die Zugriffszeit aktualisiert wird. Daher sollte man solche Medien wann immer möglich im Nur-Lese-Modus einbinden.

Ferner gilt es zu beachten, dass sich bei sehr hohen Drehzahlen eine eventuell vorhandene Unwucht negativ auswirken kann. Vibrationen können entstehen, die in Festplatten eingekoppelt werden, und teilweise können Medien sogar brechen, was zusätzlich zum Datenverlust des Mediums das Laufwerk zerstören kann.

25.4   Leseverfahren

Die Geschwindigkeit optischer Medien gibt man als Vielfaches einer festgelegten einfachen Datentransferrate an. 1x entspricht bei der CD 1,5 MBit/s, bei der DVD 11,08 MBit/s und bei der Blu-ray 36 MBit/s. Die in Verbindung mit Laufwerken angegebenen Werte sind allerdings nur Maximalwerte.

Zum einen verringern Laufwerke die Datentransferrate beträchtlich, wenn auch nur an einer Stelle ein Fehler aufgetreten ist. Das kann bis zum Einlegen des nächsten Mediums andauern. Zum anderen werden die Daten nicht an jeder Stelle des Mediums gleich schnell gelesen.

Wir hatten bereits kennengelernt, dass man bei Festplatten die Scheiben mit einer konstanten Drehzahl betreibt, z.B. 7200 upm. Das nennt man das *CAV-Verfahren* (Constant Angular Velocity, konstante Winkelgeschwindigkeit). Während einer Umdrehung kommen im Innenbereich weniger Daten unter den Schreib-Leseköpfen vorbei als im Außenbereich, weil die Spur innen kürzer ist als außen. Deswegen ist die Datentransferrate im Innenbereich am geringsten und nimmt nach außen immer mehr zu.

Aus dem Audio- und Videobereich stammt die Forderung nach einer konstanten Datentransferrate. Musikstücke und Filme sollen immer gleich schnell wiedergegeben werden. Daher setzt man zu diesem Zweck das *CLV-Verfahren* ein (Constant Linear Velocity, konstante Linear- oder Bahngeschwindigkeit). Weil man in den Außenbereichen eines Mediums mehr Daten pro Umdrehung liest als innen, muss man das Medium langsamer drehen, wenn man außen liest.

Wohlgemerkt, diese beiden Verfahren haben nichts damit zu tun, wie die Daten aufgezeichnet wurden und ob eine Spiralbahn oder konzentrische Spuren vorliegen. Es geht lediglich um die Drehzahl und die Datentransferrate.

Das CLV-Verfahren hat den Nachteil, dass man den Laufwerksmotor und das Medium ständig beschleunigen und abbremsen muss, wenn man abwechselnd an unterschiedlichen Stellen des Mediums liest. Das kann die Laufwerksmechanik beträchtlich belasten und ist daher nur bis zu einer gewissen Drehzahl einsetzbar, in etwa bis zur 24x-Geschwindigkeit bei CDs. Darüber verwendet man praktisch ausschließlich das CAV-Verfahren.

Das CAV-Verfahren wiederum hat den Nachteil, dass man die maximale Datentransferrate nur ganz außen erreicht. Bei Festplatten ist das tolerabel, weil das Inhaltsverzeichnis, das man besonders oft benötigt, ganz außen sitzt. Außerdem wird mit dem Belegen der Platte ebenfalls außen begonnen. Das Betriebssystem, das man als erstes installiert, profitiert somit von maximaler Plattengeschwindigkeit, während weitere Betriebssystem- oder Datenpartitionen, die weiter innen sitzen, immer langsamer werden. Leider kann man sich diese Reihenfolge nicht immer aussuchen, weil manche Betriebssysteme auf der ersten Partition bestehen.

Bei CDs befindet sich das Inhaltsverzeichnis, die so genannte *TOC* (Table of Contents), jedoch ganz innen, und mit dem Schreiben der Daten wird ebenfalls innen begonnen. Daher erreicht man die maximale Datentransferrate nur bei vollen Medien, und das auch nur bei den zuletzt geschriebenen Daten. Innen wird etwa 2,5-mal langsamer gelesen.

25.5   Vermeidung, Erkennung und Korrektur von Fehlern

Bei optischen Medien wird ein sehr großer Aufwand zur Vermeidung, Erkennung und Korrektur von Fehlern betrieben. Bei der CD wird ein 8-Bit-Datenwort (Nutzbyte) zunächst mit einer *EFM* (8-to-14-Modulation) in 14 *Channel Bits* umgesetzt. Zweck ist ähnlich wie bei der 4B/5B-Codierung, dass lange Folgen ohne Signalwechsel und somit Fehler vermieden werden. Es werden 3 Merge Bits ergänzt, so dass das 8-Bit-Datenwort zu insgesamt 17 Channel Bits wird. 24 dieser 17-Bit-Worte werden zu einem Frame zusammengefasst, der mit 8 ECC-Bytes mit dem CIRC-Verfahren geschützt wird. Ferner sind ein Kontrollbyte und 27 Sync-Bits im Frame enthalten.

Aus 98 Frames wird ein Sektor zusammengesetzt, wobei 98 Kontrollbytes ergänzt werden, jedes zu 17 Bits. Der Sektor enthält 2352 Nutzbytes. In diesem Stadium kommt man auf eine Bitfehlerrate von 10^{-8}, d.h. auf 100 Millionen Bits bleibt ein Fehler unerkannt.

Aufgabe 129 Wie viele Bits können insgesamt auf einer CD-DA mit 2352 Nutzbytes pro Sektor unerkannt kippen?

Hinweis: Die Standard-Audio-CD hat eine Länge von 74 Minuten und verwendet 75 Sektoren pro Sekunde.

Das genügt zwar für Audio-CDs, nicht aber zur Speicherung von Daten und Programmen, wo bereits ein einziges falsches Bit fatale Auswirkungen haben kann. Deswegen setzt man für diesen Zweck eine weitere Korrekturebene *LEC* (L̲ayered E̲rror C̲orrection) oben drauf. Pro Sektor kann man bei der CD-ROM Mode 1 nun noch 2048 Nutzbytes speichern. Von der Differenz werden 4 Bytes zur zusätzlichen Fehlererkennung und 276 Bytes zur Fehlerkorrektur genutzt. Das reduziert die Bitfehlerrate auf 10^{-12}.

Aufgabe 130 Wie viele CD-ROMs könnte man im Mittel komplett lesen, ohne dass ein unerkennbarer Bitfehler auftritt?

Bei der DVD verwendet man anstelle von EFM das *EFMplus-Verfahren*, das nur 16 anstelle von 17 Bits pro Nutzbyte verwendet. Ein Sektor enthält zwar ebenfalls 2048 Nutzbytes, aber insgesamt nur 2064 Bytes. Diese werden in zwölf Zeilen à 172 Bytes angeordnet.

Jeweils 16 Sektoren werden zu einer Einheit zusammengefasst, die $16 \cdot 12 = 192$ Zeilen besitzt. Jede Zeile wird um 10 ECC-Bytes ergänzt, die man *Parity Inner (PI) Code*, nennt. Zudem ergänzt man 16 weitere Zeilen als ECC und nennt diese *Parity Outer (PO) Code*. Dabei verwendet man den *RSPC* (R̲eed S̲olomon P̲roduct C̲ode), eine Weiterentwicklung des CIRC.

Dann verwürfelt man die Zeilen und speichert sie möglichst weit auseinander auf der DVD. Somit schädigt ein Kratzer zwar mehrere Sektoren, aber vermutlich nicht allzu viele Bits innerhalb jedes Sektors, wodurch die Fehlerkorrektur gut funktioniert.

26 Mikrocontroller

Mikrocontroller, auch $\boldsymbol{\mu C}$, $\boldsymbol{uC}$, oder $\boldsymbol{MCU}$ (Mikrocontroller Unit) genannt, sind aus der heutigen Welt der Elektronik nicht mehr wegzudenken. Ob als Steuergeräte im Auto, in der Home Automation oder praktisch in jeder Komponente eines Computers oder Peripheriegeräts: Sie sind allgegenwärtig, auch wenn man sie nicht immer gleich als solche erkennt.

26.1 Typische Merkmale von Mikrocontrollern

26.1.1 Überblick

Mikrocontroller haben folgende wesentlichen Eigenschaften:

- Sie sind sehr klein und lassen sich daher gut in verschiedene Geräte einbauen.
- Alle wesentlichen Komponenten eines Computers, die man benötigt, sind auf einem Chip vereint. Nur wenige Bauteile sind darum herum nötig.
- Ihre Leistungsaufnahme ist vergleichsweise gering. Viele Mikrocontroller lassen sich daher bei Bedarf mit Batterien oder Akkus betreiben.
- Sie verfügen über viele I/O-Anschlüsse. An diese lassen sich Sensoren oder Aktoren anschließen, über die der Mikrocontroller mit der Außenwelt in Verbindung tritt.
- Mikrocontroller verfügen über persistenten Speicher, der seine Informationen auch behält, wenn man ihn ausschaltet.
- Manche Mikrocontroller besitzen Analog-Eingänge, mit denen sich physikalische Größen messen lassen. Bei anderen Mikrocontrollern lassen sich diese mittels weiterer Bausteine ergänzen.
- Oft kommen Mikrocontroller ohne Betriebssystem aus. Das Programm wird über eine Schnittstelle in den Mikrocontroller geladen und läuft dort in einer Endlosschleife direkt auf der Hardware.
- Typische PC-Merkmale wie hohe Performance und großer (virtueller) Speicher sind weniger wichtig.

Komplexere Mikrocontroller enthalten oft mehrere Kerne sowie eine FPU, ferner Komponenten, die bei einfacheren Mikrocontrollern mit separaten Bausteinen ergänzt werden müssten, wie DAC und manche Sensoren. Daher spricht man in so einem Fall oft von einem $\boldsymbol{SoC}$ (System on Chip).

https://doi.org/10.1515/9783110741797-026

26.1.2   I/O-Signale

Die meisten Mikrocontroller haben ziemlich viele I/O-Signale oder **GPIOs** (<u>G</u>eneral <u>P</u>urpose Input/<u>O</u>utput), z.B. 24 oder 56. Üblicherweise bilden jeweils 8 I/O-Signale einen **I/O-Port**. Daher ist die Anzahl der vorhandenen I/O-Signale meistens ein Vielfaches von 8.

Für jeden I/O-Port gibt es in der Regel 3 Register, über die man mit dem I/O-Port arbeiten kann:

- **Data Direction Register**: Mit ihm stellt man ein, welche Bits des zugehörigen I/O-Ports für Eingaben und welche für Ausgabezwecke genutzt werden sollen. Jeder I/O-Anschluss kann also einzeln als Eingang oder Ausgang konfiguriert werden.
- **Input Register**: Es ist nur lesbar. Beim Lesen werden alle I/O-Signale des zugehörigen Ports aktualisiert, die als Eingänge konfiguriert sind. Bits die für Ausgabesignale stehen, können ignoriert werden.
- **Output Register**: Es ist nur schreibbar. Beim Schreiben werden alle I/O-Signale des zugehörigen Ports aktualisiert, die als Ausgänge konfiguriert sind. Bits die für Eingabesignale stehen, können ignoriert werden.

Aus Software-Sicht werden Input Register und Output Register oft zu einem **Data Register** zusammengefasst. Schreibt man in dieses Register, erfolgt eine Ausgabe der betreffenden Bitkombination. Sie betrifft nur die Signale, die zuvor auf Ausgabe eingestellt wurden. Wenn man aus dem Register liest, bekommt man die aktuellen Werte derjenigen Signale, die auf Eingabe eingestellt worden waren.

In Kapitel 9.2 hatten wir kennengelernt, wie einzelne Bits eines Registers unabhängig von den anderen gesetzt, gelöscht und invertiert werden können. Diese Mechanismen würden beim Schreiben in ein Data Register angewendet werden, damit nur die gewollten Bits beeinflusst werden.

Es gibt in aller Regel auch Programmbibliotheken, die dem Programmierer diese Arbeit abnehmen. Beispielsweise sind dann alle I/O-Signale des Mikrocontrollers einfach durchnummeriert, so dass der Programmierer nicht mehr wissen muss, welches Signal welcher Bitnummer in welchem Port zugeordnet ist. Bei einem Arduino, der in C programmiert werden soll, könnte das z.B. so aussehen:

```
pinMode(7, OUTPUT); // GPIO-Anschluss 7 wird auf Ausgabe eingestellt
digitalWrite(7, HIGH); // dort wird eine logische 1 ausgegeben
```

26.1.3   Pulsweitenmodulation

Viele Mikrocontroller besitzen keine analogen Ausgänge, sondern statt dessen Ausgänge für **PWM (Pulsweitenmodulation)**. Dazu ein Beispiel: Wir wollen die Drehzahl eines Elektromotors steuern. Dafür gibt es im Grunde zwei Alternativen:

- Wir können die Höhe der Spannung bzw. des Stroms verändern, mit dem wir den Motor betreiben.
- Oder wir setzen PWM ein.

Um die Höhe der Spannung zu verändern, würden wir einen D/A-Wandler benötigen (siehe Kapitel 20.6). Außer dem Zusatzaufwand und den Kosten hat diese Alternative auch noch den

Nachteil, dass eine kleinere Spannung zu einem kleineren Drehmoment des Motors führt. Je langsamer der Motor läuft, desto weniger kräftig ist er also.

Diesen Nachteil besitzt PWM nicht. Bei PWM würden wir den Motor z.B. 1000 Mal pro Sekunde ein- und wieder ausschalten. Wegen seiner Trägheit läuft er dabei jeweils weiter und wir bemerken kein Stocken.

Die Drehzahl verändern wir, indem wir das Verhältnis von Einschalt- zu Ausschaltdauer variieren.

Als Spezialfälle haben wir

- Motor dauernd ausgeschaltet: Der Motor steht still (Abb. 26.1).
- Motor dauernd angeschaltet: Der Motor läuft mit maximaler Drehzahl (Abb. 26.2)

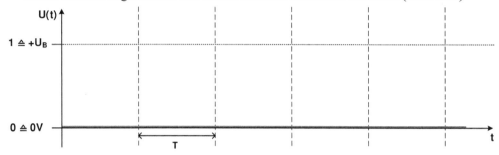

Abb. 26.1:   Motor dauernd aus

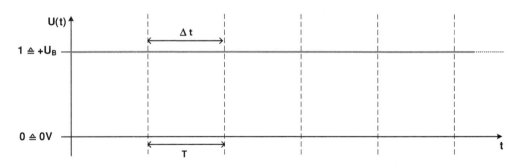

Abb. 26.2:   Motor dauernd an

Aber wenn der Motor z.B. 80% der Zeit an und 20% der Zeit aus ist, dann läuft er zwar ziemlich schnell, aber nicht mit maximaler Geschwindigkeit (Abb.26.3).

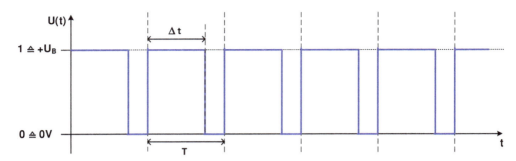

Abb.26.3:   Motor läuft mit ca. 80% der Maximaldrehzahl

Wenn der Motor dagegen 15% der Zeit an und 85% der Zeit aus ist, läuft er ziemlich langsam, aber er steht nicht still (Abb. 26.4).

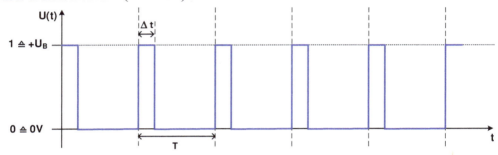

Abb. 26.4:   Motor läuft mit ca. 15% der Maximaldrehzahl

Die Periodendauer des Signals bezeichnen wir mit T. Die Zeitspanne innerhalb einer Periode, während der das Signal auf 1 ist, bezeichnen wir mit Δt. Dann können wir eine **Pulsweite** $\Delta t/T$ definieren. Sie liegt zwischen 0 und 100%. Die Pulsweite des Ausgangs, der den Motor steuert, bestimmt also die Drehzahl des Motors. Bei einer Pulsweite von 0 ist der Motor aus. Eine Pulsweite von 100% lässt den Motor mit voller Drehzahl laufen. Dazwischen sind beliebige Werte möglich.

Im Gegensatz zu einem steuerbaren Vorwiderstand oder einer in der Höhe steuerbaren Spannungsquelle behält der Motor sein volles Drehmoment, denn der Motor wird auch bei langsamem Lauf immer eine gewisse Zeitlang mit voller Spannung betrieben. Außerdem entsteht weniger Verlustleistung.

Im Gegensatz zu einer Phasenanschnittsteuerung („Dimmer") benötigt man bei PWM keine Wechselspannung. Außerdem liefert die Phasenanschnittsteuerung im Gegensatz zu PWM kein volles Drehmoment mehr, wenn das Maximum einer Halbwelle „weggeschnitten" wird. Auch in dieser Hinsicht ist also PWM im Vorteil.

Im Prinzip könnte man PWM mit einem entsprechenden Programm realisieren, das einen beliebigen Ausgang in vorgegebenen Zeitabständen ein- und wieder ausschaltet. Mikrocontroller besitzen aber spezielle PWM-Ausgänge, die sich besonders einfach für diesen Zweck ansteuern lassen.

Will man keine PWM nutzen, weil das Schwanken der Spannung stört, kann man als Alternative einen **DAC** (Digital-Analog Converter) einsetzen. Dieser ist als extra Baustein erhältlich und kann ziemlich teuer sein.

Nicht jeder Motor ist für PWM geeignet. Schrittmotoren benötigen beispielsweise spezielle Treiberplatinen. Außer Motoren gibt es ferner weitere Aktoren, die sich durch Mikrocontroller steuern lassen.

Aufgabe 131 Informieren Sie sich über die verschiedenen Arten von Motoren und wie man diese ansteuert.

Aufgabe 132 Forschen Sie nach, welche weiteren Aktoren (auch Aktuatoren oder Effektoren genannt) es für die Steuerung durch Mikrocontroller gibt.

Doch nun einige Gedanken zu seinem Gegenstück, dem ADC.

26.1.4 Analoge Eingänge

Für analoge Eingänge benötigt man einen **ADC** (Analog-Digital Converter), auch **A/D-Wandler** genannt (siehe auch Kapitel 20.3.3). Viele Mikrocontroller haben einen solchen bereits eingebaut und können z.B. 8 Eingänge wahlweise als Digital- oder als Analogeingänge nutzbar machen.

Analogeingänge werden verwendet, um analoge Größen wie Temperatur oder Helligkeit zu messen. ADCs können nur elektrische Spannungen digitalisieren. Daher müssen alle physikalischen Messgrößen zunächst in Spannungen umgewandelt werden. Dazu verwendet man geeignete Sensoren wie

- Temperaturabhängige Widerstände: **PTC** (Positive Temperature Coefficient), **NTC** (Negative Temperature Coefficient)
- Lichtabhängige Widerstände (**LDR**, Light Dependent Resistor), Fotodioden, Fototransistoren
- Es gibt zahllose weitere Sensoren, z.B. um mechanische Spannungen, Reifendruck oder Gaskonzentrationen in Abgasen zu messen.

Die elektrische Spannung des Sensors wird in eine Dualzahl (**Sample**) umgewandelt. Je nach gewünschter Genauigkeit kann ein Sample z.B. 8 bis 14, eher selten auch 16 Bits umfassen. Wenn der Mikrocontroller byteweise arbeitet und der ADC z.B. 10-Bit-Werte liefert, braucht jedes Sample 2 Bytes.

In Mikrocontrollern eingebaute ADCs haben oft 8 oder 10 Bit Genauigkeit. Reicht das nicht aus, kann man einen externen ADC-Baustein ergänzen. Je höher die Genauigkeit und je schneller der ADC umwandeln soll, desto teurer ist er.

Aufgabe 133 Informieren Sie sich, welche Sensor-Shields für gängige Mikrocontroller-Boards erhältlich sind.

26.1.5   Timer

Timer besitzen bei Mikrocontrollern große Bedeutung und werden für folgende Zwecke eingesetzt:

- Messung von Zeit und Frequenz
- Verzögerungen bzw. Wartezeiten mit genau definierter Dauer. Dies ist gegenüber einer Warteschleife zu bevorzugen.
- Signalerzeugung
- Zählen von externen Ereignissen, z.B. Impulse an einem I/O-Eingang
- Erzeugung periodischer Unterbrechungen (Interrupts), z.B. um Sensoren abzufragen
- PWM: Ein Timer erzeugt das gewünschte Signal automatisch und unabhängig vom laufenden Programm.

Die Vorgehensweise bei der Verwendung von Timern ist wie folgt: Zunächst wird die gewünschte Zeitdauer als Anzahl von *Timer Ticks* in ein Register geladen. Jeder Timer Tick zählt das Register um 1 herunter. Sobald der Registerinhalt 0 ist, ist der Timer abgelaufen. Ein Interrupt wird erzeugt und eine *ISR* (Interrupt Service Routine) wird ausgeführt.

Die Dauer eines Timer Ticks hängt von der Taktfrequenz des Mikrocontrollers und einem so genannten *Prescaler* ab. Wir haben z.B. einen Mikrocontroller mit 16 MHz Taktfrequenz und ein 16 Bit Register. Das 16 Bit Register kann 2^{16} =65536 unterschiedliche Werte enthalten. Um es auf 0 herunterzuzählen benötigt man maximal 65536/16 000 000 = 4 ms. Das wäre die größtmögliche Zeitdauer. Weil das recht kurz ist, wird die Taktfrequenz zuerst durch den Prescaler dividiert, bevor sie das Register herunterzählt.

26.2   Mikrocontroller-Schnittstellen

Mikrocontroller bieten üblicherweise eine Fülle von unterschiedlichen Schnittstellen. Häufig kommen die folgenden vor, wobei ein Mikrocontroller typischerweise mehrere davon besitzt:

- UART / USART / V.24 / RS 232
- SPI
- I2C / TWI
- JTAG
- CAN

Alle davon fallen in die Rubrik der seriellen Interfaces. Die meisten davon werden nicht in PCs eingesetzt, und die üblichen PC-Schnittstellen (USB, S-ATA, PCIe, ...) findet man nicht in Mikrocontrollern. Embedded Systems, die Schnittstellen wie die letztgenannten anbieten, verwenden meist separate Interface-Bausteine dafür.

SPI wird zwar auf PC-Mainboards eingesetzt, aber führt dort ein eher unscheinbares Dasein bei der Anbindung des BIOS-Flashbausteins.

Wir wollen nun einige dieser Schnittstellen betrachten.

26.2.1   UART / USART / V.24 / RS 232

Diese Art von Schnittstelle ist die klassische serielle Schnittstelle. Bei PCs trat sie unter dem Namen RS232-Schnittstelle auf und wurde verwendet, um beispielsweise Terminals und Drucker anzuschließen. Inzwischen gilt sie dort als veraltet, doch im Bereich der Mikrocontroller trifft man sie noch häufig an, allerdings unter der Bezeichnung UART oder USART. Immer wieder trifft man auch auf die Bezeichnung V.24-Schnittstelle. Wir wollen daher zunächst betrachten, wie diese Bezeichnungen zusammenhängen

V.24 wird in DIN 66020-1 beschrieben. Dabei geht es aber nur um das Protokoll, nicht um die elektrischen Parameter der Schnittstelle. Es können immer nur 2 Geräte über diese Schnittstelle miteinander kommunizieren.

Für die V.24-Schnittstelle gibt es 2 Arten von Bausteinen:
*   *UART* (Universal Asynchronous Receiver and Transmitter)
*   *USART* (Universal Synchronous/Asynchronous Receiver and Transmitter)

Der USART ist eine Erweiterung des UART, bei dem synchroner Datentransfer möglich ist. Er besitzt somit eine Taktsteuerung. UART / USART arbeitet üblicherweise mit TTL-Pegeln:
*   0 V für die logische 0 und
*   eine maximale Spannung, z.B. +5 V oder +3,3V, für die logische 1.

Die UART- bzw. USART-Signale (außer Versorgungsspannung und Masse) sind folgende:
*   *TXD* (Transmit Data)
*   *RXD* (Receive Data)
*   zusätzlich bei USART: *XCK* als Taktausgang für synchrone Datenübertragung

Mittels UART/USART kann ein Mikrocontroller mit einem PC Daten austauschen, um z.B. am PC Ausgaben des Mikrocontrollers in einem seriellen Monitorfenster anzuzeigen. Teils ist es darüber auch möglich, zur Laufzeit Fehler zu suchen (Runtime Debugging). Weil am PC die serielle Schnittstelle meist fehlt, setzt man dazu einen USB-to-Serial Converter ein. Ferner können Mikrocontroller mit UART/USART auf einfache Weise (GSM-) Modems ansteuern

RS232 ist ein US-Standard (ISO 2110). Man kann sagen, RS 232 ist V.24 plus V.28. Der letztere Standard definiert Spannungen und Stecker der typischen RS232-Schnittstelle.

RS 232 verwendet negative Logik:
*   Eine Spannung zwischen +3V und +15V für die logische 0 und
*   eine Spannung zwischen -3V und -15V für die logische 1.

Üblicherweise stehen bei Mikrocontrollern allerdings keine negativen Spannungen zur Verfügung, so dass Logik-Konverter nötig sind. Typische solche Logikkonverter werden mit 5V betrieben und enthalten
*   einen Spannungsverdoppler, der 10V aus den 5V macht
*   einen Spannungsinverter, der -10V aus den +10V macht

26.2.2   SPI

SPI (Serial Peripheral Interface) ist auch unter dem Namen *Four Wire Bus* bekannt. Damit können z.B. Programme in den Flash- oder EEPROM-Bereich des Mikrocontrollers geladen werden. Ferner können mehrere Mikrocontroller miteinander vernetzt werden. Mikrocontroller ohne SPI können diese Schnittstelle softwaremäßig emulieren.

SPI verfügt über folgende Signale:

- **/SS** (<u>S</u>lave <u>S</u>elect)
- **MOSI** (<u>M</u>aster <u>O</u>ut / <u>S</u>lave <u>I</u>N)
- **MISO** (<u>M</u>aster <u>I</u>n / <u>S</u>lave <u>O</u>ut)
- **SCK** (<u>S</u>hift <u>C</u>loc<u>k</u> for slave units)

Bei SPI fungiert ein Gerät typischerweise als sogenannter Master, die anderen als Slaves. Es sind aber auch Multi-Master Systeme möglich. Der Master steuert die Abläufe.

Die Kommunikation erfolgt ähnlich einem Bus, wie der Name Four Wire Bus schon andeutet. Jedes Gerät hat ein Schieberegister, das die zu übertragenden Daten enthält. Ein Slave wird durch seinen /SS-Eingang ausgewählt. Dabei gibt es zwei Betriebsarten:

Master Mode (MSTR=1)

- Der Master befindet sich zwischen 2 Slaves, dem **Sender Slave** und dem **Receiver Slave**.
- Der Master überträgt die Daten zwischen den beiden.
- Mit einem Taktimpuls auf SCK wird 1 Bit vom Sender Slave über den **MI**SO-Eingang des Masters in dessen Schieberegister geschrieben.
- Gleichzeitig schickt der Master 1 Bit über seinen **MO**SI –Ausgang an den Receiver Slave.
- Die Signale bedeuten hier demnach "Master In" und "Master Out".

Slave Mode (MSTR=0)

- Daten werden zwischen Master und Slave übertragen (Abb. 26.5).
- Mit jedem Takt auf SCK wird 1 Bit vom Slave über dessen MI**SO**–Ausgang in das Schieberegister des Masters geschoben.
- Der Master sendet gleichzeitig 1 Bit über seinen MO**SI**–Ausgang an den Slave.
- Die Signale bedeuten entsprechend "Slave Out" und "Slave In"

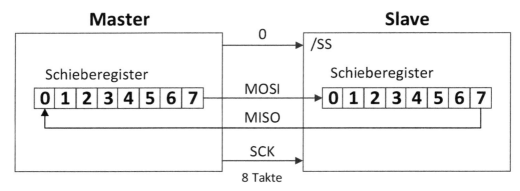

Abb. 26.5:   SPI im Slave Mode

26.2.3   I²C (TWI)

I²C (Inter IC), auch *TWI* (Two Wire Interface) genannt, kann mehrere ICs miteinander verbinden, z.B. Mikrocontroller, LCD-Treiber, ADC, DAC, RAM oder EEPROM. Auch hier unterscheidet man Masters und Slaves, wobei ein Multi Master Mode möglich ist.

I²C besitzt nur die folgenden beiden Signale, entsprechend seiner Bezeichnung Two Wire Interface:

- **SCL** (Serial Clock)
- **SDA** (Serial Data)

Die Datenübertragung läuft folgendemaßen ab:

- Der Master startet die Übertragung mit SCL=1 und einer abfallenden Flanke an SDA.
- Dann folgen 7 SCL-Takte, während derer der Master 7 Adressbits sendet. Diese geben den Empfänger an.
- Ein achter SCL-Takt bestimmt das Lesen (1) oder Schreiben (0).
- Der neunte SCL-Takt ist für die Antwort des Slaves vorgesehen. Er setzt SDA auf 0 (ACK, acknowledge).
- Am Ende wird SCL konstant auf 1 gesetzt und SDA bekommt eine ansteigende Flanke (Wechsel von 0 nach 1).
- Der nächste Frame enthält 8 Datenbits. Beim Schreiben gehen diese vom Master an den Slave, welcher mit ACK bestätigt. Beim Lesen ist es umgekehrt.

26.2.4   JTAG

Die Schnittstelle namens *JTAG* (Joint Test Action Group) dient dem Debugging und demTesten, ohne das IC von seinem Board ausbauen zu müssen (*In-Circuit-Debugging and Testing*). Sie ist nicht nur für Mikrocontroller geeignet, sondern auch für andere Arten hochintegrierter Schaltkreise.

JTAG verfügt über folgende Signale:
- TDI (Test Data In)
- TDO (Test Data Out)
- TMS (Test Mode Select)
- TCK (Test Clock)

Für die Steckerbelegung gibt es keine offiziellen Standards.

26.2.5   CAN

Der *CAN Bus* (Controller Area Network) wurde 1983 von Bosch entwickelt. Hauptsächliche Einsatzgebiete sind der Automotive-Bereich und die Luftfahrt, aber auch z.B. die Medizintechnik und Industrieautomatisierung.

Hauptvorteile sind die Störsicherheit, Echtzeitfähigkeit, der Preis bzw. die Kostenersparnis und das geringe Gewicht im Vergleich zu vorherigen Lösungen.

CAN wurde standardisiert in ISO 11898, wobei es zwei nicht-kompatible Standards gibt: ISO 11898-2 (*Highspeed-CAN*) und ISO 11898-3 (*Lowspeed-CAN*). Aus diesem Grund findet man oft zwei verschiedene CAN-Bussysteme in einem Fahrzeug: Highspeed-CAN für Multimedia und Lowspeed-CAN für die Steuerung.

Als Erweiterung wurde **CAN FD** (<u>C</u>AN <u>F</u>lexible <u>D</u>ata Rate) als ISO 11898-1:2015 definiert. Es erlaubt höhere Datenraten und Datenmengen pro Frame.

Funktionsweise:

- Multi-Master-Betrieb
- Mehrere **ECU**s (<u>E</u>lectronic <u>C</u>ontrol <u>U</u>nits) hängen als **CAN Nodes** an einem 2-Draht-Bus. Bei einem modernen Auto können das um die 70 ECUs sein.
- Weil mehrere davon gleichzeitig zu senden beginnen können, müssen solche Kollisionen erkannt werden, Stichwort **CSMA/CR** (<u>C</u>arrier <u>S</u>ense <u>M</u>ultiple <u>A</u>ccess/<u>C</u>ollision <u>R</u>esolution)
- Geringer priorisierte Master stoppen ihre Übertragung, wenn sie einen höher priorisierten Master erkennen, der gleichzeitig senden will.

Aufbau eines Data Frames:

- 1 Bit SOF (Start of Frame): „dominante 0", zeigt dass das Gerät senden will
- 11 Bits (Base Format) bzw. 29 Bits (Extended Format) CAN ID: enthält Priorität der Nachricht und Adresse des Geräts
- 1 Bit RTR (Remote Transmission Request): fordert Daten von einer anderen ECU an, Zieladresse in CAN ID
- 6 Bits: Kontrollbits, u.a. Länge der nachfolgenden Daten (0..8 Bytes)
- 0..64 Bits: Das sind die Datenbits
- 16 Bits: CRC (Cyclic Redundancy Check), Prüfsumme
- 2 Bits ACK (Acknowledge): zeigt an, ob die Prüfsumme stimmt
- 7 Bits EOF (End of Frame): kennzeichnet Frame-Ende

Data Logger, die den Datenverkehr mitschneiden, konzentrieren sich auf CAN ID, Kontrollbits und Datenbits.

Ein Datenframe kann demnach nur 8 Bytes enthalten. Dabei handelt es sich um Rohdaten, die geeignet interpretiert werden müssen. Will man größere Datenmengen übertragen, benötigt man weitere Protokolle auf höherer Ebene, die u.a. die größeren Datenblöcke in 8-Byte-Blöcke zerlegen und beim Empfänger wieder zusammensetzen und die Rohdaten interpretieren.

Beispiele für solche Protokolle:

- **SAE J1939**: Einsatz bei LKWs, Bussen und anderem Schwerlastverkehr. Enthält u.a. Informationen für das Flottenmanagement.
- **OBD-II** (<u>O</u>n-<u>b</u>oard <u>D</u>iagnostics): Dient der Selbstdiagnose der Fahrzeuge für Reparatur- und Wartungszwecke und liefert dem Kundendienstpersonal **DTCs** (<u>D</u>iagnostic and <u>T</u>rouble <u>C</u>odes). Ferner ist der Zugriff auf Echtzeitdaten möglich, z.B. Geschwindigkeit oder Verbrauch. Diese können mit einem Data Logger erfasst und ausgewertet werden.
- **CANopen**: Einsatz in der Automatisierungstechnik

Security und Safety

Zwei Begriffe, die sich ähneln und leicht verwechselt werden können, sind Security und Safety. Im Deutschen gibt es dafür nur ein Wort, nämlich Sicherheit, was die Sache erschwert.

Safety bedeutet zum einen, dass Systeme ausfallsicher gestaltet werden. Außerdem sollen sich die Systeme im Fehlerfall so verhalten, dass möglichst niemand dadurch gefährdet wird. Bei einem Fahrzeug soll beispielsweise das Fahrzeug besser langsamer werden und dann nach einer gewissen Zeit stehenbleiben, als dass es fortlaufend beschleunigt.

Security bedeutet dagegen einfach gesagt, dass Unbefugte nicht in die Systeme eindringen und diese manipulieren können. Beispielsweise dürfen keine „Hintertüren" existieren, über die man das Fahrzeug über die OBD-II-Schnittstelle oder gar aus der Ferne beeinflussen kann, und womit man z.B. die Bremsen betätigen oder bei voller Fahrt den Kofferraumdeckel öffnen könnte.

Entwurfsprinzipien für Safety umfassen üblicherweise ein Lastenheft, in dem verzeichnet ist, welche Funktionalitäten vorhanden sein müssen, und nur dies wird getestet. Die Abwesenheit nicht verzeichneter Funktionalitäten wird meist nicht geprüft. Für Security ist aber gerade letzteres entscheidend, also dass schädliche Funktionalitäten und Hintertüren nicht vorhanden sind. Dazu gehört somit ein ganz anderer Ansatz beim Entwurf und beim Test solcher Systeme. Deswegen ist ein System, das im Hinblick auf Safety entworfen wurde, nicht automatisch auch sicher im Sinne der Security.

Auch bei dem CAN Bus begegnet man diesem Problem: Er wurde im Hinblick auf Safety entworfen, nicht für Security. Daher findet man zahlreiche Sicherheitsprobleme:

- Keine *Authentisierung* der Geräte: Unbekannte Geräte könnten sich ins System hängen.
- Keine *Segmentierung*: Hochkritische Bereiche wie die Bremseinheit sind von weniger kritischen, teils frei zugänglichen Bereichen, erreichbar und darüber manipulierbar, z.B. über die OBD-II-Borddiagnose-Schnittstelle.
- *Broadcasting*: Der CAN-Bus kann mit Paketen überlastet werden (*DoS-Attack*). Evtl. stürzen Komponenten durch Pakete mit nicht erlaubten Inhalten ab.
- *Sniffing*: Pakete können mitgelesen werden, um den CAN-Bus zu analysieren. Späteres Senden mitgelesener Pakete (*Replay-Attack*) kann unerwünschte Reaktionen auslösen.

Eine Abhilfe kann *AUTOSAR SecOC* (Secure On-board Communication) bieten, wo kryptografische Methoden zur Absicherung eingesetzt werden.

26.3 Single Board Mikrocontroller und Single Board Computer

26.3.1 Überblick

Ein Mikrocontroller ist ein einzelnes IC. Damit man ihn praktisch einsetzen kann, benötigt man einige zusätzliche Komponenten, die man mit dem Mikrocontroller zusammen auf eine Leiterplatte, auch Platine oder Board genannt, auflötet. So kommt man zum Single Board Mikrocontroller oder Single Board Computer, wobei der Übergang fließend ist.

Ein Board mit einem 8-Bit-Mikrocontroller wird man sicherlich als **Single Board Mikrocontroller** bezeichnen, wogegen man ein Board mit 32-Bit-Mehrkern-Mikrocontroller und Linux-Betriebssystem einen **Single Board Computer** nennen würde. Single Board Computer könnten prinzipiell als Ersatz für einen PC dienen, zumindest für einfachere Anwendungen, die keine allzu hohe Rechenleistung benötigen.

Betrachten wir nun die Komponenten, die man zusätzlich zum Mikrocontroller auf beiden Arten von Boards findet. Sehr wesentlich ist dabei ein Taktgenerator mit einem Schwingquarz als zentralem Bestandteil. Üblicherweise findet man außerdem einige Kondensatoren und Widerstände, Kontaktleisten für den Anschluss an die Außenwelt und oft auch einen Reset-Taster, LEDs und einen USB- nach Seriell-Wandler zum Anschluss an einen PC. Ferner können Spannungsregler enthalten sein, mit denen man die nötigen Versorgungsspannungen aus einem ungeregelten Netzteil bekommt. Oft ist aber auch eine Spannungsversorgung nur aus dem USB-Anschluss möglich.

Meistens werden Single Board Mikrocontroller aus Performancegründen ohne Betriebssystem betrieben, wobei man ein auszuführendes Programm am PC in einer **IDE** (Integrated Development Environment, **Entwicklungsumgebung**) erstellt und von dort aus auf den Mikrocontroller flasht. Dort läuft es in einer Endlosschleife.

Es gibt aber auch Betriebssysteme wie **FreeRTOS**, die sehr ressourcenschonend sind und auch auf kleineren Mikrocontrollern laufen. Eine Besonderheit ist dabei die **Echtzeitfähigkeit**, so dass auch zeitkritische Regelungsaufgaben möglich werden, bei denen innerhalb einer vorgegebenen Zeitspanne auf Ereignisse reagiert werden muss.

Bekanntester Vertreter der Single Board Mikrocontroller ist die **Arduino**-Familie mit ihren zahlreichen Varianten. Sie enthalten verschiedene Varianten des Microchip AVR 8-Bit-RISC-Mikrocontrollers.

Auch die zahlreichen Boards mit Espressif **ESP32**-Mikrocontrollern kann man noch zu den Single Board Mikrocontrollern rechnen, wobei diese aber bereits in Richtung Single Board Computer gehen, was die Rechenleistung und Hardware-Ausstattung anbelangt. Sie verfügen über mindestens zwei 32-Bit-Kerne.

In die Rubrik der Single Board Computer fallen die Boards mit ARM-Prozessoren, z.B. die Raspberry Pi-Familie.

Aufgabe 134 Forschen Sie nach, welche Komponenten sich auf einem Single Board Mikrocontroller oder Single Board Computer Ihrer Wahl befinden und welche Aufgaben sie haben.

Die Unterschiede der Boards liegen unter anderem in folgenden Bereichen:

- Performance
- Größe
- Anzahl und Art der Interfaces
- Kosten
- Energieverbrauch
- Erweiterungsmöglichkeiten
- Entwicklungsplattformen und Programmiersprachen

26.3.2 Einsatzbereiche

Single Board Mikrocontroller und -Computer können in den verschiedensten Bereichen eingesetzt werden, beispielsweise:

- Home Automation / IoT (Internet of Things): zentrale Kontrolle über Beleuchtung, Heizung, Klimaanlage, Energieverbrauch, Zutrittskontrolle, Alarmsysteme, Überwachung, usw.
- NAS (Network Attached Storage)
- Mediacenter
- Router
- Quadrocopter, Modellflugzeuge
- Mobile Roboter
- Sensornetzwerke
- Maker-Projekte

Wir wollen nun einige Boards genauer betrachten.

26.3.3 Arduino

Arduino besteht ursprünglich aus einem Single Board Mikrocontroller und einer zugehörigen Entwicklungsumgebung, die für die üblichen Betriebssysteme verfügbar ist. Im Laufe der Zeit kamen zahllose weitere Boards unterschiedlicher Hersteller dazu, die dieselbe IDE verwenden können und in ihrem Namen als Kennzeichen ein „ino" tragen.

Die Software wird auf einem PC entwickelt und per USB auf das Board übertragen. Auf dem Board befindet sich kein Betriebssystem, sondern Programme (dort **Sketches** genannt) laufen direkt auf dem Mikrocontroller. Dieser ist z.B. beim Arduino Uno ein Microchip ATMega328. Bei anderen Boards werden teils andere Mikrocontroller der AVR-Familie eingesetzt.

Der Hauptvorteil der fehlenden Betriebssystemebene ist, dass wenig Rechenleistung benötigt wird. Diese steht bei den verwendeten 8-Bit-Mikrocontrollern und wenigen MHz Taktfrequenz nur recht begrenzt zur Verfügung. Wegen der RISC-Architektur des Mikrocontrollers und seines effizienten Designs ist der Mikrocontroller und damit auch das Board dennoch erstaunlich leistungsfähig und vielseitig einsetzbar.

Die verschiedenen Boards können durch **Arduino Shields** erweitert werden. Das sind Steckboards mit Sensoren, Aktoren, zusätzlichen Schnittstellen, usw. Für die Shields gibt es **Programmbibliotheken** (**Libraries**), die in der Arduino-IDE eingebunden und in selbst geschriebenen Sketches genutzt werden können.

Als Programmiersprache wird C bzw. C++ eingesetzt. Hier ein einfaches Programmbeispiel, mit dem eine auf dem Board vorhandene LED zum Blinken gebracht werden kann:

```
void setup()
{
        // hier steht alles, was nur einmalig zu Beginn
        // ausgeführt werden soll

        // die LED ist an Pin Nummer 13 angeschlossen,
```

```
        // dieser wird auf Ausgabe eingestellt
        pinMode(13, OUTPUT);       //
}

void loop()
{
        // hier steht alles, was in einer Endlosschleife
        // immer wieder ausgeführt werden soll
        digitalWrite(13, HIGH);    // LED an
        delay(500);                // 500ms warten
        digitalWrite(13, LOW);     // LED aus
        delay(500);                // 500ms warten
                                   // dann das Ganze von vorn

}
```

26.3.4   Boards mit Espressif ESP32

Bei der ESP32-Familie handelt es sich um 32-Bit-Mikrocontroller oder SoC mit 1 oder 2 Kernen und um die 200 MHz Taktfrequenz. Flash-Speicher ist teils nicht integriert, sondern wird als separater Chip angeschlossen.

Die Ausstattung mit Schnittstellen ist umfangreich. Neben den bei den meisten Mikrocontrollern vorauszusetzenden Schnittstellen UART, SPI und I²C ist auch das nicht immer vorhandene CAN integriert. UART ist dreifach vorhanden. Außerdem findet man WLAN, Bluetooth und eine *MII* (Media Independent Interface)-Schnittstelle für Ethernet.

Es ist ein Kryptographie-Beschleuniger eingebaut, der Verfahren wie AES, RSA, ECC und SHA2 unterstützt, außerdem Secure Boot und Verschlüsselung des Flash-Speichers. Auch ein Zufallszahlengenerator für die Schlüsselerzeugung ist enthalten. Ferner sind ein 12-Bit-ADC mit bis zu 18 Kanälen und zwei 8-Bit-DACs vorhanden. Ein Hall-Sensor ermöglicht die Messung von Magnetfeldern.

64-Bit-Timer sind vierfach enthalten, wobei 16-Bit-Prescaler vorgeschaltet werden können. Die Timer können sich nach Ablauf automatisch wieder auf den ursprünglichen Wert zurücksetzen (*Auto-Reload*).

Als Betriebssystem kann *NodeMCU* eingesetzt werden, das eine Programmierung in der Skriptsprache *Lua* ermöglicht. Dadurch benötigt man keine IDE, sondern legt die Programme direkt als Textdateien im Dateisystem des ESP32 ab. Es ist aber auch eine Verwendung der Arduino-IDE möglich. Auch FreeRTOS unterstützt die ESP32-Mikrocontroller.

26.3.5   Raspberry Pi

Die verschiedenen Arten von Raspberry Pi Boards enthalten einen ARM Mikrocontroller oder SoC, wie man diesen wegen seiner Komplexität häufiger nennt. In ihm sind mehrere CPU-Kerne, FPU und GPU integriert. Er bietet außer den üblichen GPIOs auch Schnittstellen wie SPI, I²C, UART und JTAG.

Auf dem Board findet man ferner USB und je nach Version auch z.B. Ethernet, HDMI, WLAN und Bluetooth-Schnittstellen.

Die Performance reicht aus, um Betriebssysteme wie Linux, Android, FreeRTOS oder Windows 10 IoT laufen zu lassen. Diese werden auf einer MicroSD-Karte installiert, für die ein Slot auf dem Board vorhanden ist. Die Programmierung kann in allen Sprachen erfolgen, die es für das jeweilige Betriebssystem gibt, also z.B. C, C++, Java, Kotlin oder auch Skriptsprachen wie Python, Perl, Ruby oder Lua.

Weil sich Geräte wie Maus, Tastatur und Monitor anschließen lassen, kann man bei Bedarf direkt an dem System arbeiten, ähnlich wie an einem PC, z.B. um es zu konfigurieren. Man kann sich aber auch über das Netzwerk verbinden, beispielsweise per SSH. Für den Fall, dass das System nicht über das Netzwerk erreichbar ist oder erst gar nicht richtig hochfährt, kann man ein Debug-Kabel anschließen. Dieses verbindet man auf dem Raspberry Pi mit einigen GPIO-Pins und am PC mit einem USB-Anschluss. Danach kann man sich über ein Terminalprogramm Zugriff auf den Raspberry Pi verschaffen.

Weil eine ähnliche Art SoC auch häufig in Smartphones zum Einsatz kommt, eignet sich der Raspberry Pi dazu, mit Hardware-Komponenten zu experimentieren, die erst in künftigen Smartphone-Generationen eingebaut werden könnten und für diese bereits Software zu entwickeln, z.B. **HSMs** (<u>H</u>ardware <u>S</u>ecurity <u>M</u>odules).

26.4   Eigenschaften von AVR-Mikrocontrollern

26.4.1   Technische Daten

AVR Mikrocontroller wurden von ursprünglich von Atmel entwickelt. Atmel wurde 2016 von Microchip Inc. aufgekauft. Arduino Boards verwenden verschiedene AVR Mikrocontroller, z.B.

- ATmega328: 32 steht für 32k Flash-Speicher, 8 kennzeichnet die „Unterfamilie" und somit weitere Hardwareausstattung.
- ATmega2560 (256k Flash-Speicher)
- ATmega32u4
- ATtiny85

Typische technische Daten der ATmega-Familie:
- 8-bit AVR RISC-basierter Mikrocontroller
- 131 Instruktionen im Befehlssatz, die meisten benötigen 1 Takt
- 32 Allzweck-Register mit 8 Bit Wortbreite
- On-Chip 2-Cycle Multiplier
- Typische Taktfrequenz 16 MHz (also bis zu 16 MIPS)

Spezifisch für ATmega328 (z.B. Arduino Uno):
- 32 KB Flash-Speicher für Code
- 1 KB EEPROM für nicht-flüchtige Daten
- 2 KB SRAM für flüchtige Daten

- 23 GPIOs (General Purpose I/O)
- 3 Timer/Zähler
- 6-Kanal 10-Bit A/D-Wandler
- Programmierbarer Watchdog Timer
- 5 softwaremäßig wählbare Stromsparmodi
- Schnittstellen: USART, TWI, SPI
- Leistungsaufnahme im Active Mode: <10 mW bzw. 0.2mA bei 5V und 16MHz
- Power Save Mode: 0.75µA
- Power Down Mode: 0.1µA

26.4.2   Register

Bei den AVR-Prozessoren unterscheidet man **Arbeitsregister** (**Work Registers**) und **SFRs** (**Special Function Registers**). Die Arbeitsregister sind Allzweckregister. SFRs sind Register für besondere Zwecke, insbesondere

- I/O-Register
- Timer
- Stack Pointer
- Program Counter
- Statusregister

26.4.3   Speicher und Adressierung

Flash-Speicher

Der Flash-Speicher wird mit 16-Bit-Adressen adressiert. Er wird für Code und Konstanten verwendet.

Die meisten Befehle haben 16 Bits incl. Operand. Daher wird Code in 16-Bit-Worten organisiert. Code beginnt bei Adresse 0x0000. Dort startet die CPU nach dem Einschalten mit der Programmausführung. Meist steht hier nur ein Sprungbefehl zum eigentlichen Programm. Anschließend beginnt der Bereich für **ISRs** (Interrupt Service Routines).

Konstanten sind byteweise organisiert und befinden sich am oberen Ende des Adressraums, gleich unter FLASHEND. Das ist bei ATMega328 die Adresse 0x3FFF.

SRAM und Register

Wie bei SRAM üblich, benötigt man keinen Refresh. Daher wird dessen Einsatz bei Mikrocontrollern dem von dynamischem RAM vorgezogen, obwohl man bei den niedrigen Taktfrequenzen der AVR Mikrocontroller nicht wirklich von dessen Geschwindigkeit profitieren kann.

Das SRAM befindet sich zusammen mit den SFRs und Work Registers in einem eigenen Adressraum. Er beginnt bei 0x0000 und wird mit 16-Bit-Adressen angesprochen. Register können bitweise adressiert werden, das SRAM nur byteweise.

Es gibt dabei folgende Adressbereiche:

- 0x0000 .. 0x001f: 32 Work Registers
- 0x0020 .. 0x005f: 64 SFRs
- 0x0060 .. RAMEND: SRAM

Die Konstante RAMEND ist die höchste erlaubte SRAM-Adresse. Bei ATMega328 ist RA-MEND = 0x085F. Gleich unter RAMEND befindet sich der Stack.

Work Registers und SFRs können mit ihrer 16-Bit-Adresse angesprochen werden, aber üblicherweise bevorzugt man MOV-Befehle. Auf SFRs kann byteweise mit Port-Kommandos und ihrer 6-Bit-SFR-Adresse zugegriffen werden. Die niederwertigsten 32 SFRs können außerdem bitweise mit einer 5-Bit-SFR-Adresse angesprochen werden.

EEPROM

Das eingebaute EEPROM findet Verwendung für nicht-flüchtige Variablen. Es kann allerdings nicht direkt adressiert werden. Die Daten werden stattdessen über einen speziellen Controller gelesen und geschrieben, was ziemlich langsam ist.

26.4.4   Programmieradapter

Beim Arduino wird ein Sketch über das auf dem Board befindliche USB-Interface hochgeladen. Das funktioniert nur, weil der Mikrocontroller einen eingebauten Boot-Loader hat, der die USB-Schnittstelle auf neu vorliegende Daten prüft.

Falls der Boot Loader nicht mehr funktioniert, ein fabrikneuer Mikrocontroller verwendet wird oder wenn man ein Board ohne USB-Interface einsetzt, benötigt man spezielle Programmieradapter. Diese erlauben es, den Mikrocontroller über dessen *ISP* (In-System Programming) Interface mittels SPI-Schnittstelle zu programmieren.

Ferner gibt es Development Boards, die Sockel für verschiedene AVR-Mikrocontroller enthalten. Teils sind dazu Adapter nötig. Die Mikrocontroller-Anschlüsse sind über Steckerleisten für Testzwecke herausgeführt und können mit Tastern und LEDs verbunden werden.

Bei Verwendung eines *ICE* (In-Circuit Emulator) wird der Mikrocontroller vom Board entfernt und durch den ICE ersetzt. Dieser führt das Programm Schritt für Schritt aus und hält an Break Points an.

Bei Mikrocontrollern mit JTAG-Interface ist In-Circuit Testing and Debugging möglich. Sie besitzen ein eingebautes Testsystem, das über das JTAG-Interface ansprechbar ist. Entsprechend braucht der Mikrocontroller dafür nicht ausgebaut zu werden.

26.4.5   Port-Kommandos

Für eine I/O-Operation benötigt man 3 SFRs:

- *Data Direction Register* DDRA ... DDRD: Eine 0 bedeutet, dass der betreffenden Pin ein Eingang ist. Eine 1 dagegen schaltet ihn auf Ausgabe. Nach einem Reset sind alle Anschlüsse auf Eingabe.
- *Port Input* PINA ... PIND: Diese SFRs sind nur lesbar. Sie enthalten den aktuellen Wert der Ports A..D, unabhängig von deren Richtung. High bedeutet eine logische 1.

- *Data Register* PORTA ... PORTD: Sie sind nur schreibbar. Das Schreiben beeinflusst nur Bits, die auf Ausgabe eingestellt sind. Die logische 1 bedeutet einen hohen Spannungswert. Nach einem Reset sind alle Bits auf 0.

Aufgabe 135 Suchen Sie zu einem AVR-Mikrocontroller Ihrer Wahl die zugehörige Hersteller-Dokumentation und versuchen Sie, die Blockschaltbilder des Mikrocontrollers und dessen interne Strukturen zu verstehen.

Zusammenfassung und Schlussworte

In den Kapiteln des fünften und letzten Teils dieses Buches haben wir zunächst kennengelernt, wie Speicherbausteine intern funktionieren und welche Auswirkungen dies aufgrund der daraus resultierenden Eigenschaften auf das gesamte Computersystem hat. Dynamische RAMs haben seit je her mit Performance-Problemen zu kämpfen, was Caching-Mechanismen eine zentrale Bedeutung verleiht. Außerdem ist Hauptspeicher immer zu klein, weswegen Paging eingesetzt wird.

Wie baut man ein Speichermodul auf? Wodurch unterscheidet sich die Fülle an Speicherchips und –modulen voneinander? Wie kann man erkennen, welches Modul für welchen Zweck geeignet ist? Wie hängen die Taktfrequenzen von Prozessor, Speichercontroller und Speicher zusammen? Wie vermeidet man Datenverluste? Das sind einige Fragen, die beantwortet wurden.

Außerdem haben wir die Rolle des virtuellen Speichers kennengelernt. Er umfasst wesentlich mehr als nur eine Erweiterung des Hauptspeichers. Prozesse bekommen eigene Adressräume, was die Softwareentwicklung erleichtert. Die Daten der Prozesse werden voreinander geschützt. Das macht Systeme sicherer. Und das Paging sorgt für eine bessere Performance des Systems. Wir haben aber auch gesehen, dass man richtig mit diesen Mechanismen umgehen muss, um Probleme zu vermeiden.

Warum verwendet man immer mehr serielle Übertragungsverfahren? Wieso hat ein Flachbandkabel mit 40-poligen Anschlüssen auf einmal 80 Adern bekommen? Das sind ganz praktische Anwendungen der Leitungstheorie, die wir betrachtet haben. Aber auch der große Einfluss der Codierung von Daten und Signalen auf die Performance und Integrität der Datenübertragung ist uns deutlich geworden. Fehlererkennung und Fehlerkorrektur sind aus der Übertragung und Speicherung von Daten nicht wegzudenken, aber sie haben ihre Grenzen und bedeuten einen oft erheblichen Aufwand.

Ein Kapitel war der Festplatte gewidmet. Wir haben gesehen, welche Bedeutung Partitionierung und Formatierung besitzen und sind besonders auf die Verfügbarkeit der Daten eingegangen. Es wurde klar, welche Betriebsbedingungen man beachten sollte und worin Risiken für die gespeicherten Daten bestehen.

Optische Datenträger leiden teilweise drastisch unter ihrer Herkunft aus dem Audio- bzw. Videobereich, was sich an vielen verschiedenen Stellen zeigt. Das beginnt damit, dass Daten bevorzugt in den Bereichen des Mediums aufgezeichnet werden, die am ineffizientesten sind. Auch ergibt sich daraus eine Fülle von Standards, die immer wieder erweitert und nachgebessert werden mussten. Wir konnten erkennen, dass man sorgfältig überlegen muss, welche Art von optischem Medium man wählt, wenn man Daten zuverlässig und langlebig speichern möchte.

https://doi.org/10.1515/9783110741797-027

Damit endet unsere Reise in die Welt der Rechnerarchitektur. Wir haben dadurch die nötigen Voraussetzungen gewonnen, Computersysteme effizient und im Einklang mit der vorhandenen Hardware zu programmieren, und Probleme, die an der einen oder anderen Stelle auftreten mögen, zielgerichtet zu erkennen und zu beseitigen. Gleichzeitig wurde klar, dass Computerarchitektur eine sehr komplexe Materie ist. Es gäbe dazu noch eine Menge zu wissen, was den Rahmen dieses Buches für eine einführende Vorlesung gesprengt hätte. Der Leser sei ermuntert, durch Lektüre von weiterführender Literatur noch mehr über dieses spannende Thema zu erfahren.

Literaturverzeichnis

1. **Jedec.** Jedec - Global Standards for the Microelectronics Industry. [Online] https://www.jedec.org/.

2. **Ziegler, J.F.** Terrestrial cosmic rays. *IBM Journal of Research and Development, Vol. 40, no. 1.* Jan 1996, S. pp. 19-40.

3. **Hellmann, Roland.** *IT-Sicherheit: Eine Einführung.* Berlin : De Gruyter Studium, 2018. 978-3110494839.

4. **Wilkes, M. V.** The Best Way to Design an Automated Calculating Machine. *Manchester University Computer Inaugural Conf.* 1951, S. 16-18.

5. **LDV, TU München.** Praktikum Computersysteme. [Online] [Zitat vom: 15. 9 2012.] http://www2.ldv.ei.tum.de/studium/vorlesungen/downloads/ctp_seite/Mikroprogrammierung/Anleitung.pdf.

6. **Stiller et al., Andreas.** *c't Magazin.*

7. **Tanenbaum, Andrew S. und Austin, Todd.** *Rechnerarchitektur: Von der digitalen Logik zum Parallelrechner.* s.l. : Pearson Studium, 2014. 978-3868942385.

8. **Ledin, Jim.** *Modern Computer Architecture and Organization.* s.l. : Packt, 2020. 978-1838984397.

9. **Hoffmann, Dirk W.** *Grundlagen der Technischen Informatik.* s.l. : Hanser, 2020. 978-3446463141.

10. **Hennessy, John und Patterson, David.** *Computer Architecture: A Quantitative Approach.* s.l. : Morgan Kaufmann, 2017. 978-0128119051.

11. **Ernst Hartmut, Schmidt Jochen und Beneken Gerd.** *Grundkurs Informatik.* s.l. : Springer, 2020. 978-3658146337.

12. **Helmut, Herold, Bruno, Lurz und Jürgen, Wohlrab.** *Grundlagen der Informatik.* s.l. : Pearson Studium, 2017. 3868943161.

13. **Beuth Klaus, Beuth Olaf.** *Elektronik 4. Digitaltechnik.* s.l. : Vogel Communications Group GmbH & Co. KG, 2019. 978-3834332998.

14. **Wikipedia.com.** [Online] https://www.wikipedia.com.

15. **Wikipedia.de.** [Online] https://www.wikipedia.de.

16. **Elektronik-Kompendium.** [Online] https://www.elektronik-kompendium.de/.

https://doi.org/10.1515/9783110741797-028

Index

µC 321
µops 185
128B/130B-Codierung 301
1-Bit-Wandler 239
1T1C-Speicherzelle 256
3-Adress-Befehl 143
3-Adress-Maschine 143
4B/5B-Codierung 300
8B/10B-Codierung 300
A/D-Wandlung 235, 325
Abhängigkeitsnotation 87
Absolute Adressierung 177
absoluter Umwandlungsfehler 165
Absorptionsgesetze 69
Abtast- und Halteschaltung 237
Abtastfrequenz 236
Abtasttheorem 243
Abtastung 235
Abtastwert 235
Access Violation 278
Activate-to-Precharge Time 267
ADC 325
ADD 110
Addierer 83
Adressbus 21
Adressdecoder 71, 186
Adressen 17, 18, 257
Adressmodifizierung 199
Adressmultiplexer 187
AGU (Address Generation Unit) 22, 205
AIC (Analog Interface Circuits) 248
Ak=0 140
Akkumulator 123, 139
Aliasing 236, 243
ALU (arithmetic and logic unit) 83, 109, 137
amorph 317
Amplitude 58
Amplitudenspektrum 240, 241
AND-Gate 60
AND-Mask 115
ANSI/IEEE Std 91a-1991 56
Anti-Aliasing-Filter 236, 243
Antivalenz 66
Äquivalenz 67
Arbeitsspeicher 8
Arduino 332, 333
Arithmetische Operationen 109
Array Type Addressing 178

Assemblercode 13
Assembler-Mnemonics 176
Assembler-Programme 4
Assoziativgesetz 69
asynchron 88
asynchrones Protokoll 264
Auslagerungsdatei 276
Ausnahmebehandlung 278
Authentisierung 331
AUTOSAR 331
AVR Mikrocontroller 335
Bandbreite 298
Bandpass 234
Bank 263
Barrel Shifter 112
Baseline Wandering 296
Basis 160
Baud 298
Baudrate 298
Befehlspipeline 205
Befehlsregister 182
Befehlssatzentwurf 194
Befehlszähler 176
Befehlszeiger 176
Benchmark-Programme 26
Betragsspektrum 241
Betriebssystem 7
BHB (Branch History Buffer) 209
BHT, Branch History Table 209
biased exponent 161
bi-endian 142
Big Endian Format 47, 141
binär 109
binäre Logik 55
Bit 3
Bit Stuffing 300
Bitleitung 256
Bitrate 298
BOOLEsche Algebra 55
booten 9
Bootvorgang 253
Branch Prediction 209
Broadcasting 331
BTB (Branch Target Buffer) 209
Bulk Mode 310
Bus Interface 22
Busschnittstelle 22
Busse 13

Byte 4
Cache 27
Cache Controller 28
Cache Flush 34
Cache Line 29
Cacheable Area 32
Cache-Ebenen 32
Cache-Hit 28
Cache-Miss 28
CAN Bus 329
CANopen 330
CAS (Column Address Strobe) 263
CAS Latency 267
CAV-Verfahren (Constant Angular Velocity) 319
CD (Compact Disc) 316
CD-DA (Compact Disc Digital Audio) 316
CD-R (CD-Recordable) 316
CD-RW (CD-Rewriteable) 316
Channel Bits 320
Charakteristik 161
Chipkill-Verfahren 271
CIRC (Cross Interleaved Reed-Solomon-Code) 307
Circuit Switching 226
CISC (Complex Instruction Set Computer) 41
Client 9
    Fat Client 9
    Thin Client 9
CLV-Verfahren (Constant Linear Velocity) 319
CMOS-RAM 255
Codesegment 282
Colored Books 316
COMA (Cache Only Memory Access) 229
Compatibility Mode 214
Compiler 175
Computer 3
Computerarchitektur 3
Control Bus 21
Control Transfers 310
Control Unit 22, 205
Core 221
COW-Verfahren (Copy on Write) 272
CPU (Central Processing Unit) 8
CRC (Cyclic Redundancy Check) 307
CS (Chip Select) 269
Cylinder 311
D/A-Wandlung 235
DAC (Digital/Analog Converter) 248, 325
Data Bus 21
Data Direction Register 322, 337
Data Logger 330
Data Register 322, 338
Daten 3
Datenbus 21
Datenbus-Takt 265

Datensegment 282
Datenwort 4
DDR (Double Data Rate) 265
DEC (decrement) 110
Decode 203
Decode Unit 22, 205
Dekrementieren 110
Demand Paging 286
Demultiplexer 73, 74
denormalisiert 161
DEP (Data Execute Prevention) 216
Dezimalzahl 99
D-Flipflop 90
DFT (Discrete Fourier Transform) 242
Dielektrikum 290
differentielle Datenübertragung 309
Digital/Analog-Wandler 248
digitale Filter 234
Digitalisierung 238
Digitalschaltungen 55
Digitaltechnik 55
Dimensionalität 226
DIMM (Dual Inline Memory Module) 268
Diodenmatrix 188
Direct Addressing 177
Disassembler 176
Disjunktion 63
diskrete Fourier-Transformation 242
Displacement 178
Display 8
Distributivgesetz 69
DIV (divide) 110
DMUX 73
DoD-Löschen (Department of Defense) 272
Domain 215
dominant 87
doppelte Negation 68
DoS-Attack 331
double 162
Double Pumped ALU 220
downstream 309
DRAM 254, 255
Driver 56
DSP (Digitale Signalprozessoren) 233
DTR (Dirty Tag RAM) 32
Dualzahl 99
Duplex 293
Durchmesser 226
Dynamic Prediction 209
dynamische Speicherverwaltung 279
E/A-Register 18
E/A-Subsystem 13
ECC-Module (Error Correcting Code) 271
Echtzeitfähigkeit 332

ECS (Erlangen Classification System) 23
ECU 330
EEPROM (Electrically Erasable PROM) 199, 254, 337
EFM (8-to-14-Modulation) 320
EFMplus-Verfahren 320
EK (Einerkomplement) 103
El-Torito-Format 316
Embedded System 11
Emulation 199
Enable-Eingang 79
Endianness 141
Entwicklungsumgebung 332
EPROM (Electrically Programmable ROM) 254
ESD (Electro Static Discharge) 314
ESP32 332, 334
Even Parity 301
Exception 278
Exception Handler 278
Excess-Code 161
Executable Space Protection 216
Execute 203
Execute Packet 249
Execution Unit 205
Exponent 160
FADD (floating point addition) 167
FDM (Frequency Division Multiplexing) 245
Fehlerkorrigierender Code 304
Festkommaarithmetik 159
Festplatte 311
Fetch 203
Fetch Packet 248
Fetch Unit 22, 205
FFT (Fast FourierTransform) 242
Fileserver 9
Firmware 12, 185
Firmware-Update 199
Flanke 58
flankensensitiv 89
Flash-Speicher 12, 199, 255, 271, 336
Fließpunktarithmetik 159
Flipflop 85
float 162
Floating Point Pipeline 205
flüchtige Speicher 254
FLYNNsche Taxonomie 23
Folgeadresse 186
Folgematrix 186
Four Wire Bus 327
Fourier-Reihe 241
Fourier-Transformation 241
FPM 263
FPU (Floating Point Unit) 159, 205
Fragmentierung 279

FreeRTOS 332, 334
Frequenzbereich 240
FSUB (floating point substraction) 167
Funktionalbitsteuerung 199
Funktionsblock 81
Fusable Link 254
Fuzzy Logic 62
Ganzzahl-Rechenwerk 137
Garbage Collection 280
Gates 215
Gatter 56
Gemeinsamer Speicher 278
Generate Address 203
Gerade Parität 301
Gesetze von DEMORGAN 69
Gleitkommaarithmetik 159
Gleitpunktarithmetik 159
GPGPU 228
GPIO 322
Grad eines Knotens 225
grafische Benutzeroberfläche 7
Guest 9
Halbbyte 4
Halbduplex 293
Halteschaltung 237
Hamming-Code 307
Hamming-Distanz 303
Handshaking 312
Hardware 3
harmonische Schwingung 240
Harvard-Architektur 17, 49
Hauptplatine 8
Hauptspeicher 4, 8
Hauptspeicher-Leseregister 139
Hauptspeicher-Schreibregister 140
Head 311
Head Crash 314
Head Slap 314
Heap 279
Heapsegment 282
Hex Dump 177
Hexadezimalzahl 99
Hexdump 100
Hexspeak 100
Hidden Bit 161
Highspeed-CAN 329
Hop 226
Host 9
Hot-Plug-Fähigkeit 308
HSM 335
Hypertransport 264
Hypervisor 215
Hystereseschleife 58
I/O-Takt 265

I²C 329
IC 55
ICE 337
IDE 332
Idempotenzgesetze 69
identische Abbildung 56
Identität 56
IDFT (Inverse Discrete Fourier Transform) 242
Idle Process 204
IEC 60027-2 4
IEC 60617-12:1997 56
IEEE 1541 4
IEEE-754 162
IEU (Integer Execution Unit) 22, 137, 205
Immediate Addressing 177
Implizite Basis 160
INC 109
In-Circuit-Debugging and Testing 329
Indexed Addressing 178
Indirekte Adressierung 178
indizierte Adressierung 178
INF 166
Infinity Fabric (IF) 264
Inkonsistenz 30
Inkrementieren 109
Input Register 322
Integer Pipeline 205
Integer Unit 137
INTEL-Notation 142
Interface 289
Interrupt Transfers 310
Inverter 59
Inverterkringel 59
IP (Instruction Pointer) 176
ISO/IEC 80000-1 5
ISO-9660-Standard 316
Isochronous Mode 310
ISO-Standard 294
ISP 337
ISR 326, 336
Jitter 292
JTAG 329
Kanalbündelung 292
Kanten 224
kaskadieren 83
Kernel Mode 215
Kibibytes 5
kippen 85
Knoten 223, 224
Kollisionserkennung 293
kombinatorische Logik 56
Kommutativgesetz 69
Komparator 82
Konjunktion 60

konsistent 29
Konsistenzmodell 230
Kontextwechsel 276
Kontrollbit 305
Koppelmatrix 186
Korrekturradius 305
kristallin 317
Kryptographie-Beschleuniger 334
Lands 317
Lane 293
Layer 295
LC-Display (LCD, Liquid Crystal Display) 12
LDR 325
Legacy Mode 214
Legacy-Schnittstellen 289
Leitungstheorie 289
Leitungsvermittlung 226
Lese- / Operandenregister 139
Libraries 333
Link 292
Linpack 26
Little Endian Format 47, 141
Load / Store - Architektur 44
Load Balancing 223
Logikfamilien 55
Logikkonverter 327
logische Adressen 277
Logische Operationen 109
logischer Adressraum 277
Long Mode 214
Lookup Table 199
low-aktiv 80
Lowspeed-CAN 329
LRU-Strategie (Last Recently Used) 29, 284
LSB (least significant bit) 117
Lua 334
MAC-Operation (Multiply, Add, Accumulate) 250
Mailserver 9
Mainboard 8
Mainframes 10
Manchester-Codierung 297
Mantisse 160
Mapping 277
Maschinenbefehl 4, 175
Maschinenbefehlssatz 4
Maschinenprogramm 175
Master 317
MCU 321
MD (Multiple Data) 23
Mehrfachverzweigungen 211
Memory Scrubbing 271
MFLOPS (Million Floating Point Operations Per Second) 27
MI (Multiple Instruction) 23

Microcode 185
Micro-Operations 185
MII 334
Mikrobefehl 185
Mikrobefehlsebene 42
Mikrocomputersystem 11
Mikrocontroller 11
Mikroprogramm 4, 185
Mikroprogrammspeicher 185, 198
Mikroprozessor 20
MIMD 23
MIPS (Million Instructions Per Second) 27
MLC (Multiple Level Cell) 272
MLT3-Codierung (Multilevel Transmission, 3
     Levels) 299
MMU (Memory Management Unit) 276
Mnemonic 4
Monitor 8
MOOREsches Gesetz 6
Motherboard 8
Motorola-Notation 142
MQ-Register (Multiplikator-Quotienten-Register)
     123, 140
MSB (most significant bit) 103
MTBF (Mean Time Between Failures) 313
MUL (multiply) 110
Multiplexer 73
Multiplexer m × n:n 78
Multiprozessorsysteme 221
Multirechnersystem 221
Multitasking 276
MUX 73
NAN 166
NAND-Flash-Speicher 272
NAND-Gatter 62
NAS 313
Negation 59
negative Logik 327
neutrales Element 69
Nibble 4
nicht-flüchtige Speicher 254
niveausensitiv 89
NodeMCU 334
Non-Cacheable Area 32
NOR-Flash-Speicher 272
NOR-Gatter 65
Normalisierung 161
NOT 110
NOXOR 67
NRZ-Codierung (Non-Return to Zero) 296
NRZI-Codierung (Non-Return to Zero / Inverted)
     299
NTC 325
Null-Adress-Befehl 144

Nulldimension 226
NUMA (Non Uniform Memory Access) 229
numerische Operationen 25
NVRAM (Non-volatile RAM) 255
NX-Bit (No Execution) 216
NYQUIST-Kriterium 243
OBD-II 330
Odd Parity 301
ODER-Gatter 63
ODR (Octal Data Rate) 266
Opcode 47, 176
Operand 109
OR-Mask 114
OR-Verknüpfung 63
OSI-Referenzmodell 294
Out of Order Execution 48, 213
Output Register 322
Overflow 140
Overflow-Flag 133
overpipelined 209
Oversampling 239
Packet Switching 227
Page 281, 283
Page Fault 285
Page File 276
Page Frame 283
Page Table 283
Paging 280, 283
Paketvermittlung 227
Parallelisierung 4
Parallelrechner 221
Paretoprinzip 42
Paritätsbit 301
Parity Inner (PI) Code 320
Parity Outer (PO) Code 320
Partitionierung 311
PC (Personal Computer) 7
Performance 4, 25
Peripheriegerät 15
Phase-Change-Technologie 317
Phasenspektrum 240
Phasenverschiebung 240
physikalische Adressen 277
PIC-Prozessoren 12
Pipe 309
Pipelinelänge 37
Pipeline-Stufen 37
Pipelining 4, 37
Pits 317
Polling 309
Port Input 337
Precharging 312
Predict Taken 208
Prefetching 205, 265

Prescaler 326
Programm 3, 175, 275
Programmbibliotheken 333
Programmiersprachen 4
Programminstanzen 276
PROM (Programmable ROM) 254
Protokollstack 295
Prozess 275
Prozesskontext 276
Prozessor 3, 8
Prozessorkerne 221
PTC 325
Pulsweite 324
Pulsweitenmodulation 322
Punkt vor Strich 68
PWM 322
Q15-Format 249
QDR (Quadruple Data Rate) 265
Quantisierung 238
Rack 9
RAID-Systeme 315
RAM (Random Access Memory) 198, 254
RAS (Row Address Strobe) 263
Raspberry Pi 334
RAS-to-CAS Delay 267
RDIMM 269
Rechenleistung 4
Rechenwerk 16, 21, 137
Rechnerarchitektur 3
redundanter Code 301
Redundanz 301
refresh 256
Register 22, 91, 186
Registeradressierung 177
Reservation Stations 213
RFID (Radio Frequency Identification) 11
Ring 215
Ripple-Carry-Verfahren 83
RISC (Reduced Instruction Set Computer) 42
RLL-Codes (Run Length Limited) 301
ROL (rotate left) 112
ROM 198, 254
ROR (rotate right) 112
Rotieroperationen 112
Row / Column Adress Buffer 263
Row Precharge Time 267
RS232-Schnittstelle 327
RS-Flipflop 85
RSPC (Reed-Solomon Product Code) 307, 320
Rückkanal 304
Rücksetzeingang 85
Rücksetzfall 86
RXD 327
S&H (Sample and Hold Circuit) 237

SAE J1939 330
Safety 331
Sample 235, 325
Sampling 235
Schaltnetz 56, 85
Schaltwerk 56, 85
Schaltzeichen 56
Schicht 295
Schiebezähler 141
Schmitt-Trigger 58
schnelle Fourier-Transformation 242
Schnittstelle 289
Schreib-Lesekopf 311
Schreibregister 140
schwache Konsistenz 232
SCL 329
SD (Single Data) 23
SDA 329
SDR (Single Data Rate) 265
SDRAM (Synchronous DRAM) 264
SEC/DED (Single Error Correction / Double Error Detection) 271
SecOC 331
Security 331
Segmentation Fault 278
Segmentierung 331
Seite 260, 281, 283
Seitenfehler 285
Seitentabelle 283
Sektor 311
selektieren 72
semantische Lücke 41
Sense Amplifier (Sense Amp) 260
Sequentielle Konsistenz 232
Sequenz 205
Serial ATA Schnittstelle 312
Server 9
Serverraum 9
Serverschränke 9
Setzeingang 85
Setzfall 86
SFR 336
SHANNONsches Theorem 243
Shared Memory 278
Shields 333
SHL (shift left) 111
SHR (shift right) 111
SI (Single Instruction) 23
SI-Einheiten 5
Sigma-Delta-Wandler 239
Sign Flag 140
SIMD 23
Simplex 293
Single Board Computer 332

Single Board Mikrocontroller 332
SISD 23
Sketches 333
SLC (Single Level Cell) 272
SMART (Self-Monitoring, Analysis and Reporting
    Technology) 314
Smartcard 11
SMBus (System Management Bus) 269
SMP (Symmetric Multiprocessing) 229
Sniffing 331
SoC 321
SODIMM (Small Outline DIMM) 268
Soft Error 271
Software 3
Spalten-Adressdecoder 259
Spaltenadresse 259
SPD-EEPROM 269
SPEC (Standard Performance Evaluation
    Corporation) 26
Speculative Execution 211
Speicherfall 86
Speichermodul 268
Speichertakt 265
Speicherverwaltung 275
Speicherzugriffsverletzung 278
Spektralanalyse 241
SPI 327
Spur 311
SRAM 254, 255, 336
SR-Flipflop 85
SSD (Solid State Disk) 271
Stacksegment 282
Statussignale 16
Steuerblock 81
Steuerbus 21
Steuermatrix 186
Steuerregister 18
Steuersignale 16
Steuerwerk 16, 21, 22
Storage Violation 278
strikte Konsistenz 230
SUB (subtract) 110
Sublayer 295
Supercomputer 10
superskalarer Prozessor 48, 212
Suspend-Modus 9
Swap Partition 276
Swap Space 276
Swapping 282
Switch 224
Symbol 298
Symbolrate 298
synchron 88
Synchrone Protokolle 264

Tag RAM 32
Takt 4
Taktflankensteuerung 89
taktgesteuert 88
Task 275
Taskwechsel 44
Technische Informatik 3
Terminierung 291
T-Flipflop 93
Thrashing 288
Timer 326
TLB (Translation Look Aside Buffer) 279
TOC (Table of Contents) 319
toggeln 85
Toggle-Flipflop 93
Topologie 224
TPM 217
Track 311
transparent 29
Treiber 56
TWI 329
TXD 327
UART 327
Überlauf 140
Überlauf-Flipflop 141
uC 321
UDF (Universal Disc Format) 316
UMA (Uniform Memory Access) 229
Umwandlungsfehler 165
unär 109
underpipelined 209
UND-Gatter 60
Ungerade Parität 301
unmittelbare Adressierung 177
UPI 264
upstream 309
USART 327
USB (Universal Serial Bus) 307
USB 3.2 Gen 2x2 308
USB High Speed 308
USB Low Speed 308
USB Super Speed+ 308
USB4 Gen 3x2 308
User Mode 215
V.24-Schnittstelle 327
Violation Symbols 300
Virtual Machine Based Root Kit 216
Virtualisierung 215
virtuelle Maschine 9
virtuelle Speicherverwaltung 276
virtueller Adressraum 277
VLIW-Architektur (Very Long Instruction Word)
    248
VM 9

Vollduplex 293
Von-Neumann-Architektur 17, 46
Vorformatierung 317
vorrangig 87
Vorrüstzeit 37
Vorzeichenlogik 102
Voter 304
VZB (Vorzeichen-Betrags-Darstellung) 100
Wahrheitstabelle 56
Wear-Leveling 272
Webserver 9
Wellenwiderstand 290
wertdiskret 235
wertkontinuierlich 235
Wobblingfrequenz 318
Work Registers 336
Wortbreite 4
Wortleitung 256
Write-Back-Strategie 30
Write-Through-Strategie 30

x64-Architektur 213
XCK 327
XD (Execute Disable) 216
XN (Execute Never) 216
XNOR 67
XOR 66
XOR-Mask 115
Zahlensystem 99
Zeilen-Adressdecoder 259
Zeilenadresse 259
Zeitabhängigkeit 235
Zeitbereich 240
zeitdiskret 235
zeitkontinuierlich 235
Zeitmultiplexverfahren 77
Zero Flag 140
ZK (Zweierkomplement) 105
Zone-Bit-Recording 311
Zustände 85
Zylinder 311

www.ingramcontent.com/pod-product-compliance
Lightning Source LLC
Chambersburg PA
CBHW062050050326
40690CB00016B/3043